John Gribbin

JENSEITS DER ZEIT

# JOHN GRIBBIN

# JENSEITS DER ZEIT

**Experimente mit der 4. Dimension**

Aus dem Englischen von
Ralf Friese

bettendorf

1. Auflage: Oktober 1994
2. Auflage: Mai 1995

Titel der englischen Originalausgabe:
In Search of the Edge of Time
© 1992 by John und Mary Gribbin

© 1994 by bettendorf'sche verlagsanstalt GmbH
Essen - München - Bartenstein - Venlo - Santa Fe
Alle Rechte vorbehalten
Schutzumschlag: Zero Grafik und Design GmbH,
München
Umschlagfoto: Fresh-Foto-Design, München
Produktion und Satz: VerlagsService
Dr. Helmut Neuberger & Karl Schaumann GmbH,
Heimstetten
Gesetzt aus der 11,5/13 Punkt News Serif
auf LaserMaster LM 1000
Druck und Binden: Franz Spiegel Buch GmbH, Ulm
Printed in Germany
ISBN 3-88498-056-4

# Inhalt

**Kapitel 1**
## Alte Geschichte           7
Es werde Newton! – Auf den Schultern von
Riesen ... – Drei Gesetze und eine Theorie von
der Schwerkraft – Der Wahrheitsbeweis –
Überall im Sonnensystem – Die ersten Schwarzen Löcher – Wellen und Teilchen

**Kapitel 2**
## Krümmungen in Raum und Zeit           49
Von Euklid zu Descartes – Über Euklid hinaus
– Die Geometrie wird erwachsen – Die Geometrie der Relativität – Einsteins Erkenntnisse
über die Gravitation – Die Relativität der
Geometrie – Schwarzschilds singuläre Lösung

**Kapitel 3**
## Dichte Sterne           91
Zwergenhafte Begleiter – Entartete Sterne –
Die Weiße-Zwerg-Grenze – Die Enddichte der
Materie – Innerhalb des Neutronensterns –
Nach dem Neutronenstern – Rätselhafte
Impulse – Zwicky hatte recht: Es gibt Neutronensterne

**Kapitel 4**
## Schwarze Löcher genug           138
Rotverschiebung und Relativität – Radiogalaxien – Quasare – Kosmische Kraftwerke –
Röntgensterne – Himmelskraftwerke – Der
aussichtsreichste Kandidat – Eine Vielfalt an
Möglichkeiten

## Kapitel 5
## Die Finsternis am Rand der Zeit    171
Neue Karten von Raum und Zeit – Schwarze Löcher in Rotation – Singularitätenregel – Der kosmischen Zensur ein Schnippchen schlagen – Schwarze Löcher sind kühl – Explodierende Horizonte – Fliehkraftverwirrung – Eine Zeitmaschine für einfache Fahrt

## Kapitel 6
## Verbindungen im Hyperraum    222
Die Einstein-Verbindung – Durch den Hyperraum eilen – Universen werden verbunden – Der Blauverschiebungsblock – Die blaue Fläche tut sich auf – Die Reise in den Hyperraum – Wurmlochbau – Wir erzeugen Anti-Schwerkraft – Ein Raumschiff mit »String«-Antrieb

## Kapitel 7
## Zwei Arten, eine Zeitmaschine zu bauen    271
Paradoxa und Möglichkeiten – Zeitschleifen und andere Verwicklungen – Tachionen als Zeitreisende – Gödels Universum – Tiplers Zeitmaschine – Wurmlöcher und Zeitreisen – Paradoxa werden beseitigt

## Kapitel 8
## Kosmische Verbindungen    315
Blasen machen – Einsteins verschwindende Konstante – Ein oszillierendes Universum – Der Rückprall des Schwarzen Lochs

| | |
|---|---|
| **Dank** | 336 |
| **Anhang** | 338 |
| **Anmerkungen** | 338 |
| **Glossar** | 343 |
| **Bibliographische Hinweise** | 354 |
| **Stichwortverzeichnis** | 359 |

## Kapitel 1
# Alte Geschichte

*Wir begegnen Isaac Newton und erfahren, wie eine aufsässige Rinderherde zu einer Theorie von der Schwerkraft führte und an akademischen Streitigkeiten beteiligt war. Wir verabschieden uns von der fünften Kraft, erfinden eine Möglichkeit, die Lichtgeschwindigkeit zu messen und vollziehen nach, wie ein Pfarrer im 18. Jahrhundert mit Hilfe der Schwerkraft Licht in Schwarzen Löchern fing.*

Schwarze Löcher sind Produkte der Schwerkraft. Die moderne Naturwissenschaft nahm ihren Anfang mit Isaac Newton, der vor etwas über dreihundert Jahren unter anderem die erste wissenschaftlich haltbare Theorie von der Schwerkraft entwickelte. Mit Hilfe der Newtonschen Gesetze konnten die Wissenschaftler zum ersten Mal die Bewegungen von Himmelskörpern in denselben Grundsätzen erklären, die für das Verhalten von Gegenständen der Erde galten. Wie das berühmte Bild besagt, ließen sich jetzt der von einem Baum fallende Apfel und die Umlaufbahn des Mondes um die Erde mit denselben Gleichungen erklären. Newtons Beschreibung der Schwerkraft ging natürlich später in Albert Einsteins allgemeine Relativitätstheorie ein, und Schwarze Löcher werden zurecht als im wesentlichen relativistische Objekte betrachtet. Es spricht jedoch für die Beweiskraft der Newtonschen Theorie, daß knapp hundert Jahre nach der Veröffentlichung seines epischen Werkes, der *Philosophiae Naturalis Principia Mathematica,* das heute allgemein als das wichtigste Einzelwerk betrachtet wird, das je in der Physik erschienen ist, ebenso allgemein als Principia bezeichnet, Newtons Theorie von der Schwerkraft schon zur

Beschreibung dessen herangezogen worden war, was wir heute als Schwarze Löcher bezeichnen würden. Erstaunlicherweise erkannte Newton selbst, der ja die Beschaffenheit des Lichts ebenso wie die Schwerkraft untersuchte, nicht, daß aus seinen Gleichungen die Existenz von dunklen Sternen im Universum abzuleiten war, also von Gegenständen, aus denen das Licht nicht mehr entweichen konnte, weil die Schwerkraft es dort zurückhielt.

## Es werde Newton!

Newton kam am Weihnachtstag 1642 in Woolsthorpe in Lincolnshire zur Welt, dem Jahr, in dem Galileo Galilei starb (über zwei Jahrhunderte später wurde Albert Einstein im selben Jahr, 1879, geboren, in dem der größte Physiker im 19. Jahrhundert, James Clerk Maxwell starb). Er war ein unterentwickeltes, kränkliches Baby und seine Mutter (sein Vater, der ebenfalls Issac hieß, war ein Vierteljahr vor der Geburt des kleinen Isaac gestorben) war überrascht, als ihr Kind den Tag seiner Geburt überlebte; Isaac Newton wurde vierundachtzig Jahre alt. Seine Leistung bestand vor allem darin, die Wissenschaft und wissenschaftliche Ansätze als beste Beschreibungen der materiellen Welt anzusehen; schon seine Zeitgenossen betrachteten ihn voll Ehrfurcht, wie aus dem Zweizeiler sehr schön zu entnehmen ist, den der Dichter Alexander Pope Anfang des 18. Jahrhunderts erfaßte:
> Die Natur und ihre Gesetze verbarg die dunkle Nacht;
> Gott sprach, es werde Newton!,
> und auf strahlte des Lichtes Pracht.

Doch wie wir gleich sehen werden, war es nicht ganz so einfach.

Als Newton noch keine zwei Jahre alt war, verheiratete sich seine Mutter wieder und zog in ein Nachbardorf; neun Jahre lang, bis zum Tod seines Stiefvaters, wurde das Kind von seiner Großmutter aufgezogen. Das Trauma dieser Trennung ist gewiß eine Erklärung für Newtons merkwürdiges Benehmen, als er längst erwachsen war. Auch die Geheimniskrämerei um seine

Arbeit, seine panische Angst, wie seine Werke wohl nach einer Veröffentlichung aufgenommen würden, und auch für die heftigen, unbegründeten Ausfälle, mit denen er auf jede Kritik von Seiten seiner Kollegen reagierte. Nach dem Tod seines Stiefvaters wurden jedoch Isaac und seine Mutter wieder vereint, und sie hatte sich ursprünglich gedacht, daß ihr Sohn die Bewirtschaftung des Hofes übernehmen sollte. Das war jedoch gar nichts für ihn; er las lieber, statt Kühe zu hüten, und so wurde er wieder nach Grantham auf die Schule geschickt und bezog schließlich (mit Unterstützung eines Onkels, der Verbindungen zum Trinity College in Cambridge hatte) die Universität. 1661 kam er in Cambridge an, etwas älter als die meisten anderen Studienanfänger, weil sein Schulweg nicht geradlinig verlaufen war.

Aus Newtons Notizbüchern geht hervor, daß er sich schon in seinen ersten Semestern mit den neuesten Gedankengängen vertraut machte, auch denen von Galilei und dem französischen Philosophen René Descartes. Diese standen am Anfang einer neuen Sichtweise auf das Universum als einer verwickelten Maschine, ein Gedanke, der sich an den großen Universitäten in Europa offiziell erst noch durchsetzen mußte. Doch Newton behielt das alles für sich und befaßte sich gleichzeitig ausführlich mit dem erkennbar altmodischen vorgeschriebenen Lehrplan (auf der Grundlage der aristotelischen Erkenntnisse). 1665 erwarb er den Grad des Bachelor; seine Lehrer hielten ihn für einen guten, aber allem Anschein nach nicht gerade brillanten Studenten. Noch im selben Jahr brach in London die Pest aus; die Universität wurde deshalb geschlossen und Newton kehrte heim nach Lincolnshire, blieb dort fast zwei Jahre, bis das normale Universitätsleben wieder begann.

In diesen beiden Jahren leitete Newton das Gravitationsgesetz ab – vielleicht wirklich davon angeregt, wie ein Apfel zur Erde fällt. Er erfand zu diesem Zweck ein neues mathematisches Verfahren, die Differentialrechnung, mit der die Berechnungen unkomplizierter wurde. Als reiche das noch nicht, machte er sich auch an die Erforschung des Lichts, entdeckte und benannte das Spektrum, die Regenbogenfarben, die entstehen, wenn weißes Licht ein Prisma durchdringt. Keine seiner Erkenntnisse wirkte sich um diese Zeit auf die wissenschaftliche Welt aus, denn Newton sagte niemandem, was er vorhatte. Als die Universität 1667 wieder geöffnet wurde, wurde er zum Fellow im Trinity College gewählt, und um 1669 hatte er einige seiner mathematischen Vorstellungen so weit entwickelt, daß sie unter den Eingeweihten von Hand zu Hand weitergereicht wurden. Mittlerweile fielen seine Fähigkeiten auch mindestens einigen Professoren in Cambridge auf, und als Isaac Barrow 1669 die Stelle des Lukas-Professors für Mathematik aufgab (um mehr Zeit für die Theologie zu haben), empfahl er Newton als seinen Nachfolger. Newton wurde mit sechsundzwanzig Jahren Lukas-Professor, hatte also, wenn er es gewollt hätte, eine Lebensstellung ohne größere Lehrverpflichtungen und brauchte lediglich jedes Jahr eine Vorlesungsreihe zu halten. Der gegenwärtige Lukas-Professor ist übrigens Stephen Hawking

Von 1670 bis 1672 entwickelte Newton in seinen Vorlesungen seine Vorstellungen vom Licht so weit, daß sie später den ersten Teil seiner langen Arbeit *Opticks* darstellte. Veröffentlicht wurde diese Abhandlung allerdings erst 1704, und das lag an einem der ausgedehntesten Kleinkriege zwischen zwei Persönlichkeiten, wie sie selbst in Newtons stürmischer Laufbahn nur selten auftraten. Die Schwierigkeiten nahmen ihren Anfang, als Newton seine neuen Vorstellungen über die Royal Society bekanntmachte, eine erst 1660 gegründete Organisation, die sich jedoch bald als wichtigstes Sprachrohr für wissenschaftliche Mitteilungen in England etabliert hatte. Bei diesem Streit mit Robert Hook kam es auch zu Newtons berühmtester Bemerkung, die übrigens nach jüngsten Forschungsarbeiten dreihundert Jahre lang falsch interpretiert worden ist.

## Auf den Schultern von Riesen...

Der Royal Society fiel Newton zunächst wegen seines Interesses am Licht auf – nicht wegen seiner neuen Theorie von der Entstehung der Farben, sondern wegen seiner praktischen Fähigkeiten; denn er hatte das erste Fernrohr erfunden, in dem zur Lichtfocussierung ein Spiegel anstelle eines Linsensystems verwendet wurde. Diese Konstruktion wird bis heute angewandt und ist als Newtonsches Spiegelteleskop bekannt. Den gelehrten Herren von der Royal Society gefiel das Teleskop so sehr, als sie es 1671 zum ersten Mal erblickten, daß Newton 1672 zum Mitglied der Gesellschaft ernannt wurde. Diese Anerkennung freute ihn so, daß Newton noch im selben Jahr vor der Society einen Vortrag über Licht und Farben hielt. Robert Hook, erster »Custos für Experimente« bei der Royal Society, bis heute wegen des Hookschen Elastizitätsgesetzes bekannt, galt damals (vor allen Dingen in seinen eigenen Augen) als der Fachmann für Optik in der Society (vielleicht sogar auf der ganzen Welt). Er reagierte auf Newtons Vortrag mit einer in herablassenden Worten abgefaßten Kritik, die jeden jungen Forscher auf die Palme gebracht hätte. Newton hatte Kritik noch nie vertragen können, es auch nie gelernt und wurde durch Hooks Bemerkungen bis aufs Blut gereizt. Innerhalb eines Jahres nach seiner Ernennung zum Mitglied der Royal Society und seinem ersten Versuch, seine Gedanken über die normalen Kanäle weiter zu verbreiten, zog er sich wieder in die Sicherheit seines Domizils in Cambridge zurück, behielt seine Gedanken für sich und ging dem üblichen wissenschaftlichen Streit seiner Zeit aus dem Weg.

Als er 1675 London besuchte, meinte Newton, Hooks Erklärung zu vernehmen, daß dieser mittlerweile die Newtonsche Farbentheorie akzeptiere. Das ermutigte ihn so sehr, daß er der Society eine zweite Arbeit über das Licht anbot, in der auch beschrieben wurde, wie die farbigen Lichtringe (heute als Newtonsche Ringe bekannt) entstehen, wenn eine Linse durch eine dünne Luftschicht von einer ebenen Glasfläche getrennt wird. Sofort beschwerte sich Hook privat und öffentlich, daß die meisten Ideen, die Newton 1675 der Society vorgetragen habe, gar keine neuen Gedanken gewesen seien, sondern einfach aus seiner (Hooks) Arbeit entlehnt worden seien. In dem darauf folgenden Schriftwechsel mit dem Sekretär der Society stritt Newton diese Behauptungen ab und erhob seinerseits Beschwerde, daß Hooks Arbeiten jedenfalls im wesentlichen von den Arbeiten des René Descartes abgeleitet seien.

Alles schien auf eine gewaltige Entladung hinzusteuern, als Hook, offenbar unter dem Druck der Society, Newton einen Brief schickte, den man (als mild gestimmter Leser) als versöhnlich interpretieren konnte, in dem aber dennoch alle Behauptungen wiederholt wurden und festgehalten wurde, daß Newton allenfalls ein paar ungeklärte Nebenfragen gelöst habe. Dieser Brief veranlaßte Newton zu seiner berühmten Bemerkung, in der es sinngemäß heißt, wenn er weiter geblickt habe als andere Männer, dann habe das daran gelegen, daß er auf den Schultern von Riesen gestanden habe.

Dieser Satz wird üblicherweise so interpretiert, als künde er von Newtons Bescheidenheit und ziele darauf ab, daß frühere Wissenschaftler, wie zum Beispiel Johannes Kepler, Galilei und Descartes, die Grundlagen für die Newtonschen Bewegungsgesetze und Newtons große Arbeit über die Schwerkraft geschaffen hätten. Das wäre allerdings merkwürdig, denn 1675 hatte Newton seine Vorstellungen über die Schwerkraft und die Bewegung noch keineswegs veröffentlicht. Außerdem läßt sich eine Eigenschaft wie die Bescheidenheit ohnehin kaum mit einem so schwierigen, ja sogar arroganten Mann wie Newton in Zusammenhang bringen, wenngleich man ohne weiteres erkennen kann, welchen Eindruck diese Geschichte auf spätere Generationen haben muß. Woher rührt also die Bemerkung?

1987 veranstaltete die Universität Cambridge im Rahmen der Feiern zum 300. Jahrestag der Veröffentlichungen der *Prinzipien* eine einwöchige Tagung, auf der führende Wissenschaftler aus der ganzen Welt die Geschichte der Schwerkraft auf den neuesten Stand brachten. Auf dieser Konferenz trug John Faulkner, ein heute im Lake-Observatorium tätiger britischer Forscher, seine überzeugende neue Interpretation dessen vor, was Newton mit seiner Bemerkung eigentlich hatte aussagen wollen; dazu hatte Faulkner alle Unterlagen über den Streit zwischen Newton und Hook ausführlich erforscht. Nach Faulkners Meinung war Newton, als er seinen Satz gesprochen hatte, keineswegs bescheiden, sondern eher arrogant; er bezog sich auch ganz gewiß nicht auf Kepler und Galilei oder seine eigene Arbeit über die Schwerkraft, sondern in Wirklichkeit auf seine Arbeit über das Licht.

Eine ähnliche Bezugnahme auf die Giganten der Vergangenheit war zu Newtons Zeit gängige Praxis; damit wurde im allgemeinen die Abhängigkeit von den Alten, besonders den Griechen, ausgedrückt. Die Naturwissenschaftler im 17. Jahrhundert haben allgemein (vielleicht sogar Newton selbst) wohl das Gefühl gehabt, sie entdeckten lediglich Gesetze neu, die die Alten schon viel ausführlicher gekannt hatten. Newtons Wortwahl in einem Schreiben an Hook vom 5. Februar 1675 war offenbar mit besonderer Sorgfalt erfolgt, denn beide Wissenschaftler hatten sich ja vorher befehdet, und außerdem war Hooks persönliche Erscheinung nicht gerade vorteilhaft zu nennen.

Faulkner zitierte Zeitgenossen Newtons und Hooks aus dem 17. Jahrhundert, darunter auch Hooks Freunde und Bekannte, und entwarf ein Bild von Hook, das der Karikatur Richards III. bei Shakespeare ziemlich genau entsprach: verkrümmt, sogar zwergenhaft. Auch wenn man an dieser Beschreibung gewisse Zweifel anmelden kann, steht doch außer Frage, daß Hook körperlich klein geraten war.

In diesem Zusammenhang, erklärt Faulkner, nehmen die Sätze in Newtons Schreiben, die zu der Bemerkung über die Riesen führen, eine ganz andere Bedeutung an. Das Schreiben war schließlich keine hastig hingekritzelte Notiz an einen Freund, sondern ein auf Betreiben der Royal Society abgefaßter Brief, mit dem ein beschämender Streit zwischen zwei Mitgliedern der Society öffentlich beigelegt werden sollte; zu diesem Zweck muß Newton seine Worte sorgfältig gewählt haben; wenn man jedoch Faulkner folgt, dann muß er, vor allem angesichts seines Verhaltens vorher und danach, genau so sorgfältig bedacht haben, was zwischen den Zeilen stand. Hier also die entscheidenden Sätze und dazu Faulkners Interpretation dessen, was Newton eigentlich gemeint hat:

»Was jetzt Des-Cartes getan hat, war ein guter Schritt.« (Interpretation: Er hat ihn vor Ihnen getan.) »Sie haben vieles auf mancherlei Weise hinzugefügt, ganz besonders darin, wie Sie die Farbe von dünnen Schichten in die philosophische Betrachtung einbezogen haben.« (Interpretation: Sie sind lediglich hinterhergelaufen, wo Descartes voranmarschiert ist.) »Wenn ich weiter geblickt habe, dann deswegen, weil ich auf den Schultern von Riesen gestanden habe.« (Interpretation, wobei besonders die bedachte Verwendung des Großbuchstabens bei den Riesen zu bemerken ist: Meine Forschung schuldet niemandem etwas, außer den Alten, und am allerwenigsten einem kleinen Krauter wie Ihnen.)

Äußerlich betrachtet erfüllte der Schriftwechsel den von der Society erhofften Zweck: es wurde Öl auf die Wogen geschüttet, und der Umgang der Mitglieder miteinander entsprach wieder der üblichen Form. Doch Newton zog sich nach dieser Auseinandersetzung nur noch tiefer in sein Gehäuse zurück. Geduldig wartete er, bis Hook 1703 starb und veröffentlichte seine *Opticks* 1704, als er auf jeden Fall das letzte Wort hatte. Nur auf beharrliches Betreiben seines Freundes Edmund Halley, des berühmten Kometenforschers, ließ er sich dazu bringen, sein größtes Werk, die *Principia* 1687 vorzulegen, also zwölf Jahre nach dem zweiten Streit mit Hook. Im Kern war diese Arbeit da schon über zwanzig Jahre alt.

## Drei Gesetze und eine Theorie von der Schwerkraft

Newtons *Principia* enthalten das Kernstück dessen, was als klassische Mechanik bekannt ist: die drei Bewegungsgesetze und eine Theorie der Schwerkraft. Die Schultern, auf denen er bei der Entwicklung dieser Gedanken im übertragenen Sinn gestanden haben konnte, waren die von Johannes Kepler, der 1609 die ersten beiden Gesetze der Planetenbewegung veröffentlichte, die jetzt nach ihm benannt sind. Kepler entwickelte diese Gesetze mit Hilfe von Tabellen der Planetenpositionen, wie sie der Däne Tycho Brahe mühsam zusammengestellt hatte; Brahe hatte sich in Prag niedergelassen, dort war Kepler sein Assistent geworden, und Brahe war 1601 gestorben.

Das erste und das zweite Keplersche Gesetz besagen, daß die Planetenbahnen von der Sonne, Ellipsen, nicht Kreise sind und daß ein Strahl, der die Sonne mit den Planeten verbindet, in gleichen Zeiten gleiche Flächen überstreicht, gleichgültig, an welcher Stelle auf seiner Umlaufbahn sich der Planet befindet (Abb. 1.1). Mit anderen Worten: Jeder Planet bewegt sich schneller, wenn er sich der Sonne am nächsten befindet, be-

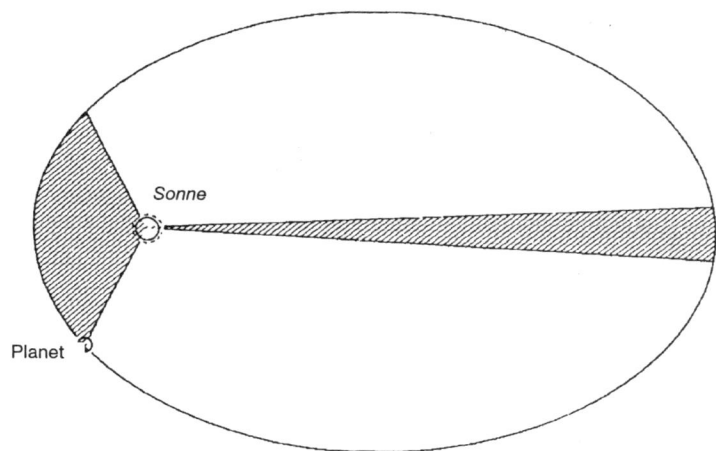

*Abbildung 1.1 Ein Planet auf einer elliptischen Bahn um die Sonne bewegt sich in Sonnennähe schneller, so daß die von ihm innerhalb einer gewählten Zeit bestrichene Fläche immer gleich bleibt.*

schreibt also an einem Ende der Ellipse ein kurzes, breites Dreieck, und bewegt sich langsamer, wenn er von der Sonne am weitesten entfernt ist und beschreibt dann ein langes, dünnes Dreieck am anderen Ende der Ellipse. Ein einige Jahre später veröffentlichtes drittes Gesetz stellt die Umlaufzeit eines Planeten mittels einer mathematischen Formel in Beziehung zum Durchmesser seiner Umlaufbahn.

All das interessierte und verwirrte die Wissenschaftler im 17. Jahrhundert bei ihrer erfolglosen Suche nach einer grundlegenden Erklärung der Keplerschen Gesetze. Auch Newton entsagte in seiner wissenschaftlichen Betätigung nicht allen Kontakten mit der Außenwelt, selbst Ende der siebziger und Anfang der achtziger Jahre des 17. Jahrhunderts, und führte mit Hook einen Schriftwechsel über das Verhalten von Objekten unter dem Einfluß der Schwerkraft. Natürlich folgerte Hook später aus diesem Schriftwechsel, Newton habe die Vorstellung vom quadratischen Abstandsgesetz bei ihm gestohlen. Wir können uns ausmalen, wie überrascht Halley im August 1684 gewesen sein muß, als er Newton in Cambridge besuchte und bei dem Hinweis, daß er sich für die Frage der Bahnbewegungen interessiere, von Newton hörte, daß dieser das Rätsel schon vor Jahren gelöst habe. Trotz seines Erstaunens verlor Halley jedoch nicht die Fassung. Er machte Newton klar, daß eine so wichtige Entdeckung einfach veröffentlicht werden mußte, und ein knappes Vierteljahr später schickte Newton Halley einen kurzen Bericht über den Gegenstand. Das reichte jedoch noch nicht. Sobald sich Newton dazu durchgerungen hatte, seine Gedanken zu veröffentlichen, überarbeitete er diesen kurzen Artikel und schrieb ihn immer wieder um, bis daraus sein großes Buch wurde, das (hauptsächlich auf Kosten von Halley) 1687 in lateinischer Sprache erschien; eine englische Ausgabe wurde erst 1729 veröffentlicht, zwei Jahre nach Newtons Tod.

Doch selbst dann behielt Newton noch einige Geheimnisse für sich. Aus seinen persönlichen Unterlagen geht zwar hervor, daß er sein berühmtes Schwerkraftgesetz mit der von ihm erfundenen Rechenmethode ausarbeitete, aber in den *Principia* legte er es in einer überarbeiteten Form vor und benutzte dazu im wesentlichen geometrische Verfahren, die Aristoteles tatsächlich auch verstanden hätte. Vielleicht war es nur Geheimniskrämerei; vielleicht erinnerte er sich auch an seine ersten Studententage, hatte vom Verstand seiner Fachkollegen ohnehin keine sonderlich hohe Meinung und glaubte, der altmodische Ansatz komme ihnen sicherlich gelegen. Auch daraus entwickelte sich wieder ein bitterer Kampf, diesmal mit Wilhelm Leibnitz, dem deutschen Mathematiker, der die Differentialrechnung unabhängig von

Newton entwickelt und seine Arbeit 1684 veröffentlicht hatte. Heute steht zweifelsfrei fest, daß Newton als erster auf diese Idee kam, und ebenso gesichert ist, daß Leibnitz davon nichts wußte, als er denselben Gedanken entwickelt; heute wird die Erfindung beiden gleichermaßen zugeschrieben. Damals entstand jedoch daraus für Newton eine weitere, bittere Fehde.

Für unsere Geschichte ist jedoch wichtig, was in den *Principia* stand und nicht, was Newton bewußt ausließ. Vor Newton hatten Wissenschaftler die Vorstellung des Aristoteles übernommen, der »natürliche« Zustand eines Gegenstandes sei der Ruhezustand, und ein Gegenstand bewege sich nur, wenn eine Kraft auf ihn einwirke. Newton erkannte, daß das nur scheinbar so ist, weil wir auf der Oberfläche eines Planeten leben, wo die Gegenstände durch die Schwerkraft festgehalten werden. Sein erstes Gesetz besagt, daß jedes Objekt (die Wissenschaftler benutzen hier den Begriff »Körper«) in einem Zustand der Ruhe oder der gleichförmigen geradlinigen Bewegung verharrt, solange keine Kraft auf ihn einwirkt. Dem zweiten Newtonschen – Gesetz zufolge ist die Beschleunigung eines Körpers (also das Tempo, mit dem sich seine Geschwindigkeit verändert, was bedeutet, daß sich entweder seine Geschwindigkeit oder seine Bewegungsrichtung verändert) proportional der auf ihn einwirkenden Kraft. Und im dritten Newtonschen – Gesetz heißt es, daß jeder Kraft, die auf ein Objekt einwirkt, eine gleich große und entgegengesetzte Kraft entgegen wirkt. Schiebe ich zum Beispiel einen Bleistift über meinen Schreibtisch oder drücke ihn auf die Tischplatte, so kann ich die Reaktion auf die von mir aufgewandte Kraft spüren, also eine Kraft, die auf meine Fingerspitzen rückwirkt. Nun könnte man nach dem zweiten Newtonschen – Gesetz meinen, daß wir aufgrund der Schwerkrafteinwirkung zum Erdmittelpunkt hin beschleunigt werden. Solange wir jedoch auf festem Boden stehen, wirkt der nach unten gerichteten Kraft unseres Gewichts eine gleich große, entgegengesetzt gerichtete Kraft nach oben entgegen. Diese beiden Kräfte heben einander auf, und es kommt nicht zur Beschleunigung - es sei denn, man fällt hin oder springt aus dem Fenster. Wenn man dann auf dem Boden auftrifft, wird man nicht durch die Einwirkung der Schwerkraft verletzt, sondern durch die Gegenkraft des Bodens, die die Einwirkung der Schwerkraft aufhebt und die Bewegung zum Stillstand bringt.

Mit Hilfe seiner drei Gesetze und der Keplerschen Gesetze erklärte Newton die Bewegung der Planeten um die Sonne und die Bewegungen der Jupiter-Monde um diesen Planeten als Folge der Schwerkraft, die proportional 1 durch das Quadrat der Entfernung zwischen der Sonne und einem Planeten oder zwischen Jupiter und einem Mond ist. Das ist das berühmte Quadratische Abstandsgesetz. Wenn sich also ein Planet der Sonne am nächsten befindet, ist er einer stärkeren Kraft ausgesetzt und bewegt sich deshalb schneller. Newton führte zusätzlich aus, daß es sich hier nicht um ein besonderes Gesetz handle, das nur für die Bahnen der Planeten um die Sonne gelte; vielmehr sei es ein allgemeingültiges Gesetz, das den Einfluß der Schwerkraft auf alles im Universum beschreibe. Das schönste Beispiel dafür stammt von Newton selbst.

Ich habe ja weiter oben schon gesagt, daß die Schwerkraft gleichermaßen auf Gegenstände, die zu Boden fallen, wie auf Planeten in ihren Umlaufbahnen einwirkt, als ich davon gesprochen habe, daß jemand hinfällt. Heute kennen wir diese Zusammenhänge, und der Gedanke kommt uns natürlich vor, doch zu Newtons Zeiten war es eine neue, umwälzende Idee. Ich habe auch davon gesprochen, daß sich der Einfluß der Schwerkraft auf einen zur Erde fallenden Gegenstand so auswirkt, als sei die gesamte Masse der Erde auf einem Punkt in der Mitte des Planeten konzentriert. Die in das Quadratische Abstandsgesetz eingehende Entfernung ist in Wirklichkeit die Entfernung zwischen den Mittelpunkten der beiden betreffenden Körper, seien es nun die Sonne und ein Planet, die Erde und ein hinfallender Mensch oder sonst etwas. Newton hat das bewiesen; es ist ein entscheidendes Argument in seiner Theorie von der Schwerkraft und am schwersten mathematisch ohne Hilfe der Differentialrechnung zu beweisen, vor allen Dingen auf die Art und Weise, wie er es in den *Principia* getan hat.

Newton wußte auch, daß die durch die Schwerkraft in der Nähe der Erdoberfläche hervorgerufene Beschleunigung dazu führt, daß jeder Körper (beispielsweise ein Apfel) in der ersten Sekunde seines Falls eine Entfernung von 16 Fuß zurücklegt (ich verwende hier die altmodischen Maßangaben Fuß und Zoll, denn Newton hat auch in diesen Einheiten gerechnet). Der Mond ist vom Erdmittelpunkt sechzigmal so weit entfernt wie der Erdmittelpunkt von der Erdoberfläche, und nach dem ersten Newtonschen Gesetz würde er sich »gern« in gerader Linie mit konstanter Geschwindigkeit bewegen. Selbst bei gleichbleibender Geschwindigkeit muß jede Abweichung von dieser geraden Linie auf eine Kraft zurückzuführen sein, die den Mond ablenkt. Nach dem Quadratischen Abstandsgesetz müßte die auf die Entfernung des Mondes einwirkende Schwerkraft der Erde um den Faktor $60^2$, also 3 600 niedriger sein als die Schwerkraft an der Erdoberfläche. In einer Sekunde müßte also die Erdschwerkraft den Mond um eine Entfernung zur Seite verschieben, die 16 Fuß geteilt durch 3 600 entspricht. Wenn man das ausrechnet, bekommt man etwas über ein Zwanzigstel Zoll heraus. Wenn sich ein Gegenstand mit der Geschwindigkeit des Mondes im Abstand des Mondes von der Erde bewegt, reicht ein kleiner Schubs von genau dieser Stärke jede Sekunde aus, so daß dieser Gegenstand die Erde in einer geschlossenen Bahn umkreist und jeden Monat eine Umlaufbahn vollführt.

Newton hatte damit den Fall eines Apfels und die Bewegung des Mondes in denselben Gesetzen erklärt. Dabei nahm er dem Verhalten der Himmelskörper das Geheimnisvolle und öffnete der Wissenschaft die Augen dafür, daß sich das Verhalten der Gestirne, des ganzen Universums mit denselben physikalischen Gesetzen erklären läßt, die aus Untersuchungen in Laboratorien der Erde abgeleitet werden. Heute meinen viele Physiker, daß sie bald eine einzige Reihe von

Gleichungen aufstellen können, mit denen alle Teilchen und Kräfte der Natur in einem einzigen Ansatz beschrieben werden können – eine Theorie über alles. Wenn sie das je schaffen, dann ist das der Höhepunkt eines über dreihundertjährigen Fortschritts auf dem Weg, den zuerst Newton beschritten hat, und dann wäre damit die Newtonsche Physik in gewisser Hinsicht an ihr Ende gelangt. Doch wie wir bald sehen werden, muß das nicht unbedingt heißen, daß dann auch wirklich alles im Universum gründlich verstanden wird.

Selbst zu Newtons Zeiten wußte man, daß das berühmte Quadratische Abstandsgesetz noch durch weitere, vertiefte Kenntnisse gestützt werden muß. Natürlich wies Newton nach, daß die von der Erde oder der Sonne oder allem ausgehenden Gravitationskräfte mit 1 durch das Quadrat des Abstandes vom Mittelpunkt des betreffenden Objektes abnehmen. Aber warum muß es unbedingt ein quadratisches Gesetz sein? Warum ist es nicht eine Kraft, die mit 1 geteilt durch den Abstand oder mit 1 geteilt durch den Abstand hoch drei abnimmt? Warum ist es nicht irgendein anderes Gesetz? Newton wußte es nicht und machte sich offenbar auch keine Gedanken darüber, warum die Schwerkraft einem umgekehrt quadratischen Abstandsgesetz und nicht irgendeinem anderen Gesetz folgt. In einer weiteren berühmten Stellungnahme genau zu diesem Thema schrieb er einmal: *Non fingo hypotheses,* also »Ich stelle keine Hypothesen auf«. Ihm reichte die Erklärung, wie die Schwerkraft wirkte, warum sie so wirkte bekümmerte ihn nicht. Erst über 200 Jahre nach dem Erscheinen der *Principia* wurde das Rätsel gelöst. Auch wenn wir uns hier um die Gründe nicht kümmern, steht es doch zweifelsfrei fest, daß sich die Schwerkraft nach dem Newtonschen umgekehrt Quadratischen Abstandsgesetz richtet.

### Der Wahrheitsbeweis

Die von einem Körper ausgeübte Schwerkraft ist in Wirklichkeit sowohl dem Wert 1 geteilt durch das Quadrat des

Abstands von seinem Mittelpunkt als auch seiner Masse proportional. Ein massiveres Objekt löst eine stärkere Gravitationswirkung aus. Die von der Erde an ihrer Oberfläche ausgeübte Gravitationswirkung nennen wir Gewicht. Jedes Gramm Materie in einem Körper auf der Erdoberfläche wird von der Erde mit derselben Kraft angezogen; je mehr Materie sich in einem Körper befindet, je mehr Gewicht er also aufweist, um so schwerer ist er. Wir sagen, die von der Erde auf eine Masse von einem Gramm auf der Erdoberfläche ausgeübte Kraft ist ein Gewicht von einem Gramm - auf der Erde wiegt eine Masse von einem Gramm genau ein Gramm, und das ist für die auf der Erdoberfläche lebenden Menschen eine logische Definition.

Für Raumfahrer liegen die Dinge nicht so einfach. Wenn wir einen Körper mit einer bestimmten Masse, etwa einem Kilogramm, von der Erde auf den Mond bewegen, hätte er nach wie vor dieselbe Masse, in diesem Fall 1 000 Gramm. Da der Mond jedoch weniger Masse aufweist als die Erde, wird jedes Gramm vom Mond weniger stark angezogen werden als von der Erde, als es sich noch auf der Erdoberfläche befand. Also wöge es weniger; auf der Oberfläche des Mondes wöge eine Masse von einem Kilogramm tatsächlich nur rund ein Sechstel Kilogramm. Diese Vorhersage nach der Newtonschen Theorie ist natürlich unmittelbar überprüft worden; der Mensch ist inzwischen auf dem Mond gewesen und hat die Gewichtsdifferenz beobachtet. Das war auch nicht anders zu erwarten, denn sogar die Berechnung der Flugbahn, die das Raumschiff beschrieb, folgte den Newtonschen Gesetzen, und die Raumfahrer wären nie auf den Mond gelangt, wenn diese Gesetze nicht gestimmt hätten. Dennoch ist es schön, wenn man so instinktiv feststellen kann, daß Newton recht hatte. Um 1980 herrschte vorübergehend große Aufregung in der Wissenschaft und sogar in den Medien, als postuliert wurde, Newton könnte sich vielleicht in einer viel komplizierteren Hinsicht doch geirrt haben, und es könne in Abständen von einigen zig Metern unter Umständen winzige Abweichungen vom Quadratischen Abstandsgesetz geben, wenngleich dieses Gesetz bei der Berechnung der Planetenbahnen und der Flugbahnen von Raumschiffen absolut richtig funktioniere. Die ganze Aufregung erwies sich schließlich als unbegründet, doch sie war mit ein Grund, weshalb das Newtonsche Gravitationsgesetz inzwischen noch genauer überprüft worden ist als je zuvor und diese Prüfung mit Auszeichnung bestanden hat.

Man kann sich das alles auch unter dem Blickwinkel der Proportionalitätskonstante ansehen, die in das Gesetz eingeht. Wenn die auf jedes Gramm einwirkende Gravitationskraft der Masse der Erde und dem Wert von 1 geteilt durch das Quadrat des Abstands vom Erdmittelpunkt proportional ist, kann man genau so gut sagen, diese Kraft sei gleich einer Konstante (G genannt), multipliziert mit der Erdmasse und mit 1 geteilt durch das Quadrat des Abstandes von ihrem Mittelpunkt. Die Größe von Newtons Erkenntnis liegt auch darin, daß die Konstante G dieselbe ist, auch wenn wir es mit verschiedenen Massen und verschiedenen Abständen zu tun haben (wie zum Beispiel bei der Einwirkung der Masse der Sonne auf die Erde über eine Entfernung von 150 Millionen Kilometern).

Sonderbarerweise hat Newton selbst den Begriff »Gravitationskonstante« in den *Principia* nie benutzt. Das war auch gar nicht nötig, denn alle seine Berechnungen, wie zum Beispiel der Vergleich zwischen dem fallenden Apfel und der Umlaufbahn des Mondes, lassen sich mit Verhältnissen durchführen, und in diesen Fällen hebt sich die Konstante aus der Gleichung heraus.

Um 1730 untersuchte der französische Physiker Pierre Bouguer die Dichte der Erde, indem er die Ablenkung eines Lots in der Nähe eines Berges bestimmte; diese Messungen lassen sich grundsätzlich zur Berechnung von G verwenden. Die ersten wirklich genauen Messungen, die einen Anhaltspunkt für die Größe der Gravitationskonstante vermittelten, wurden jedoch erst um 1790, über hundert Jahre nach dem Erscheinen der *Principia,* von Henry Cavendish durchgeführt, einem britischen Physiker, der bei der Veröffentlichung seiner Ergebnisse sogar noch zögerlicher gewesen zu sein scheint als Newton.

Cavendish war ein exzentrischer Eigenbrötler, der zu Lebzeiten wenig veröffentlichte (er starb im Alter von 78 Jahren 1810). Diesen Luxus konnte er sich leisten, denn er hatte von seinem Onkel erhebliche Reichtümer geerbt; er war der Sohn von Lord Charles Cavendish, selbst Mitglied der Royal Society, und Enkel (auf der väterlichen Seite) des Herzogs von Devonshire und (mütterlicherseits) des Herzogs von Kent. Bei seinem Tod hinterließ er über eine Million Pfund, damals ein Riesenvermögen; ein Teil des Familienvermögens wurde um 1870 von einem späteren Herzog von Devonshire (dem siebten, ebenfalls einem begabten Mathematiker) zur Gründung des Cavendish-Laboratoriums in Cambridge verwandt, das nach Henry Cavendish benannt ist und bis heute eines der führenden Wissenschaftszentren geblieben ist. Lange nach Henry Cavendishs Tod ergab sich aus seinen Aufzeichnungen, daß er vieles von dem vorweggenommen hatte, was später andere entwickelten, vor allen Dingen auf dem Gebiet der Elektrizitätslehre, darunter auch das Ohmsche Gesetz. Cavendishs Forschungsarbeiten über die Elektrizität wurden schließlich von James Clerk Maxwell herausgegeben, dem ersten Cavendish-Professor für Physik und Leiter des neuen Cavendish-Laboratoriums. Sie erschienen 1879. Seine Schwerkraftmessungen wurden jedoch 1798, also noch zu seinen Lebzeiten, veröffentlicht. Wie die früheren Arbeiten von Bouguer sollten auch sie der Messung von Masse und Dichte der Erde dienen, und in Cavendishs Arbeiten war von $G$ keine Rede. Mit Hilfe des Newtonschen Schwerkraftgesetzes kann man jedoch, wenn man die Masse (und den Radius) der Erde kennt, $G$ einfach dadurch bestimmen, daß man das Gewicht eines Gegenstandes auf der Oberfläche des Planeten mißt. Mithin gelten Cavendishs Experimente als die erste genaue Bestimmung der Gravitationskonstante. Außerdem ist das Verfahren, das er bei diesen Messungen angewandt hat (und das ursprünglich von einem gewissen John Michell, über den später noch mehr zu sagen sein wird, angeregt wurde, zum klassischen Laborversuch seiner Art geworden und wird bis heute mit geringfügigen Änderungen angewandt.

Das dazu benutzte Gerät, eine sogenannte Torsionswaage, besteht aus einem feinen Stab, der in der Mitte an einem Faden aufgehängt ist; an beiden Enden hängt ein kleines Gewicht (Cavendish benutzte dazu Bleikügelchen). Zwei große Massen (größere Bleikugeln) wurden in einem bestimmten Winkel zu diesem Stab angeordnet, so daß durch die gravitationsbedingte Einwirkung der großen Massen auf die kleinen Massen der Stab verdreht werden mußte. Cavendish maß den Winkel, um den sich der Stab verdrehte. Dazu benutzte er ein System von Spiegeln; so konnte er die von den großen Kugeln auf die kleinen Kugeln ausgeübte Kraft bestimmen. Die auf die kleinen Kugeln einwirkende Erdschwerkraft (ihr Gewicht) erwies sich als 500 Millionen mal höher als die von den großen Kugeln aufgeübte Seitwärtskraft; Cavendish konnte aber dennoch die winzigen auftretenden Ablenkungen messen und durch Vergleich mit dem Gewicht der Kugeln die Erdmasse bestimmen. Seine Messungen zeigen, daß die Erde $6 \times 10^{24}$ (eine 6 mit 24 Nullen) Kilogramm Materie enthält und ihre Dichte das Fünfeinhalbfache der Dichte des Wassers beträgt; das wollte er feststellen. Wie beim Vergleich zwischen dem Apfel und dem Mond, so kürzt sich auch hier die Gravitationskonstante in diesem Teil der Berechnungen heraus. Wenn man ein bißchen mit den Gleichungen herumspielt, geben sie einen Wert für G von $6,7 \times 10^{-8}$ im CGS-System.

Erst hundert Jahre später konnte die Genauigkeit von Cavendishs Experimenten mit der Torsionswaage verbessert werden, und erst um 1890 führte die Wissenschaft überhaupt einen Wert für G an und behandelte G als Grundkonstante der Natur, wie wir sie heute kennen. Mittlerweile wird durch viele Beweise aus Laborversuchen belegt, daß G wirklich eine Konstante ist und für alle Massen gilt, woraus sie auch bestehen. Auch zahllose astronomische Messungen haben bewiesen, daß G überall denselben Wert aufweist; Messungen von fallenden Gewichten im Laboratorium und astronomische Untersuchungen bestätigen, daß das Schwerkraftgesetz tatsächlich ein Quadratisches Abstandsgesetz ist. Seit Newtons Zeit sind allerdings nur noch wenige Versuche durchgeführt worden, um die Stärke der Schwerkraft auf Entfernungen von ein paar zig Metern bis zu ein paar hundert Metern zu bestimmen. Das lag zum Teil daran, daß solche Messungen schwierig sind, zum Teil auch daran, daß sie eigentlich überflüssig sind, denn wenn das Newtonsche Gesetz auf kürzeren und längeren Entfernungen gilt, darf man wohl davon ausgehen, daß es auch im mittleren Bereich dieser Entfernungen gelten muß. Aber genau das war das fehlende Beweisstück, aus dem sich die weiter oben erwähnte Aufregung ergab.

Daß etwas mit dem Newtonschen Gravitationsgesetz nicht stimmen könnte, folgerte man hauptsächlich aus Messungen der Schwerkraft in Bergwerksschächten. Dabei mußte ein Gegenstand in unterschiedlichen Tiefen sehr genau vermessen werden, weil man feststellen wollte, wie sich das Gewicht verändert, wenn man immer tiefer ins Erdinnere vordringt. Wenn die Erde eine völlig gleichmäßige Kugel wäre, müßte in jeder Tiefe unterhalb der Erdoberfläche die Anziehungskraft zum Erdmittelpunkt hin genau gleich und so hoch sein, als wäre sämtliche Materie unterhalb der Erdoberfläche im Erdmittelpunkt konzentriert. Der gravitationsbedingte Einfluß des Materialmantels oberhalb der Tiefe, in der die Messungen durchgeführt wurden, wirkt sich insgesamt nicht aus; die durch die geringe Masse direkt über dem Meßpunkt und daneben ausgeübte Zugwirkung wird ganz genau durch die in der entgegengesetzten Richtung wirkende Zugkraft aus der viel größeren Masse im selben Mantel über eine größere Entfernung auf der anderen Seite der Erde ausgeglichen.

In der wirklichen Welt muß man jedoch bei Messungen der Schwerkraft innerhalb der Erde (und sogar auf der Erdoberfläche) auch die geologischen Verhältnisse berücksichtigen. Jede Gesteinsart ist von anderer Dichte und übt mithin auf das Meßgerät eine stärkere oder schwächere Zugwirkung aus. Um 1980 sah es jedoch so aus, vor allem nach einer Reihe von Messungen in einem australischen Bergwerk, als zeigten diese Versuche in einer Entfernung von rund hundert Metern eine Abweichung vom Newtonschen Gesetz, so als wäre G etwa ein Prozent kleiner als der in Laborversuchen und Untersuchungen der Planetenbewegungen bestimmte Wert. Messungen, zu denen die Instrumente in Bohrlöcher (im Gestein und in Eisflächen) abgesenkt wurden sowie andere Messungen, bei denen das Gerät auf hohe Türme verfrachtet wurde (so daß Gegenstände in verschiedenen Höhen über dem Boden gewogen werden konnten), schienen diese merkwürdigen Anomalien eine Zeitlang zu bestätigen, und die Physiker sprachen schon ganz aufgeregt von einer »fünften Kraft«, die der Schwerkraft entgegenwirkte (also einer Anti-Gravitationskraft), jedoch nur über einige zig Meter wirkte.[1] Als bei einigen Messungen auf dem Turm scheinbar auch noch eine zusätzliche Anziehungskraft neben der Schwerkraft nachgewiesen wurde, wurde gleich auch von der »sechsten Kraft« gesprochen. Doch das Ganze erwies sich als Trugschluß; Newton hatte schließlich doch recht. Alle angeblich aufgetretenen »Nicht-Newtonschen« Effekte ließen sich schließlich mit der guten alten Newtonschen – Gravitationskraft erklären, sobald man die geologische Verteilung der Gesteine und Erzvorkommen in der Umgebung der Meßstellen richtig berücksichtigte. Die in Australien gefundenen ursprünglichen »Beweise« für die »Nicht-Newtonsche« Schwerkraft waren nachher die von einer Reihe von Bergkämmen in etwa drei Kilometern Entfernung vom Bergwerk hervorgerufenen Gravitationskräfte - was einem eine Vorstellung davon vermittelt, wie empfindlich diese Messungen sind.

Natürlich kann man eigentlich nicht beweisen, daß es keine fünfte Kraft gibt. Die Physik kann jedoch die Stärke dieser Kraft begrenzen, bis zu der sich diese Kraft in den Versuchen nicht zeigen muß. Um 1990 waren diese Grenzen so weit verfeinert worden, daß eine fünfte Kraft mindestens um das Hunderttausendfache schwächer als die Schwerkraft auf eine Entfernung von einem Meter bis zu tausend Metern sein muß. Diese geheimnisvolle fünfte Kraft hat jedoch vielleicht auch einen wissenschaftlichen Zweck gehabt, sei es auch nur deshalb, weil manche meinten, daß eine fünfte Kraft vielleicht existiere und in der zweiten Hälfte der achtziger Jahre die Physiker deshalb besonders genaue Messungen durchführten, um diese engen Grenzen zu bestimmen. Die Folge: Die Konstanz von G und die Genauigkeit des Quadratischen Abstandsgesetzes gelten für alle Entfernungen, von Experimenten auf der Tischplatte bis zur Bewegung der Sterne und Planeten, und das ist besser belegt als je zuvor. Wir wissen sogar besser als Newton selbst, daß das Newtonsche Schwerkraftgesetz wirklich universell ist.

Obwohl Newton experimentell nicht beweisen konnte, daß sein Schwerkraftgesetz in diesem Sinne allgemeingültig war, nahm er natürlich an, daß dieses Gesetz überall und für alle Körper gelten mußte. Da es bei seiner zweiten großen Leistung um die Untersuchung des Lichts geht, um eine Erklärung von Lichterscheinungen auf der Grundlage winziger Partikel oder Korpuskeln, die aus einer Lichtquelle hervorgehen und durch Spiegel reflektiert oder Prismen und Linsen gebrochen werden, ist es um so bemerkenswerter, daß er sich offenbar nie Gedanken darüber gemacht hat, wie die Schwerkraft wohl das Licht beeinflußt. Die erste Veröffentlichung, in der über dieses Geheimnis etwas ausgesagt wird, erschien erst fast hundert Jahre nach der Veröffentlichung der Principia, als derselbe John Michell, der sich das Experiment mit der Torsionswaage ausgedacht hatte, die Vorstellung von den Dunkelsternen entwickelte.

## Überall im Sonnensystem

Den Schlüssel zu diesem Gedanken bildete neben dem Newtonschen Schwerkraftgesetz die Messung der endlichen Lichtgeschwindigkeit. Für die meisten Menschen, die sich zum ersten Mal mit diesem Gedanken vertraut machen, ist es eine der größten Überraschungen, daß die Lichtgeschwindigkeit schon verhältnismäßig genau gemessen worden war, bevor Newton die *Principia* veröffentlichte.

Diese Berechnung stellte ein Däne, Ole Rømer, um 1670 an; er war 1644 zur Welt gekommen und arbeitete um diese Zeit am Pariser Observatorium. Unter anderem befaßte sich Rømer mit dem Verhalten der Jupitermonde, die damals für Astronomen von besonderem Interesse waren, da sie das von Kopernikus und Kepler beschriebene Sonnensystem im Kleinformat darstellten. Den riesigen Planeten Jupiter umkreiste eine Reihe von Monden etwa so, wie die Planeten die Sonne umkreisten. Zu Rømers älteren Kollegen in Paris gehörte der aus Italien stammende Astronom Giovanni Cassini, der im Alter von 44 Jahren 1669 nach Frankreich gekommen war, um das neue Observatorium zu leiten und 1673 französischer Bürger wurde (wobei er seinen italienischen Vornamen in »Jean« umänderte). Cassini war ein geschickter Beobachter und arbeitete im neuen Observatorium mit den neuesten Instrumenten. 1675 entdeckte er die Lücke, die die Saturnringe in zwei Teile spaltet, und die bis heute als »Cassini-Teilung« bekannt ist. Zu seinen wichtigeren Arbeiten gehörten jedoch auch Untersuchungen des Verhaltens der Jupiter-Satelliten, und er veranstaltete die erste halbwegs genaue Messung der Entfernung von der Erde zur Sonne. Mit Hilfe dieser beiden Informationen ermittelte Rømer die Lichtgeschwindigkeit.

Eines der am deutlichsten erkennbaren und auch interessantesten Merkmale im Verhalten der Jupiter-Monde ist ihre regelmäßige Verfinsterung, wenn sie in den Schatten des Planeten eintreten und sich wieder aus ihm entfernen. Schon vor seiner Abreise aus Italien hatte Cassini eine Tabelle der Verfinsterungen (ähnlich wie einen Busfahrplan) für die vier wichtigsten Jupiter-Satelliten zusammengestellt: Io, Europa, Ganymed und Kallisto, die Galilei mit dem ersten astronomischen Fernrohr im Jahr 1610 entdeckt hatte. Mit Hilfe der Keplerschen Gesetze zur Beschreibung der Bewegung dieser Monde konnte Cassini vorhersagen, wann sie sich verfinsterten. Rømer stellte jedoch fest, daß diese Verfinsterungen manchmal etwas zu früh und dann wieder etwas verspätet im Vergleich zu den Angaben in Cassinis Tabellen eintraten. Er konzentrierte sich zunächst auf das Verhalten des innersten großen Jupiter-Mondes, Io, und stellte gewisse Regelmäßigkeiten fest. Der Abstand zwischen den Eklipsen war kürzer als er hätte sein sollen, wenn zwei aufeinanderfolgende Eklipsen zu beobachten waren, während sich die Erde auf dem kürzesten Abstand zum Jupiter hin bewegte (dabei befanden sich beide Planeten auf derselben Seite der Sonne), und er war länger, wenn zwei Eklipsen beobachtet wurden, während sich die Erde auf ihrem Jupiter-fernsten Punkt (auf der entgegengesetzten Seite der Sonne) bewegte.

Auch wenn er die Gründe für diese Erscheinung nicht kannte, konnte Rømer doch auf der Grundlage der von ihm entdeckten Regelmäßigkeiten gewisse Voraussagen treffen. Im September 1679 sagte er voraus, daß die Eklipse des Io durch den Jupiter am 9. November um zehn Minuten später eintreten werde, als es nach den üblichen Bahnberechnungen zu erwarten wäre. Die Vorhersage traf ein, und Rømer versetzte seine Kollegen mit der Erklärung in Erstaunen, diese Verzögerung sei auf die endliche Zeit zurückzuführen, die das Licht braucht, um den Abstand von Io bis zur Erde zu durchlaufen.

In den Monaten kurz vor dieser Eklipse hatte sich die Erde auf ihrer Bahn von Jupiter weg bewegt. Als die vorausgegangene Eklipse eingetreten war, war das Licht, das das Eintreten der Eklipse anzeigte, noch nicht so weit gewandert, daß es die Erde erreicht hatte. Die Eklipse im November war tatsächlich zur berechneten Zeit eingetreten, sagte Rømer, doch zu diesem Zeitpunkt befand sich die Erde um so viel weiter von Jupiter entfernt, daß das Licht zehn Minuten länger gebraucht hatte, um die Entfernung bis zu den Teleskopen im Pariser Observatorium zurückzulegen.

Hier setzte nun Cassinis wichtigste Arbeit an, die Untersuchung der Größe des Sonnensystems. 1672 hatte Cassini die Position des Mars vor dem Sternenhintergrund von Paris aus sorgfältig beobachtet, während sein Kollege Jean Richer ähnliche Beobachtungen in Cayenne an der Nordostküste Südamerikas angestellt hatte. Aus diesen Messungen konnten sie die Geometrie eines riesigen, dünnen Dreiecks bestimmen, dessen Basis sich über fast zehntausend Kilometer von Paris bis Cayenne erstreckte und an dessen Spitze der Mars stand. Daraus konnte Cassini die Entfernung zum Mars schätzen und auf dieser Grundlage die Bahnen der anderen Planeten annähernd bestimmen, darunter auch die der Erde; dazu brauchte er nur die Keplerschen Gesetze und die Zeit, die jeder Planet für eine Bahnumrundung brauchte.

Cassini schätzte die Entfernung von der Erde zur Sonne (heute als astronomische Einheit oder AE bekannt) auf 138 Millionen Kilometer - bis dahin die bei weitem genaueste Schätzung; Tycho hatte acht Millionen Kilometer geschätzt und Kepler selbst eine Entfernung von rund 24 Millionen Kilometern postuliert, während moderne Messungen die AE auf 149 597 910 Kilometer festsetzen. Unter Verwendung der von Cassini geschätzten Entfernung über die Erdumlaufbahn, also für die zusätzliche Entfernung, die das Licht von Eklipse im November 1679 zurücklegen mußte, bis es sein Teleskop erreichte, rechnete Rømer eine Lichtgeschwindigkeit von (in modernen Einheiten) etwa 225 000 Kilometern pro Sekunde. Nach Rømers Methode berechnet, jedoch unter Verwendung der modernen Schätzwerte für die Größe der Erdumlaufbahn, betrüge diese Zahl 298 000 Kilometer pro Sekunde; der heutige Wert für die Lichtgeschwindigkeit beträgt 299 792 Kilometer pro Sekunde, und das liegt so entsetzlich dicht bei einer schönen, runden Zahl, daß gelegentlich allen ernstes vorgeschlagen worden ist, die Länge des Meters so zu definieren, daß die Lichtgeschwindigkeit genau 300 000 Kilometer pro Sekunde beträgt.

Das in Zahlen ausgedrückte Rechenergebnis war jedoch weit weniger wichtig als die aus Rømers Arbeit abzuleitende Behauptung von der Endlichkeit der Lichtgeschwindigkeit und die Feststellung, daß Lichtsignale nicht augenblicklich durch den leeren Raum wandern. Das war eine so aufsehenerregende Behauptung, daß viele Wissenschaftler sie seinerzeit nicht anerkennen mochten. Daß die Lichtgeschwindigkeit wirklich endlich ist, wurde erst nach Rømers Tod allgemein akzeptiert. Rømer starb 1710, doch erst nach 1720 rechnete ein englischer Astronom, James Bradley, mit einem anderen Verfahren die Lichtgeschwindigkeit aus und beseitigte damit auch die letzten Zweifel.

Bradley (der nach Halleys Tod 1642 dritter britischer »Astronome Royal« wurde) stellte fest, daß er bei Untersuchungen des hellen Sterns Gamma Draconis im September sein Teleskop in einen etwas anderen Winkel stellen mußte als im März, als er ebenfalls ein deutliches Bild desselben Stern erhalten hatte. Es sah so aus, als bewege sich der Stern etwas am Himmel und dann wieder zurück; dieser Effekt,

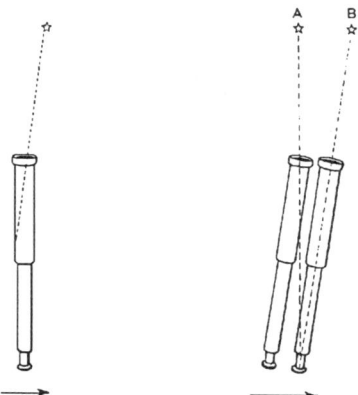

*Abbildung 1.2 Weil sich die Erde bewegt, muß ein Teleskop geneigt sein, wenn das Licht von einem Stern das Teleskoprohr hinunter wandern soll. Ein Stern, der sich wirklich in Position A befindet, scheint in Position B zu stehen. Die Verschiebung erfolgt in entgegengesetzter Richtung, wenn sich die Erde entgegengesetzt dreht. Deswegen verändern sich die scheinbaren Positionen der Sterne innerhalb eines Jahres, wenn die Erde ihre Bahn um die Sonne beschreibt. Dieser Effekt wird Aberation genannt und kann zur Messung der Lichtgeschwindigtkeit benutzt werden.*

den er Aberation nannte, tritt bei allen Sternen auf. Bradley wurde jedoch klar, daß er in Wirklichkeit auf die Bewegung der Erde im Raum zurückzuführen ist. Die zusätzliche Neigung des Teleskops ist notwendig, weil in dem winzigen Sekundenbruchteil, in dem das Licht durch das Teleskoprohr wandert, das Teleskop durch die Erdbewegung ein kleines bißchen seitlich verschoben worden ist (Abb. 1.2). Bradley maß die durch diesen Effekt hervorgerufene Winkelverschiebung des Sterns; sie beträgt etwas mehr als zwanzig Bogensekunden und liegt knapp über einem Prozent der Winkelgröße des Mondes, von der Erde aus gesehen. Durch die Messung dieser winzigen Verschiebung des Sternenlichtes kam er zu dem Schluß, daß die Lichtgeschwindigkeit 308 300 Kilometer pro Sekunde betragen mußte; das lag immerhin so nahe bei Rømers Angabe, daß die Wissenschaftler im 18. Jahrhundert davon überzeugt wurden, die Lichtgeschwindigkeit sei tatsächlich endlich. Diese Zahl ist auch nicht weit von unserem heutigen Wert entfernt.[2] Gegen Ende des Jahrhunderts hatten zwei wissenschaftliche Denker unabhängig voneinander das Newtonsche Schwerkraftgesetz und die Newtonsche Vorstellung von der Beschaffenheit des Lichts eingesetzt, um zu bestimmen, wie die Schwerkraft unter Umständen das Verhalten des Lichts beeinflußt.

## Die ersten Schwarzen Löcher

Wer jemals den Start einer Raumfähre miterlebt hat, sei es auch nur im Fernsehen, erkennt, welch ungeheurer Aufwand getrieben werden muß, wenn man ein Objekt von der Erdoberfläche in eine stabile Erdumlaufbahn bringen will. Noch viel mehr Aufwand ist nötig, wenn man ein Objekt völlig aus dem Einfluß der Erdschwerkraft hinaus befördern und in das Sonnensystem schicken will, wie die berühmten Raumsonden vom Typ »Voyager«, die so phantastische Bilder vom Jupiter und anderen fernen Planeten übermittelt haben. Wieviel Energieaufwand nötig ist, um aus dem Bann der Erdschwerkraft zu entrinnen, läßt sich am besten im Hinblick auf die Geschwindigkeiten messen, mit der sich der entweichende Gegenstand bewegt. Für jede Gravitationsquelle (also jedes Objekt im Universum) muß eine bestimmte kritische Geschwindigkeit erreicht werden, bis ein Objekt, das senkrecht von der Oberfläche abhebt, diesem Schwerefeld entrinnen kann. Diese Geschwindigkeit heißt Fluchtgeschwindigkeit.

Wenn man durch irgendeine Zauberei die Erde dichter machen könnte, so daß sie mehr Masse enthielte, jedoch ihre jetzige Größe behielte, nähme die Fluchtgeschwindigkeit zu. Obwohl sehr große Gegenstände, wie die Sonne und Jupiter, viel mehr Masse enthalten als die Erde, ist diese Masse doch über ein größeres Volumen verteilt, so daß die Oberfläche der Sonne oder des Jupiter vom jeweiligen Mittelpunkt viel weiter entfernt ist als die Oberfläche der Erde von deren Mittelpunkt. Erinnern wir uns, daß die Schwerkraft mit 1 geteilt durch das Quadrat des Abstandes vom Mittelpunkt eines Körpers abnimmt; das schwächt also die Wirkung der Schwerkraft und gleicht die zusätzliche Masse mindestens zum Teil aus, und die Fluchtgeschwindigkeit von der Oberfläche eines massiveren (aber größeren) Planeten ist also nicht einfach im Verhältnis höher als die Fluchtgeschwindigkeit von der Oberfläche der Erde, sondern hängt auch von der Dichte des Planeten ab.

Eine Rakete, ebenso die Raumfähre, gewinnt erst allmählich an Geschwindigkeit, während sie beim Start Treibstoff verbrennt. Denselben Effekt könnten wir jedoch erreichen, wenn wir eine so leistungsfähige Kanone hätten, daß sie Kanonenkugeln mit Fluchtgeschwindigkeit senkrecht nach oben abfeuern könnte. Schössen wir Kanonenkugeln senkrecht von der Erdoberfläche aus ab, so müßten sie das Kanonenrohr mit einer Geschwindigkeit von 40 000 Kilometern pro Stunde (elf Kilometer pro Sekunde) verlassen, um aus dem Einflußbereich der Erdschwere zu entkommen. Was sich mit einer niedrigeren Anfangsgeschwindigkeit bewegt, wird schließlich abgebremst, bleibt stehen und fällt auf die Erde zurück; was sich schneller als mit Fluchtgeschwindigkeit bewegt, wird abgebremst, doch nie bis zum Stillstand gebracht und bewegt sich weiter in den Weltraum hinaus, bis es unter den Schwereeinfluß irgendeines anderen massiven Objekts kommt. Die Fluchtgeschwindigkeit vom Mond beträgt nur 8 570 Kilometer pro Stunde, während die Fluchtgeschwindigkeit vom Jupiter fast 220 000 Kilometer pro Stunde (etwas mehr als sechzig Kilometer pro Sekunde) liegt.

Die Fluchtgeschwindigkeit ist jedenfalls die Geschwindigkeit, mit der man Kanonenkugeln senkrecht nach oben feuern müßte, wenn sie aus dem Einflußbereich des Planeten entkommen sollten. Wenn wir jetzt unsere hypothetische Kanone auf der Sonnenoberfläche aufstellten? Dort betrüge die Fluchtgeschwindigkeit über zwei Millionen Kilometer pro Stunde – eine ehrfurchtgebietende Geschwindigkeit, bis man sich klarmacht, daß das nur 624 Kilometer pro Sekunde sind, also etwa das 57-fache der Fluchtgeschwindigkeit von der Erdoberfläche, doch immer noch lediglich 0,2 Prozent der Lichtgeschwindigkeit. Das Licht kann deshalb ohne Schwierigkeiten von der Oberfläche der Sonne austreten.

Im 18. Jahrhundert stellte sich die Wissenschaft das Licht als Korpuskularstruktur vor, wie Newton sie beschrieben hatte; bildlich konnte man sich das etwa so wie winzige Kanonenkugeln denken, die aus einem glühenden Objekt austreten. Da bot sich die Annahme an, daß diese Korpuskeln genau so von der Schwerkraft beeinflußt werden mußten wie jedes andere Objekt, und so rechnete man auch die Fluchtgeschwindigkeit von der Erde aus und konnte die Fluchtgeschwindigkeit von der Sonne halbwegs genau schätzen, solange man der Sonne dieselbe Dichte zumaß wie der Erde. Doch stellen wir uns vor, daß es im Universum noch größere Objekte als die Sonne gibt. Nehmen wir an, es gäbe Sterne von einer Größe, daß die Fluchtgeschwindigkeit von ihrer Oberfläche über der Lichtgeschwindigkeit läge. In diesem Fall wären sie unsichtbar! Diese schwindelerregende Vorstellung entwickelte John Michell 1783 und verursachte damit unter den nüchternen Mitgliedern der Royal Society ein gehöriges Aufsehen.

Michell war 1724 geboren worden, also sieben Jahre jünger als sein Freund Henry Cavendish. Auf dem Höhepunkt seiner wissenschaftlichen Laufbahn wurde er in englischen Wissenschaftlerkreisen nur noch mit Cavendish verglichen, und bis heute ist er als Vater der Seismologie bekannt. Er studierte an der Universität Cambridge, machte 1752 seinen Abschluß, und sein Interesse an Erdbeben wurde durch die katastrophale Erderschütterung angeregt, die 1755 Lissabon zerstörte. Michell stellte fest, daß der Schaden in Wirklichkeit von einem Erdbeben verursacht worden war, dessen Zentrum unter dem atlantischen Ozean gelegen hatte. 1762, ein Jahr nachdem er seinen Bachelor-Grad in Theologie erworben hatte, wurde er zum Woodword-Professor für Geologie in Cambridge ernannt. 1764 wurde er Pfarrer in der Gemeinde Thornehill in Yorkshire, und in einigen Büchern wird der Eindruck vermittelt, der Geistliche John Michell sei einfach ein dilettierender Landpfarrer, ein Amateurwissenschaftler gewesen, während sein wissenschaftlicher Ruf in Wirklichkeit längst begründet war, bevor er der Kirche beitrat. 1760 war er zum Mitglied der Royal Society gewählt worden, bevor er den Bachelor in Theologie gemacht hatte.

Michell leistete viele Beiträge zur Astronomie, darunter auch die erste wirklichkeitsnahe Schätzung der Entfernungen zu den Sternen und der Vorschlag, daß einige am Nachthimmel erscheinende Sternenpaare nicht einfach zufällige Konstellationen von zwei Objekten in ganz unterschiedlicher Entfernung in Sichtlinie sind, sondern »Doppelsterne«, die sich in Bahnen umeinander drehen. Wie weiter oben schon beschrieben, erfand er die Bestimmung der Gravitationskraft mit Hilfe der Torsionswaage, starb allerdings 1793, bevor diese Messungen tatsächlich durchgeführt wurden. Trotz aller dieser Leistungen war Michell im 19. und 20. Jahrhundert fast vergessen, und trotz seiner Rehabilitierung in jüngster Zeit ist in der kurzen Eintragung in der *Enzyclopedia Britannica* unter seinem Namen nicht einmal die Rede von seiner, wie man heute meint, zukunftsträchtigsten, dramatischsten Leistung.

Zum erstenmal erwähnte Michell Dunkelsterne in einem Vortrag, den Cavendish am 27. November 1783 vor der Royal Society hielt und der im darauf folgenden Jahr veröffentlicht wurde.[3] Es handelte sich hier um eine Erörterung von eindrucksvoller Ausführlichkeit, in der Mittel und Wege überlegt wurden, die Eigenschaften von Sternen, darunter ihre Entfernung, Größe und Masse, durch Messung des Schwerkrafteffekts auf das von ihrer Oberfläche abgestrahlte Licht zu bestimmen. Das ganze Denkgebäude gründete sich auf die Annahme, daß »die Lichtteilchen genau so wie alle anderen Körper, mit denen wir vertraut sind, einer Anziehungskraft unterliegen«, denn die Gravitation ist, erklärte Michell, »soweit wir wissen oder annehmen dürfen, ein allgemeingültiges Naturgesetz«. Unter vielen anderen ausführlichen Überlegungen in Michells lange vergessener, jetzt jedoch berühmter Arbeit, heißt es auch:

> Wenn es in der Natur tatsächlich Körper gibt, deren Dichte nicht geringer ist als die der Sonne, und deren Durchmesser über das Fünfhundertfache des Durchmessers der Sonne betragen, da ihr Licht ja uns nicht erreichen könnte...., hätten wir aus der Anschauung keinerlei Informationen; wenn jedoch andere leuchtende Körper sich um sie drehten, könnten wir vielleicht aus den Bewegungen dieser umlaufenden Körper auf die Existenz der zentralen Körper mit einer gewissen Wahrscheinlichkeit schließen, denn das könnte doch einen Hinweis auf einige der scheinbaren Unregelmäßigkeiten der umlaufenden Körper bieten, die nicht ohne weiteres mit anderen Hypothesen zu erklären wären; da die Folgen einer solchen Annahme auf der Hand liegen und ihre weitere Behandlung etwas aus dem Rahmen meines jetzigen Themas fällt, werde ich sie hier nicht weiter behandeln.

In moderner Sprache ausgedrückt, heißt das: Michell hatte erkannt, daß eine fünfhundertmal so große Kugel wie die Sonne (etwa so groß wie das ganze Sonnensystem) und von derselben Dichte wie die Sonne eine Fluchtgeschwindigkeit von der Oberfläche aufwiese, die über der Lichtgeschwindigkeit läge. Obwohl diese Vorstellung in London zu erregten Debatten führte, wie aus vielen Berichten im Archiv der Royal Society hervorgeht, scheinen sie jedoch nicht aus England hinaus gedrungen zu sein, denn 1796 legte Pierre Laplace, offenbar ohne das Geringste von Michells Vorschlag gehört zu haben, in seinem halbpopulären Buch *Exposition du système du monde* im wesentlichen denselben Gedankengang vor.

Wenn man sich allerdings klarmacht, welche politischen Umwälzungen Frankreich damals gerade durchmachte, überrascht es einen nicht, daß Laplace mit seiner Lektüre der *Philosophical Transactions of the Royal Society* nicht auf dem laufenden war; wahrscheinlich kämpfte er ums Überleben, und darin sollte er sich noch als Meister erweisen. Er war 1749 in der Normandie als Sohn eines Bauern, der auch Friedensrichter war und wohl auch mit dem Cidre-Geschäft zu tun hatte, zur Welt gekommen. Bis zum Alter von sechzehn Jahren besuchte Pierre eine Benediktinerschule, studierte dann zwei Jahre an der Universität Caen und zog 1768 ohne Abschluß nach Paris. Dort beeindruckte er den Mathematiker Jean d'Alembert mit seinen Fähigkeiten und wurde Professor an der Ecole Militaire. 1773 wurde er zum Mitglied der französischen Akademie der Wissenschaften gewählt und arbeitete vor und nach der Revolution für die Regierung, war Mitglied der Kommission für Gewichte und Maße, die das metrische System einführte, und diente als Senator unter Napoleon (also eine Art Ebenbild der Karriere, die Newton als Direktor der Königlichen Münze im Staatsdienst durchmachte). Als Laplace 1814 merkte, woher der politische Wind wehte, trat er für die Wiederherstellung der Monarchie ein. Zum Lohn wurde er von Ludwig XVIII. zum Marquis gemacht und blieb im öffentlichen Leben aktiv, jetzt als Förderer der Bourbonen, bis zu seinem Tod im März 1827 (genau hundert Jahre nach dem Tod Newtons).

Es war ein Wunder, das er trotz aller Ereignisse ringsum überhaupt Wissenschaft treiben konnte; er war ein besonders fruchtbarer Forscher, in mancher Hinsicht das französische Gegenstück von Newton; so legte er unter anderem auch noch letzte Hand an Newtons eigene Anwendung der Gravitationstheorie im Sonnensystem.

Newton selbst war in einer Hinsicht vom Verhalten der Planeten in Erstaunen versetzt worden. Ein einziger Planet beschrieb auf seiner Bahn um die Sonne tatsächlich eine vollkommene Ellipse und folgte damit den Keplerschen – Gesetzen und dem Quadratischen Abstandsgesetz. Sobald jedoch zwei oder noch mehr Planeten in Umlauf waren, zerrten diese zusätzlichen Gravitationskräfte sie aus ihren Keplerschen Bahnen heraus. Newton hatte Angst, daß diese Effekte zur Instabilität führten, die Planeten schließlich aus ihrer Bahn stießen und entweder in die Sonne schössen oder irgendwo im Weltraum verschwinden. Er konnte die Fragestellung wissenschaftlich nicht aufklären, meinte jedoch, daß gelegentlich vielleicht Gottes Hand eingreifen und die Planeten wieder in die richtigen Bahnen zurückversetzen müsse, bevor diese Störungen zu stark würden.

Um 1780 bewies Laplace jedoch, daß sich diese Störungen selbst beheben. Am Beispiel von Jupiter und Saturn, den beiden größten Planeten im Sonnensystem mit der stärksten Gravitationswirkung, stellte er fest, daß sich eine Bahn zwar im Laufe der Jahre allmählich zusammenzog, doch zu gegebener Zeit auch wieder ausdehnte und eine Art Schwingung mit einer Periode von 929 Jahren um die theoretische Keplersche Bahn beschrieb. Darauf gründete sich eine der wohl berühmtesten Bemerkungen von Laplace. Als seine Arbeit über die Himmelsmechanik, wie diese Untersuchungen genannt wurden, in Buchform erschien, erklärte Napoleon Laplace, ihm sei aufgefallen, daß in dem Buch nirgendwo von Gott die Rede sei. Darauf Laplace: »Diese Hypothese brauche ich nicht.«

Die Laplacesche Version der Hypothese der Dunkelsterne – er nannte sie »des corps obscures«, also unsichtbare Körper, hielt ihre Existenz wohl auch für wahrscheinlicher als die Gottes – entsprach im wesentlichen der von Michell. Ein kleiner Unterschied bestand darin, daß Laplace seine Dunkelsterne als Objekte von der Dichte der Erde beschrieb, die ja erheblich höher als die Dichte der Sonne ist, also einen Durchmesser vom 250-fachen und nicht vom 500-fachen der Sonne berechnete. Er postulierte, daß es

> im Himmelsraum unsichtbare Körper von der Größe und vielleicht auch der Anzahl der Sterne gab. Ein leuchtender Stern von derselben Dichte wie die Erde und einem Durchmesser, der um das 250-fache größer als derjenige der Sonne ist, würde wegen seiner Anziehungskraft verhindern, daß seine Lichtstrahlen uns erreichen; es ist also möglich, daß die größten leuchtenden Körper im Universum aus diesem Grund unsichtbar sind.

Der Bericht über die Dunkelsterne erschien in der ersten Ausgabe der Expositions von 1796 und in der zweiten von 1799. 1801 berechnete der deutsche Astronom Johann von Soldner, wie ein in der Nähe eines Sterns vorbeiziehender Lichtstrahl durch den Einfluß der Newtonschen Schwerkraft gebogen werden mußte und spekulierte sogar, daß die Sterne, die die Milchstraße bilden, um einen sehr massiven, zentralen »corps obscure« der von Laplace vorgeschlagenen Art umliefen (am Ende kam er jedoch zu dem Schluß, daß diese Annahme wohl nicht zutraf, denn er nahm – fälschlich – an, daß die dann entstehende Seitwärtsbewegung nachweisbar sein müßte). In der 1808 erschienenen Ausgabe der *Expositions* war jedoch, ebenso wie in allen späteren Ausgaben, jeder Hinweis auf Dunkelsterne getilgt.

Warum gab Laplace diese Idee wieder auf? Vielleicht deshalb weil das Newtonsche Bild von Lichtkorpuskeln, die wie winzige Kanonenkugeln durch den Weltraum strömten, nicht mehr zuzutreffen schien, nachdem Thomas Young in England und Augustin Fresnel in Frankreich bewiesen hatten, daß sich das Licht wie eine Welle verhielt.

## Wellen und Teilchen: Auf dem Weg zur modernen Naturwissenschaft

Newton hatte die Eigenschaften des Lichts mit denen von Korpuskeln erklären können. Alle Beweise, die darauf hindeuteten, daß sich Licht geradlinig ausbreitet, bedeuteten für ihn, daß das Licht keine Welle sein könne; wer jemals einen Stein in einen Teich geworfen und zugesehen hat, wie sich danach die Wellen ausbreiten, weiß, daß Wellen sich nicht geradlinig ausbreiten.

Wie geradlinig sich das Licht ausbreitet, sieht man zum Beispiel dann, wenn man einen Schatten betrachtet; um den Rand hinter den beleuchteten Gegenstand dringt kein Licht herum, macht also den Schatten nicht unscharf. Selbst Licht, das bei einer Sonnenfinsternis schon den weiten Weg von der Sonne und am Mond vorbei zurückgelegt hat, erzeugt auf der Erdoberfläche einen deutlichen Schatten mit sauberen, scharfen Rändern.

Young und Fresnel stellten allerdings fest, daß sich das Licht doch wie eine Welle verhält, allerdings in einer viel feineren Ausprägung als in den eben genannten Beispielen. Bei ihrem wichtigsten Experiment trat Licht durch zwei ganz dünne Schlitze in einem Vorhang und traf auf einen weiteren Vorhang. Das auf dem zweiten Vorhang gebildete Muster aus hellen und dunklen Streifen zeigt, daß sich das Licht in Form einer Welle von jedem der beiden Schlitze aus verbreitet hat und die Lichtwellen miteinander Interferenzen gebildet haben, so wie die Interferenzen, die durch zwei Wellenzüge entstehen, wenn man zwei Steine gleichzeitig in einen stillen Teich wirft. Die Interferenzeffekte treten deshalb nicht deutlicher zu Tage, weil das Licht eine Wellenlänge von etwa drei Tausendstel Zentimeter aufweist, also selbst im Vergleich zu den kleinsten Kräuselungen auf einem Teich winzig ist. Mit sehr empfindlichem Meßgerät kann man jedoch sogar sehen, wie das Licht um die Ränder eines Gegenstandes herum austritt und versucht, den Schatten aufzufüllen, solange das beleuchtete Objekt einen sehr scharfen Rand aufweist, etwa eine Rasierklinge.

Um 1720, als Newton starb, waren fast alle Wissenschaftler überzeugt davon, daß das Licht aus einem Teilchenstrom bestand; um 1820, als Laplace starb, hatten sich dagegen fast alle Wissenschaftler zu der Vorstellung durchgerungen, daß das Licht von einer Form von Wellen erzeugt wurde. Später im 19. Jahrhundert entdeckte James Clerk Maxwell die Gleichungen, die genau beschreiben, wie sich diese Wellen in Form elektromagnetischer Schwankungen im Raum ausbreiten. Eine sich verändernde elektrische Komponente erzeugt die sich verändernde magnetische Komponente, die ihrerseits wieder die sich verändernde elektrische Komponente bewirkt, und so bewegt sich die Welle weiter. Als Maxwell seine Gleichungen entwickelte (die das Verhalten von Radiowellen beschreiben, die bekanntlich auch durch elektromagnetische Effekte hervorgerufen werden), stellte er fest, daß die Gleichungen automatisch die Geschwindigkeit der elektromagnetischen Welle festlegen und daß die in diese Gleichungen eingebaute Geschwindigkeit die Lichtgeschwindigkeit ist. Einen überzeugenderen Beweis dafür, daß sowohl das Licht als auch andere Strahlen Wellen sind, die den Maxwellschen Gleichungen gehorchen, konnte es kaum geben.

Deshalb erschütterte es die Physiker schon, als Albert Einstein zu Beginn des 20. Jahrhunderts darauf hinwies, daß einige Eigenschaften des Lichts nach wie vor nur mit denen eines Teilchenstroms zu erklären waren. So erläuterte er 1905 vor allem, daß die Art und Weise, wie ein Lichtstrahl Elektronen aus einer Metalloberfläche hinausschlagen kann (der photoelektrische Effekt), auf den Aufprall einer Reihe von Lichtteilchen zurückzuführen ist, die genau den Newtonschen − Korpuskeln entsprechen. Eine reine Welle, auch eine elektromagnetische Welle, kann so etwas einfach nicht bewirken. Auf Einsteins Arbeiten hin kam es zu einer erneuten Überprüfung der Beschaffenheit des Lichts, und daraus entstand die niederschmetternde Schlußfolgerung, daß eine Erklärung überhaupt nur möglich war, wenn sich das Licht sowohl als Welle, wie auch als Form von Teilchen verhielt, die man jetzt als Photonen bezeichnet. 1921 wurde Einstein für seine Arbeit der Nobelpreis in Physik verliehen. Um das Jahr 1920, knapp zweihundert Jahre nach Newtons Tod, waren die Physiker nunmehr überzeugt, daß sowohl Newton als auch Young rechtgehabt hatten und das Licht sowohl Teilchen als auch Welle ist.

Dieser Welle-Teilchen-Dualismus hat Folgen, die weit über die Untersuchung des Lichts hinausgehen. Er ist ein Eckpfeiler der Quantentheorie, die das Verhalten der Welt auf subatomarem Niveau beschreibt; in den zwanziger Jahren unseres Jahrhundert durchgeführte Experimente haben gezeigt, daß Elektronen, also Gebilde, die man sich bis dahin als Teilchen vorgestellt hatte, zusätzlich auch Welleneigenschaften aufweisen. Heute weiß man, daß dieser Welle-Teilchen-Dualismus für alle Gebilde gilt, auch wenn er erst auf molekularer und subatomarer Ebene Bedeutung erlangt. Dennoch können, wie wir später noch sehen werden, Quanteneffekte das Verhalten Schwarzer Löcher beeinflussen.

Die Entdeckung von der Doppelnatur des Lichts machte natürlich die Gültigkeit der Maxwellschen Gleichungen zunichte. Das Licht ist nach wie vor eine Welle, gleichzeitig aber auch ein Teilchen. Zu manchen Zwecken, beispielsweise bei der Erklärung des photoelektrischen Effekts, stellt man sich das Licht am besten als aus Photonen zusammengesetzt vor; diese Photonen müssen sich dann mit der von den Maxwellschen Gleichungen geforderten Lichtgeschwindigkeit ausbreiten. Allerdings berücksichtigen diese Gleichungen nicht, daß Licht unter dem Einfluß der Schwerkraft beim Austreten aus einem Stern verlangsamt wird, nicht einmal durch die ungeheure Oberflächenschwerkraft eines der Dunkelsterne von Michell. Mit anderen Worten: Die Kraft beschleunigt Photonen nicht. Einstein war klar, daß die Maxwellschen Gleichungen und die Newtonschen Bewegungsgesetze einander ausschlossen; um das Dilemma aufzulösen, entwickelte er die spezielle Relativitätstheorie (ebenfalls 1905 veröffentlicht).

Kernstück der speziellen Relativitätstheorie ist die Überlegung, daß die Geschwindigkeit des Lichts im Raum immer dieselbe ist, gleichgültig, von wo aus sie gemessen wird und wie schnell (und in welche Richtung) sich die messende Person bewegt. Diese Theorie besagt, daß alle Beobachter, die sich mit konstanter Geschwindigkeit zueinander bewegen, einander alle mit demselben Recht als im Ruhezustand befindlich bezeichnen können, während jeder andere Beobachter sich in Bewegung befindet. Sie erklärt auch, daß in Bewegung befindliche Uhren nachgehen (weil die Zeit selbst durch die Bewegung verlangsamt wird), in Bewegung befindliche Maßstäbe schrumpfen und in Bewegung befindliche Objekte an Masse gewinnen, alles im Vergleich zu einem stationären Beobachter. Außerdem erklärt sie uns, daß Energie und Masse gegeneinander austauschbar sind und, in unserem Zusammenhang hier besonders wichtig, daß sich kein Gegenstand jemals schneller bewegen kann als das Licht. Mit anderen Worten: Wenn es Dunkelsterne, wie sie Michell und Laplace postulieren, wirklich gibt, dann kann aus ihnen überhaupt nichts austreten. Wichtig ist der Hinweis, daß alle diese Effekte mittlerweile nachgeprüft und in Versuchen mit sich schnell bewegenden Teilchen direkt gemessen worden sind. Obwohl die spezielle Relativitätstheorie unserem gesunden Menschenverstand zu widersprechen scheint, liegt das nur daran, daß die relativistischen Effekte erst bei erheblichen Bruchteilen der Lichtgeschwindigkeit eine Rolle spielen und sich unser gesunder Menschenverstand in einer Welt entwickelt hat, in der sich die Dinge eben nicht mit solcher Geschwindigkeit bewegen.

Einstein wußte sehr wohl, daß er immer noch keine so vollständige Theorie des Universums vorgelegt hatte, wie sie Newton in seinen *Principia* entworfen hatte, denn seine spezielle Theorie befaßte sich nur mit konstanten Geschwindigkeiten, nicht jedoch mit Beschleunigungen. Um die Beschleunigung und die Schwerkraft zu beschreiben, entwickelte er die allgemeine Relativitätstheorie; in ihrer vollständigen Form wurde sie 1916 vorgelegt. Diese Theorie behandelt die Krümmung der Raum-Zeit und erklärt (fordert sogar) die Existenz Schwarzer Löcher im Universum. Sie weist nach, daß sich das Licht zwar immer mit derselben Geschwindigkeit ausbreitet (mit dem Buchstaben c bezeichnet), aber daß Gegenstände genau von der von Michell und Laplace gedachten Größe tatsächlich Licht einfangen und dunkel bleiben.

Nach der Veröffentlichung der allgemeinen Relativitätstheorie wurde in den ersten Hinweisen auf diese Möglichkeit die schon über hundert Jahre alte Spekulation von Soldners wieder aufgegriffen. Nach Einsteins neuer Theorie mußte das Licht von den Sternen abgelenkt werden, wenn es in Sonnennähe vorbeizog, doch diese Ablenkung unterschied sich von dem, was man nach der alten Newtonschen – Theorie erwartet hatte. Nach dieser Ablenkung hatte noch nie jemand gesucht, vielleicht auch deshalb, weil um die Zeit, in der die erforderlichen Versuche endlich möglich waren, jedermann wußte, daß das Licht eine Welle war und deshalb unmöglich so beeinflußt werden konnte, wie es von Soldner gedacht hatte. Doch nach Einsteins Theorie wurden Wellen und Teilchen (oder die dualen Wellen-Teilchen-Gebilde) durch den vom Vorhandensein der Sonnenmasse gekrümmten Raum, der dadurch wie eine Linse wirkte, abgelenkt. Nur: Wie kann man Sterne tagsüber sehen? Um dieses Postulat auf die Probe zu stellen, mußte man auf eine totale Sonnenfinsternis warten, denn dann lassen sich die Sterne fotografieren, die in Richtung der Sonne, doch weit dahinter liegen. Wenn die Sonne den Raum krümmt, so daß er wie eine Linse wirkt, müßten die scheinbaren Positionen dieser Sterne geringfügig verschoben sein. Vergleicht man diese Aufnahmen mit ein halbes Jahr später angefertigten, wenn sich die Sonne, von der Erde aus gesehen, auf der entgegengesetzten Seite des Himmels befindet und dieselben Sterne nun nachts zu sehen sind, kann man erkennen, ob sich an den Bildern etwas verschoben hat. Zufällig ereignete sich 1919 eine totale Sonnenfinsternis. Die fotografischen Aufnahmen wurden gemacht und verglichen, und Einsteins Theorie wurde dadurch als richtig bestätigt (Abb. 1.3). Die Geschichte machte Schlagzeilen und erweckte (nicht ganz berechtigt) den Eindruck, daß Newtons Theorie nunmehr über den Haufen geworfen worden sei. Einsteins Name war von nun an in aller Munde.

Die Entdeckung der Lichtbeugung löste unter einigen Theoretikern verfrühte Spekulationen aus; unbewußt wiederholen sie die längst vergessenen Ansichten von Michell und Laplace in modernerer Form. Zum ersten Mal ging es jetzt in diesen Spekulationen um die Überlegung, was mit

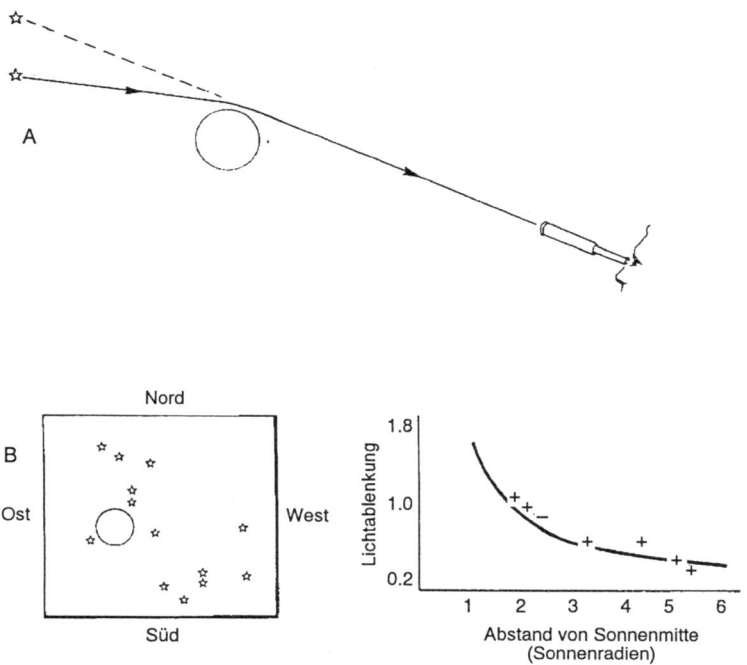

*Abbildung 1.3 A. Wenn das Licht von einem fernen Stern in der Nähe der Sonne vorbei zieht, wird der »Sternstrahl« von der Schwerkraft der Sonne abgelenkt.*
*B. Während der Sonnenfinsternis 1919 maß eine Gruppe unter der Leitung von Arthur Eddington diesen Lichtbeugungseffekt für einige Sterne. Der Betrag, um den das Licht bei verschiedenen Sternen abgelenkt wurde (Kreuze auf der Kurve), entsprach genau den Voraussagen nach der Einsteinschen allgemeinen Relativitätstheorie (ausgezogene Kurve).*

der Fluchtgeschwindigkeit eines Sterns, wie zum Beispiel der Sonne, passierte, wenn dieser Stern zu einer kleineren Kugel zusammengedrückt werden würde, so daß die Entfernung von der Oberfläche zur Mitte kleiner und die Schwerkraftwirkung an der Oberfläche größer werden würde, obwohl die Masse unverändert bliebe. Ein Wissenschaftler vom University College, Galway, bemerkte 1920:[4]

> Obwohl die Annahme vielleicht weit hergeholt ist, können wir doch postulieren, daß bei einer Konzentration der Sonnenmasse auf eine Kugel mit einem Durchmesser von 1,47 Kilometern der Brechungsindex in der Nähe der Sonne unendlich hoch wäre und wir eine sehr starke Kondensorlinse hätten, die sogar zu stark wäre, denn das von der Sonne selbst ausgesandte Licht hätte an ihrer Oberfläche keine Geschwindigkeit. Wenn also nach dem Vorschlag von Helmholtz der Körper der Sonne sich weiter zusammenzieht, wird er eines Tages in Dunkelheit gehüllt sein, und zwar nicht deshalb, weil er kein Licht mehr auszusenden hat, sondern weil sein Schwerefeld für das Licht undurchdringlich sein wird.

Nur ein Jahr später schrieb in derselben Zeitschrift[5] der Physiker Sir Oliver Lodge, der kurz zuvor als Rektor der Universität Birmingham zurückgetreten war:

> Ein genügend massiver und konzentrierter Körper könnte Licht zurückhalten und am Entweichen hindern. Dieser Körper brauchte nicht einmal eine einzelne Masse oder eine Sonne zu sein; es könnte sich auch um ein extrem poröses Sternensystem handeln...

Lodge hatte erkannt, daß die Dichte der Materie, die man zum Lichteinfangen braucht, um so niedriger ist, je größer das Volumen dessen ist, was wir jetzt als Schwarzes Loch bezeichnen. Das kommt daher, daß die Stärke der Schwerkraft an der Oberfläche der Kugel nicht nur dem Wert von 1 geteilt durch das Quadrat des Abstands vom Mittelpunkt (wodurch die Schwerkraft bei größeren Kugeln von derselben Masse schwächer wird), sondern auch der Materiemenge innerhalb der Kugel proportional ist, die für eine bestimmte Dichte mit dem Abstand hoch drei vom Mittelpunkt zum Endpunkt gegeben ist. Bei immer größeren Kugeln von derselben Dichte wirkt sich das insgesamt so aus, daß die Stärke der Schwerkraft und damit die Fluchtgeschwindigkeit an der Oberfläche linear mit der Vergrößerung des Radius zunehmen. Wenn man den Radius verdoppelt, verdoppelt man damit auch die Fluchtgeschwindigkeit. Man kann aus allem, von beliebiger Dichte, ein Schwarzes Loch bilden, wenn man nur genug von diesem Material hat und damit eine genügend große Kugel füllen kann. Lodge wußte, daß ein Sternensystem wie unsere Milchstraße, nur größer und mit Tausenden oder Millionenmilliarden Sternen über eine Kugel mit einem Radius von tausend Lichtjahren angefüllt, insgesamt eine Fluchtgeschwindigkeit aufweisen könnte, die über der Lichtgeschwindigkeit läge, obwohl die Sterne, Planeten und Menschen innerhalb des Systems nichts Ungewöhnliches an sich hätten. Wir könnten innerhalb eines Schwarzen Loches wohnen, ohne daß wir es überhaupt merkten. Er erkannte aber auch noch etwas anderes: Wenn man Atome so fest zusammenpressen könnte, daß ihre Kerne einander berührten, dann könnte man ein Schwarzes Loch herstellen, ohne dazu viel mehr Masse zu brauchen, als in der Sonne vorhanden ist.

Alle diese Gedanken waren ihrer Zeit um rund ein halbes Jahrhundert voraus, und in den zwanziger Jahren unseres Jahrhunderts wurden sie nicht weiter verfolgt. Die Naturwissenschaft war für das Konzept der Dunkelsterne, geschweige denn der dunklen Galaxien, noch nicht reif. Während sich die Physiker mehr mit anderen Problemen abplagten, zum Beispiel der Eingliederung der neuen Quantentheorie und dem Einsatz von Einsteins Masse-Energie-Beziehung zur Erklärung dafür, wie die Sterne so lange heiß bleiben können, wurden allerdings schon die mathematischen Grundlagen für die Untersuchung Schwarzer Löcher als Krümmungen in der Raum-Zeit gelegt. Eigentlich stammen diese Grundlagen ja schon aus der ersten Hälfte des 19. Jahrhunderts, und sie sind Karl Gauß, Nikolai Lobatschewskij und János Bolyai zu verdanken.

Wir haben jetzt die Geschichte der Naturwissenschaft von Newton bis Einstein im Geschwindschritt durchmessen, auch kurz einen Blick auf die komplizierte Physik im 20. Jahrhundert geworfen, aber jetzt sollten wir uns doch erst einmal Zeit nehmen und die Mathematik im 19. Jahrhundert betrachten, um besser zu verstehen, wie die Gedanken der nicht-euklidischen Geometrie, die in der zweiten Hälfte dieses Jahrhundert von Bernhard Riemann weiterentwickelt worden waren, Einsteins Arbeiten an der allgemeinen Relativitätstheorie unmittelbar beeinflußten.

**Kapitel 2**

# Krümmungen in Raum und Zeit

*Schwierigkeiten mit parallelen Geraden; eine Fliege regt einen faulen Philosophen zur Beschäftigung mit Kurven an. Die Geometrie wird gebogen, sie krümmt den Raum und schließt das Universum; von der Geometrie zur Relativität. Wie Tamburmajoretten die Relativitätstheorie erklären. Das Universum aus einem Gummituch, und die Neuentdeckung der Schwarzen Löcher.*

Für den Physiker fängt die alte Geschichte bei Isaac Newton im 17. Jahrhundert an. Die Geschichte der Geometrie ist länger und kürzer; sie ist länger, wenn man bis in die Zeit der alten Griechen, also zweitausend Jahre und weiter, zurückgeht, als die Grundsätze, die wir alle in der Schule gelernt haben, bestimmt wurden: Die Winkel eines Dreiecks addieren sich zu 180 Grad, Parallelen treffen sich nie und so weiter. Sie ist kürzer, wenn man sich für die Art Geometrie interessiert, die die gekrümmte Raum-Zeit beschreibt und erklärt, warum die Schwerkraft einem Quadratischen Abstandsgesetz gehorcht. Auch den Mathematikern gingen die Möglichkeiten dieser nicht-euklidischen Geometrie erst im 19. Jahrhundert auf, und erst im 20. Jahrhundert wandten Physiker diese Vorstellungen praktisch auf das Universum an, in dem wir leben.

## Von Euklid zu Descartes

Mit Euklid, der um 300 v. Chr. lebte, verbindet sich die Geometrie in ihrer »Standardform« nicht deshalb, weil er sie erfunden (oder entdeckt) hat, sondern weil er sie in einer dreizehn Bücher umfassenden Abhandlung unter dem Namen *Elemente* niedergelegt hat. Er lebte in Alexandria und hat vielleicht an Platos Akademie in Athen studiert, doch vermutlich erst nach Platos Tod 340 v. Chr. Er war kein besonders schöpferischer Mathematiker (gewiß kein Archimedes), aber er lebte am Ende der Blütezeit der griechischen Mathematikforschung, und er schrieb alles säuberlich auf und bewies mit logischen Gedankengängen verschiedene geometrische Eigenschaften (zum Beispiel die Tatsache, daß die Winkel eines Dreiecks sich zu 180 Grad addieren). Dabei fing er jeweils mit ein paar grundlegenden Axiomen an, zum Beispiel Definitionen dessen, was wir unter einem »Punkt« oder einer »Gerade« und so weiter zu verstehen haben. Die Elemente wurden zunächst ins Arabische, dann ins Lateinische übersetzt und blieben über zweitausend Jahre lang die Grundlage der Mathematik.

Ein Euklidischer Grundsatz, der von den Parallelen, ließ sich jedoch stets nur mühevoll beweisen. Dieses sogenannte Parallelen-Axiom besagt, daß es für eine gegebene Gerade und einen nicht auf dieser liegenden Punkt nur eine einzige Gerade gibt, die durch diesen Punkt und parallel zur ersten Geraden gezogen werden kann. Obwohl sich diese Aussage vernünftig anhört und die meisten Menschen beim Herumprobieren mit einem Lineal, Bleistift und Papier den Eindruck haben, daß es wohl so sein müsse, erweist es sich in Wirklichkeit als unmöglich, daß Parallelen-Axiom mit Hilfe der übrigen Axiome aus der Euklidischen Geometrie zu beweisen. 1733 wies der italienische Mathematiker Girulamo Saccieri nach, daß das Parallen-Axiom so lange gelten muß, wie mindestens ein Dreieck existiert, dessen Winkel zusammengenommen genau 180 Grad ergeben. Er dachte sogar an mögliche Dreiecke, bei denen dies nicht der Fall war, meinte jedoch fälschlicherweise, er habe bewiesen, daß sie nicht existieren könnten. So entging Saccieri die Entdeckung der Möglichkeiten, die in der nicht-euklidischen Geometrie stecken. Die euklidische Geometrie selbst war jedoch im 17. Jahrhundert durch die Arbeiten von René Descartes umgewandelt worden.

Descartes wurde 1596 als Sohn eines Rats im Parlament der Bretagne in Frankreich geboren. Er war ein kränkliches Kind und lag am liebsten im Bett und dachte nach. Er wurde in einer Jesuitenschule erzogen und studierte dann Jura an der Universität Poitiers und machte 1616 seinen Abschluß. Statt nun ein geruhsames Leben als Akademiker oder Anwalt zu führen, verbrachte er etwa die nächsten zehn Jahre damit, in verschiedenen europäischen Armeen zu dienen und seine mathematischen Fähigkeiten als Militäringenieur zu nutzen. Als die Armee des Kurfürsten von Bayern, in der er gerade diente, am 10. November 1619 an der Donau ihr Winterquartier bezogen hatte, fielen Descartes, der sich in sein warmes Bett verzogen hatte, seine umwälzenden Erkenntnisse über die Geometrie ein. Wir kennen den genauen Tag und die Umstände der Entdeckung deshalb so gut, weil sie Descartes selbst später in seinem 1637 erschienenen umfangreichen Buch *Ein Diskurs über die Methode zur rechten Anwendung des Verstandes und der Wahrheitssuche in den Wissenschaften*, allgemein kurz als *Die Methode* bezeichnet, erzählte.

Nach seinem Ausscheiden aus dem Militärdienst 1629 hatte sich Descartes in den Niederlanden niedergelassen. Wie wir heute wissen, hätte er dort bleiben sollen, doch 1649 konnte er eine Einladung der Königin Christina von Schweden an ihren Hof in Stockholm nicht widerstehen, denn sie hatte ihn gebeten, dort eine Akademie der Wissenschaften zu gründen und sie in Philosophie zu unterrichten. Zu seinem Entsetzen mußte Descartes, mittlerweile über fünfzig Jahre alt, nach seiner Ankunft in Stockholm feststellen, daß er jetzt nicht mehr vormittags im Bett liegen bleiben konnte, sondern unter anderem jeden Morgen um fünf Uhr die Königin besuchen und unterrichten mußte. Im schwedischen Winter erkältete er sich, bekam Lungenentzündung und starb daran (nicht zuletzt dank der eifrig geübten Aderlasse, mit denen die Ärzte diese Krankheit zu behandeln pflegten). Er starb im Februar 1650, einige Wochen vor seinem 54. Geburtstag.

Die geometrische Erkenntnis, die Descartes in *Die Methode* beschrieben hatte, hatte ihn, neben anderen Werken, in die allererste Reihe der Philosophen und wissenschaftlichen Denker nicht nur seiner Zeit, sondern aller Zeiten gestellt. In mancher Hinsicht war er der erste moderne Denker, lehnte alles ab, das sich nicht zweifelsfrei beweisen ließ, kam zu dem Schluß, daß selbst die Funktionen des menschlichen Körpers mittels grundlegender mechanischer und wissenschaftlicher Prinzipien zu erklären waren und stritt die Vorstellung ab, hinter den Kulissen könnten irgendwelche geheimnisvollen Kräfte am Werk sein.

Doch nur eine seiner großen Erkenntnisse ist für unsere Geschichte heute wichtig. Als Descartes vom Bett aus den wirren Bewegungen einer Fliege zugesehen hatte, die in einer Ecke seines Zimmers herumgesummt war, war ihm aufgegangen, daß die Position der Fliege zu jedem beliebigen Zeitpunkt einfach mit drei Zahlen anzugeben war, die den Abstand der Fliege von jeder der drei Flächen (zwei Wänden und einer Decke) bezeichneten, die in der Ecke zusammenstießen. Obwohl er sich das sofort dreidimensional vorstellte, sind wir an solche Koordinatensysteme, wie sie genannt werden, eher in zwei Dimensionen auf der Erdoberfläche oder auf einem Stück Millimeterpapier gewöhnt. Dabei geht es darum, daß ein Punkt auf einem Stück Papier mit Hilfe von zwei Zahlen, x und y, genau bezeichnet werden kann, und diese Vorstellung sitzt mittlerweile so tief in uns, daß wir uns heute darüber wundern, daß jemand diese Vorstellung überhaupt erfinden mußte.

Aber Descartes hat sie erfunden und ihm zu Ehren werden diese Systeme zur Positionsbestimmung als Kartesische Koordinaten bezeichnet. Wenn man jemandem in einer modernen Großstadt den Weg erklärt und dabei sagt, er solle »drei Blöcke nach Norden und zwei Blöcke nach Osten« gehen und sei dann am Ziel, oder wenn man auf einem Stadtplan sein Ziel anhand von numerierten Quadraten findet, dann gibt man die Richtung in Kartesischen Koordinaten an (Abb. 2.1).

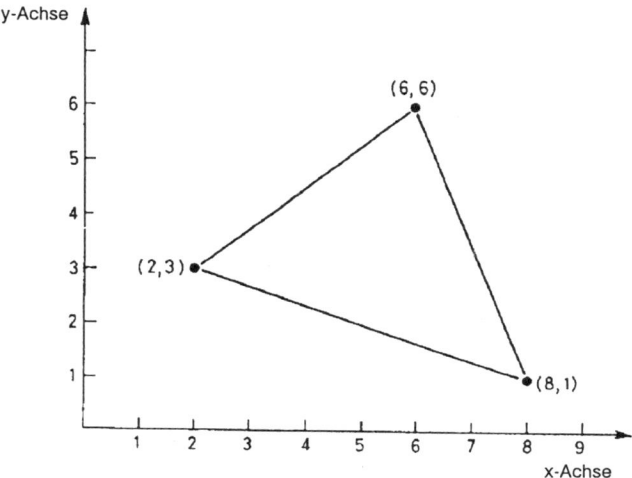

*Abbildung 2.1 Wenn man karthesische Koordinaten verwendet, beschreiben drei Zahlenpaare – (2,3), (6,6) und (8,1) – ein bestimmtes Dreieck vollständig.*

Genau so kann man die Eigenschaften einer geometrischen Form in Kartesischen Koordinaten angeben. Sobald man sich Bezugsachsen gewählt hat (normalerweise zwei rechtwinklig zueinander stehende Linien, wie zum Beispiel die x- und die y-Achse in einem Diagramm) kann man beispielsweise ein Dreieck mit drei Zahlenpaaren bezeichnen, die die Positionen seiner Scheitelpunkte angeben. Damit eröffnete Descartes die Möglichkeit, die Beziehungen zwischen Zahlenmengen, algebraischen Gleichungen also, zum Studium der Geometrie zu verwenden. Außerdem erschloß er damit den Weg, Probleme in der Algebra in Probleme der Geometrie umzuwandeln, indem man Gleichungen als Diagramme darstellt.[6] Das alles beschränkt sich keineswegs auf Formen, die nur aus Geraden bestehen, wie etwa Dreiecke. Jede gekrümmte Linie in zwei Dimensionen läßt sich anhand der Zahlenpaare (der Werte x und y) definieren, die jeden

Punkt auf der Linie bestimmen oder aber durch eine Gleichung, die einem sagt, wie man x und y bestimmt. Dasselbe gilt auch für drei Dimensionen, wenn man zum Beispiel die Flugbahn einer Fliege berechnen will, sofern man die drei Bezugsachsen und die drei Koordinatenzahlen hat.

Von wo ab mißt man die Koordinatenzahlen? Das ist ganz egal. Man kann die Basis, von der aus man mißt (also den Ursprung der Achsen bei den Diagrammen, wie wir sie in der Schule gezeichnet haben), ganz beliebig legen; man kann die Achsen sogar verdrehen, die Richtung (oder die Richtungen), in die sie weisen, verändern oder den Winkel zwischen ihnen ändern, so daß es kein rechter Winkel mehr ist. Nach wie vor beschreiben eindeutige Kartesische Koordinaten die Linie, für die man sich interessiert. So wie man mit einer Reihe von Zahlen (oder einer Gleichung) die Form einer Linie beschreiben kann, kann man mit einer Reihe von Zahlen (oder den entsprechenden Gleichungen) auch die Form einer Oberfläche beschreiben, zum Beispiel eines ebenen Blattes Papier, der Erdoberfläche, einer Limonadendose oder (grundsätzlich) auch von etwas Komplizierterem, wie zum Beispiel einem zerknüllten Stück Papier. Genau das taten die Mathematiker im 19. Jahrhundert, als sie über Euklid hinausgingen, mit den Werkzeugen, die ihnen Descartes an die Hand gegeben hatte.

## Über Euklid hinaus

Bewußt über Euklid hinaus ging als erster der deutsche Carl Friedrich Gauß, einer der größten Mathematiker. Er wurde 1777 in Braunschweig geboren, stammte aus einer armen Familie (sein Vater war Gärtner und half beim Kaufmann am Ort aus), zeigte jedoch ein so bemerkenswertes Talent in der Mathematik, daß er schon mit vierzehn Jahren von Freunden seines Schullehrers dem Herzog von Braunschweig bei Hof vorgestellt wurde. Der Herzog nahm sich seiner an und unterstützte Gauß finanziell, bis er an den Wunden starb, die er 1806 in der Schlacht von Jena beim Kampf gegen die Armee

Napoleons davongetragen hatte. Mittlerweile stand Gauß aber nicht nur auf eigenen Füßen, sondern hatte mit neunundzwanzig Jahren schon fast alle seine großen Beiträge zur Mathematik geleistet. Allerdings war ein großer Teil seiner Arbeiten anderen Wissenschaftlern, und damit natürlich auch der ganzen Welt, weithin noch unbekannt.

Das hatte zwei Gründe. Zum ersten machte Gauß viele wichtige Entdeckungen in der Mathematik, als er gerade vierzehn bis siebzehn Jahre alt war und unter der Schirmherrschaft des Herzogs am Collegium Karolinum in Braunschweig studierte. Das junge Genie von armer und einfacher Herkunft wußte einfach nicht, wie man es anfangen mußte, wenn man seine Arbeiten veröffentlicht sehen wollte. Von 1795 bis 1798 studierte Gauß an der Universität Göttingen; ständig machte er neue Entdeckungen in der Mathematik. Als er 1799 mit zweiundzwanzig Jahren an der Universität Helmstedt den Doktor machte, hatte er seine größten mathematischen Leistungen schon hinter sich. Selbst nachdem Gauß sich mit den Vorgängen in der akademischen Welt angefreundet hatte, veröffentlichte er nur einen verhältnismäßig kleinen Anteil seiner Arbeiten. Der Grund: Er war Perfektionist. Er mochte nur veröffentlichen, wenn er die Entdeckung und ihre Folgen umfassend aufgearbeitet, überarbeitet und soweit gefeilt hatte, daß er selbst zufrieden war. Deshalb zeigte sich immer wieder, daß viele von anderen Forschern im 19. Jahrhundert gemachte wichtige Entdeckungen in der Mathematik von Gauß längst vorweg genommen worden waren, doch Gauß hatte sie unveröffentlicht in seinen Notizbüchern begraben.

Zu Anfang des 19. Jahrhunderts befaßte sich Gauß in seiner wissenschaftlichen Arbeit hauptsächlich mit der Astronomie. Nach dem Tod des Herzogs von Braunschweig wurde er Direktor des Göttinger Observatoriums und Professor an der Universität; dort blieb er bis zu seinem Tod im Februar 1855. Seine in einer eigenen mathematischen Kurzschrift abgefaßten Notizbücher enthalten einige Einträge, die bis auf den heutigen Tag nicht entziffert worden sind. Vielleicht sind es mathematische Entdeckungen, die auch spätere Generationen noch nicht wiederholt haben. Aus seinen Notizen geht aber auch hervor, daß er 1799 eine Form der nicht-euklidischen Geometrie entdeckte, also genau dreißig Jahre, bevor die erste Beschreibung einer solchen Geometrie von dem russischen Mathematiker Nikolai Iwanowitsch Lobatschewksij veröffentlicht wurde.

Lobatschewskij, der diesen Gedanken in der Öffentlichkeit zum ersten Mal 1826 aussprach, hatte ebenfalls einen Vorgänger: den ungarischen Armeeoffizier János Bolyai. Bolyai war kein reiner Amateur, sondern der Sohn eines weiteren Mathematikers, Wolfgang, eines Zeitgenossen und Bekannten von Gauß. Wolfgang hatte sich immer gewünscht, daß János bei Gauß in Göttingen studierte, doch zu seiner Enttäuschung ging der junge Mann 1818 mit sechzehn Jahren zur Armee. Wie Descartes, so war auch der junge Bolyai nicht bei der kämpfenden Truppe, sondern Offizier bei den Pionieren. Als sein Vater nicht von dem Parallelen-Axiom loskam, befaßte er sich ebenfalls mit der euklidischen Geometrie und machte 1823 eine ähnliche Entdeckung, wie sie Lobatschewskij und Gauß gemacht hatten, konnte sie jedoch erst 1832 veröffentlichen.

Alle drei Forscher kamen im wesentlichen auf dieselbe Art einer »neuen« Geometrie. Sie wiesen nach, daß man eine vollständige, abgeschlossene Geometrie schaffen kann, in der alle Axiome und Postulate der euklidischen Geometrie, bis auf das Parallelen-Axiom, gelten. In der von jedem einzelnen von ihnen entwickelten nicht-euklidischen Geometrie kann man eine Gerade ziehen und einen nicht auf dieser liegenden Punkt zeichnen, durch den man dann viele weitere Geraden ziehen kann, von denen keine die erste Gerade schneidet, so daß alle zu dieser parallel laufen. Diese Art Geometrie gilt auf einer Oberfläche von einer bestimmten Krümmung, einer sogenannten hyperbolischen Oberfläche oder Satteloberfläche. Wie der Name schon sagt, ist sie sattelförmig; eine solche Oberfläche ist offen und von unendlicher Ausdehnung (Abb. 2.2). Auf einer offenen, hyperboli-

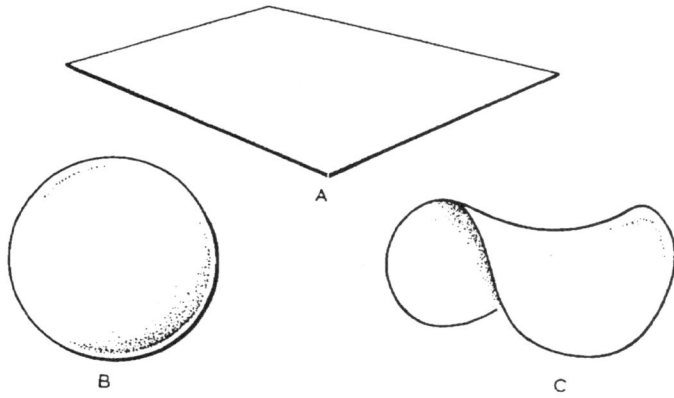

*Abbildung 2.2 Die euklidische Geometrie, wie wir sie in der Schule gelernt haben, funktioniert nur auf ebenen Flächen vollkommen (A). Man braucht andere Geometrieregeln, wenn man beschreiben will, was sich auf gekrümmten Flächen abspielt, die entweder geschlossen (B) oder offen (C) sein können. Auch der dreidimensionale Raum kann gekrümmt sein. Unser Universum ist fast ganz eben, doch ziemlich sicher auch etwas gekrümmt, wie die Oberfläche einer Kugel, also geschlossen. Ein Schwarzes Loch schließt den Raum rings um sich so ab.*

schen Oberfläche ist die Summe der Winkel eines Dreiecks immer weniger als 180 Grad; man spricht hier von einer negativen Krümmung.

Die meisten verstehen die Grundlagen der nicht-euklidischen Geometrie besser an einem anderen Beispiel, das aber seltsamerweise nicht den Weg darstellt, auf dem die drei Pioniere der nicht-euklidischen Geometrie ihre Entdeckung machten. Es ist die Oberfläche einer Kugel, zum Beispiel die Oberfläche der Erde, die nicht bis ins Unendliche reicht (für Nichtfachleute ohnehin immer eine schwer zu begreifende Vorstellung), sondern die geschlossen ist und eine positive Krümmung aufweist. Auf den ersten Blick ist zu erkennen, daß sich parallele Linien auf der Oberfläche einer Kugel merkwürdig verhalten; man braucht nur zwei beliebige Längengrade zu nehmen, die am Äquator gerade und parallel anfangen und sich dann nach Norden und Süden erstrecken. Wie alle anderen Längengrade, so kreuzen sie einander zweimal, jeweils am Nord- und am Südpol. Auf einer sol-

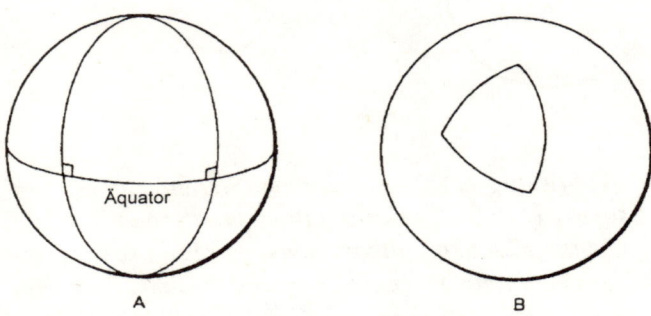

*Abbildung 2.3 A. Auf einer Kugel kreuzen Meridianlinien den Äquator im rechten Winkel, sind also parallel, treffen sich aber doch alle an den Polen! B. Und die Winkel eines auf der Oberfläche einer Kugel gezeichneten Dreiecks addieren sich zu mehr als 180 Grad.*

chen geschlossenen Oberfläche addieren sich die Winkel eines Dreiecks immer zu mehr als 180 Grad (Abb. 2.3). Flache Oberflächen, auf denen die euklidische Geometrie gilt, sind schließlich nur ein besonderer Grenzfall zwischen offenen und geschlossenen Möglichkeiten. Daß es viele mögliche nicht-euklidische Geometrien, offene ebenso wie geschlossene, gibt, ging den Mathematikern erst mit den Arbeiten von Bernhard Riemann, einem Schüler von Gauß, um 1850 auf. Riemann entdeckte unter anderem die sphärische Geometrie oder Kugelgeometrie.

## Die Geometrie wird erwachsen

Riemann erschloß sich die Welt der nicht-euklidischen Geometrie, indem er sie algebraisch, kartesianisch anging. Dadurch bieten sich wahrhaft unendlich viele Möglichkeiten, die die Geometer mit ihren Meßlatten, Winkelmessern, Kompassen und so weiter gar nicht alle nutzen können. Diese Instrumente funktionieren einwandfrei, wenn man die Beziehungen zwischen verschiedenen, auf eine zweidimensionale Oberfläche gezeichneten Formen oder sogar zwischen verschiedenen Objekten im dreidimensionalen Raum bestimmen will. Doch wie kann man Gegenstände in vier (oder mehr) Dimensionen messen? Überhaupt nicht, und nur einem Mathematiker kann eine solche überhaupt einfallen. Man kann jedoch die Gleichungen niederschreiben und bearbeiten, in denen solche mehrdimensionalen Phänomene beschrieben sind.

Nehmen wir zum Beispiel den berühmten pythagoräischen Lehrsatz, in dem die Quadrate der Seiten eines rechtwinkligen Dreiecks zueinander in Beziehung gesetzt werden. Heute fällt einem bei dem Wort »Quadrat« in diesem Zusammenhang sofort das Bild einer Zahl, wie zum Beispiel $x^2$, ein. Pythagoras selbst erdachte seinen Lehrsatz allerdings mit Hilfe der Flächen von Quadraten, die buchstäblich an den Seiten des Dreiecks gezeichnet wurden. Der Begriff »Geometrie« heißt ja eigentlich »Erdvermessung«, und er entstand aus der Notwendigkeit, daß man zum Beispiel Felder von bestimmter Flächengröße abmessen mußte. Man kann die Beziehung jedoch auch kartesianisch ausdrücken: mit drei Parametern (im allgemeinen x, y und z genannt), die in einer Gleichung zueinander in Beziehung gesetzt werden. Sobald man eine solche Gleichung hat, kann man ähnliche Gleichungen mit mehr als drei Parametern (sogar mit beliebig vielen Parametern) erstellen, die dann nach derselben Regel zueinander in Beziehung gesetzt werden, die uns den pythagoräischen Lehrsatz für ein Dreieck liefern. In gewisser Hinsicht beschreibt die Gleichung mit den zusätzlichen Gliedern die Geometrie des Äquivalents von Dreiecken in einem höherdimensionalen Raum.

Das alles fasziniert den Mathematiker, aber es läßt die niedrigeren Sterblichen kalt (es sei denn, wie wir noch sehen werden, es gehe um die Beschreibung der Geometrie des vierdimensionalen Raumes). Auf die mathematischen Möglichkeiten wies Bernhard Riemann hin.

Riemann wurde 1826 geboren, ging mit zwanzig Jahren in Göttingen auf die Universität und machte seine ersten Gehversuche in der Mathematik unter der Anleitung von Gauß, der gerade siebzig Jahre geworden war, als Riemann 1847 nach Berlin zog, wo er zwei Jahre studierte, bis er wieder nach Göttingen zurückkehrte. Seinen Doktor machte er 1851, und danach arbeitete er eine Zeitlang als Assistent bei dem Physiker Wilhelm Weber, einem Pionier in der Elektrizitätslehre, dessen Arbeiten mit zu der Verknüpfung von Licht und spektrischen Phänomenen beitrugen und damit den Boden für die Maxwellsche Theorie des Elektromagnetismus vorbereiteten.

Wenn ein junger Akademiker, wie Riemann, damals an einer deutschen Universität Karriere machen wollte, mußte er sich zunächst um die Stelle eines sogenannten Privatdozenten bemühen, dessen einzige Einnahmen aus den Studiengebühren bestanden, die seine freiwilligen Hörer zahlten (ein Prinzip, das man vielleicht heute wiederbeleben sollte). Um zu beweisen, daß er für eine solche Stelle in Frage kam, mußte der Bewerber vor dem Lehrkörper der Universität eine Vorlesung halten, und nach den Vorschriften mußte er drei Themen für diese Vorlesung vorschlagen, unter denen die Professoren dann den Gegenstand aussuchten, über den sie etwas hören wollten.

Ebenso war es Tradition, daß zwar drei Themen vorgeschlagen werden mußten, die Professoren aber immer unter den ersten beiden Vorschlägen auf der Liste auswählten. Es heißt, Riemann habe auf seiner Vorschlagsliste als erstes zwei Themen genannt, die er schon gründlich vorbereitet hatte, während das dritte, mehr zufällig zugefügte Thema von einigen Grundbegriffen der Geometrie handelte. Riemann interessierte sich gewiß für die Geometrie, aber hatte augenscheinlich dafür überhaupt nichts vorbereitet, weil er nicht entfernt damit rechnete, daß dieses Thema gewählt werden könnte.

Doch Gauß, trotz seiner über siebzig Jahre immer noch einer der maßgebenden Figuren an der Universität Göttingen, konnte dem dritten Thema auf Riemanns Liste nicht widerstehen, auch wenn er damit gegen den üblichen Brauch verstieß, und so erfuhr der siebenundzwanzigjährige angehende Privatdozent zu seiner großen Überraschung, daß er als Feuertaufe eine Vorlesung über dieses Thema halten mußte. Wohl weil er eine Vorlesung halten mußte, auf die er nicht vorbereitet war und von der seine Laufbahn abhing, wurde Riemann krank, konnte den Vorlesungstermin nicht einhalten und kam erst nach Ostern 1854 wieder auf die Beine. Dann bereitete er sieben Wochen lang seine Vorlesung vor, doch jetzt bat Gauß wegen Krankheit um Aufschub. Endlich fand die Vorlesung am 10. Juni 1854 statt. Der Titel, der Gauß so fasziniert hatte, lautete: »Über die Hypothesen, die der Geometrie zugrunde liegen«.

In dieser Vorlesung, die erst 1867, also ein Jahr nach Riemanns Tod, veröffentlicht wurde, war eine ungeheure Vielfalt von Themen, darunter auch eine verwendbare Definition des Begriffs »Raumkrümmung« mit einer Anleitung zu deren Messung, die erste Beschreibung der sphärischen Geometrie (und gleich dazu die Spekulation, daß der Raum, in dem wir leben, vielleicht schwach gekrümmt ist, so daß das gesamte Universum wie die Oberfläche einer Kugel, jedoch in drei und nicht in zwei Dimensionen geschlossen ist) und, vor allem, die Erweiterung der Geometrie mit Hilfe der Algebra in viele Dimensionen.

Obwohl Riemanns Erweiterung der Geometrie in viele Dimensionen wohl der wichtigste Bestandteil seiner Vorlesung war, ist man heute doch am meisten über seine Anregung erstaunt, daß der Raum vielleicht zu einer geschlossenen Kugel gekrümmt ist. Eigentlich ist dieser Gedanke noch erstaunlicher als die Vorstellung von den Dunkelsternen bei Michell und Laplace, denn diese beiden wandten ja schließlich nur Newtonsche Vorstellungen von der Schwerkraft auf das Newtonsche Konzept vom Licht als winzigen Partikeln an. Über ein halbes Jahrhundert, bevor Einstein seine allgemeine Relativitätstheorie entwickelte, sogar ein Vierteljahrhundert, bevor Einstein überhaupt geboren wurde, beschrieb Riemann die Möglichkeit, das ganze Universum könne in etwas umschlossen sein, was wir heute als Schwarzes Loch bezeichnen würden. »Es ist allgemein bekannt«, daß Einstein als erster die Krümmung des Raumes so beschrieben hat – und obwohl es »allgemein bekannt« ist, ist es falsch.

Natürlich bekam Riemann seine Stelle – allerdings nicht wegen seiner vorausschauenden Vorstellungen vom möglicherweise geschlossenen Zustand des Universums. Gauß starb 1855, kurz vor seinem achtundsiebzigsten Geburtstag, knapp ein Jahr, nachdem Riemann seine klassische Darstellung der Hypothesen vorgelegt hatte, auf die sich die Geometrie stützt. 1859, nach dem Tod von Gauß' Nachfolger übernahm Riemann selbst den Lehrstuhl, nur vier Jahre nach dem nervenzehrenden Erlebnis seiner Vorlesung, von der seine Stelle als unbedeutender Privatdozent abhängig war (die Geschichte überliefert uns nicht, ob er selbst je der Versuchung nachgab, spätere Bewerber um solche Stellen ebenfalls um Vorlesungen über das dritte Thema auf ihrer Liste zu bitten). Er starb mit neunundreißig Jahren an der Tuberkulose. Wäre er so alt geworden wie Gauß, hätte er noch miterleben können, wie seine aufregenden mathematischen Vorstellungen vom mehrdimensionalen Raum in Einsteins neuer Beschreibung von der Bewegung der Dinge praktischen Eingang gefunden hatten.

Einstein war jedoch die Möglichkeit, daß der Raum in unserem Universum gekrümmt sein könnte, nicht einmal als zweitem eingefallen; ihm mußten Mathematiker, die mit der neuen Geometrie vertrauter waren als er, erst den Weg bahnen, der schließlich zur allgemeinen Relativitätstheorie führen sollte.

## Die Geometrie der Relativität

Die Lücke zwischen Riemanns Arbeiten und Einsteins Geburt wird chronologisch sehr schön durch das Leben und die Arbeit des englischen Mathematikers William Clifford gefüllt, der von 1845 bis 1879 lebte und, wie Riemann, an Tuberkulose starb. Clifford übersetzte Riemanns Arbeiten ins Englische und spielte eine wichtige Rolle bei der Einführung des Gedankens vom gekrümmten Raum und der Einzelheiten der nicht-euklidischen Geometrie in der englischsprechenden Welt.
Ihm war die Möglichkeit durchaus vertraut, daß unser dreidimensionales Universum geschlossen und endlich sein könne, so wie die zweidimensionale Oberfläche einer Kugel geschlossen und endlich ist, jedoch in einer Geometrie, die mindestens vier Dimensionen aufweist. Das hieße zum Beispiel, so wie ein Reisender auf der Erde, der sich in irgendeine Richtung auf den Weg macht und in schnurgerader Richtung weitergeht, schließlich an seinem Ausgangspunkt landet, sich ein Reisender in einem geschlossenen Universum in jeder beliebigen Richtung in den Raum auf den Weg machen, immer geradeaus gehen und schließlich an seinem Ausgangspunkt ankommen müßte. Clifford erkannte jedoch, daß die Raumkrümmung vielleicht mehr bedeutete als diese allmähliche Krümmung, die das ganze Universum umfaßte. 1870 trug er vor der Cambridge Philosophical Society (er war damals Mitglied von Newtons ehemaligem College, dem Trinity-College) ein Referat vor, in dem er die Möglichkeit einer »Schwankung in der Raumkrümmung« von Ort zu Ort beschrieb und postulierte, »kleine Teile des Raumes seien in Wirklichkeit wie kleine Berge auf der Oberfläche [der Erde] anzusehen, die im Durchschnitt jedoch flach ist; das soll heißen, daß die gewöhnlichen Gesetze der Geometrie in diesen nicht gelten«. Mit anderen Worten: Sieben Jahre vor Einsteins Geburt dachte Clifford über örtliche Verzerrungen in der Raumstruktur nach – obwohl er noch nicht darauf eingegangen war, wie solche Verzerrungen wohl entstehen

mochten oder welche beobachtbaren Folgen ihre Existenz haben mochte.

Clifford war nur einer der vielen Forscher, die sich in der zweiten Hälfte des 19. Jahrhunderts mit der nicht-euklidischen Geometrie auseinandersetzten[7] – wenngleich einer der Besten, dem die deutlichsten Erkenntnisse darüber zu verdanken sind, was das für das wirkliche Universum bedeuten kann. Seine Erkenntnisse waren besonders profund, und man kann nur spekulieren, wie weit er vielleicht Einstein vorweggenommen hätte, wenn er nicht elf Tage vor Einsteins Geburt gestorben wäre. Im Rückblick kann man Will Clifford fast als den großen Relativisten aus der Zeit um 1870 betrachten. Zufällig ist ein angesehener Autor auf dem Gebiet der Relativitätstheorie in der Zeit zwischen 1970 und 1980, Verfasser der wohl besten und allgemein verständlichen Einführung in die allgemeine Relativität,[8] der amerikanische Forscher Clifford Bull, der 101 Jahre nach seinem umgekehrten Namensvetter zur Welt kam. Trotz dieses ausgeprägten Interesses an der Geometrie in der zweiten Hälfte des 19. Jahrhunderts ist es merkwürdig, daß Einstein seine spezielle Relativitätstheorie rein mit algebraischen Verfahren entwickelte und der Welt 1905 vorlegte; dabei stellte er die Gleichungen zur Beschreibung der Bewegung so auf, daß sie Maxwells Entdeckung entsprachen, wonach die Lichtgeschwindigkeit eine Konstante ist, und so löste er sie auch. Aber Einstein war natürlich Physiker, kein Mathematiker. Um ein Haar wäre er nicht einmal Physiker geworden; die öden Methoden seiner Lehrer langweilten ihn so sehr, daß ihm einige Lehrer erklärten, aus ihm werde nie etwas Rechtes werden; aus einer Schule in Deutschland flog er hinaus, die Aufnahmeprüfung für die Technische Hochschule in Zürich bestand er beim ersten Mal nicht, und selbst nachdem er ein Jahr gepaukt und die Aufnahmeprüfung im zweiten Durchgang geschafft hatte, wurde er von einem seiner dortigen Lehrer, Hermann Minkowksi, als »fauler Hund« bezeichnet, sicherlich sehr intelligent, aber »von Mathematikkenntnissen überhaupt nicht belastet«. Nicht nur die Mathematik ließ er links liegen. Als die Abschlußprüfungen nahten, hatte Einstein in vielen Fächern große Lücken, denn alle langweiligen Vorlesungen hatte er konsequent geschwänzt. Wieder mußte er schwer pauken, um den Anschluß zu gewinnen, und die Prüfungen bestand er nur mit Hilfe der Aufzeichnungen, die sein Freund Marcel Großmann über die Vorlesungen gemacht hatte; Großmann war ein fleißigerer Student und machte später als Wissenschaftler eine große Karriere. Die Geschichte ist allgemein bekannt, wie Einstein 1900 seinen Abschluß mit Hängen und Würgen schaffte, dann jedoch an der Hochschule keine Stelle fand und die Anfangsjahre des 20. Jahrhunderts mit einer Tätigkeit im Patentamt in Bern verbrachte – die Stelle hatte er durch die Vermittlung von Großmanns Vater bekommen. Die Arbeit dort forderte Einstein nicht sonderlich, und so hatte er genug Zeit, über Physik nachzudenken. Die spezielle Relativitätstheorie wurde 1905 veröffentlicht; der Rest ist Geschichte.

Sagen wir lieber: Er ist fast Geschichte. Die spezielle Relativität war nicht auf Anhieb eine Sensation, die Einsteins Ruf mit einem Schlag begründete. Auch nachdem Einstein andere Stellen angeboten worden waren, blieb er, zum Teil aus eigener Entscheidung, bis 1909 beim Patentamt; dann trug ihm sein stetig wachsender Ruf eine Stelle an der Universität Zürich ein. Sein Ruf hatte sich zum Teil deshalb so verbreitet, weil sein alter Lehrer, Hermann Minkowski, Einsteins algebraische Darstellung der speziellen Theorie als Grundlage genutzt und eine geometrische Beschreibung in vier Dimensionen entwickelt hatte, die die Klarheit der Theorie noch verbessert hatte und bis heute als bester Weg zu ihrem Verständnis gilt. Minkowski führte die Geometrie in die Relativität ein.

Minkowski war 1864, zwei Jahre vor Riemanns Tod, zur Welt gekommen. Professor für Mathematik an der Eidgenössischen Technischen Hochschule in Zürich war er nur etwa ein halbes Dutzend Jahre lang (um dieselbe Zeit, in der Einstein dort studierte); von 1902 bis zu seinem Tod nach einer Blinddarmentzündung im Januar 1909 arbeitete er an der

Universität Göttingen in der Tradition von Gauß und Riemann. Seine geometrische Darstellung der speziellen Relativitätstheorie verdankt er jedoch Descartes mindestens so sehr wie seinen großen Vorgängern in Göttingen.

Einsteins Bewegungsgleichungen, die Gleichungen der speziellen Relativitätstheorie, enthalten vier Parameter, die die Lage eines Objekts in den üblichen drei Koordinaten des dreidimensionalen Raums und einer weiteren Koordinate darstellen, die die Zeit verkörpert. Erinnern wir uns an Descartes, wie er im Bett lag und die in seiner Zimmerecke summende Fliege beobachtete. Er hatte damals erkannt, daß die Position dieser Fliege zu jedem Zeitpunkt durch drei Raumkoordinaten angegeben werden konnte. Im Kern besagten Einsteins Gleichungen, daß sich die gesamte Lebensgeschichte der Fliege in vier Kartesischen Koordinaten angeben läßt, drei Raumkoordinaten und einer Zeitkoordinate. Man kann dazu eine imaginäre Linie zeichnen, die den Weg der Fliege im Raum von dem Augenblick an beschreibt, in dem das Ei gelegt wurde, aus dem sie entstand, bis zu dem Augenblick, in dem sie starb – eine Zickzacklinie, die an einem bestimmten Tag, dem 10. November 1619, zufällig durch das Schlafzimmer von Descartes verlief. Eine solche Linie heißt heute Weltlinie, und sie existiert in vier Dimensionen (Abb. 2.4).

Eine der wichtigsten Gleichungen in Einsteins spezieller Relativitätstheorie geriet der Gleichung ziemlich ähnlich, die die algebraische Fassung des pythagoräischen Lehrsatzes beschreibt. Das ist kein Zufall. Die Gleichung zeigt uns, wie wir die kürzeste Entfernung zwischen zwei Punkten bezeichnen oder messen. Eine solche Gleichung beschreibt die sogenannte Metrik des mehrdimensionalen Raumes (oder der Raum-Zeit) aus derselben Wurzel, wie die Metrik in der Geometrie: Der kürzeste Abstand zwischen zwei Punkten in jedem beliebigen mehrdimensionalen Raum heißt Geodäte; auf einem ebenen Blatt Papier oder im Schlamm der Felder in der Nähe des Nils sind die Geodäten einfache Gerade, und die Metrik wird nach dem pythagoräischen Lehrsatz beschrieben. So funktioniert das. Wenn wir in zwei Dimensionen zwei Punkte anhand ihrer Kartesischen Koordinaten x und y bestimmen können, können wir ein rechtwinkliges Dreieck zeichnen und die kürzeste Entfernung zwischen diesen Punkten (also die Hypothenuse des Dreiecks) mit Hilfe

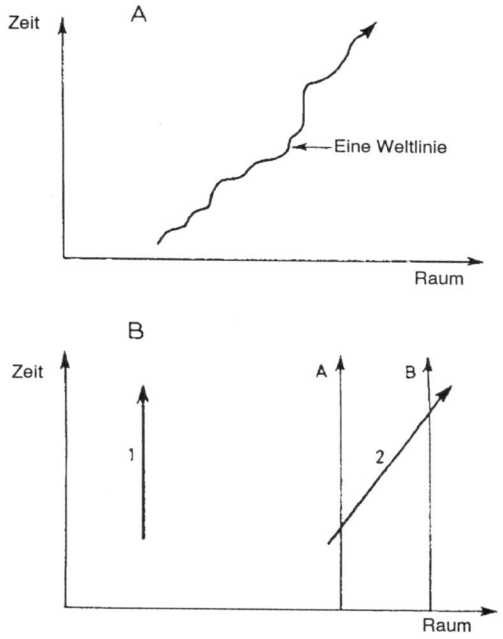

*Abbildung 2.4 A. Ein »Raum-Zeit-Diagramm« zeigt, wie sich die Dinge bewegen. Die drei Raumdimensionen werden durch die »x-Achse«, der Zeitablauf wird durch die »y-Achse« dargestellt. Die Weltlinie eines Objekts (vielleicht einer Fliege) zeigt seine Position im Raum zu jedem beliebigen Zeitpunkt. B. Teilchen 1 bleibt ständig am selben Ort. Seine Weltlinie ist senkrecht. Teilchen 2 bewegt sich im Lauf der Zeit von A nach B. Es hat eine steigende Weltlinie.*

des pythagoräischen Lehrsatzes berechnen (Abb. 2.5). Dasselbe können wir auch mit drei Dimensionen mit Hilfe der drei Koordinaten x, y und z tun. Minkowski erkannte, daß nach den Einsteinschen Gleichungen dasselbe auch in vier

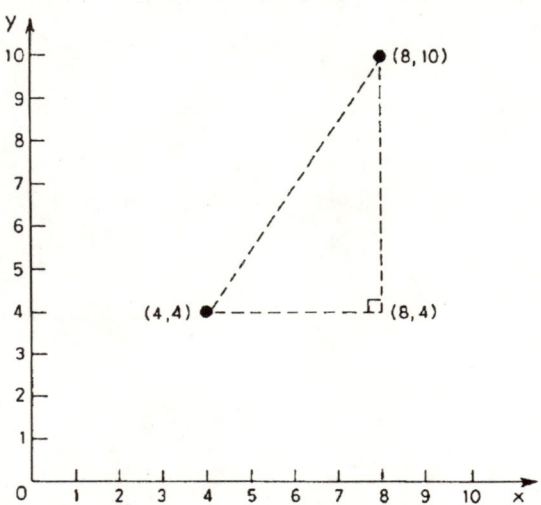

*Abbildung 2.5* *Wenn wir die karthesischen Koordinaten von zwei Punkten kennen, können wir ein rechtwinkliges Dreieck zeichnen und mit Hilfe des pythagoräischen Lehrsatzes die kürzeste Entfernung zwischen zwei Punkten berechnen. Das funktioniert, gleichgültig, wo wir den Ursprung unseres Koordinatensystems ansetzen, also von wo aus wir x und y messen, denn es kommt hier auf die Unterschiede zwischen den Zahlenpaaren an. Derselbe Kniff funktioniert auch in vier (oder noch mehr) Dimensionen; obwohl wir keine vierdimensionalen »Dreiecke« zeichnen können, lassen sich die dem pythagoräischen Lehrsatz in vier Dimensionen entsprechenden Gleichungen ohne weiteres niederschreiben und lösen. Damit können wir die kürzeste Entfernung zwischen zwei Punkten in der Raum-Zeit, nicht nur im Raum, berechnen.*

Dimensionen mit Hilfe der vier Koordinaten x, y, z und t möglich ist – umgangssprachlich ausgedrückt also, durch Angabe des Orts in Begriffen wie »oben/unten«, »links/rechts«, »vorn/hinten« und »vergangen/zukünftig«.

Minkowskis geometrische Behandlung der speziellen Relativität stellt eine Kombination aus den Erkenntnissen von Descartes und der Riemannschen Erweiterung der Geometrie in vier Dimensionen dar.[9]

Das erklärt am besten, wie die Zeit langsamer ablaufen kann und Maßstäbe schrumpfen können, wenn man sich mit Geschwindigkeiten in der Nähe der Lichtgeschwindigkeit bewegt. Einsteins Gleichungen erklären uns, daß es ein Äquivalent der Länge, in vier Dimensionen gemessen, gibt; es heißt Erstreckung. Die Erstreckung beispielsweise eines Lineals kann man sich als die Länge der Hypothenuse eines vierdimensionalen Dreiecks vorstellen, die mit Hilfe des pythagoräischen Lehrsatzes berechnet wird; sie verändert sich nicht. Für einen in Bewegung befindlichen Beobachter verändert sich die Perspektive dieser Erstreckung allerdings doch, wenn sich die Zeit dehnt und die Länge schrumpft, beides in vollkommenem Gleichgewicht zueinander.

Stellen wir uns den Tamburstab einer Tamburmajorette in den üblichen drei Dimensionen unseres alltäglichen Raums vor. Er hat immer dieselbe Länge. Doch je nach dem eigenen Blickpunkt, der eigenen Perspektive, sieht er manchmal sehr kurz aus, weil man ihn fast von der Spitze her sieht, und manchmal zeigt er seine ganze Länge, wenn man ihn von der Seite betrachtet. Wenn er in der Luft herumwirbelt, scheint sich seine Länge ständig zu verändern, doch das ist alles nur von der Perspektive abhängig (Abb. 2.6). Und so erklärt man auch die merkwürdigen Eigenschaften der speziellen Relativität mit Hilfe der Geometrie: Mit einer sich in vier Dimensionen, nämlich drei Dimensionen des Raums und einer Dimension der Zeit, verändernden Perspektive.

Dazu kommen eine große und eine kleine zusätzliche Komplikation. In den Gleichungen taucht der Zeitparameter mit einem negativen Vorzeichen auf, während die drei Para-

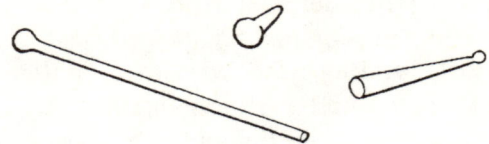

*Abbildung 2.6 Wenn eine Tamburmajorette ihren Stab in der Luft herum wirbelt, sieht es aus, als verändere sich dessen Länge. Aus Erfahrung wissen wir jedoch, daß das nur auf den Einfluß der Perspektive zurückzuführen ist. Einsteins Entdeckung, daß bewegte Uhren etwas nachgehen und bewegte Lineale schrumpfen, beschreibt eigentlich dieselbe Art eines perspektivischen Effekts in den vier Dimensionen der Raum-Zeit. Obwohl die Zeit und die dreidimensionale Länge durch die Bewegung verzerrt werden, gibt es eine grundlegende »vierdimensionale Länge«, die unverändert bleibt.*

meter, die die drei Dimensionen des Raums darstellen, jeweils mit einem positiven Vorzeichen auftreten. Deshalb kann man die Zeit nicht einfach als vierte Dimension des Raumes betrachten. Sie ist eine vierte Dimension, aber es handelt sich dabei um eine Art von negativem Raum. Wenn Lineale schrumpfen, dehnt sich die Zeit; wenn sich Lineale dehnen, schrumpft die Zeit. Durch die ganze Zeit hindurch bleibt die vierdimensionale Erstreckung des Lineals in der Raum-Zeit dieselbe. Außerdem wird der Parameter, der in den Gleichungen die Zeit darstellt, immer mit der Lichtgeschwindigkeit multipliziert, so daß eine Sekunde Zeit knapp 300 000 Kilometern Raum entspricht. Deshalb werden relativistische Effekte erst erkennbar, wenn man sich mit einem beträchtlichen Bruchteil der Lichtgeschwindigkeit bewegt.

Minkowskis ungeheure Vereinfachung der speziellen Relativität beschrieb er in einem Vortrag in Köln 1908; im

Druck erschien sie 1909, kurz nach seinem Tod. Aus seinen einleitenden Worten zu seinem Vortrag geht die Bedeutung hervor, die er diesem neuen Konzept der vierdimensionalen Raum-Zeit beimaß, und die auch sofort von anderen erkannt wurde:

> Die Ansichten über Raum und Zeit, die ich Ihnen heute vorlegen möchte, entstammen dem Boden der Experimentalphysik, und darin liegt auch ihre Stärke. Sie sind radikal. Von nun an verblassen der Raum allein und die Zeit allein zu Schatten, und nur eine Art Vereinigung der beiden behält eine unabhängige Wirklichkeit.[10]

Einer war jedoch nicht auf Anhieb von Minkowskis geometrischer Darstellung der speziellen Relativität beeindruckt, nämlich jener bekannte »faule Hund«, Albert Einstein, der sich für Mathematik nie sonderlich interessiert hatte. Bald konnte er immerhin mit ihr leben, vielleicht auch deshalb, weil sich sein Ruhm fast schlagartig von dem Punkt in der Raum-Zeit an zu verbreiten begann, da Minkowski diese Worte ausgesprochen hatte; das zeigt sich zum Beispiel daran, daß Einstein der erste von vielen Ehrendoktoren im Juli 1909 von der Universität Genf verliehen wurde.

Obwohl also Minkowskis Fassung der speziellen Relativität eine Riemannsche Vorstellung, nämlich den Begriff der mehrdimensionalen Geometrie, enthielt, nahm sie keinerlei Notiz von Riemanns noch weitergehenden Vorstellungen über den gekrümmten Raum, weil sie dazu keine Veranlassung hatte. Die Geometrie der speziellen Relativitätstheorie ist immer noch eine euklidische Geometrie und gehorcht den Regeln, wie sie im ebenen Raum gelten. Es handelt sich lediglich um eine auf vier Dimensionen, auf eine Ebene Raum-Zeit, erweiterte euklidische Geometrie. Der nächste große Entwicklungsschritt ereignete sich, als Einstein unter dem stetigen Drängen seines alten Freundes Großmann daran ging, die Folgen der gekrümmten Raum-Zeit zu überdenken und dabei über den speziellen Fall der ebenen Raum-Zeit zu einer allgemeineren Theorie fortschritt, der allgemeinen Relativitätstheorie.

## Einsteins Erkenntnisse über die Gravitation

Immer wird behauptet, daß die spezielle Relativität zwar ein Kind ihrer Zeit war und, hätte Einstein diese Theorie nicht 1905 entwickelt, dann hätte es bald jemand anderer getan, weil der Konflikt zwischen der Newtonschen Mechanik und dem Verhalten des Lichts geklärt werden mußte; in Wirklichkeit war aber die allgemeine Relativitätstheorie das Werk einer einmaligen Inspiration, nur dem Genie Einsteins zu verdanken, und wäre wahrscheinlich weitere fünfzig Jahre unentdeckt geblieben, wenn Einstein 1906 von einer Straßenbahn überfahren worden wäre. Ich habe diesen Irrglauben selbst in früheren Büchern verkündet. Doch jetzt habe ich den Eindruck, daß diese Behauptung einer näheren Prüfung nicht standhält. Das Argument stammt von Physikern, die rückblickend untersuchen, wie Einsteins Theorie materielle Objekte beschreibt. Der Konflikt zwischen Newton und Maxwell heischte eine neue Theorie, doch als diese Theorie dann existierte, so wird behauptet, gab es keine besonderen Konflikte mit Beobachtungen mehr, die noch erklärt werden mußten. Das kann schon stimmen.

Doch um das Jahr 1900 herum waren viele Mathematiker, wie ich bereits erwähnt habe, von der Vorstellung des gekrümmten Raumes beunruhigt. Nachdem Minkowski die spezielle Relativität als eine Theorie der Mechanik in der ebenen vierdimensionalen Raum-Zeit dargestellt hatte, konnte es nicht lange dauern, bis jemand (vielleicht sogar Großmann) sich überlegte, wie sich denn diese Gesetze der Mechanik änderten, wenn die Raum-Zeit gekrümmt wäre. Mathematisch betrachtet ist die allgemeine Relativität genauso ein Kind ihrer Zeit, wie es die spezielle Relativität war, und zudem eine logische Weiterentwicklung der speziellen Relativitätstheorie. (Wie wir noch sehen werden, waren in diesem Zusammenhang die Mathematiker den Physikern bis weit in die sechziger Jahre unseres Jahrhunderts immer um einige Nasenlängen voraus, und um ein bis zwei Nasenlängen sind sie es heute noch.) Das zeigt sich ja schon daran, daß erst die Beharrlichkeit eines Mathematikers den Physiker Einstein nach 1909 auf den rechten Weg brachte. Was Einstein vielleicht an mathematischer Raffinesse und an Mathematikkenntnissen fehlte, machte er durch seine physikalische Intuition mehr als wett; sein »Gefühl« für die Funktionsweise des Universums war unübertroffen. Seine spezielle Relativitätstheorie entwickelte er zum Beispiel aus der Überlegung, wie das Universum wohl aussähe, wenn man auf einem Lichtstrahl mit der Geschwindigkeit von fast 300 000 Kilometern in der Sekunde durch den Weltraum rasen könnte. Das Samenkorn, aus dem die allgemeine Relativitätstheorie entstand, war eine schlaue Überlegung, wie sich wohl ein Lichtstrahl verhält, der einen abwärtsfahrenden Fahrstuhl durchdringt. Dieses Saatkorn ging wenige Jahre nach Abschluß der speziellen Relativitätstheorie auf; wohl auch deshalb, weil Einstein damals noch nichts von der Riemannschen Geometrie wußte, dauerte es neun Jahre, bis es Früchte trug.

Die spezielle Relativitätstheorie erklärt uns, wie die Welt für Beobachter aussieht, die sich mit verschiedenen Geschwindigkeiten bewegen. Sie befaßt sich jedoch nur mit konstanten Geschwindigkeiten – einer stetigen Bewegung bei gleichbleibender Geschwindigkeit in derselben Richtung. Schon 1905 war klar, daß die Theorie nicht beschreiben konnte, wie sich Objekte unter zwei wichtigen Bedingungen verhalten, die es in der wirklichen Welt gibt. Sie beschreibt weder das Verhalten beschleunigter Objekte (was für die Physiker heißt, wie wir uns erinnern, daß solche Objekte ihre Geschwindigkeit oder ihre Richtung oder beides ändern), und sie beschreibt auch nicht das Verhalten von Objekten, die unter dem Einfluß der Schwerkraft stehen. Einstein trug 1907 zum ersten Mal seine Erkenntnis vor, daß diese beiden Bedingungen identisch sind, daß die Beschleunigung genau das Äquivalent der Schwerkraft ist. Das ist ein solcher Eckpfeiler moderner Sichtweise auf das Universum, daß man ihn als »Äquivalent-Prinzip« bezeichnet.

Wer je in einem schnellen Fahrstuhl gestanden hat, weiß, was Einstein mit diesem Prinzip sagen wollte. Wenn sich der Fahrstuhl nach oben in Bewegung setzt, wird man gegen den Boden gedrückt, als wöge man plötzlich mehr; bleibt der Fahrstuhl oben stehen, fühlt man sich leichter, als sei die Schwerkraft zum Teil aufgehoben. Sicherlich haben Beschleunigung und Schwerkraft etwas gemein; von dieser Beobachtung zur Aussage, Schwerkraft und Beschleunigung seien genau dasselbe, ist es allerdings ein gewaltiger Schritt. An einem unmöglichen Szenario wollen wir kurz darstellen, wie gleichbedeutend diese beiden Größen sind. Wenn das Seil des Fahrstuhls risse und alle Sicherheitsvorkehrungen ausfielen, fiele man, während der Fahrstuhl frei in seinem Schacht nach unten sauste, mit derselben Geschwindigkeit gewichtslos schwebend innerhalb dieses fallenden »Raumes« nach unten.

Doch was passierte mit einem Lichtstrahl, der von einer Seite zur anderen quer durch den abwärtsfahrenden Fahrstuhl dränge? In einem fallenden gewichtslosen Raum gelten nach Einstein die Newtonschen Gesetze, und das Licht muß sich geradlinig von der einen zur anderen Seite bewegen. Dann überlegte sich Einstein jedoch, wie ein solcher Lichtstrahl für einen Betrachter außerhalb des abwärtsfahrenden Fahrstuhls aussähe, wenn also der Fahrstuhl Wände aus Glas hätte und der Weg des Lichtstrahls verfolgt werden könnte. Der »gewichtslose« Fahrstuhl und alles, was in ihm steckt, werden durch die Gravitationswirkung der Erde beschleunigt.

In der Zeit, die der Lichtstrahl zur Durchquerung des Fahrstuhls braucht, hat dieser abwärtsfahrende Raum an Geschwindigkeit zugelegt und dennoch trifft der Lichtstrahl auf der gegenüberliegenden Wand die Stelle, die (nach einem im Fahrstuhl befindlichen Beobachter) auf einer Ebene mit der Stelle liegt, an der der Lichtstrahl seinen Ausgang genommen hat. Das kann nur geschehen, wenn für den außenstehenden Beobachter der Lichtstrahl bei der Durchquerung des abwärtsfahrenden Fahrstuhls etwas nach unten gekrümmt worden ist. Und diese Krümmung könnte nur die Schwerkraft bewirken.

Wenn also, erklärte Einstein, Beschleunigung und Schwerkraft tatsächlich genau einander äquivalent sind, muß die Schwerkraft das Licht krümmen. Man kann die Schwerkraft auslöschen, solange man sich in einem freien Fall be-

*Abbildung 2.7* Schwerkraft und gleichmäßige Beschleunigung bewirken identische Kräfte, die wir als Gewicht bezeichnen.

findet und ständig weiter beschleunigt wird; man kann einen Effekt hervorrufen, der von der Schwerkraft nicht zu unterscheiden ist, indem man eine Beschleunigung verursacht, durch die alles an die Rückwand des beschleunigenden Fahrzeugs »fällt« (Abb. 2.7).

Daß das Licht vielleicht gekrümmt wurde, war keine besonders neue oder aufregende Erkenntnis. Wie wir schon gesehen haben, gibt es in der Newtonschen Mechanik und der

Korpuskulartheorie das Postulat, daß das Licht zum Beispiel beim Passieren in Sonnennähe gekrümmt werden müßte. Aus Einsteins ersten Rechnungen der gravitationsbedingten Lichtkrümmung auf der Grundlage des Äquivalent-Prinzips ging sogar hervor, daß das Ausmaß dieser Krümmung genau dem entsprach, was in der alten Newtonschen Theorie vorausgesagt worden war.

Bevor jemand in einem Versuch den vorausgesagten Effekt messen konnte (solange die Theorie noch unvollständig war, interessierte sich ohnehin niemand sonderlich dafür), hatte Einstein jedoch eine vollständige Theorie der Schwerkraft und der Beschleunigungen, nämlich die allgemeine Relativitätstheorie, entwickelt.

In der allgemeinen Theorie beträgt die vorausgesagte Lichtkrümmung das Doppelte dessen, was in der Newtonschen Fassung vorausgesagt wird, und erst die Messung dieses nicht Newtonschen Effekts machte die Menschen auf die allgemeine Relativitätstheorie aufmerksam. Doch das geschah erst 1919.

Über drei Jahre, nachdem er das Äquivalent-Prinzip zum ersten Mal aufgestellt hatte, beschäftigte sich Einstein kaum mit der Weiterentwicklung einer auf diesem Prinzip aufbauenden Theorie über die Schwerkraft. Das hatte mehrere Gründe. Als Einstein allmählich bekannt wurde, nahm er eine Reihe von immer anspruchsvolleren Angeboten von Universitäten an, wurde erst Privatdozent in Bern, dann Assistent in Zürich und schließlich Ordinarius in Prag. Seine Familie war gewachsen – sein Sohn Hans war 1904, Eduard 1910 zur Welt gekommen.

Vor allem aber hatte Einstein seine ganze Aufmerksamkeit um diese Zeit auf seine Beiträge zu den umwälzenden neuen Entwicklungen in der Quantenphysik konzentriert, und da hatte er einfach keine Zeit mehr, sich auch noch mit einer neuen Theorie der Schwerkraft abzugeben. Erst nachdem seine Arbeiten über die Quantentheorie einen vorläufigen Stillstand erreicht hatten, kehrte er im Sommer 1911 in Prag zur Frage der Gravitation zurück.

## Die Relativität der Geometrie

1911 erklärte Einstein zum ersten Mal mit der Vorstellung von der Lichtkrümmung auch das Verhalten von Lichtstrahlen in Sonnennähe; das führte zu einer Prognose von etwa derselben Größenordnung wie bei Newton. Die Newtonsche Fassung dieser Rechnung war schon 1801 von dem deutschen Johann von Soldner durchgeführt worden; er war dabei von der Annahme ausgegangen, daß das Licht aus einem Teilchenstrom besteht. Einstein, dem von Soldners Rechnung nicht bekannt war, berechnete seine eigene erste Fassung der Lichtkrümmung durch die Sonne im Jahre 1911 und behandelte dabei das Licht als Welle (obwohl vor allem er mit nachgewiesen hatte, daß sich das Licht mitunter durchaus wie ein Strom von Teilchen verhält!). Die beiden Rechnungen liefern fast genau denselben Wert für die Krümmung. Die erste Einsteinsche Fassung dieses Effekts versteht man am einfachsten, wenn man sich klarmacht, daß er durch die Zeitverzerrung bedingt ist, die das Schwerefeld der Sonne hervorruft. 1901 mühte sich Einstein mit einer schrecklich komplizierten, störrischen Reihe von Gleichungen ab, die praktisch eine Kombination von gekrümmter Zeit und ebenem Raum entsprachen; infolgedessen war er buchstäblich erst bis zur Hälfte des vollen Lichtkrümmungseffektes vorgedrungen

Die Lage besserte sich jedoch, sobald Einstein nach seinem nur einjährigen Aufenthalt in Prag wieder nach Zürich zurückgekehrt war. Für seine Rückkehr in die Schweiz war der Freund verantwortlich, dessen Vorlesungsskripten er ein Dutzend Jahre zuvor ausgeborgt hatte: Marcel Großmann, mittlerweile Dekan der Physik- und Mathematikfakultät an der Eidgenössischen Technischen Hochschule.

Großmanns Laufbahn hatte sich viel mehr auf dem üblichen Geleise entwickelt als Einsteins, obwohl auch er schon als sehr junger Mann an diese führende Stelle gekommen war. Er war nur ein Jahr älter als Einstein, hatte mit Einstein zusammen 1900 das Examen abgelegt, dann als Lehrer gearbeitet und gleichzeitig seine Doktorarbeit geschrieben, dazu zwei Geometriebücher für höhere Schulen und mehrere Aufsätze über die nicht-euklidische Geometrie veröffentlicht. Auf der Grundlage dieser Leistungen wurde er Mitglied des Lehrkörpers der ETH, 1907 Ordinarius und 1911, mit 33 Jahren, Dekan. Eine seiner ersten Amtshandlungen als Dekan bestand darin, Einstein wieder nach Zürich zurückzulokken. Einstein kam am 10. August 1912 an und wußte, daß er die Grundlage einer belastbaren Theorie der Schwerkraft mitbrachte, wußte aber andererseits ebenso gut, daß ihm zum Abschluß seiner Arbeiten das richtige mathematische Rüstzeug fehlte. Viel später erinnerte er sich an einen Hilferuf, den er damals an seinen alten Freund gerichtet hatte: »Großmann, du mußt mir helfen, sonst werde ich verrückt!«[11] Einstein war aufgegangen, daß das von Gauß zur Beschreibung gekrümmter Flächen entwickelte Verfahren (im wesentlichen das weiter oben erwähnte Metrik-Verfahren) ihm aus der Patsche helfen konnte, hatte aber noch nie von der Riemannschen Geometrie gehört. Allerdings wußte er, daß Großmann sich in der nicht-euklidischen Geometrie bestens auskannte, und deshalb wandte er sich auch an ihn um Hilfe. »Ich fragte meinen Freund, ob sich mein Problem mit Riemanns Theorie lösen ließe«. Die Antwort war kurz: Ja. Obwohl es noch lange dauerte, bis alle Einzelheiten aufgeklärt waren, konnte Großmann Einstein sofort auf die Sprünge helfen, und am 16. August schrieb Einstein einem anderen Kollegen: »Mit der Schwerkraft geht es fantastisch. Wenn nicht alles Täuschung ist, dann habe ich die allgemeinsten Gleichungen gefunden.«

Einstein und Großmann untersuchten die Bedeutung der gekrümmten Raum-Zeit (die Krümmung sowohl des Raumes als auch der Zeit) für eine Theorie der Schwerkraft in einem 1913 veröffentlichten Aufsatz. Die Zusammenarbeit endete, als Einstein 1914 den Ruf als Direktor des Physikalischen Instituts der Kaiser-Wilhelm-Gesellschaft in Berlin annahm; das Angebot war so verlockend, die Stelle enthielt keine Lehrverpflichtung, so daß er seine ganze Zeit der Forschung widmen konnte, daß er die Schweiz und Großmann verließ. Die beiden blieben jedoch befreundet, bis Großmann 1936 an Multipler Sklerose starb. In Berlin schloß Einstein allein die lange Reise von der speziellen zur allgemeinen Relativitätstheorie ab.

Die ausführliche Fassung der allgemeinen Relativitätstheorie wurde im November 1915 auf drei aufeinanderfolgenden Sitzungen der preußischen Akademie der Wissenschaften in Berlin vorgelegt und 1916 veröffentlicht. Obwohl ihre Auswirkungen weit über den Rahmen dieses Buches hinausreichen, geht es uns doch hier darum, wie Einstein mit Hilfe der Riemannschen Geometrie den gekrümmten Raum beschrieb. Ein massives Objekt, wie zum Beispiel die Sonne, kann man sich so vorstellen, als hinterlasse es einen Eindruck im dreidimensionalen Raum, etwa so, wie ein Gegenstand, wie eine Kegelkugel, in der zweidimensionalen Oberfläche eines gespannten Gummituches oder in einem Trampolin einen Eindruck hinterließe. Der kürzeste Abstand zwischen zwei Punkten auf einer solchen gekrümmten Oberfläche ist eine gekrümmte Geodäte, nicht die Gerade, an die wir immer zuerst denken; das gilt auch für den dreidimensionalen Fall. Da der Raum gekrümmt ist, werden auch die Lichtstrahlen gekrümmt (Abb. 2.8). Wie wir schon gesehen haben, hatte Einstein bereits entdeckt, daß Lichtstrahlen in der Nähe eines massiven Objekts auch durch eine Krümmung im Zeitteil der Raum-Zeit gekrümmt werden. Die Raumkrümmung allein krümmt das Licht um denselben Betrag wie der Zeitkrümmungseffekt, den Einstein schon berechnet hatte. Insgesamt wird also in der allgemeinen Relativitätstheorie eine doppelt so starke Lichtkrümmung vorausgesagt wie in der Newtonschen Theorie.[12] Als die Lichtkrümmung während der Sonnenfinsternis 1919 gemessen und tatsächlich im Einklang mit Einstein, nicht mit Newton, befunden wurde, meldeten die Zeitungen, Newtons Gravitationstheorie sei widerlegt worden. Doch das stimmt nicht.

In Wirklichkeit hatte Einstein Newtons Gravitationsgesetz erklärt. Zwischen der einfachen Newtonschen Theorie

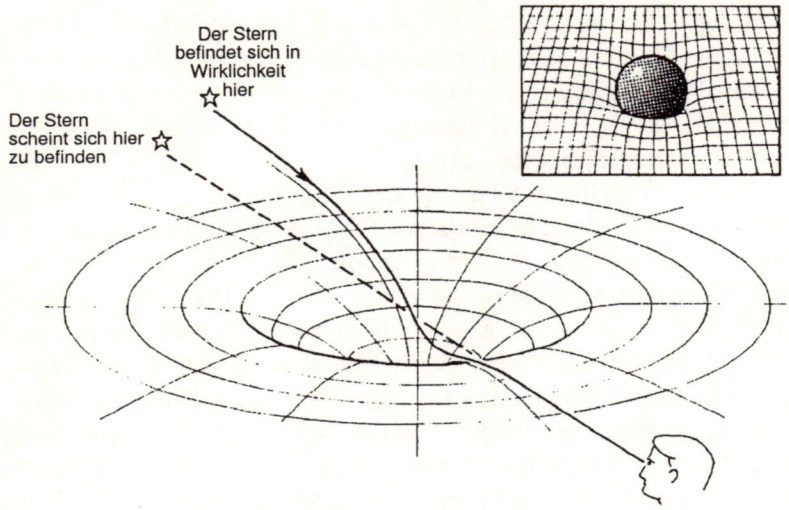

*Abbildung 2.8 Ein schweres Objekt auf einer gespannten Gummiunterlage (rechts oben) hinterläßt einen Eindruck. Die Anwesenheit der Sonne hinterläßt dementsprechend einen "Eindruck" in der Raum-Zeit. Darauf ist die auf Seite 45 (Abb. 1.3) beschriebene Lichtbeugung zurück zu führen.*

und der allgemeinen Relativitätstheorie bestehen feine Unterschiede, wie zum Beispiel bei der Krümmung des Lichts durch die Sonne. Entscheidend kommt es jedoch auf eines an: Wenn die Schwerkraft als Folge der Krümmung in der vierdimensionalen Raum-Zeit erklärt wird, läßt sich wegen der Beschaffenheit dieser Krümmung praktisch keine andere Version der Schwerkraft außer der Form eines Quadratischen Abstandsgesetzes entwickeln. Ein Quadratisches Abstandsgesetz der Schwerkraft ist bei weitem die natürlichste und auch wahrscheinlichste Folge der Krümmung in der vierdimensionalen Raum-Zeit. Im Gegensatz zu Newton stellte Einstein durchaus Hypothesen über die Beschaffenheit der Schwerkraft auf. Nach seinem Postulat verursacht die Raum-Zeit-Krümmung eine gravitationsbedingte Anziehung, und daraus ist wieder abzuleiten, daß die Schwerkraft einem Quadratischen Abstandsgesetz gehorchen muß. Einsteins Arbeit widerlegt also Newtons Theorie keinesfalls, sondern erklärt sie vielmehr und stellt sie auf eine viel festere Grundlage als zuvor.

Am besten läßt sich das in einer Art Dialog zwischen Materie und Raum-Zeit darstellen. Da die Materie ungleichmäßig im Universum verteilt ist, ist auch die Krümmung der Raum-Zeit ungleichmäßig. Die ganze Geometrie der Raum-Zeit ist relativ, und die in winzigen pythagoräischen Dreiekken ausgedrückte Metrik hängt in ihrer Beschaffenheit davon ab, wo man sich gerade im Universum befindet. Materiezusammenballungen verzerren die Raum-Zeit, aber nicht durch die Bildung von Bergen, wie Clifford meinte, sondern von Tälern. Innerhalb dieser gekrümmten Raum-Zeit bewegen sich Objekte auf Geodäten, die man sich als Linien des geringsten Widerstandes vorstellen kann. Selbst die Länge einer gekrümmten Geodäte läßt sich in der allgemeinen Relativität in Form von vielen winzigen pythagoräischen Dreiecken berechnen, von denen jedes einen winzigen Teil der Gesamtlänge »mißt« und die dann mit Hilfe der ursprünglich von Newton entwickelten Integralrechnung addiert werden. Ein herunterfallender Stein oder ein Planet auf seiner Bahn braucht diese Berechnung natürlich nicht anzustellen; er verhält sich natürlich. Mit anderen Worten: Die Materie erklärt der Raum-Zeit, wie sie sich krümmen muß, und die Raum-Zeit erklärt der Materie, wie sie sich zu bewegen hat.

In all dem steckt nun ein wichtiges Argument, das oft zu Mißverständnissen und zu Verwirrung führt. Wir haben es nicht nur mit dem gekrümmten Raum zu tun. Die Umlaufbahn der Erde um die Sonne bildet zum Beispiel im Raum eine geschlossene Schleife. Wenn man sich vorstellte, daß dies die durch die Schwerkraft bedingte Krümmung des Raums darstellt, käme man zu der falschen Folgerung, daß der Raum selbst um die Sonne herum geschlossen ist. Das ist er natürlich nicht, denn das Licht (von den Voyager-Raumsonden ganz zu schweigen) kann ja aus dem Sonnensystem heraustreten. Man muß dabei bedenken, daß die Erde und die Sonne jeweils eigenen Weltlinien durch die vierdimensionale Raum-Zeit folgen. Da der Faktor der Lichtgeschwindigkeit in den Zeitteil der Minkowskischen Metrik für die

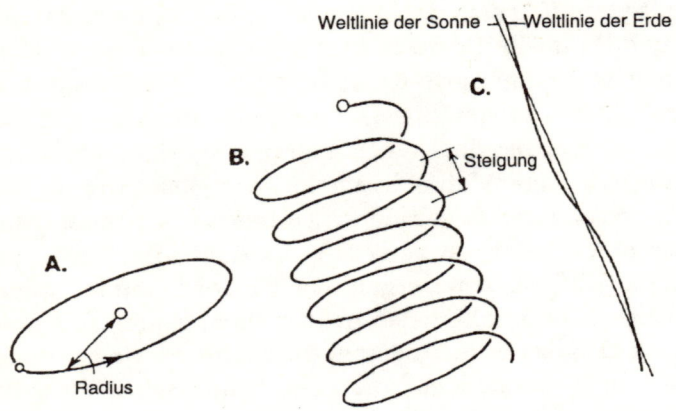

*Abbildung 2.9* A. *Die Bahn der Erde um die Sonne ist im gewöhnlichen Raum geschlossen.*
B. *In der Raum-Zeit entspricht die Bahn der Erde einer Sprungfeder oder Helix.*
C. *Da der Lichtgeschwindigkeitsfaktor so groß ist, ist diese Helix so gedehnt, daß die Weltlinie der Erde fast gerade verläuft – die »Steigung« der Helix ist das 63.000-fache ihres Radius!*

Raum-Zeit eingeht und sich das auch auf die äquivalente Metrik der allgemeinen Relativität auswirkt, verlängern sich diese Weltlinien in Zeitrichtung ganz erheblich. Der wirkliche Weg der Erde »um« die Sonne ist also keine geschlossene Schleife, sondern eine sehr flache Schraube, ähnlich einer stark gedehnten Spiralfeder (Abb. 2.9). Das Licht braucht achteindrittel Minuten, um von der Erde auf die Sonne zu gelangen. Jede Umrundung der Sonne durch die Erde entspricht also einem Abstand von etwa zweiundfünfzig Lichtminuten. Die Erde braucht jedoch ein Jahr, um eine solche Umrundung zu vollziehen, und in dieser Zeit hat sie sich in der Zeitrichtung der Raum-Zeit um das Äquivalent eines Lichtjahres weiterbewegt – also über zehntausend mal weiter als der Länge ihrer jährlichen Reise durch den Raum entspricht, und über 63 000 mal so weit wie der Abstand der Erde zur Sonne. Mit anderen Worten: Die Steigung der Schraube, die den Weg der Erde durch die Raum-Zeit darstellt, ist über 63 000 mal so groß wie ihr Radius. In der ebenen Raum-Zeit wäre die Weltlinie eine Gerade; die Präsenz der Sonnenmasse verzerrt die Raum-Zeit nur geringfügig, gerade so viel, daß es zu einer schwachen Krümmung der Weltlinie kommt und diese geringfügig vor- und zurückschwankt, während sich die Erde durch die Raum-Zeit bewegt. Man braucht viel mehr Masse oder eine viel höhere Massedichte, wenn man den Raum rings um ein Objekt schließen will.

Ein paar Wochen nach seiner Darlegung der allgemeinen Relativitätstheorie war Einstein wieder in der preußischen Akademie der Wissenschaften und berichtete über eine Lösung seiner Gleichungen, die genau ein solches Phänomen beschrieb. Bei dieser Gelegenheit wurde zum ersten Mal öffentlich die richtige mathematische Beschreibung eines Schwarzen Lochs verkündet. Sie ging jedoch nicht auf Einsteins Arbeiten zurück. Er teilte sie der Akademie im Namen eines Wissenschaftlers mit, mit dem er in Briefwechsel gestanden hatte und der in einem Krankenhaus in Potsdam im Sterben lag.

## Schwarzschilds singuläre Lösung

Es überrascht vielleicht, daß nicht Einstein als erster seine eigenen Gleichungen der allgemeinen Relativitätstheorie gelöst hat. Doch bevor man Gleichungen lösen kann, müssen sie erst einmal da sein. Eine selbstkonsistente Reihe von

Gleichungen zu erfinden oder zu entdecken, die etwas so Kompliziertes wie das Verhalten der Raum-Zeit in Gegenwart von Materie beschreiben, ist schon schwer genug und dennoch keine Garantie dafür, daß diese Gleichungen dann auch einfach zu lösen sind. In gewisser Hinsicht ähnelt das einem Kreuzworträtsel. Wer ein Kreuzworträtsel verfaßt, weiß, welche Worte in die Felder gehören und verfügt über eine gewisse Freiheit in der Wahl des Gitternetzes aus Feldern, in das die Worte passen sollen; doch selbst dann ist es nicht einfach, ein funktionsfähiges Kreuzworträtsel zusammenzubasteln, wenn man sich an die strengen Regeln hält, die dabei zu beachten sind, vor allem die Forderung, daß das Muster der quadratischen Felder symmetrisch sein soll. Wenn das Rätsel erst einmal steht, kann es ein anderer lösen. Bei der allgemeinen Relativitätstheorie hat vielleicht die Natur das Rätsel verfaßt und kennt die Antworten, die in die Felder gehören. Einstein hat herausgefunden, in welchem Muster die Felder angeordnet waren und die Hinweise aufgedeckt, die das Rätsel lösbar machen – und das alles, ohne zu wissen, welche Worte nun in diese Felder gehören. Mit Einsteins Einteilung der einzelnen Felder und den von ihm entdeckten Spuren konnte dann jemand anderer an die Lösung des Rätsels herangehen.

Diese Aufgabe packte ein bekannter Astronom an; er war sechs Jahre älter als Einstein und schon über vierzig Jahre alt, als der Erste Weltkrieg ausbrach. Doch Karl Schwarzschild, ein Patriot, gab seine sichere Stellung an der Potsdamer Sternwarte auf und meldete sich freiwillig zum Wehrdienst (vorher war er übrigens Leiter der Göttinger Sternwarte gewesen; das ist eine weitere Verbindung zwischen Göttingen und der Entwicklung der Relativitätstheorie.). Natürlich erkannten seine Vorgesetzten bald, daß Schwarzschild viel zu befähigt war, als daß man ihn zum normalen Felddienst hätte einteilen können. Nach seiner Übernahme in den Militärdienst war Schwarzschild zunächst in Belgien in einer Wetterwarte und dann in Frankreich tätig und berechnete die Flugbahnen für Geschosse, die über sehr große

Entfernungen abgefeuert wurden. Dort zog er sich Pentius zu, eine seltene Hautkrankheit, die damals unweigerlich zum Tod führte.

Schwarzschild, der auch während seiner Militärzeit die Verbindung zu seinen Wissenschaftlerkollegen aufrecht erhielt, erfuhr Ende 1915 von Einsteins jüngster Arbeit und interessierte sich sogleich sehr für sie. Schließlich hatte er in Göttingen die Stelle innegehabt, an der ein paar Jahrzehnte zuvor Gauß tätig gewesen war, und Schwarzschild gehörte, ebenso wie Clifford, zu den Wissenschaftlern, die sich schon Gedanken darüber gemacht hatten, daß die Geometrie des Raumes vielleicht nicht-euklidisch sein könnte, als Einstein gerade mit seinem Studium angefangen hatte. Die Berichte, die Einstein im Auftrag von Schwarzschild der Akademie vorlegte, waren erst ganz kurz vor Schwarzschilds Tod abgeschlossen worden. Am 16. Januar 1916 verlas Einstein vor der Akademie einen Bericht von Schwarzschild, in dem die genaue mathematische Form der Geometrie der Raum-Zeit um eine an einem einzigen Punkt konzentrierte Masse beschrieben wurde. Am 24. Februar stellte er Schwarzschilds Beschreibung der Raum-Zeit-Geometrie in der Umgebung einer kugelförmigen Masse vor. Am 11. Mai, fünf Monate vor seinem dreiundvierzigsten Geburtstag, starb Schwarzschild im Potsdamer Krankenhaus. Trotz all seiner Errungenschaften als Astronom und Direktor von zwei der größten deutschen Sternwarten wird Schwarzschild heute vor allem mit diesen beiden letzten Arbeiten in Verbindung gebracht, die er schon als Offizier unter Kriegsbedingungen in den letzten Monaten seines Lebens abfaßte.

Schwarzschilds Ansatz zeigt dieselbe Methode, mit der Newton die Gravitationskraft zwischen der Sonne und einem Planeten (oder zwischen der Erde und dem Mond oder der Erde und einem Apfel) berechnete, als sei die gesamte Masse eines jeden Objekts an einer Stelle in dessen Mittelpunkt konzentriert. Für alles, was sich außerhalb dieses Objekts befindet, läßt sich so der Gravitationseinfluß jeder beliebigen Masse sehr schön beschreiben. Doch aus Schwarzschilds Lösung von Einsteins Gleichungen ging hervor, daß es für eine echte punktförmige Masse kein Draußen gibt. Jede in einem mathematischen Punkt konzentrierte Masse verzerrt die Raum-Zeit so sehr, daß sich der Raum rings um die Masse schließt und sie vom restlichen Universum abtrennt. Diese Abtrennung erfolgt in einem gewissen Abstand von dem Punkt, und dieser hängt nur von der betreffenden Masse ab.

Das ist natürlich unrealistisch. Wirkliche Massen sind niemals in mathematischen Punkten konzentriert. Doch Schwarzschild wies dann für jede beliebige Masse nach, daß der entscheidende Radius, heute als Schwarzschild-Radius (oder manchmal Gravitationsradius) bezeichnet, eine echte physikalische Bedeutung gibt, an den dieser Abschluß erfolgt. Wenn eine entsprechende Menge Materie in eine Kugel gequetscht wird, die kleiner ist als der entsprechende Schwarzschild-Radius, auch wenn sie nicht wirklich zu einem mathematischen Punkt zusammengedrängt wird, dann wird der Raum (nicht nur die Raum-Zeit) so stark gekrümmt, daß die Masse von dem Universum draußen abgeschnitten wird. Nichts kann dann mehr entweichen, nicht einmal Licht. Je größer die Masse, desto größer der entsprechende Schwarzschild-Radius. Für die Sonne beträgt er 2,9 Kilometer, für die Erde 0,88 Zentimeter. Eine typische Galaxie weist einen Schwarzschild-Radius von 1 000 Milliarden Kilometern auf; doch selbst eine so winzige Masse wie die eines Protons hat ihren eigenen Schwarzschild-Radius von nur $2,4 \times 10^{-52}$ Zentimetern. Könnte man die entsprechende Masse in den entsprechenden Radius hineinquetschen, würde etwas entstehen, was heute als Schwarzes Loch bekannt ist.

Diese extreme Verzerrung der Raum-Zeit, die zu einer Abtrennung der Masse von unserem Universum führt, tritt nur auf, wenn die Masse in das entsprechende Volumen gequetscht wird. Die Vorstellung ist absurd, daß sich jetzt im Erdmittelpunkt ein Schwarzes Loch mit einem Radius von 0,88 Zentimetern befindet. Wenn man sich bis zum Erd-mittelpunkt durchbohren könnte, fände man in diesem Abstand vom Erdmittelpunkt nichts Ungewöhnliches, nichts, woraus sich schließen ließe, daß sich hier die Oberfläche des Schwarzen Lochs bildete, wenn die Erde auf ein so winziges Volumen zusammengedrückt würde. Sobald sie jedoch zusammengedrückt worden wäre, könnte alles, was die Kugelfläche mit dem Schwarzschild-Radius kreuzte, nie mehr aus diesem Loch im Raum entkommen. Die durch den Schwarzschild-Radius definierte Kugel bestimmt also die Oberfläche eines Schwarzen Lochs, die Oberfläche, von der die Fluchtgeschwindigkeit gleich der Lichtgeschwindigkeit ist.

Die Verzerrung der Raum-Zeit-Geometrie, die diesen Effekt hervorruft, stellt man sich am besten als eine in drei Dimensionen eingebettete, gekrümmte, zweidimensionale Oberfläche vor. Die in der Lösung von Schwarzschild beschriebene Geometrie der Raum-Zeit entspricht genau der Form, die man durch Rotation einer Parabel im normalen Raum erzeugte. Eine Parabel ist eine sehr einfache Kurve (Abb. 2.10). Sie besteht aus einer Schar von Punkten, die alle gleich weit von einem Punkt, dem sogenannten Brennpunkt

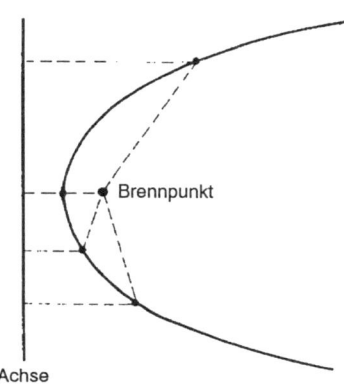

*Abbildung 2.10 Jeder Punkt auf dieser als Parabel bekannten Kurve befindet sich gleich weit von einem als Brennpunkt bezeichneten Punkt und der als Direktrix oder Achse bezeichneten Geraden entfernt.*

der Parabel, und einer Geraden, der sogenannten Leitlinie, entfernt sind. Wenn man sich jetzt vorstellt, daß man die Parabel um die Leitlinie herumwirbelt, bekommt man eine gleichmäßig gekrümmte Oberfläche mit einem weiten Hals, der sich allmählich zu einer Taille verjüngt (Abb. 2.11). Weit von dieser Taille entfernt breitet sich die gekrümmte Fläche

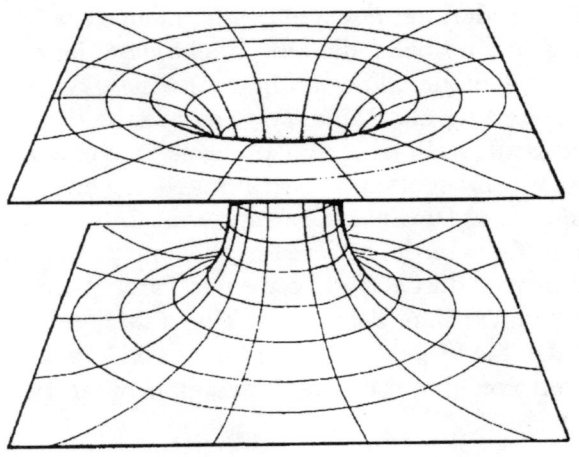

*Abbildung 2.11* Die Krümmung des Raums rings um ein Schwarzes Loch entspricht etwa der Form, die man bekäme, wenn man eine Parabel um ihre Achse wirbelte.

aus und flacht ab, und das bedeutet, daß die Gravitationskraft sehr schwach ist. Je stärker die Oberfläche gekrümmt ist, um so stärker ist an dieser Stelle die Gravitationskraft, damit also auch (in der bekannten Newtonschen Ausdrucksweise) die Fluchtgeschwindigkeit. Wenn man sich jetzt vorstellt, daß man auf dieser ausgestellten Fläche in Richtung auf die Taille zugleitet, kann man um so schwerer entkommen, je steiler die parabolischen Wände werden. In einem kritischen Abstand von der Taille, den man vielleicht mit einem Kreis um die Außenfläche markieren könnte, ist das Entkommen unmöglich. Dieser um den Hals des Lochs gezogene Kreis entspricht auf der zweidimensionalen gekrümmten Oberfläche der Kugel, die die Oberfläche eines Schwarzen Lochs im dreidimensionalen gekrümmten Raum unseres Universums bezeichnet. Was diese Linie überquert, kommt nie mehr heraus.

Weit weg von jeder Masse ist die Raum-Zeit-Krümmung dieselbe, ob die Masse nun in ihren Schwarzschild-Radius hineingequetscht ist oder nicht. Schwarzschilds Lösung für Einsteins Gleichungen liefert also genau dieselbe Wirkung der Schwerkraft wie bei Newton – das Quadratische Ab-

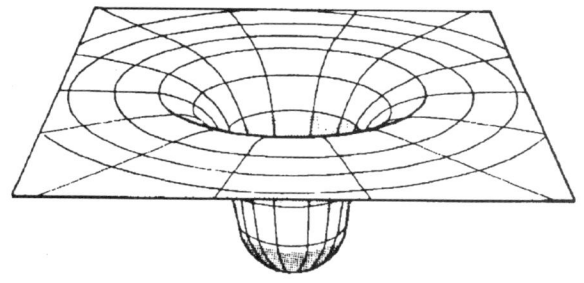

*Abbildung 2.12 Ein Objekt wie die Sonne hinterläßt im Raum einen »Eindruck« gleich dem eines Schwarzen Lochs, doch mit rundem Boden.*

standsgesetz. Doch wenn (wie bei der Sonne) die Mitte tatsächlich nicht so stark konzentriert ist, daß ein Schwarzes Loch entsteht, bildet sich anstelle der Paraboloberfläche mit einer Taille ein gerundeter Boden wie ein Topf (Abb. 2.12); die Seiten werden nie so steil, daß ein Entweichen aus dem Gravitationseinfluß des Objektes unmöglich wäre. Doch was geschieht in der Mitte eines Schwarzen Lochs? Dort wird nach Schwarzschilds Lösung die Krümmung unendlich. Diese Unendlichkeit nennt man auch Singularität. Gleichungen, in denen Singularitäten erscheinen, gelten landläufig als fehlerhaft; Unendlichkeiten bedeuten für die meisten Physiker, daß im Gedankengang, nicht in der Funktion des Universums, irgend etwas nicht stimmt. Zum Teil wohl auch deswegen wurde Schwarzschilds singuläre Lösung von Einsteins Gleichungen jahrelang von den Physikern nicht recht gewürdigt. Obwohl sich manche Mathematiker mit den Gleichungen abgaben und die allgemeine Relativitätstheorie alle anderen Prüfungen glänzend überstand, wurde Schwarzschilds Lösung als bedeutungslos für das wirkliche Universum betrachtet. Aber da standen diese Gleichungen – eine vollständige, genaue Darstellung der Raum-Zeit-Geometrie eines kugelförmigen Schwarzen Lochs, ausgearbeitet, bevor auf Einsteins Aufsätzen, die die ausführliche Fassung der allgemeinen Relativitätstheorie darstellten und 1916 veröffentlicht wurden, die Tinte noch ganz getrocknet war, und drei Jahre vor dem epochalen Versuch zur Lichtkrümmung während einer Sonnenfinsternis, der die Genauigkeit der Einsteinschen Theorie der ganzen Welt vor Augen führte. Ganze fünfzig Jahre nach Schwarzschilds Tod ging den Astronomen erst die wahre physikalische Bedeutung dieser singulären Lösung als Beschreibung von realen Objekten in unserem Universum auf.

# Kapitel 3

# Dichte Sterne

*Entartete Zwerge, die weißglühend brennen; indische Erkenntnisse über das Schicksal der Materie. Jenseits der Quantengrenze. Sternentod. Wiederentdeckte Schwarze Löcher geraten erneut fünfundzwanzig Jahre in Vergessenheit. Gammelige Pulsare, kleine grüne Männer, und die Bestätigung aus dem Krebs.*

Die Entfernungen zu den Planeten im Sonnensystem und zur Sonne selbst lassen sich praktisch mit einer ins Große übertragenen Triangulationstechnik bestimmen, wie sie die Landvermesser hier auf der Erde verwenden. Das heißt natürlich, daß die Berechnungen einfach sind, sobald die mühevollen Messungen dafür durchgeführt worden sind. Bei solchen Messungen muß man beispielsweise die Position des Mars vor dem Hintergrund entfernter Sterne von entgegengesetzten Seiten des Atlantischen Ozeans gleichzeitig beobachten und anhand dieser Beobachtungen dann die Geometrie eines langen, dünnen Dreiecks berechnen, dessen Basis von Europa bis nach Nord- und Südamerika reicht, und auf dessen Spitze sich der Mars befindet. Da die Entfernung zur Sonne bekannt ist, läßt sich ihre wirkliche Größe aus der scheinbaren Größe der Sonnenscheibe am Himmel ausrechnen; sie ist rund 109 mal so groß wie die Erde, und es würden über eine Million Kugeln von Erdgröße in der Sonne Platz haben.[13] Und wenn wir die Entfernung zur Sonne kennen und wissen, wie lange die Erde braucht, um eine Bahn um die Sonne zu vollenden (ein Jahr), dann wissen wir auch, wie groß die Anziehungskraft ist, die die Erde in ihrer Bahn hält.

Sobald wir die Schwerkraftkonstante G kennen, liefert uns das die Masse der Sonne.

Die Masse der Sonne ist rund eine Drittelmillion mal so groß wie die Masse der Erde. Da das Volumen der Sonne etwa eine Million mal so groß ist wie das Volumen der Erde, muß die mittlere Dichte der Sonne knapp ein Drittel der mittleren Dichte der Erde sein. Die Sonnendichte ist mithin nur etwa das Anderthalbfache der Dichte von Wasser, denn die mittlere Dichte der Erde ist etwa das 4,5-fache des Wassers.

Eine so niedrige Dichte bei einem Stern überrascht einen, zumal dann, wenn sie noch unter der Dichte eines typischen Planeten liegt. Wir dürfen jedoch nicht vergessen, daß es sich dabei um eine mittlere Dichte handelt. Hinter dieser Mittelung steckt ja eine ungeheure Dichteschwankung innerhalb der Sonne, von einer dünnen Atmosphäre eines dünnen Gases bis zu einem Kern, dessen Dichte um ein Vielfaches höher ist als die von Blei (obwohl die im Innern der Sonne herrschenden Drücke und Temperaturen erstaunlicherweise so extrem sind, daß sich das Material im Kern immer noch wie ein Gas verhält). Diese Dichteschwankungen und der Mittelwert entsprechen im Wesentlichen der Struktur, wie man sie aus Berechnungen der physikalischen Prozesse abgeleitet hat, die die Sterne am Brennen halten.[14]

Die Temperatur an der Oberfläche eines Sterns hängt unmittelbar mit seiner Farbe zusammen: blau-weiße Sterne sind heißer als gelbe Sterne, und gelbe Sterne sind heißer als rote Sterne; dazwischen gibt es die vielfältigsten Schattierungen (unsere Sonne, ein gelb-orangefarbener Stern mit einer Oberflächentemperatur von knapp 6000°C liegt ziemlich genau in der Mitte der stellaren Farbenpalette). Nun erwartet man eigentlich, daß heiße Sterne heller leuchten als kältere Sterne, und mit dieser Vermutung hat man im Großen und Ganzen auch recht. Doch es gibt auch Ausnahmen von dieser Regel. Die Faustregel gilt nur, wenn die Sterne mehr oder weniger von gleicher Größe sind. Eines der einfachsten Merkmale aller Sterne besteht darin, daß ihre Helligkeit zum einen davon abhängt, wie heiß sie sind, zum anderen davon, wie groß sie sind. Ein Stern mit großer Oberfläche, der auf jedem Quadratmeter dieser Oberfläche Energie nach außen abstrahlt, kann eine ziemlich kalte Oberfläche aufweisen und trotzdem sehr hell leuchten, weil eben so viele Quadratmeter Fläche strahlen. Wenn er überall gleich hell leuchten wollte, müßte ein kleinerer Stern eine heißere Oberfläche aufweisen, so daß jeder Quadratmeter mehr Energie abstrahlen könnte als dieselbe Fläche beim größeren Stern. Etwa um die Zeit, als Einstein seine allgemeine Relativitätstheorie abschloß und Schwarzschild mit Einsteins Gleichungen die Struktur eines Schwarzen Lochs mathematisch beschrieb, rätselten die beobachtenden Astronomen an der Entdeckung herum, daß einige heiße Sterne gleichzeitig sehr dunkel waren und nicht viel größer als die Erde zu sein schienen, obwohl sie fast so viel Masse enthielten wie unsere Sonne. Auf den ersten Blick schien das zu bedeuten, daß die mittlere Dichte eines solchen Sterns etwa das Hunderttausendfache der Dichte von Wasser betragen muß.

## Zwergenhafte Begleiter

Der erste Hinweis auf die Existenz so dichter Sterne entstand um das Jahr 1840. Er ging auf Beobachtungen zurück, die der deutsche Astronom Friedrich Bessel gegen Ende seiner Karriere anstellte. Bessel wurde 1784 geboren und starb 1846, nur wenige Jahre, nachdem er die ersten Hinweise auf die Existenz kleiner, dichter Sterne entdeckt hatte. Am bekanntesten ist er allerdings nicht wegen dieser Entdeckung, sondern wegen seiner größten Leistung geworden, der Entfernungsmessung zu einem anderen Stern. Dazu trieb er das Triangulationsverfahren der Landvermesser auf die Spitze. Statt den Mars von beiden Seiten des Atlantischen Ozeans aus zu beobachten, beobachtete Bessel einen als 61-Cygny bekannten Stern, als sich die Erde jeweils an entgegengesetzten Punkten ihrer Bahn um die Sonne befand; die Beobachtungen wurden im Abstand von einem halben Jahr vorgenommen. Damit bekam er eine dreihundert Millionen Kilometer lange Basis (das ist der Durchmesser der Erdumlaufbahn), und es zeigte sich eine geringfügige scheinbare Bewegung von 61-Cygny über den Sternen im Hintergrund (dieser als Paralaxe bekannte Effekt ist in Wirklichkeit auf die Bewegung der Erde in ihrer Bahn zurückzuführen). Bessel errechnete, daß der Stern so weit von uns entfernt war, daß das Licht bei einer Geschwindigkeit von 300 000 Kilometern pro Sekunde Jahre brauchen mußte, bis es von 61-Cygny durch den Weltraum auf die Erde gelangte; der Stern ist mehrere Lichtjahre von uns entfernt. Damit erkannte man allmählich die wahren Größenverhältnisse im Universum.

Im Zusammenhang mit dieser Arbeit hatte Bessel die genauen Positionen von etwa 50 000 Sternen gemessen und katalogisiert. Nur die uns nächsten Sterne sind uns so nah, daß ihre Entfernung mit Hilfe des Paralaxeneffekts gemessen werden kann. Bei den meisten Sternen sind die Entfernungen so riesig, daß selbst eine Basis von dreihundert Millionen Kilometern zur Erzeugung einer meßbaren Paralaxe nicht ausreicht. Die Entdeckung dichter Sterne geht auf Bessels Beobachtung zurück, wonach sich manche Sterne tatsächlich rhythmisch vor dem Himmelshintergrund bewegen, und das nicht wegen der Paralaxe, einer optischen Täuschung, sondern weil irgend etwas an ihnen zerrt. Er stellte fest, daß zwei helle Sterne, Sirius (tatsächlich der hellste Stern am Nachthimmel, denn zum einen leuchtet er wirklich hell, und zum anderen ist er uns verhältnismäßig nah) und Procion, eine solche regelmäßige, rhythmische Bewegung aufwiesen und von einer Seite auf die andere schwankten. Das ließ sich nicht mehr als durch die Bewegung der Erde um die Sonne hervorgerufener Paralaxeneffekt erklären. Vielmehr konnte man es als Folge einer Krafteinwirkung erläutern, die den sichtbaren Stern von einer Seite auf die andere zerrte. Die natürliche Erklärung für ein solches rhythmisches Zerren an diesen Sternen ging dahin, daß jeder dieser Sterne einen Begleiter, einen unsichtbaren, in einer Bahn um diesen Stern herumziehenden anderen Stern aufwies, der durch die Schwerkraft auf ihn einwirkte.

Durch genaue Beobachtung der Bewegungseigenarten des Sirius zeigte sich, auf welcher Bahn der unerkannte Begleiter sich befinden mußte. Der Sirius leuchtet doppelt so hell wie jeder andere Stern am Nachthimmel und ist in der Nähe des Sternbildes Orion deutlich sichtbar. Weil er uns so nahe ist (er ist nur 8,7 Lichtjahre von uns entfernt), läßt sich seine Bewegung im Raum vor dem Hintergrund der sogenannten »Fixsterne« erkennen, die sich in Wirklichkeit auch alle bewegen, jedoch so weit von uns entfernt sind, daß sie sich von einem Jahr aufs andere eben nicht zu bewegen scheinen. Selbst die Bewegung des Sirius am Himmel beträgt lediglich 1,3 Bogensekunden jährlich, das sind 0,07 Prozent der Strecke über den Vollmond, wie er von der Erde aus zu sehen ist. Diese Bewegung am Himmel erfolgt nicht geradlinig, sondern ist etwas verzittert, und das deutet auf die Existenz eines Begleiters hin. Dieses Zittern sagt uns, daß der Begleiter Sirius in neunundvierzig Jahren einmal umkreist; dank der Keplerschen Bahngesetze und des Newtonschen Gravitationsgesetzes konnten die Astronomen daraufhin die Masse sowohl des Sirius als auch seines Begleiters ausrechnen. Sirius wiegt knapp zweieinhalb mal so viel wie die Masse unserer Sonne, während sein Begleiter, mittlerweile als Sirius B bekannt, eine Masse von rund achtzig Prozent der Sonnenmasse aufweist. Sirius ist ein heißer, weißer Stern; sein unsichtbarer Begleiter, so schien es wenigstens Mitte des 19. Jahrhunderts auf der Hand zu liegen, muß ein kalter, dunkler Stern sein.

Der erste Mensch, der den Begleiter des Sirius zu sehen bekam, war Alvin Clark, ein amerikanischer Teleskopbauer. 1862 probierte er ein Teleskop mit einer neuen 18-Zoll-Optik aus, das in das Observatorium in Dearborn im Staat Illinois eingebaut werden sollte. Dazu richtete er das Instrument auf den Sirius. Das Teleskop war so gut, daß er den Begleiter erkannte; er war so schwach zu sehen, daß er, befände er sich im selben Abstand wie die Sonne von uns, nur mit einem Vierhundertstel von deren Helligkeit am Himmel leuchtete. Diese Lichtschwäche der Begleiter von Sirius und

Prokyon gab den Astronomen noch weitere fünfzig Jahre Rätsel auf. Anfang des 20. Jahrhunderts kam dazu noch die Entdeckung von einem oder zwei ähnlichen Himmelskörpern. Die erste Reaktion der Astronomen auf das Rätsel faßte der Astronom Simon Newcomb in einem 1908 veröffentlichten Buch sehr schön zusammen. Er bezog sich auf die Begleiter von Sirius und Procion und erklärte: »Entweder haben sie eine viel niedrigere Oberflächenleuchtkraft als die Sonne, oder ihre Dichte ist viel höher. Zweifellos trifft die erste Annahme zu.«[15] Die beiden Alternativen, die Newcomb vorschlug, boten sich als einzig mögliche Lösungen für das Rätsel an; dennoch war seine Schlußfolgerung falsch.

Auch Newcomb selbst muß an seiner Schlußfolgerung gezweifelt haben, denn obwohl Sirius B wegen des starken Leuchtens von Sirius im Teleskop nur schwer zu erkennen ist, schien der Begleiter doch ein weißer (also heißer) Stern zu sein und dieselbe Farbe wie Sirius aufzuweisen. Diese Annahme wurde sechs Jahre nach Newcombs Tod bestätigt. 1915 befand sich Sirius B auf seiner Umlaufbahn am weitesten von Sirius entfernt, war also verhältnismäßig klar zu erkennen. Im Dezember dieses Jahres ermittelte Walter Adams (ein 1870 in Syrien, wo seine Eltern als Missionare tätig waren, geborener amerikanischer Astronom) das erste Spektrum des Sirius B. Ein solches Spektrum ist in diesem Zusammenhang wichtig, weil es zeigt, wieviel Energie der Stern bei verschiedenen Wellenlängen (unterschiedlichen Farbbanden) abstrahlt und eine genaue Angabe über seine Temperatur ebenso wie über seine Farbe liefert. Das Spektrum des Begleiters erwies sich als identisch mit dem des Sirius. Es war von derselben Farbe wie das des Sirius, also mußte auch die Oberfläche des Begleiters dieselbe Temperatur wie die des Sirius aufweisen, und folglich (weil der Begleiter insgesamt so schwach leuchtete) bedeutete das, daß er viel kleiner war als Sirius und nur ein bißchen größer als die Erde.

Die einzige andere Alternative, an der sich ein paar Astronomen einige Monate lang betätigten, besagte, daß der Begleiter kein eigenes Licht abstrahlte, sondern nur das weiße Licht des Sirius reflektierte, so wie der Mond das Licht der Sonne reflektiert. Doch darauf hatte Adams eine Antwort parat: Er wies darauf hin, daß ein anderer Stern, Eridani B, insgesamt ebenfalls sehr dunkel war, obgleich sein Spektrum dem des Sirius B ähnelte und in diesem Fall eben kein weißer Begleiter da war, dessen Licht vielleicht reflektiert wurde. Eridani B (und folglich auch Sirius B) mußten also beide weiß und klein sein – ein weißer Zwergstern mit einer Dichte von rund dem Zehntausendfachen von Blei.

Die Merkwürdigkeit von Eridani B war fünf Jahre zuvor schon im Rahmen einer zufälligen Bemerkung eines Astronomen in Harvard aufgefallen. Doch keiner der drei Astronomen, die der Merkwürdigkeit auf die Spur gekommen waren, verfolgte die Beobachtung weiter. Die Zufallsbeobachtung gelang dem Astronomen Henry Norris Russell, später einer der Erfinder eines Verfahrens, mit dem man die Helligkeit eines Sterns zu seiner Temperatur (oder Farbe) auf einer Art grafischer Darstellung in Beziehung setzen kann, dem sogenannten Hertzsprung-Russell-Diagramm. Dieses berühmte Diagramm entstand 1913. Die Vorarbeiten, darunter auch Untersuchungen der Farben von Sternen mit unterschiedlicher Helligkeit, waren 1910 schon in vollem Gang.

Sterne werden nach ihrer Farbe in einem System eingeteilt, das Anfang des 20. Jahrhunderts am Harvard College Observatory entwickelt wurde. Was ursprünglich als einfache alphabetische Liste gedacht gewesen war, geriet jedoch bald durcheinander, weil einige alphabetische Bezeichnungen früher den falschen Sternen zugeteilt worden waren, bevor man deren wirkliche Eigenschaften genau gekannt hatte. So werden bis heute Sterne nach ihren Farben mit den Bezeichnungen O, B, A, F, G, K, M eingeteilt. Groß O- und B-Sterne sind weiß und heiß; K- und M-Sterne sind kalt und rot. Unsere Sonne ist ein orangefarbener Stern vom Typ G.[16] Russell mußte die Spektren von möglichst vielen Sternen ermitteln, wenn er allgemeine Regeln über Farbe und Helligkeit ableiten wollte. Edward Pickering, damals Direktor des

Harvard College Observatory, hatte sich bereiterklärt, Spektren für die Sterne zur Verfügung zu stellen, die im Verlauf von Paralaxenstudien der von Bessel eingeführten Art beobachtet worden waren. Daraus leitete Russell die Entdeckung ab, daß alle sehr schwachen Sterne auf der Liste vom Typ M waren. Viele Jahre später erinnerte sich Russell niedergeschlagen daran, wie er eines Tages, im Jahr 1910, mit Pickering über diese Entdeckung sprach und dabei erwähnte, daß es sicherlich interessant wäre, nachzuprüfen, ob auch andere schwache Sterne in dieses Schema paßten.

>Pickering sagte: »Na, nennen Sie doch einmal einen solchen Stern.« »Naja«, sagte ich, »zum Beispiel der schwache Begleiter von Omikron Eridani.« Darauf Pickering: »Auf solche Fragen sind wir besonders vorbereitet.« Also telefonierten wir mit dem Büro von Frau Flemming, und Frau Flemming versprach, nachzusehen. Nach einer halben Stunde kam sie herauf und meinte: »Hier habe ich es; ganz eindeutig Typ A.« Selbst damals verstand ich schon, was das zu bedeuten hatte. Ich war wie vor den Kopf gestoßen und versuchte, mir einen Reim darauf zu machen. Dann überlegte Pickering einen Augenblick und sagte dann mit freundlichem Lächeln: »Ich würde mir darüber nicht den Kopf zerbrechen. Gerade die Sachen, die wir nicht erklären können, erweitern unser Wissen.« Also, in diesem Augenblick waren Pickering, Frau Flemming und ich die einzigen Menschen auf der Welt, die etwas von der Existenz weißer Zwerge wußten.[17]

Pickering hatte recht. Gerade weil die weißen Zwerge nicht in das Schema paßten, erweiterten wir unser Wissen. Doch selbst nachdem Adams das Spektrum des Sirius B ermittelt hatte, dauerte es noch fast zwanzig Jahre, bis das Rätsel gelöst wurde, und selbst dann waren nicht alle Astronomen mit der Lösung zufrieden.

## Entartete Sterne

Um 1920 wußte man schon etwas mehr über die weißen Zwerge, nachdem sich die Kenntnisse über den inneren Aufbau der Sterne im allgemeinen verbessert hatten. Bahnbrechendes leistete auf diesem Gebiet derselbe Arthur Eddington, der sich 1919 bei der Messung des Lichtkrümmungseffekts betätigt hatte und als Fachmann sowohl für die allgemeine Relativität als auch für den Sternenaufbau der sprichwörtliche Riese war, der die Astronomen seiner Zeit weit überragte.

Wie Sterne funktionieren, wurde erst allmählich bekannt, denn dazu mußte man wissen, wie Atome funktionieren, und das entwickelte sich in Form der Quantenmechanik auch erst um die Mitte der zwanziger Jahre unseres Jahrhunderts. Die neuen Erkenntnisse über den Aufbau der Sterne profitierten entscheidend von der Erklärung, warum das tiefste Innere eines Sterns, wie etwa der Sonne, so beschrieben werden kann, als handle es sich dabei um ein perfektes Gas, obwohl dies Innere doch eine so hohe Dichte aufweist. Das Geheimnis besteht darin, daß ein Atom aus einem winzigen Kern besteht, der wiederum aus anderen Teilchen, den Protonen und Neutronen, aufgebaut ist, und diese wiederum sind von einer Wolke kleinerer Teilchen, den sogenannten Elektronen, umgeben. Die Größe des Kerns im Vergleich zur Größe des ganzen Atoms entspricht der Größe eines Staubkorns in der Mitte eines Fußballstadions. Der Kern nimmt tatsächlich nur etwa ein Billionstel des Atomvolumens in Anspruch.

In einem Gas, etwa der Luft, die Sie einatmen, bewegen sich die Atome schnell, stoßen ständig aneinander wie kleine Kugeln aus einem vollständig elastischen Material. In einem Feststoff bleiben die Atome mehr oder minder fest am selben Ort, schwingen nur sanft und stoßen gelegentlich aneinander. In einer Flüssigkeit haben sie gerade so viel Energie, daß sie aneinander vorbeigleiten können. In allen Fällen beteiligen sich die Kerne der Atome an diesen Zusammenstößen, Schupsereien oder Rutschereien überhaupt nicht; also nur die Elektronen an der Außenseite der Atome kommen je in Berührung miteinander.

Bei der großen Hitze und dem hohen Druck im Innern eines Sterns sind die Zusammenstöße jedoch so heftig, daß aus den Atomen Elektronen herausgeschlagen werden. Dadurch können nackte Kerne zurückbleiben, die sich dann mit Elektronen und miteinander in einer Art von heißem Fluid vermischen, das die Physiker als Plasma bezeichnen. Wenn dem Kern alle Elektronen genommen werden, läßt sich das Plasma auf ein Billionstel des Volumens der entsprechenden Gaswolke zusammendrücken und verhält sich trotzdem immer noch wie ein Gas, nur daß sich jetzt keine Atome mehr schnell bewegen und aneinander abprallen, sondern Kerne. Das geschieht im Innern der Sonne und der meisten Sterne. Bei diesem Vorgang stoßen einige Kerne so kräftig gegeneinander, daß sie aneinander haften bleiben und aus Wasserstoffkernen Heliumkerne werden; dabei wird Energie frei, und der ganze Vorgang heißt Kernfusion. So bleiben die Sterne heiß.[18]

Doch was geschieht, wenn das ganze Kernfusionspotential aufgebraucht ist und ein Stern sich allmählich im Innern abkühlt? Eigentlich wäre doch zu erwarten, daß die Kerne dann ihre Elektronen wieder einfangen, sich wieder in Atome verwandeln und das Plasma in eine Gaswolke zurückverwandeln. Doch dazu müßten sie irgendwoher Energie beziehen, damit sich der Sternenkern wieder ausdehnen und für die Atome Platz schaffen kann, obwohl das Gewicht der Schwerkraft ihn nach innen zieht. Da der Stern aber seine Energie nirgendwoher holen kann, geschieht so etwas nicht. Eddington pflegte das so auszudrücken: »Ein solcher Stern müßte Energie gewinnen, um abzukühlen!« In seinem klassischen Buch *The Internal Constitution of the Stars* erklärte er: »Es scheint, daß der Stern sich in argen Schwierigkeiten befindet, wenn sein Nachschub an subatomarer Energie schließlich zur Neige geht.«

1926, im selben Jahr, in dem Eddingtons Buch erschien, wies Ralph Fowler, damals an der Universität Cambridge, nach, wie ein sterbender Stern sich aus dieser Zwangslage befreien kann. Nach der neuen Quantentheorie, so berechnete er, mußte ein solcher Stern in einen sehr dichten Zustand übergehen, in dem die Atomkerne in einem Meer aus Elektronen eingebettet wären. Der Druck der Elektronen, die aneinanderstießen und gegen die Kerne prallten, würde die nach innen gerichtete Zugwirkung der Schwerkraft ausgleichen, sobald der Stern auf eine bestimmte Größe geschrumpft wäre. Die Größe, bei der sich ein dichter Stern stabilisierte, hinge von seiner Masse ab; Fowler rechnete alle Möglichkeiten durch und kam zu dem Schluß, daß sie ziemlich genau der tatsächlichen Masse von Weißen Zwergen entsprach, also zum Beispiel Sirius B. Die Quantentheorie hatte den Aufbau der Weißen Zwerge befriedigend erklärt; in der Sprache der modernen Physik ist Materie in diesen Extremzuständen »entartet«, und zusammengehalten werden die Sterne durch den »Entartungsdruck« oder Elektronen im niedrigsten Quantenenergiezustand – als »entartetes Elektronengas«. Noch vor Ende des Jahrzehnts merkten jedoch ein paar Astrophysiker, daß selbst unter Berücksichtigung der Relativitätseffekte und der Quantenmechanik auch ein entartetes Elektronengas nicht alle dichten Sterne gegen die nach innen gerichtete Zugwirkung der Gravitation aufrecht erhalten kann. Das ist nun keine Folge der allgemeinen Relativitätstheorie, sondern von Einsteins älterer spezieller Relativitätstheorie.

## Die Weiße-Zwerg-Grenze

Die Regeln, nach denen Physiker die Eigenschaften beispielsweise eines Gases oder eines Plasmas beschreiben, heißen Zustandsgleichungen. Damit kann man berechnen, wie sich das Gas verändert, wenn sich seine Umweltbedingungen verändern, etwa was mit dem Volumen geschieht, wenn man den Druck verdoppelt. Die Dichte des Materials im Innersten eines Sterns hängt davon ab, wieviel Masse der Stern enthält; je mehr Masse, um so stärker der Gravitationsdruck. Aus einer guten Zustandsgleichung kann man entnehmen, welche Zentraldichte einer bestimmten Sternenmasse entspricht; dabei werden alle im Innern des Sterns ablaufenden physikalischen Vorgänge berücksichtigt. 1929 hatte Edmund Stoner von der Universität Leeds nachgewiesen, daß es selbst bei Berücksichtigung der Quanteneffekte für das Material im entarteten Zustand eine maximale Dichte geben muß, wenn also alle Elektronen praktisch so eng miteinander verkeilt sind wie nur möglich. Die von ihm ermittelte Dichte war etwa zehn mal so hoch wie die Dichte bekannter weißer Zwerge; auf den ersten Blick war das also kein Grund zur Unruhe. Doch gleich danach wies Wilhelm Anderson von der Universität Tartu in Estland darauf hin, daß unter den von Stoner beschriebenen Extrembedingungen die Elektronen im Innern eines solchen Sterns so kräftig gegeneinander stoßen müßten, um den Stern gegen den nach innen gerichteten Zug der Gravitationskraft zusammenzuhalten, daß sie sich fast mit Lichtgeschwindigkeit bewegen müßten, obwohl sie jeweils nur eine kurze Strecke zurücklegten, bevor sie mit einem Kern zusammenstießen, zurückprallten und in einem unaufhörlichen Tanz, wie die Kugel in einem amoklaufenden kosmischen Spielautomaten, wieder zusammenstießen. Wenn solche hohen Geschwindigkeiten auftreten, muß die Zustandsgleichung die nach der speziellen Relativitätstheorie vorausgesagten Effekte berücksichtigen, ganz besonders die Zunahme der Elektronenmasse mit wachsender Geschwindigkeit. Demzufolge konnte die höchstmögliche Dichte eines weißen Zwergs schließlich doch nicht wesentlich über der des Sirius B liegen. Stoner griff das Argument auf, entwickelte daraufhin die später als Stoner-Anderson-Gleichung bezeichnete Zustandsgleichung und wies 1930 nach, daß bei genauerer Berücksichtigung der relativistischen Effekte selbst Quanteneffekte einen entarteten Stern mit einer Masse von mehr als dem 1,7-fachen der Masse unserer Sonne nicht stabilisieren können. Er merkte dazu nur an, daß alle bekannten weißen Zwerge tatsächlich Massen unter dieser Grenze aufweisen und spekulierte nicht weiter darüber, was mit massereicheren Sternen passiert, sobald ihnen der Kernbrennstoff ausgeht.

Die von Stoner ausgerechnete Masse war nur ein Näherungswert. Er hatte in seiner Rechnung nicht alle astrophysikalischen Einzelheiten berücksichtigt, zum Beispiel den

»Stern« in seinen Gleichungen so behandelt, als weise er überall dieselbe Dichte auf und sei im inneren Kern nicht dichter. Ein bemerkenswerter indischer Naturwissenschaftler stellte diese Art von Berechnungen auf eine genauere Basis und kam auch ganz richtig zu dem Ergebnis, daß die tatsächlich geltende Grenzmasse für einen aus Helium bestehenden weißen Zwerg etwas mehr als das 1,4-fache der Sonnenmassen beträgt. Er stellte diese Rechnungen an, ohne die Arbeiten von Stoner und Anderson zu kennen, weil er sich auf einer Schiffsreise von Indien nach England, wo er als Student in Cambridge forschen wollte, die Zeit vertreiben wollte. Damals war er gerade neunzehn Jahre alt.

Subrahamanyan Chandrasekhar wurde in Lahore (damals ein Teil von Britisch-Indien, heute in Pakistan) am 19. Oktober 1910 geboren (im selben Jahr, in dem Russell, Pickering und Frau Flemming zufällig als erste von der Existenz Weißer Zwerge erfuhren) und ist neben Eddington wohl einer der beiden großen Astrophysiker des 20. Jahrhunderts. 1983 bekam er den Nobelpreis in Physik, und in der Laudatio ist unter anderem die Rede von den Berechnungen, die er seinerzeit auf seiner Schiffsreise im Juli 1930, vor über einem halben Jahrhundert, angestellt hatte. Chandrasekhars Untersuchungen der Weißen Zwerge brachten ihm ausgerechnet mit Eddington Ärger, der die daraus abzuleitenden Folgen nie akzeptierte. Er sprach sich so nachhaltig gegen die Vorstellung von einer Massegrenze für stabile Sterne aus, daß er durch seinen Einfluß als graue Eminenz in der Astronomie die Erforschung Schwarzer Löcher unter Umständen um mehr als ein Jahrzehnt verzögert hat. Das ist um so seltsamer, als Eddington, Fachmann sowohl in der allgemeinen Relativitätstheorie wie im Sternaufbau, für den heutigen Betrachter wohl der ideale Forscher gewesen wäre, der sich mit dieser Vorstellung weiter hätte auseinandersetzen sollen. Doch als Chandrasekhar in Cambridge ankam, stand Eddington kurz vor seinem achtundvierzigsten Geburtstag; seine größten wissenschaftlichen Leistungen hatte er hinter sich, sein wissenschaftliches Denken verlief in geregelten

Bahnen, und nur ungern mochte er dramatische neue Gedanken berücksichtigen.[19]

Chandrasekhar dagegen blühte förmlich auf, wenn er es mit neuen Vorstellungen zu tun bekam. Er studierte just um die Zeit in Madras, als in Europa die neue Quantentheorie entwickelt wurde. Neben Lehrbüchern, wie zum Beispiel Eddingtons *The Internal Constitution of the Stars* und Arnold Sommerfelds *Atombau und Spektrallinien,* las er die wissenschaftlichen Aufsätze der Quantenpioniere wie zum Beispiel von Nils Bohr, Werner Heisenberg und Erwin Schrödinger, in den Wissenschaftszeitschriften der Universitätsbibliothek. Aus einem Interview, das er 1977 gab und das in der Nils-Bor-Library des American Institute of Physics aufbewahrt wird, wissen wir sehr viel über diese Zeit in Chandrasekhars Leben. »Ich habe nie Unterricht in Quantenmechanik gehabt«, berichtete er. »Ich habe sie aus Sommerfelds *Atombau und Spektrallinien* gelernt.« Tatsächlich spricht alles dafür, daß Chandrasekhar schon vor seinem Abschluß 1930 mehr über Physik wußte als seine Hochschullehrer. Schon in seinen Anfangssemestern veröffentlichte er zwei Forschungsarbeiten und bekam daraufhin ein Stipendium in England. Seine Berechnungen auf der Reise fielen also durchaus nicht aus dem Rahmen.

In Cambridge wurde Chandrasekhar offiziell von Ralph Fowler, seinem Doktorvater, unter die Fittiche genommen (in Wirklichkeit ließ ihn Fowler fast ganz links liegen, sah ihn nur einmal in einem halben Jahr und ließ ihn im wesentlichen allein arbeiten; das ist nicht untypisch für die Art und Weise, wie in Cambridge Forschungsstudenten behandelt werden.). Stolz zeigte Chandrasekhar Fowler die Berechnung, aus der hervorging, daß Weiße Zwerge Massen von weniger als dem 1,4-fachen der Sonnenmasse aufweisen mußten. Trotz seiner eigenen früheren Arbeiten über entartete Sterne schien Fowler das Ergebnis aber nicht für sonderlich wichtig zu halten. »Damals wußte ich noch nicht, was diese Grenze bedeutete«, erinnerte sich Chandrasekhar 1977, »und ich konnte mir auch nicht vorstellen, wohin das führte. Doch merkwürdig ist es schon, daß Fowler das Ergebnis nicht für besonders wichtig hielt.« Dennoch wurden Chandrasekhars Berechnungen 1931 im *Astrophysical Journal* veröffentlicht – eine nette historische Vignette, denn 1953 wurde er Herausgeber eben dieser Zeitschrift und blieb es bis 1971. So verbrachte er ohne viel Anregung die frühen dreißiger Jahre damit, sich über die wirkliche Bedeutung der Weiße-Zwerg-Grenze klarzuwerden.

Einen genauen Eindruck davon, wie die Wissenschaft auf den Vorschlag reagierte, daß es für Weiße Zwerge eine obere Massegrenze geben müsse, kann man aus einem Kommentar des sowjetischen Physikers Lev Landau in einem 1932 veröffentlichten Aufsatz entnehmen. Landau wußte nichts von Chandrasekhars Arbeiten und befaßte sich ganz unabhängig davon mit derselben Grenzmasse. In seinem Aufsatz machte er einen großen Fehler: Da er kein Astronom war, vergaß er die Rolle des gewöhnlichen Gasdrucks beim Zusammenhalten der Sterne gegen den schwerkraftbedingten Kollaps, solange in der Mitte dieser Sterne noch Kernbrennstoff zur Verfügung steht. Er bestimmte jedoch die Massengrenze für entartete Sterne richtig und erklärte, daß es für jeden Stern mit einer höheren Masse »in der ganzen Quantentheorie keinen Grund gibt, der das System daran hindert, bis zu einem Punkt zusammenzubrechen«.[20] Die Quantentheorie war damals noch keine zehn Jahre alt, und Landau hatte keine Gewissensbisse, in einer etwaigen Auseinandersetzung Porzellan zu zerschlagen. Wenn die Quantentheorie behauptete, daß Sterne mit mehr als dem Anderthalbfachen der Sonnenmasse nicht einmal durch den Druck eines entarteten Elektronengases zusammengehalten werden konnten, dann konnte die Quantentheorie einfach nicht stimmen. »Wir müssen daraus folgern, daß alle Sterne, die schwerer als 1,5 Sonnenmassen sind, gewiß Regionen aufweisen, in denen die Gesetze der Quantenmechanik ... verletzt werden.«

Doch Chandrasekhar war emsig damit beschäftigt, alle Lücken in der Rechnung zu schließen. 1933 beendete er im reifen Alter von zweiundzwanzig Jahren seine Doktorarbeit und wurde zum Fellow des Trinity College gewählt; durch diesen neuen Status gestärkt arbeitete Chandrasekhar 1934 an einer Vorstellung seiner abgeschlossenen Theorie über die Weißen Zwerge und stellte sie im Januar 1935 in einem Vortrag vor der Royal Astronomical Society in London vor. Unmittelbar nach dem Vortrag stand Eddington auf und erklärte, Chandrasekhars Theorie sei völliger Quatsch. Doch seine Voreingenommenheit gegen den Gedanken einer Grenzmasse stützte sich ebenso wenig auf Physik wie Landaus Ablehnung seiner, Eddingtons, Berechnungen. Wie Landau, so stützte sich auch Eddington auf den gesunden Menschenverstand, der ihm sagen sollte, wo die Gesetze der Physik anzuwenden waren und wo nicht. Doch in seinem eigenen Vortrag auf dieser Sitzung der Royal Astronomical Society war Eddington ganz dicht an der Erkenntnis, daß Schwarze Löcher mit der Sonnenmasse vergleichbaren Massen existieren mußten. Er führte aus:

> Chandrasekhar verwendet die in den letzten fünf Jahren akzeptierte relativistische Formel zu dem Nachweis, daß ein Stern von einer Masse, die über einer bestimmten Grenze M liegt, ein perfektes Gas bleibt und nie abkühlen kann. Der Stern muß immer weiter strahlen und sich immer weiter zusammenziehen, bis er wohl auf einen Radius von einigen Kilometern zusammenschnurrt und die Schwerkraft so stark wird, daß sie die Strahlung zurückhält und der Stern endlich Frieden finden kann.

Wenn er es dabei hätte bewenden lassen, gälte Eddington heute als der Vater der Astrophysik der Schwarzen Löcher. Doch leider hatte er von der Möglichkeit, daß die Schwerkraft die Raum-Zeit verzerrte, so daß sie das Licht einschlösse, nur deshalb gesprochen, um Chandrasekhar lächerlich zu machen. Fast ohne Atem zu holen, fuhr Eddington fort:

> Dr. Chandrasekhar ist schon früher zu diesem Ergebnis gelangt, doch in seiner neuesten Arbeit walzt er es aus. Bei einem Gespräch mit ihm darüber drängte sich mir der Schluß auf, daß dies fast eine *reductio ad absurdum* der relativistischen Entartungsformel ist. Verschiedene Zwischenfälle

können den Stern vielleicht retten, doch ich wünsche mir mehr Schutz als das. Ich meine, es sollte ein Naturgesetz geben, das einen Stern daran hindert, sich so aufzuführen.[21] Eddington brachte seine Einwände in den nächsten Jahren immer wieder vor, doch nie gelang es ihm, ein Naturgesetz zu entdecken, das einen übergewichtigen Weißen Zwerg vor dem Zusammenbruch errettete. Als einzige Möglichkeit blieben den Astrophysikern die »verschiedenen Zwischenfälle«, auf die Eddington Bezug genommen hatte und die vielleicht dazu führten, daß ein massiver Stern mit zunehmendem Alter Material verlor, es in den Weltraum hinaus verstreute, so daß er, gleichgültig mit welcher Masse er sein Leben begonnen hatte, sein Leben auf jeden Fall mit einer geringeren Masse beenden mußte, die unter der bald sogenannten Chandrasekhar-Grenze lag. Selbst Chandrasekhar dachte ähnlich, und daß solche Zwischenfälle zusammenwirkten und die überschüssige Masse beseitigten, wurde noch Anfang der sechziger Jahre als nicht auszuschließende Möglichkeit gelehrt (und wurde sogar allen Ernstes von meinen eigenen Dozenten 1966 vorgetragen, als ich Student war). Das ganze Szenario klang jedoch nie so recht plausibel, denn wie konnte schließlich ein Stern, der beispielsweise mit der zehnfachen Masse unserer Sonne angefangen hatte, »wissen«, wieviel Gas er in seinem Leben in den Weltraum lassen mußte, um seine Tage als stabiler Weißer Zwerg zu beenden? Die ganze Vorstellung wurde überhaupt nur deswegen halbwegs ernst genommen, weil man sich zu der einzigen anderen Alternative einfach nicht durchringen mochte, daß nämlich manche Sterne ihre Existenz tatsächlich in einem gravitationsbedingten Zusammenbruch beenden.

Es dauerte lange, bis Chandrasekhars Vorstellungen von der Struktur der Weißen Zwerge voll und ganz akzeptiert wurden, obwohl seine Massengrenze in allen nach 1936 erschienenen Lehrbüchern angeführt wird. In einem 1977 formulierten Rückblick auf diesen dramatischen Zusammenstoß eines jungen Forschers von gerade zwanzig Jahren mit dem

Nestor der Astrophysik erklärt Chandrasekhar: »Ich wundere mich heute noch, daß ich nie ganz niedergemacht wurde.« Doch ein bißchen niedergemacht wurde er schon. Er verließ das Trinity College 1936 und ging an die University of Chicago. »1938 kam ich schließlich zu der Erkenntnis, daß es keinen Sinn hatte, wenn ich ständig nur kämpfte und behauptete, daß ich recht hatte und alle anderen unrecht hatten. Ich wollte ein Buch schreiben. Ich wollte meine Ansichten darstellen. Und dann wollte ich das Thema ein für allemal fallen lassen.«

Das Buch, *An Introduction to the Study of Stellar Structure,* erschien 1939 und wurde, wie Eddingtons *The Internal Constitution of the Stars* (1926 erschienen) zum Klassiker, den die Studenten der Astrophysik heute noch benutzen. Chandrasekhar hielt Wort und wandte sich anschließend anderen Aufgaben zu. So hielt er es sein ganzes Arbeitsleben hindurch: Ein paar Jahre lang bearbeitete er ein bestimmtes Gebiet, dann schrieb er darüber ein umfassendes Buch, und danach zog er zu neuen Weidegründen. Nach diesem Schema gelangte er von der Untersuchung der Dynamik der Sterne, der Sternatmosphären und anderen Forschungsthemen zu wichtigen Arbeiten über die Anwendung der allgemeinen Relativitätstheorie in der Astrophysik, das war in den sechziger Jahren, und schließlich in den siebziger und achtziger Jahren zur Beschäftigung mit der mathematischen Theorie Schwarzer Löcher. Damit war er wieder an seine Anfänge zurückgekehrt, und als ihm der Nobelpreis für seine Arbeiten an der Relativitätstheorie und über Schwarze Löcher verliehen wurde, galt der Preis seiner jüngsten Arbeit und der Arbeit, mit der er sich ein halbes Jahrhundert zuvor einen Namen gemacht hatte. Von der Mitte der dreißiger Jahre an lag die Beschäftigung mit der Physik dichter Sterne in anderen Händen. Es erwies sich, daß die Weiße-Zwerg-Grenze schließlich doch nicht das Ende der Geschichte der entarteten Sterne darstellte. Ein toter Stern hat noch eine Zwischenstation vor sich, auf der er das von Eddington so verächtlich von der Hand gewiesene Schicksal, »zu strahlen und zu strahlen und sich zusammenzuziehen und zusammenzuziehen, bis ... die Schwerkraft so stark wird, daß sie die Strahlung zurückhält«, zu erleiden.

## Die Enddichte der Materie

Obwohl ich weiter oben den Atomaufbau mit Begriffen wie Protonen, Neutronen und Elektronen erklärt habe, wußte 1930, als Chandrasekhar seine berühmte Massengrenze postulierte, noch niemand von der Existenz der Neutronen. Die einzigen Teilchen, die Physiker kannten, waren die Elektronen, die je eine negative elektrische Ladungseinheit tragen, und dann die Protonen, die wesentlich mehr Masse als die Elektronen und je eine positive Ladungseinheit aufweisen. In frühen Beschreibungen von entartetem Material, aus dem Weiße Zwerge bestehen, wird nur auf Atomkerne und Elektronen Bezug genommen, weil man damals noch nicht so recht wußte, woraus die Kerne bestehen. Das änderte sich im Februar 1932, als James Chadwick, der damals am Cavendish Laboratory in Cambridge arbeitete, das Neutron identifizierte. Das Neutron ist ein Teilchen mit fast derselben Masse wie das Proton, doch ohne elektrische Ladung – das erste entdeckte elektrisch neutrale Teilchen. Sobald das Neutron entdeckt war, spekulierten natürlich manche Physiker und Astronomen über die mögliche Existenz von Sternen, die teilweise oder ganz aus Neutronen bestanden. Angesichts der merkwürdigen Ergebnisse von Chandrasekhar überlegten sie sich, ob es für die Stabilität solcher Sterne vielleicht eine obere Massengrenze gab.

Als erster Physiker stellte wohl Lev Landau solche Berechnungen an. In seiner ursprünglichen Arbeit über entartete Sterne hatte er von der Möglichkeit gesprochen, daß alle Sterne vielleicht einen Kern aus entartetem Kernmaterial enthalten, das (trotz aller Regeln der Quantenphysik) auch bei massiven Sternen auf irgendeinem unbekannten Weg stabil gehalten wird. Landau war gerade dabei, einen Besuch im Forschungsinstitut von Nils Bohr in Kopenhagen abzuschließen, als ihn die Nachricht von Chadwicks Entdeckung erreichte. Andere damals anwesende Wissenschaftler berichten, daß er sofort von der Möglichkeit zu reden begann, daß die Kerne von Sternen unter Umständen nur aus Neutronen bestehen könnten. Doch im Verlauf des Jahres 1932 kehrte er in die Sowjetunion zurück und veröffentlichte seine Gedanken über dieses Gebiet erst 1938. Inzwischen hatte jedoch George Gamowski, ein ukrainischer Astrophysiker, dem Stalins Herrschaft nicht zugesagt hatte und der 1933 in den Westen geflohen war, Landaus Spekulationen außerhalb Rußlands verbreitet.

Die Ansicht, der Kern von Sternen könne aus dichten Neutronenmassen bestehen, sagte den Astrophysikern damals sehr zu, denn auch in der Mitte der dreißiger Jahre wußten sie noch nicht, wie die Sterne die hohen Temperaturen im Inneren aufrecht erhielten. Den meisten Zuspruch fand die Ansicht, daß Kernfusionsreaktionen in irgendeiner Form die Energie lieferten, mit der sich Sterne, wie zum Beispiel die Sonne, Milliarden Jahre in Gang hielten; da jedoch niemand genau ermittelt hatte, welche Kernreaktionen unter den Temperatur- und Druckverhältnissen im Inneren eines Sterns dazu geeignet sein könnten, bestand immer noch genug Raum zur Erörterung anderer Ideen. Die Vorstellung vom Neutronenkern ließ darauf schließen, daß ein solcher Kern im Inneren eines Sterns langsam wuchs, wenn immer mehr Schichten aus normalem Material in seiner Umgebung in diese Neutronenkugel hineingezogen wurde. Dieses unentwegte Schrumpfen des Sternäußeren bis zu einem entarteten Kern mußte langsam Gravitationsenergie freisetzen, die sich als Wärme bemerkbar machte. Landau erklärte, um die von der Sonne in einer Milliarde Jahre abgestrahlte Energie zu erzeugen, brauche nur ein Prozent des Materials im Sonneninnern so zusammenzubrechen.

Es gab sogar schon eine Vermutung darüber, wie dieser Zusammenbruch sich abspielte. Bald nach der Entdeckung des Neutrons stellten die Physiker fest, daß ein sich selbst überlassenes, also nicht in einem Atomkern enthaltenes Neutron durchschnittlich nur ein paar Minuten lebt. Es »zerfällt« bald, gibt dabei ein Elektron ab und verwandelt sich in ein Proton. Dieser Vorgang heißt Beta-Zerfall. Es kann sich aber auch das Gegenteil abspielen: ein Elektron in schneller Bewegung kann in ein Proton eindringen und sich mit diesem zu einem Neutron verbinden. Das ist dann der umgekehrte Beta-Zerfall. Gamowski, Landau und ein paar andere Forscher hielten es dementsprechend für ganz natürlich, daß bei den im Kern eines Sterns herrschenden hohen Drücken und Temperaturen Elektronen vielleicht ständig zur Kombination mit Protonen und damit zur Neutronenbildung gezwungen waren, so daß schließlich im Mittelpunkt des Sterns eine immer größer werdende Kugel aus Neutronenmaterial, so etwas wie ein riesiger Atomkern, entstand.

Allen diesen Spekulationen wurde jedoch der Boden entzogen, als die Physiker Ende der dreißiger Jahre die Kernreaktionen bestimmten, die tatsächlich zur Umwandlung von Wasserstoff in Helium im Innern eines Sterns, wie zum Beispiel der Sonne, führen und diesen Stern damit durch Kernfusion auf Temperatur halten. Die Berechnungen paßten so schön zu den beobachteten Eigenschaften von Sternen, daß für ein weiteres Fabulieren über wachsende Neutronenkerne kein Platz mehr blieb. Landaus interessante Idee wurde schließlich von Gamowski und einem seiner Kollegen, M. Schönberg, 1941 mit dem Nachweis zu Grabe getragen, daß die »Neutronisierung« eines Sternenkerns, wenn sie denn je einsetzte, ein unkontrollierbarer Prozeß sein mußte, in dem die gesamte Masse des Sterneninneren plötzlich in eine Neutronenkugel hineinstürzen und dabei in einer mächtigen Explosion unvorstellbar viel Gravitationsenergie freisetzen mußte. Das vernahm ein anderer Astronom mit Freude, der sieben Jahre zuvor postuliert hatte, daß sich Neutronensterne unter Umständen bei den als Supernovae bezeichneten großen Sternexplosionen bildeten. Trotz der Rechnungen von Gamowski und Schönberg sollte es noch über dreißig Jahre dauern, bis sich die ganze astronomische Fachwelt seiner Überlegung angeschlossen hatte.

Der Meute so weit voraus war Fritz Zwicky, 1898 von Schweizer Eltern in Bulgarien geboren und sein Leben lang Schweizer Bürger, obwohl er ab 1925 in Kalifornien arbeitete. Zwicky starb erst 1974, konnte also mit Genugtuung erleben, wie seine Gedanken über Supernovae Gemeingut wurden, wenn es auch dreißig Jahre dauerte.

Supernova-Explosionen sind die größten Sternexplosionen, die sich im heutigen Universum abspielen. Sie ereignen sich zwar selten, doch wenn es dazu kommt, dann setzt ein einzelner Stern kurzzeitig so viel Energie frei, daß er so hell leuchtet wie eine ganze Sternengalaxie, etwa unsere Milchstraße, obwohl eine Galaxie im Normalfall hundert Milliarden gewöhnlicher Sterne enthält. Zwicky wies 1934 in einem Aufsatz gemeinsam mit dem in Deutschland geborenen Astronomen Walter Baade, der 1931 nach Amerika ausgewandert war, darauf hin, daß sich bei einem so riesigen Energieausbruch ein erheblicher Teil der Masse des sterbenden Sterns in reine Energie verwandeln muß; das entspräche der Voraussage nach der speziellen Relativitätstheorie, wonach Materie und Energie ineinander verwandelt werden können. Im selben Jahr veröffentlichten Baade und Zwicky eine weitere Arbeit, diesmal hauptsächlich zu dem Thema, daß die als kosmische Strahlung bekannten Teilchen, die aus dem Weltraum auf die Erde dringen, bei Supernova-Explosionen entstehen. Als Schlußsatz fügten sie dieser Arbeit eine Vermutung an, die hauptsächlich auf Zwicky zurückging (und eigentlich mehr mit ihrem vorausgegangenen Aufsatz über Supernovae zu tun hatte):

> Mit allem Vorbehalt vertreten wir die Ansicht, daß eine Super-Nova den Übergang eines gewöhnlichen Sterns in einen Neutronenstern, der hauptsächlich aus Neutronen besteht, darstellt. Ein solcher Stern kann einen sehr kleinen Radius und eine extrem hohe Dichte aufweisen... Ein Neutronenstern stellte also die stabilste Materiekonfiguration überhaupt dar.[22]

Dieser Vorschlag entstand knapp zwei Jahre nach der Entdeckung des Neutrons und stellte einen viel waghalsigeren Sprung der Intuition dar, als es sich heute, aus der Sicht der neunziger Jahre, ausnimmt. Schließlich hatte sich 1934 die Astrophysik gerade erst mit dem Gedanken an Weiße Zwerge vertraut gemacht. Nun entspricht ein Weißer Zwerg in seinem Radius etwa einem Hundertstel der Sonnengröße, während ein Neutronenstern nur ein Siebenhundertstel der Größe eines Weißen Zwerges aufweist! Ein solcher Stern müßte ungefähr genau so viel Materie enthalten wie unsere Sonne, aber die wäre in eine Kugel von nur rund zehn Kilometer Durchmesser verpackt. Ein Weißer Zwerg ist etwa zweitausend mal so groß wie der Schwarzschild-Radius für die darin enthaltene Materiemenge – die Aussicht, daß daraus ein Schwarzes Loch wird, ist immerhin so entfernt, daß die Physiker mit einigem Anstand dem Alptraum von einem schließlich eintretenden gravitationsbedingten Zusammenbruch entgehen. Wenn es jedoch Neutronensterne gibt, dann sind sie etwa nur dreimal so groß wie ihr eigener Schwarzschild-Radius, und zur allgemeinen Beruhigung gibt es überhaupt keinen Grund (Abb. 3.1). Ein Neutronenstern befindet sich direkt an der Schwelle zum Schwarzen Loch. Wenn man wirklich an die Existenz von Neutronensternen glaubte, mußte man sich auch mit der Existenz von Schwarzen Löchern abfinden!

Da verwunderte es nicht, daß die Astrophysik damit wenig zu tun haben wollte, und noch bis weit in die sechziger Jahre hinein lieber glaubte, daß selbst eine so heftige Explosion wie die einer Supernova nichts Kompakteres als einen Weißen Zwerg hinterließ. Schließlich wußte man, daß es Weiße Zwerge gab, während bis dahin niemand einen Neutronenstern gesehen hatte. Außerdem eignete sich die Supernova-Explosion trefflich zur Beseitigung der überschüssigen Masse und sorgte dafür, daß die verbleibenden Überreste weniger als die Chandrasekhar-Grenze wogen. Ende der dreißiger Jahre drängten sich diese Vorstellungen geradezu auf. Bevor die Untersuchungen solcher kollabierten Objekte ein Vierteljahrhundert ruhten, kam es noch einmal zu einem letzten Aufflackern bei den theoretischen Überlegungen. Im Anschluß an Landaus Postulat, daß alle Sterne vielleicht

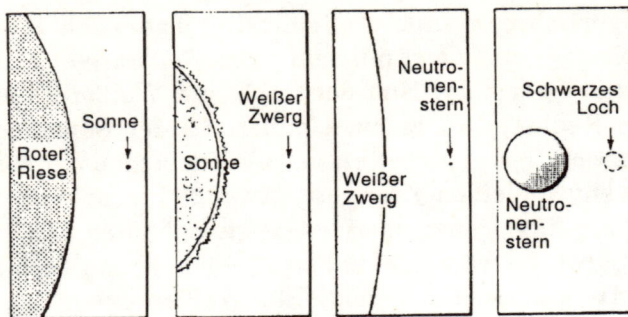

*Abbildung 3.1 Die Größenverhältnisse astronomischer Objekte. In seinem Durchmesser ist ein Roter Riese zweihundertmal so groß wie die Sonne. Die Sonne ist einhundertmal so groß wie ein Weißer Zwerg. Ein Weißer Zwerg ist siebenhundertmal so groß wie ein Neutronenstern; ein Neutronenstern ist jedoch nur dreimal so groß wie ein Schwarzes Loch (die Erde ist ungefähr so groß wie ein Weißer Zwerg). Als die Neutronensterne entdeckt wurden, glaubten manche Astronomen allmählich auch an die Existenz von Schwarzen Löchern.*

Neutronenkerne enthielten, untersuchte ein amerikanisches Forscherteam die Frage, ob solche Kerne, vielleicht sogar auch vollständige Neutronensterne, überhaupt stabil sein konnten und es für sie eine Massegrenze gab, ähnlich der Chandrasekhar-Grenze bei Weißen Zwergen. Beide Fragen mußten schließlich mit Ja beantwortet werden.

## Innerhalb des Neutronensterns

Robert Oppenheimer, dem diese Antworten zu verdanken sind, ist heute vor allen Dingen wegen seiner Tätigkeit im Manhattan-Projekt bekannt, das zur Entwicklung der Atombombe im Zweiten Weltkrieg führte. Er war von 1943 bis

1945 Direktor des Forschungszentrums Los Alamos in New Mexico und leitete das Atombombenteam. Dieser hervorragende Wissenschaftler hatte aber lange vorher nachdrücklich auf sich aufmerksam gemacht.

Oppenheimer wurde 1904 in New York geboren. Er war ein nüchternes, ernstes Kind, in der Schule immer Klassenbester. Mit 18 Jahren ging er nach Harvard, machte 1925 seinen Abschluß summa cum laude und hatte damit ein offiziell vierjähriges Studium in knapp drei Jahren abgeschlossen. Dann ging er nach Europa und arbeitete bei den Pionieren der neuen Quantentheorie, zuerst in Cambridge und dann in Göttingen, wo er 1927 seinen Doktor machte. Nach seiner Rückkehr in die Vereinigten Staaten wurde Oppenheimer 1929 auf eine Stelle als Assistant Professor sowohl beim California Institute of Technology als auch an der Universität von Kalifornien in Berkeley berufen. Er pendelte zwischen diesen beiden Hochschulen und wurde seiner Doppelrolle so gut gerecht, daß er 1931 zum Associate Professor, 1936 zum Ordinarius ernannt wurde.

Obwohl Oppenheimer dank seiner erst vor kurzem gesammelten Erfahrungen in Europa mehr über Quantenphysik wußte als sonst jemand an der amerikanischen Westküste, war er nicht gerade ein hinreißender Lehrer. Er raste durch seine Vorlesungen, sprach undeutlich und rauchte fast ununterbrochen. Es gibt die Geschichte, daß Studenten Oppenheimer beobachteten, jedoch nicht verstanden, als er mit einer Hand Gleichungen an die Tafel schrieb und in der anderen eine Zigarette hielt, und dabei wetteten, ob er nun vielleicht gleich mit der Zigarette weiterschrieb oder die Kreide rauchte. Aber offenbar ging immer alles gut. Er nahm sich jedoch die Kommentare seiner Studenten zu Herzen, wenn er ihre Erwartungen enttäuscht hatte. Allmählich wurden seine Vorträge im Hörsaal langsamer, klarer und mit seinen Examenssemestern verbrachte er auch sehr viel Zeit außerhalb des Hörsaals und wurde in den dreißiger Jahren zu einem der besten Physikdozenten an beiden Hochschulen. Seine Interessen erstreckten sich über alle Neuentwicklungen in der Physik, und so begeisterte er sich natürlich auch an der Vorstellung von den Neutronenkernen und forderte einige seiner Examensstudenten auf, mit ihm zusammen das Verhalten dieser Neutronenkerne zu untersuchen.

Gamowski hatte 1937 auf der Grundlage von Landaus Idee einige Spekulationen veröffentlicht, und seine eigenen Gedanken über Neutronenkerne erschienen 1938 im Druck. Landaus Hoffnung, daß der langsame Zusammenbruch eines Sterns zu einem Neutronenkern Energie freisetzte und den Stern lange hell leuchten ließ, war natürlich nur haltbar, wenn die Neutronenkerne selbst dem nach innen gerichteten Zug der Schwerkraft widerstehen konnten. Nach Landaus Schätzung war ein solcher Neutronenkern dann stabil, wenn seine Masse weniger als fünf Prozent der Sonnenmasse betrug; seine Rechnung war jedoch stark vereinfacht und berücksichtigte unter anderem auch nicht, wie sich Neutronen auswirkten, wenn sie selbst Drücke erreichten, bei denen sie sich wie ein entartetes relativistisches Gas verhielten. 1938 wiesen Oppenheimer und sein Student Robert Serber auf einen Fehler in Landaus Berechnungen hin; ihre genauere Nachrechnung ergab dann eine geschätzte Masse von ganzen dreißig Prozent einer Sonnenmasse. In dieser schnellen Reaktion auf die Arbeit von Landau war allerdings die Neutronenentartung immer noch nicht berücksichtigt. Als Oppenheimer und ein weiterer Student, George Volkoff, diesen Aspekt des Rätsels angingen und dabei auch gleich die Verzerrung der Raum-Zeit aufgrund der Schwerkraft bei den ungeheuren Dichten innerhalb von Neutronensternen berücksichtigten, folgerten sie (in einer Anfang 1939 veröffentlichten Arbeit), daß stabile Neutronensterne (oder Kerne) nur existieren konnten, wenn ihre Massen von zehn bis siebzig Prozent der Masse unserer Sonne betrugen; das entsprach Dichten von 100 000 Milliarden Gramm pro Kubikzentimeter bis zehn Millionen Milliarden Gramm pro Kubikzentimeter. Bei Massen über der »Oppenheimer-Volkoff-Grenze« blieb ein Stern nicht einmal mit Hilfe der relativistisch entarteten Neutronen zusammen, und die Autoren schrieben: »Der Stern zieht sich weiter unendlich zusammen und kommt nie ins Gleichgewicht«.[23]

Gleich Eddington fand auch Oppenheimer diese Aussicht unmöglich. »Es steht zu hoffen«, hieß es weiter in der Arbeit mit Volkoff, »daß es Lösungen für die Gleichungen gibt, bei denen die Kontraktionsgeschwindigkeit und ganz allgemein die Zeitschwankung immer langsamer wird, so daß man diese Lösungen nicht als Gleichgewichtslösungen, sondern als quasi-statische Lösungen betrachten kann.« Als Ausweg aus diesem Dilemma eines gravitationsbedingten endgültigen Zusammenbruchs stellte sich Oppenheimer also vor, die durch die Schwerkraft des kollabierenden Sterns hervorgerufene Verzerrung der Raum-Zeit ließe die Zeit so langsam verstreichen, daß sie für jemanden im Universum außerhalb dieses Zusammenbruchs unendlich zu dauern schien. Wenn es aber unendlich lange dauert, bis ein Stern zu einem Punkt unendlicher Dichte kollabiert, brauchen wir uns nicht darum zu sorgen, ob solche unendlich kollabierten Objekte im wirklichen Universum nachzuweisen sind.

Obwohl die Zustandsgleichung für entartetes Neutronenmaterial seit 1939 etwas verbessert worden ist, gelten die grundlegenden Schlußfolgerungen von Oppenheimer und Volkoff bis heute. Nach heutiger Lehrmeinung kann ein stabiler Neutronenstern nur existieren, wenn seine Masse mehr als zehn Prozent der Sonnenmasse beträgt,[24] auf jeden Fall aber weniger als das Dreifache der Sonnenmasse (was nur möglich ist, wenn die Masse unter dem Doppelten der Sonnenmasse liegt). Das entspricht Sternen mit Radien von etwa neun Kilometern bis zu 160 Kilometern (wohl kein Neutronenstern hat einen Radius von über 100 Kilometern).

Eine letzte Korrektur an der Zustandsgleichung ist bisher noch nicht ganz erarbeitet worden und bis heute umstritten. Heute meint man, daß die Neutronen selbst aus Teilchen, den sogenannten Quarks, bestehen, und daraus ergibt sich die Möglichkeit, daß diese Quarks im Mittelpunkt eines Neutronensterns frei in einer (relativistisch entarteten) Fluidform herumschwirren, der sogenannten »Quarks-Suppe«. Da, umgangssprachlich ausgedrückt, Quarks einander innerhalb eines Neutrons jedoch schon »berühren«, dürfen bei dieser Möglichkeit keine Dichten auftreten, die wesentlich über denen von »normalem« entarteten Neutronenmaterial liegen. Selbst wenn man die Anwesenheit von Quarks einbezieht, gilt nach wie vor die Faustregel, daß kein stabiler Neutronenstern mit einer Masse von mehr als drei Sonnenmassen existieren kann.

## Nach dem Neutronenstern

Im Gegensatz zu Eddington und dessen Betrachtungen über das Schicksal massiver Weißer Zwerge oder zu Landau und dessen Gedanken über Neutronensterne war Oppenheimer nicht gewillt, die Stabilisierung von Neutronensternen, die über der Oppenheimer-Volkoff-Grenze lagen, unbekannten Naturgesetzen und neuen Kräften zu überlassen. Als er merkte, daß die strenge Anwendung der allgemeinen Relativität bei dieser Aufgabe keinen Ausweg mehr aus dem endgültigen Kollaps aufzeigte, fand er sich mit den Aussagen der Gleichungen aus der allgemeinen Relativitätstheorie ab. Im Juli 1939 schloß Oppenheimer in Zusammenarbeit mit einem weiteren ehemaligen Studenten, dem mathematischen Wunderkind Harold Snyder, eine Arbeit ab, die über die Untersuchung stabiler Neutronensterne hinausging und sich damit beschäftigte, wie die Schwerkraft die Raum-Zeit in der Umgebung eines kollabierenden Sterns verzerrte. Dabei wurde die Schwarzschildsche Lösung der Einsteinschen Gleichungen berücksichtigt. Der Aufsatz erschien im September 1939 in *Physical Review* (56, S. 455 ff.) und gilt als erste moderne Beschreibung der astrophysikalischen Eigenschaften Schwarzer Löcher. Er blieb auch auf die nächsten zwei Jahrzehnte die einzige Arbeit dieser Art, doch wie Werner Israel in seinem Beitrag zu dem Buch *300 Years of Gravitation* anmerkte, war er von »atemberaubender« Reichhaltigkeit. In der Behandlung des Stoffs wurden Begriffe verwandt, die uns weiter unten in diesem Buch noch begegnen werden, und die Sprache der Autoren entspricht ganz genau der heute von Relativitätstheoretikern benutzten Terminologie. Es gibt bis heute keine knappere, klarere Darstellung unserer Kenntnisse über das Schicksal eines massiven Sterns als die kurze Beschreibung, die Oppenheimer und Snyder in der Kurzfassung ihres Aufsatzes so ausdrücken:

> Wenn alle thermonuklearen Energiequellen erschöpft sind, bricht ein genügend schwerer Stern zusammen. Wenn die Masse des Sterns nicht größenordnungsmäßig auf die der Sonne durch rotationsbedingte Spaltung, Masseabstrahlung oder Masseabgabe durch Strahlung vermindert wird, geht diese Kontraktion unendlich weiter... Der Radius des Sterns nähert sich asymptotisch seinem gravitationsbedingten Radius; das von diesem Stern ausgehende Licht wird immer röter..., für einen Beobachter, der sich mit der stellaren Materie bewegt, ist die gesamte Kollapszeit endlich und liegt... in der Größenordnung von einem Tag; ein externer Beobachter sieht, wie der Stern asymptotisch auf seinen gravitationsbedingten Radius zusammenschrumpft.

In diesen wenigen Worten stecken drei entscheidende Begriffe. Erstens: Für einen Betrachter außerhalb des Sterns, der am Kollaps selbst nicht beteiligt ist, braucht der Stern unendlich lange, bis er auf seinen gravitationsbedingten Radius (eine andere Bezeichnung für den Schwarzschild-Radius) zusammengeschrumpft ist. Das bedeutet der Begriff »asymptotisch« in diesem Zusammenhang. Zweitens: die von Oppenheimer und Snyder erwähnte Rotfärbung des Lichts. Dieser Effekt wird in der allgemeinen Relativitätstheorie vorausgesagt. Die Schwerkraft dehnt praktisch die Wellenlänge des aus der Umgebung eines jeden massiven Objekts heraustretenden Lichtes. Im sichtbaren Spektrum, dem Regenbogen der Farben, weisen blaues und violettes Licht die kürzeste Wellenlänge auf, während die Wellenlänge von rotem Licht am längsten ist. Wenn man also mit blauem Licht anfängt, wird dieses Licht durch gravitationsbedingte Ausdehnung stärker rot gefärbt. Der Vorgang ist auch als gravitationsbedingte Rotverschiebung bekannt und wirkt sich merklich nur auf die von einem Gegenstand mit sehr starker gravitationsbedingter Zugwirkung kommenden Lichtwellen aus. Man kann ihn knapp in dem Licht von Sirius B und anderen Weißen Zwergen messen, und damit wurde auch schließlich bewiesen, daß es sich dabei um wirklich dichte Sterne handelt. Diese gravitationsbedingte Rotverschiebung entsteht ganz anders als die Rotverschiebung im Licht ferner Galaxien; diese wird durch die Expansion des Universums hervorgerufen. In der Zeit, in der das Licht den Weltraum bis zu uns durchdringt, dehnt sich der Raum selbst weiter aus, so daß das Licht auf seiner Reise gedehnt wird. Diese kosmologische Rotverschiebung ist eines der entscheidenden Beweisstücke für die Ausdehnung des ganzen Universums, also seiner Entstehung vor Tausenden von Millionen Jahren in einem Urknall. Da die Größenordnung der kosmologischen Rotverschiebung im Licht einer fernen Galaxie dem Abstand zu dieser Galaxie proportional ist, kann die Astronomie daraus unmittelbar die Entfernungen zu anderen Galaxien bestimmen. Das hat jedoch nichts mit der gravitationsbedingten Rotverschiebung zu tun.

Man kann sich die gravitationsbedingte Rotverschiebung auch energetisch erklären. Blaues Licht enthält mehr Energie als rotes Licht, und die Rotverschiebung entspricht der Energie, die das Licht bei der Entfernung von dem zugrunde liegenden Stern verloren hat. Obwohl sich das Licht immer mit derselben Geschwindigkeit ausbreitet, verbraucht es Energie, während es dem Zug der Gravitation entweicht, und das äußert sich als Rotverschiebung. Bei sehr massereichen, kompakten Sternen ist die Rotverschiebung so stark, daß die ursprünglich in Form von sichtbarem Licht vorliegende Energie nicht nur zu Rotlicht, sondern über das sichtbare Spektrum hinaus zu einer Infrarotstrahlung oder sogar zu Radiowellen mit noch längerer Wellenlänge geschwächt wird. Das meinen Oppenheimer und Snyder mit dem Begriff »wird immer röter«. Wenn die Strahlung aus einem zusammenbrechenden Stern entweicht, der Stern immer weiter schrumpft und die Gravitation immer stärker auf ihre Oberfläche einwirkt, kommt der Punkt, in dem die gesamte Energie des ursprünglichen Lichts verbraucht ist, bevor es entweichen kann. Die Rotverschiebung ist unendlich geworden, die Licht»welle« schwingt nicht mehr, sondern vergeht im Nichts. Das Licht kann aus dem Stern nicht mehr herausdringen, der Stern ist zu einem Schwarzen Loch geworden. Das ereignet sich genau zu dem Zeitpunkt, in dem die Fluchtgeschwindigkeit aus dem kollabierenden Stern die Lichtgeschwindigkeit erreicht, wenn die nach innen fallende Sternenoberfläche ihren Schwarzschild-Radius überquert – und deshalb entspricht der gravitationsbedingte Radius (oder Schwarzschild-Radius) eines Schwarzen Lochs, der nach den Relativitätsregeln berechnet wird, genau dem Radius eines Schwarzen Lochs, wie man ihn mit Hilfe der Newtonschen Vorstellungen über Schwerkraft und Licht berechnet. Doch in dem Bild, das uns die allgemeine Relativität vermittelt, wandelt selbst das allerletzte, stark rotverschobene Photon, das sich aus dem Gravitationseinfluß des Schwarzen Lochs befreien will, noch mit der Lichtgeschwindigkeit von 300 000 Kilometern pro Sekunde.

Die wichtigste neue Enthüllung enthält das letzte Argument in der Kurzfassung des Aufsatzes. Ein »sich mitbewegender« Beobachter ist jemand, der mit der kollabierenden Sternenmaterie zusammen in das Schwarze Loch fällt, also jemand, der sozusagen auf der Oberfläche des ursprünglichen Sterns sitzt. Oppenheimer und Snyder haben nachgewiesen, daß der Zusammenbruch des Sterns für einen Beobachter im Universum draußen zwar unendlich lange dauert, doch für einen Beobachter, der sich mitbewegt, in ein paar Stunden vorbei ist. Für den Stern selbst dauert der Kollaps zu einem Schwarzen Loch nicht unendlich lange. Obwohl aus der Arbeit von Oppenheimer und Snyder keineswegs klar hervorging, wie diese scheinbar unvereinbaren Ansichten darüber, was hier eigentlich vorging, unter einen Hut zu bringen waren, ergibt sich gerade daraus, wie wir noch sehen werden, die Möglichkeit, Schwarze Löcher als Abkürzungen durch Raum und Zeit zu benutzen.

Von all dem konnte man jedoch im September 1939 noch nicht einmal träumen. Ein paar Monate zuvor war erst geklärt worden, wie Sterne das Feuer in ihrem Inneren durch Kernfusion aufrecht erhalten; damit hatte man allen Spekulationen über Neutronenkerne im Innern von Sternen die Grundlage entzogen. Im selben Monat, in dem der Aufsatz von Oppenheimer und Snyder erschien, erklärten England und Frankreich Deutschland den Krieg, und alle wissenschaftliche Arbeit wurde, zunächst in Europa und dann auch in den Vereinigten Staaten, in andere Kanäle gelenkt. 1940 ging Volkoff von Kalifornien nach Princeton, und Snyder nahm eine Stelle an der North-Western University in Illinois an. 1942 wurde Oppenheimer selbst mit der Aufgabe betraut, ein Gelände für ein Laboratorium zu suchen, in dem schließlich die Forschungsarbeiten durchgeführt werden sollten, die zur Entwicklung der Atombombe führten. Im Jahr darauf nahm das Forschungszentrum Los Alamos seine Tätigkeit auf. Keiner der drei Pioniere (oder vier, wenn man Serber einschließt) wandte sich je wieder der Erforschung der Neutronensterne und Schwarzen Löcher zu. Das ist auch nicht verwunderlich, denn bei Kriegsende glaubte außer Zwicky niemand mehr daran, daß es überhaupt Neutronensterne gab, und überhaupt niemand glaubte an die Existenz von Schwarzen Löchern. Obwohl einige Mathematiker in den späten fünfziger Jahren das Rätsel der Schwarzen Löcher wieder aufgriffen, dauerte es ganze zwanzig Jahre nach Ende des Zweiten Weltkriegs, bis die astronomische Welt von der Erkenntnis erschüttert wurde, daß es wirklich Neutronensterne gibt, also von der Enthüllung, daß Schwarze Löcher selbst sehr wohl existieren können, wenn sich etwas halten kann, das dreimal so groß ist wie ein Schwarzes Loch.

## Rätselhafte Pulsare

Das Interesse an zusammengebrochenen Sternen wurde durch eine Zufallsentdeckung 1967 wiederbelebt; diese Entdeckung baute allerdings auf einer Entwicklung auf, die im

Zweiten Weltkrieg Wissenschaftlern zu verdanken war, die man aus ihrer abstrakten Forschertätigkeit herausgeholt hatte: Radar. Vor dem Krieg verfügte die Astronomie nur über Beobachtungen des Universums bei sichtbaren Wellenlängen, die also mit optischen Teleskopen vorgenommen worden waren. Obwohl schon in den dreißiger Jahren bekannt gewesen war, daß sich Radiowellen aus dem Raum auf der Erde nachweisen ließen (Carl Jansky von den Bell Laboratories in New Jersey hatte darauf hingewiesen), hatte die Radioastronomie bis zum Kriegsende keine richtige Entwicklung mehr durchmachen können. Im Krieg wurden die Radaranlagen an der englischen Kanalküste gestört; als Ursache entpuppte sich das von der Sonne kommende Radiorauschen, und daran entzündete sich das Interesse der mit der Radarentwicklung beschäftigten Wissenschaftler. Nach dem Krieg gingen einige unter Verwendung von überschüssigen Radargeräten aus dem Krieg daran, das Universum nach Wellenlängen zu untersuchen, die über denen des sichtbaren Lichts lagen, also im Radioteil des elektromagnetischen Spektrums beheimatet waren. Dieses neue Fenster zum Universum verwandelte die Astronomie um 1950, so wie unser Bild vom Universum in den darauffolgenden Jahrzehnten mehrfach verwandelt wurde, als die Instrumente, wie wir noch sehen werden, mit Raketen und Satelliten über die Atmosphäre hinaustransportiert wurden und das Universum mit Wellenlängen sondieren konnten, die unter denen des sichtbaren Lichts lagen.

Raketen und Satelliten braucht man, um das Universum mit Strahlung von kurzer Wellenlänge zu untersuchen – also mit ultraviolettem Licht, Röntgenstrahlen und Gammastrahlen –, weil diese Wellenlängen die Erdatmosphäre nicht durchdringen können. Doch Radiowellen können, wie das Licht auch, bis auf den Boden dringen. Die Radioastronomie weist gegenüber der optischen Astronomie einen großen Vorteil auf: das leuchtendblaue Himmelslicht, das die Sterne am Tag unsichtbar macht, ist in Wirklichkeit blaues Licht von der Sonne, das in der Erdatmosphäre von winzigen in der Luft enthaltenen Teilchen reflektiert (»gestreut«) worden ist, so daß es aus allen Richtungen zu uns kommt. Langwelligeres Rotlicht wird nicht entfernt so stark gestreut, und deshalb sind auch Sonnenuntergänge rot. Diese Streuung ereignet sich bei Radiowellenlängen nicht; so lange Radioteleskope also nicht direkt in die Sonne gerichtet werden, werden sie auch nicht so geblendet wie unsere Augen oder mit Teleskopen verbundene Fotoapparate tagsüber (und die Sonne ist bei Radiowellenlängen auch nicht entfernt so hell wie bei Wellenlängen des sichtbaren Lichts). Radioastronomen können also vierundzwanzig Stunden lang alle Objekte am Himmel beobachten, die sie interessieren, und brauchen nicht aufzuhören, wenn die Sonne über dem Horizont aufgeht.

Natürlich beeinflußt die Sonne auch die Radiowellen, die aus dem Weltraum zu uns gelangen. Doch die Astronomen sind so schlau, daß sie sich diese »Störungen« der Signale, die sie empfangen, zunutze machen und damit mehr über die Objekte im Raum, die diese Radiowellen aussenden, ergründen. Aus der Oberfläche der Sonne tritt ständig ein Materialstrom aus und verbreitet sich im Raum und im ganzen Sonnensystem. Diese äußerst dünne Gaswolke ist auch als Sonnenwind bekannt. Die Atome in diesem Wind sind nicht elektrisch neutral, denn selbst an der Sonnenoberfläche wirkt so viel Energie, daß Elektronen aus den äußeren Hüllen der Atome entfernt werden; der Sonnenwind ist eigentlich ein elektrisch geladenes Plasma, jedoch viel dünner als das heiße Plasma im Innern eines Sterns, wie beispielsweise der Sonne. Die Dichte dieses Plasmas schwankt je nachdem, wie sich Materialwolken von der Sonne weg bewegen, und unter anderem auch dadurch schwanken Radiowellen beim Durchgang durch das Plasma gelegentlich in ihrer Stärke, sie »funkeln« genau so, wie durch Schwankungen in der Erdatmosphäre das Sternenlicht funkelt.

Sterne werden jedoch nur deshalb so beeinflußt, weil ihre Bilder sehr klein sind, nur Lichtpunkte. Planeten, die sich als winzige Scheiben am Himmel darstellen, funkeln nicht, weil sich die winzigen Schwankungen über die sichtbare Scheibe ausmitteln. Natürlich sind Sterne eigentlich größer als Planeten; sie sehen nur wie Lichtpunkte und nicht wie Scheiben aus, weil sie so weit weg sind. Das gilt auch für die vom Sonnenwind beeinflußten Radioquellen – ihr Funkeln liefert jedoch zusätzliche Informationen über Radioquellen, denn im Gegensatz zu Sternen sind einige von ihnen so groß, daß sie sich doch nicht nur als Punkte, sondern als etwas größeres am Himmel zeigen. Vor allem in der Frühzeit der Radioastronomie (heute nicht mehr) ließ sich ein genaues Bild von einer Radioquelle, eine dem Foto eines Sterns vergleichbare Detailkarte, nur schwer herstellen. Deshalb war auch nicht immer zu erkennen, ob das Rauschen nun von einer Punktquelle oder einer größeren Quelle herrührte. Was funkelt, ist jedoch auf jeden Fall eine Punktquelle, und was nicht funkelt, ist ein größeres Objekt. Daraus läßt sich unter anderem schließen, daß funkelnde Radioquellen sehr weit weg sein müssen.

Der Umkehrschluß gilt aber ebenfalls. Daß ferne Radioquellen funkeln, sagt auch etwas über die Beschaffenheit des Sonnenwindes aus. Mit diesem Ansatz machte sich um 1950 ein junger Radioastronom, Anthony Hewish, im neuen radioastronomischen Observatorium in Cambridge an die Untersuchung solcher szintilierenden Radioquellen, wie man sie jetzt nennt. Hewish wurde 1924 geboren, studierte Anfang der vierziger Jahre in Cambridge und gehörte zu den wenigen Physikern während des Kriegs, die direkt von der Hochschule zur Radarentwicklung ins Fernmeldeforschungszentrum von Malvern in Worcestershire abkommandiert wurden. 1946 ging er wieder nach Cambridge zurück, um weiter zu studieren, bestand 1948 das Examen, ging dann sofort in die Forschung und machte 1952 seinen Doktor. In den fünfziger Jahren verwendete er die Szintillationen zunächst zur Untersuchung des Sonnenwindes, dann jedoch gleich als Instrument zur Untersuchung der Beschaffenheit von Radioquellen. Mit einer Zuwendung aus öffentlichen Mitteln in Höhe von knapp siebzehntausend Pfund baute er ein neues Radioteleskop. Einer der Pioniere in der Radioastronomie, Sir Bernard Lovell, hat diese finanzielle Förderung als »einen der kosteneffektivsten Zuschüsse in der Geschichte der Wissenschaft« bezeichnet. An diesem neuen Teleskop entdeckte eine von Hewishs Forschungsstudentinnen, Jocelyn Bell, 1967 den ersten Pulsar.

Bell (heute Jocelyn Burnell) war 1943 in Belfast geboren und hatte 1965 ihren Abschluß an der Universität Glasgow gemacht. In den nächsten zwei Jahren ging sie in Cambridge an ihre Doktorarbeit und befaßte sich auch mit dem Bau von Hewishs neuem Teleskop – das wenig mit den Schüsselantennen zu tun hatte, wie man sie sich automatisch unter einem »Radioteleskop« vorstellt. Man braucht ein ganz besonderes Teleskop, um die Szintillation von Radioquellen zu beobachten, denn es muß auf sehr schnelle Schwankungen in der Stärke des aus dem Raum einfallenden Radiorauschens reagieren können. Mit den Augen sieht man zum Beispiel die Sterne funkeln, weil die Augen sehr schnell auf Veränderungen des Sternenlichts reagieren, geradezu in »Echtzeit«, wie die Computerleute sagen. Eine minutenlang (oder stundenlang) belichtete fotografische Platte zeigt jedoch ein Bild, das sich in dieser ganzen Zeit erst aufgebaut hat (also über diese ganze Zeit »integriert« ist). Das Foto zeigt schwächere Sterne, als man sie je mit dem bloßen Auge erkennen kann, doch kann niemals das Funkeln zeigen. Ebenso kann ein Radioteleskop, das das Signal von einem fernen Objekt über eine lange Zeit hinweg integriert, zur Auffindung dieses Objekts nützlich sein, doch niemals die Szintillation zeigen. Hewishs Konstruktion, das neue Szintillationsteleskop, sollte in Echtzeit arbeiten und auf schwankende Signale sehr schnell reagieren.

Das Ganze sah einem Obstgarten ähnlicher als dem üblichen Bild von einem Teleskop. Ein Feld von etwa viereinhalb Morgen Flächengröße war mit einer Anordnung von 2 048 in regelmäßigen Abständen angeordneten Bipolantennen bestückt. Jeder Bipol (eine lange Stabantenne) war waagerecht auf einem Ständer montiert, befand sich also ein paar

## Dichte Sterne 127

Meter über Bodenhöhe und sah einem riesigen Buchstaben »T« mit breitem Querstrich ähnlich. Die Länge dieses Querstrichs wurde so gewählt, daß sie der Wellenlänge des Radiorauschens entsprach, das Hewish beobachten wollte (dieser Querträger befand sich etwas unter der Spitze seiner Stütze; mit einem schrägen Bild könnte man vielleicht sagen, daß jeder der auf seiner Stütze montierten Bipole aussah wie die quer über dem Mast befestigte Rah eines vollgetakelten Segelschiffs.). Alle diese Antennen mußten richtig angeschlossen werden, damit das von ihnen aufgenommene Radiorauschen zu einem einzigen Gesamtsignal zusammengefaßt werden und einem Empfänger zugeleitet werden konnte, wo die schwankenden Signale automatisch mit Feder und Tinte als Zickzackkurve auf einem langen Papierstreifen aufgezeichnet wurden, der sich stetig aus einem Streifenblattschreiber abwickelte. Wenn man die Zusammenschaltung der Eingänge der insgesamt 2 048 Antennen variierte, konnte man mit diesem System einen Himmelsstreifen nach Norden und nach Süden und direkt über Cambridge »überblicken«. Dazu mußte die Schaltung allerdings genau stimmen. Ihre mühevolle Herstellung bot sich als Arbeit für einen Forschungsstudenten geradezu an.

In diesem Vorhaben wollte man sehr ferne Radioquellen, die sogenannten Quasare, anhand ihrer Szintillation erkennen. Im Sommer 1967 (ziemlich genau um die Zeit, als ich in Cambridge für meine eigene Doktorarbeit am damals neuen Institut für theoretische Astronomie zu forschen begann) stand das neue Teleskop und zeigte im Betrieb die szintillierenden Radioquellen, ganz wie geplant. Nun läßt sich ein ganzes Feld voll Antennen genauso wenig »steuern«, wie man eine Schüsselantenne zur Beobachtung verschiedener Himmelsgegenden verfahren kann. Mit einer Anordnung, wie sie Bell für ihre Doktorarbeit aufgebaut hatte, läßt man einfach die Erddrehung für die Bewegung sorgen und deckt damit den ganzen Himmel alle vierundzwanzig Stunden einmal ab. Da die Szintillation durch den Sonnenwind verursacht wird, ist sie am ausgeprägtesten, wenn die Sonne hoch am Himmel steht. Das Team in Cambridge ließ die Anlage jedoch ständig eingeschaltet; als sie erst einmal errichtet war, kostete der Betrieb verhältnismäßig wenig, und man wußte ja schließlich nie, wann man etwas Interessantes und Unerwartetes fand.

Am 6. August 1967 ereignete sich dieser Fall. Bei jeder Überstreichung des Himmels entstand ein dreißig Meter langes Streifenblatt, auf dem die Schreiber drei zittrige Linien verewigt hatten. Wenn das Teleskop den Himmel abfuhr, konnte es eine bestimmte Quelle nur etwa drei bis vier Minuten lang »sehen«, so lange sie sich unmittelbar über dem Teleskop befand. Bell sollte viele Kilometer Schreiberaufzeichnungen durchsehen und feststellen, ob sich an den Krakeln irgend etwas Interessantes zeigte. Auf dem Blatt für den 6. August fand sie eine winzige Schwankung von etwa einem Zentimeter Länge; sie entsprach einer schwachen Quelle von Radiorauschen, die das Teleskop mitten in der Nacht, als es in der von der Sonne abgewandten Richtung stand, beobachtet hatte. Hier konnte es sich nicht um eine Szintillation handeln; wahrscheinlich war es eine Störung durch irgendwelche menschlichen Betätigungen. Bell markierte die paar »Falten« auf dem Blatt, wie sie sie nannte, und dachte nicht mehr daran.

Doch die Falten kamen wieder, jede Nacht fast, allerdings nicht ganz genau um dieselbe Zeit. Im September verfügte Bell über so viele Angaben, daß sie nachweisen konnte, wie die Falten immer aus demselben Teil des Himmels kamen und nicht alle vierundzwanzig, sondern alle dreiundzwanzig Stunden und sechsundfünfzig Minuten wiederkamen. Das war ein wichtiger Hinweis, denn wegen der Bewegung der Erde auf ihrer Bahn um die Sonne wiederholt sich der scheinbare Durchgang der Sterne über uns tatsächlich alle dreiundzwanzig Stunden und sechsundfünfzig Minuten, nicht alle vierundzwanzig Stunden. Als Bell und Hewish zu dem Schluß gekommen waren, daß sie auf etwas Interessantes gestoßen waren und einen schnellen Schreiber aufgestellt hatten, mit dem sie die Schwankungen dieser Falten beobachten wollten, verschwand die Erscheinung ein paar Wochen. Doch im November war sie wieder da, und der neue Schreiber zeigte, daß sie tatsächlich auf eine Radioquelle zurückging, die regelmäßig mit einer Periode von 1,3 Sekunden schwankte.

Das war eine solche Überraschung, daß Hewish, obwohl die Quelle immer am selben Ort unter den Fixsternen blieb, wieder auf Störungen durch irgendeine von Menschenhand verursachte Quelle von Radiorauschen tippte. Noch nie hatte jemand beobachtet, daß sich ein astronomisches Objekt so schnell veränderte; das Schnellste, was man 1967 in dieser Hinsicht bei Sternen beobachtet hatte, waren Schwankungen mit einer Periode von etwa acht Stunden. Doch nach weiterer Beobachtung zeigte sich, daß von Menschen verursachte Störungen wohl kaum die Ursache sein konnten; die Impulse selbst waren auch ungewöhnlich genau und wiederholten sich exakt alle 1,33730113 Sekunden und dauerten jeweils nur 0,016 Sekunden.

Insgesamt deuteten diese Messungen darauf hin, daß die Quelle der Impulse sehr klein sein mußte. Da sich das Licht mit endlicher Geschwindigkeit ausbreitet und nichts schneller sein kann, können die Schwankungen bestimmter Signale aus einer Quelle nur dann im Takt miteinander bleiben, wenn die Quelle so schmal ist, daß sie ein Lichtstrahl in der Pause zwischen den Impulsen überqueren kann. Das funktioniert so. Wenn ein Stern, zum Beispiel die Sonne, so weit weg ist, daß wir ihn nur als einen Lichtpunkt erkennen können, hängt die Helligkeit des Sterns, wie wir sie wahrnehmen, von der Helligkeit verschiedener Stellen auf der Oberfläche des Sterns ab, die sich dann addieren. Man kann sich vorstellen, daß zum Beispiel die nördliche Hemisphäre des Sterns zehn Prozent heller, die südliche Hemisphäre zehn Prozent dunkler wird, aber unter dem Strich würde sich für uns die Gesamthelligkeit des Sterns nicht verändern. Schwankungen in der Helligkeit können wir nur wahrnehmen, wenn der ganze Stern in einem bestimmten Takt dunkler und wieder heller werden würde. Das kann jedoch nur dann eintreten, wenn diese Schwankungen so langsam vonstatten gehen, daß in der Zeit dazwischen irgendeine Nachricht vom Südpol zum Nordpol gelangen und im Endeffekt aussagen kann: »Ich werde gleich wieder heller, also solltest du auch anfangen.« Diese »Nachricht« kann eine regelmäßige Druckschwankung oder eine wiederholte Veränderung in der Art und Weise sein, wie die Konvektion Energie aus dem Sterninnern hinausbefördert. Wichtig ist folgendes: Gleichgültig, welche physikalische Ursache die Schwankung hat; ihr Einfluß kann sich nur mit Lichtgeschwindigkeit oder weniger als der Lichtgeschwindigkeit verbreiten, und der ganze Stern kann folglich auf eine Störung nur synchron reagieren, wenn er so klein ist, daß die entsprechende Nachricht jeden seiner Teile erreicht, bevor sich die Nachricht verändert. Sonst werden einige Teile heller, andere dunkler, und die Schwankungen geraten durcheinander. Ein genauer Impuls von 0,016 Sekunden Dauer, der sich genau alle 1,33730113 Sekunden wiederholt, konnte nur aus etwas sehr Kleinem herrühren, vielleicht von der Größe eines Planeten oder noch darunter.

Hewish und sein Team standen im November 1967 vor der Erkenntnis, daß sie tatsächlich ein Signal nachgewiesen hatten, das von einem Planeten stammte – ein Lichtstrahl, den irgendeine andere intelligente Zivilisation ausgesandt hatte. Halb im Ernst, halb im Spaß unterhielten sie sich darüber, daß sie vielleicht Verbindung zu den kleinen grünen Männern aufgenommen hatten und nannten die Quelle dementsprechend »LGM 1« (Little Green Men). Hewish wollte mit der Entdeckung noch hinter dem Berge halten, bis sie weitere Beobachtungen angestellt hatten. Das erwies sich auch bald als begründet.

Ich gehörte damals einer anderen Forschergruppe in Cambridge an und wußte, wie alle Astronomen, daß die Kollegen von der Radioastronomie in Cavendish irgend etwas vorhatten. Worum es jedoch ging, war ihnen nicht zu entlocken. Wir dachten uns daraufhin, daß sie es uns zu gegebener Zeit wohl schon sagten. Mich interessierte es ohnehin nicht sonderlich: Ich steckte tief in der ersten richtigen Aufgabe, die ich als Forschungsstudent zugeteilt bekommen hatte: Ich sollte ein Computerprogramm entwickeln, mit dem man beschreiben konnte, wie Sterne schwingen. Ende 1967 kam mir das mindestens so nützlich vor wie die tagelange Verdrahtung eines ganzen Antennenfeldes, und noch lange konnte ich mir nicht denken, wie ich aus dieser Aufgabe irgend etwas Nützliches für meine Doktorarbeit herausholen konnte. Doch Ende Februar 1968 sah alles anders aus.

Kurz vor Weihnachten fand Bell ein paar ähnliche Falten, doch diesmal kamen sie aus einer anderen Ecke des Himmels. Die Quelle schien ähnlich zu sein und pulste mit einer vergleichbaren Genauigkeit wie LGM 1, jedoch mit einer Periode von 1,27379 Sekunden. Bald konnten noch zwei weitere Funde auf die Liste gesetzt werden; deren Perioden betrugen 1,1880 beziehungsweise 0,253071 Sekunden. Je mehr Quellen entdeckt wurden, um so unwahrscheinlicher nahmen sich die kleinen grünen Männer als Erklärung aus. Außerdem hatten sich bei genauer Beobachtung des ersten Objekts gegen Anfang 1968 keinerlei Hinweise auf Schwankungen gezeigt, wie man sie erwarten mußte, wenn die Signale tatsächlich von einem Planeten stammten, der sich auf einer Umlaufbahn um einen Stern befand. Sie mußten also doch natürlichen Ursprungs sein. Bald war keine Rede mehr von den kleinen grünen Männern, und Hewish ging an die Öffentlichkeit – zuerst mit einem Seminar in Cambridge, auf dem er die übrigen Astronomen dort einweihte und dann fast gleichzeitig in einem Aufsatz in *Nature* (in der Ausgabe vom 24. Februar 1968), in dem der Welt die Entdeckung bekanntgemacht wurde.

Die Radioastronomen hatten tatsächlich eine neuartige, schnell schwankende Radioquelle entdeckt. Die Arbeit, in der die Entdeckung beschrieben wurde, trug den Titel »Beobachtung einer schnell pulsierenden Radioquelle«. Aus dem Begriff »pulsierende Radioquelle« wurde sehr bald der Name »Pulsar«, und dabei ist es bis heute geblieben. Doch worum handelte es sich eigentlich bei diesen Pulsaren, die Bell entdeckt hatte?

## Zwicky hatte recht:
## Es gibt Neutronensterne

Als die Entdeckung der Pulsare bekannt geworden war, entstand unter den Theoretikern große Aufregung. Ein neuartiges astronomisches Objekt war entdeckt worden, von dem vorher nie jemand etwas geahnt hatte, und jetzt konnte man sich den Ritterschlag verdienen, wenn man eine Erklärung für dieses Phänomen fand. In ihrem Bericht über die Entdeckung wiesen Hewish, Bell und ihre Mitarbeiter auf die eher auf der Hand liegenden Möglichkeiten hin. Wenn die Radioimpulse von einem natürlichen Vorgang hervorgerufen wurden, also nicht von einer fremden Zivilisation, mußten sie von einem kompakten Stern stammen. Nichts anderes konnte die für die Speisung der Impulse erforderliche Energie liefern. Ein Stern von der Größe eines Planeten, wie etwa der Erde, mußte natürlich ein Weißer Zwerg sein; alles Kleinere (was nach den schnellen Pulsfrequenzen ebenfalls möglich war) mußte ein Neutronenstern sein. Es gab bekanntlich eine ganze Reihe von Sternen, die aufgrund regelmäßiger Schwankungen der in ihrem Inneren ablaufenden Prozesse zur Energieerzeugung schwangen und ein- oder ausatmeten und infolgedessen auch Helligkeitsunterschiede zeigten. Vielleicht galt das auch für kompakte Radiosterne. »Daß die Impulse so extrem schnell sind«, erklärte das Team in Cambridge, »läßt darauf schließen, daß hier ein ganzer Stern pulsiert.«[25] Das hohe Tempo der Schwankungen bedeutete ihrer Ansicht nach, daß der pulsierende Stern entweder ein Weißer Zwerg oder ein Neutronenstern war. Die Erklärung hatte jedoch einen Haken. Obwohl Theoretiker 1966 die Impulsdauer Weißer Zwerge berechnet hatten, waren dabei als Grundperioden allenfalls acht Sekunden herausgekommen, und das war für die Erklärung der Pulsare etwas zuviel. Andererseits zeigte schon eine einfache Berechnung, daß Neutronensterne in Perioden schwingen mußten, die wesentlich unter denen der ersten entdeckten Pulsare lagen, vielleicht ein paar Tausendstel Sekunden betrugen. Weiße Zwerge kamen hier wohl eher in Frage, wenn man ihnen nur eine etwas schnellere Schwingung zumessen konnte, als aus den ersten Berechnungen hervorzugehen schien.

Im Februar 1968 funktionierte mein Computermodell der stellaren Schwingungen sehr schön. Es so umzuarbeiten, daß es auch die schwingenden Weißen Sterne beschreiben konnte, war wohl nicht schwer. Außerdem war in den ersten Berechnungen der Schwingungen von Weißen Sternen eine Zustandsgleichung benutzt worden, in der die Auswirkungen der allgemeinen Relativität nicht ganz berücksichtigt worden waren. Mein Doktorvater, John Faulkner, wies darauf hin, daß man bei Einsetzen der richtigen relativistischen Zustandsgleichung eigentlich zu einer schnelleren Schwingung der Sterne kommen müßte. Um wieviel schneller sie war, ließ sich nur anhand von Berechnungen mit einem Computer bestimmen. Gemeinsam paßten wir das Computerprogramm der Aufgabe an (verwendeten dabei unter anderem auch eine relativitische Strukturgleichung, die Chandrasekhar 1964 entwickelt hatte) und stellten tatsächlich fest, daß in unserem Modell Weiße Zwerge mit Perioden von nur anderthalb Sekunden schwangen.[26] Unsere ersten Ergebnisse erschienen im Mai 1968 in *Nature*. Weitere Berechnungen unter Einbeziehung der Rotationsauswirkungen erwiesen bald, daß Weiße Zwerge vielleicht bis zu zehn mal in der Sekunde schwangen; ein paar Wochen lang schwebte ich über den Wolken und hatte das Gefühl, an einer wichtigen Entdeckung beteiligt zu sein. Je mehr Pulsare von Radioastronomen auf der ganzen Welt beobachtet wurden (bis Ende 1968 waren es ein paar Dutzend, inzwischen sind es noch viel mehr geworden) und als ich »meine« Modelle der rotierenden Weißen Zwerge bis an die äußerste Grenze trieb, ging mir jedoch allmählich auf, daß ich in Wirklichkeit nur bewiesen hatte, daß Pulsare schließlich doch keine Weißen Zwerge sein konnten.

Die Schwierigkeit steckte darin, daß die schnellste Schwingungsperiode, die ich unter dem Einsatz unrealistisch hoher Umdrehungen ermitteln konnte, immer noch über den Perioden einiger neuentdeckter Pulsare lag. Besonders wichtig war eine Entdeckung, die Astronomen mit Hilfe der Schüsselantenne von dreißig Metern Durchmesser in Green Bank in West Virginia gemacht hatten. Pulsare kann man übrigens mit fast jeder Radioteleskopausführung beobachten, wenn man nur weiß, worauf man achten muß. In Green Bank wurde ein Pulsar nachgewiesen, der dreißig mal in der Sekunde ein- und ausschaltete; er befand sich in der Nähe einer leuchtenden Gaswolke, die als Krebsnebel bekannt ist.

Die hohe Geschwindigkeit des Krebspulsars, wie er bald genannt wurde, brachte das Modell der Weißen Zwerge ganz erheblich in Schwierigkeiten (inzwischen sind sogar noch schnellere Pulsare nachgewiesen worden). Wichtiger als seine Geschwindigkeit war jedoch seine Lage.

Der Krebsnebel ist in Wirklichkeit der Überrest einer Supernova-Explosion, die chinesische Astronomen im Jahr 1054 von der Erde aus beobachteten. Walter Baade, Zwickys alter Kollege, hatte schon Jahre zuvor gesagt, wenn Zwicky recht habe und bei Supernova-Explosionen Neutronensterne übrigblieben, suche man nach einem Neutronenstern am besten in der Mitte des Krebsnebels. Er hatte sogar einen ganz bestimmten Stern im Krebsnebel bezeichnet, den er für den von der Explosion zurückgelassenen Neutronenstern hielt. Bis 1968 dachten fast alle (außer Zwicky), daß er sich geirrt hatte; doch daß Neutronensterne von Hewishs Team im Bericht über die Entdeckung des Pulsars überhaupt erwähnt wurden, spricht schon dagegen, und um die Mitte der sechziger Jahre gingen ein paar Theoretiker an die Berechnung der Struktur und des Verhaltens solcher Objekte. Beobachtungen mit dem Radioteleskop ergaben jedoch, daß der Krebspulsar offenbar an derselben Stelle stand wie der Stern, für den sich Baade so sehr interessierte. Bei weiterer Nachforschung stellte sich heraus, daß sich dieser Stern tatsächlich dreißig mal in der Sekunde bei sichtbarem Licht ein- und ausschaltete – noch ein paar Monate zuvor hätte so etwas niemand überhaupt für möglich gehalten. Ein Stern, der so schnell blinkte, kam auch in den kühnsten Träumen des phantasievollsten Theoretikers nicht vor. Aber es gab ihn wirklich. Es war wirklich der Pulsar, und seine Energie war so hoch, daß man ihn als sichtbares Licht, nicht nur über die niederenergetischeren Radiowellen, nachweisen konnte.

Als diese Beobachtungen am Stewart-Observatorium auf dem Kitt Peak in Arizona im Januar 1969 angestellt wurden, hegte niemand mehr einen Zweifel daran, daß Pulsare wirklich Neutronensterne waren. Noch eines hatte sich herausgestellt: Trotz ihres Namens pulsieren sie nicht, sondern rotieren, und strahlen dabei Radiowellen (in manchen Fällen auch Licht) von einer aktiven Stelle an ihrer Oberfläche in den Weltraum ab. Die von einem Pulsar erzeugten Impulse sind so etwas wie ein himmlischer Leuchtturm, allerdings von der Natur, nicht irgendeiner außerirdischen Zivilisation geschaffen, und blinken mit ihrem Strahl an der Erde vorbei, so oft sich der darinsteckende Stern dreht (Abb. 3.2). Heute

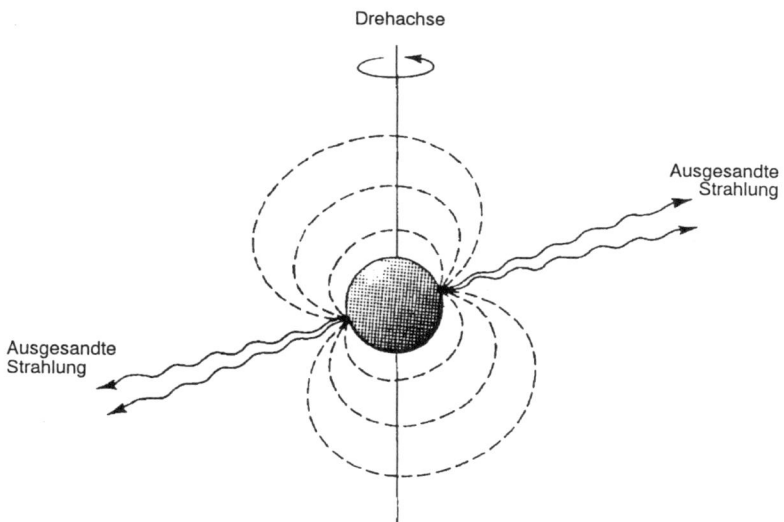

*Abbildung 3.2 Ein Pulsar ist ein schnell rotierender Neutronenstern mit einem starken Magnetfeld. Die Strahlung wird aus den magnetischen Polen hinaus gedrückt, und wenn der Strahl rotiert, blinkt er wie der Lichtstrahl aus einem Leuchtturm.*

gibt es genügend Beweise für die Richtigkeit dieser Annahme, daß Pulsare Neutronensterne sind, die sich so schnell drehen, daß in manchen Fällen eine Stelle auf dem Äquator eines solchen Sterns mit einem ganz erheblichen Bruchteil der Lichtgeschwindigkeit herumgewirbelt wird.

Ich erinnere mich noch, daß im Frühjahr 1968 in Cambridge viele Kollegen von der Vermutung sprachen, daß es sich bei rotierenden Neutronensternen wohl um Pulsare handeln könne. Das Thema wurde (zusammen mit anderen mehr oder weniger verwegenen Erklärungen der Pulsare) in jeder Kaffeepause ausführlich debattiert. Zu Papier gebracht und im Frühsommer desselben Jahres in *Nature* (218, S. 731) publiziert wurde diese Vorstellung von Tommy Gold, der damit als der Mann berühmt wurde, der die wirkliche Beschaffenheit der Pulsare ermittelt hatte. Kurz bevor die Entdeckung der Pulsare gemeldet wurde (und nachdem Jocelyn Bell zum ersten Mal das Gekritzel auf ihren Schreiberblättern festgestellt hat) hatte Franco Pacini Ende 1967 einen Aufsatz in *Nature* veröffentlicht,[27] in dem er ausführte, wenn ein gewöhnlicher Stern kollabiere und einen Neutronenstern bilde, müsse er sich durch diesen Kollaps schneller drehen (wie ein Schlittschuhläufer beim Kreiseln, wenn er die Arme einzieht), und dadurch das Magnetfeld des Sterns kräftigen, wenn es zusammen mit der Materie in ein kleineres Volumen zusammengequetscht werde. Ein solcher rotierender magnetischer Bipol, erklärte Pacini, müsse elektromagnetische Strahlung abgeben, und das erkläre vielleicht auch zum Teil, wie die Mitte des Krebsnebels anscheinend immer noch nach außen gedrückt werde, obwohl die chinesischen Astronomen die Explosion der Supernova schon vor fast tausend Jahren beobachtet hätten. Es ist vielleicht nicht ganz gerecht, wenn der liebe Gott Pacini den großen Auftritt etwas verdorben hat, indem er die Vorstellung vom rotierenden Neutronenstern mit den Pulsaren gekoppelt hat; auf jeden Fall sollte man jedoch auch darauf hinweisen, daß ähnliche Vorstellungen von der Energiequelle im Krebsnebel schon von sowjetischen Forschern ein paar Jahre zuvor geäußert worden waren und Gold bereits 1951 auf einer Konferenz am University College in London darüber spekuliert hatte, daß in der Umgebung kollabierter dichter Sterne starkes Radiorauschen entstehen könne. Aber insgesamt ist doch vielleicht allen Gerechtigkeit geschehen. Gold hatte in seiner Arbeit von 1968 vorausgesagt, daß die Anwendung dieser Vorstellungen auf Pulsare vor allem zu dem Ergebnis führen müsse, daß rotierende Neutronensterne sich im Lauf der Zeit etwas verlangsamen, also langsamer drehen müßten. Als die Messungen eines Teams mit der 300-Meter-Schüsselantenne in dem natürlichen Tal von Arecibo in Puerto Rico ergaben, daß die Impulsgeschwindigkeit aus dem Krebspulsar tatsächlich um eine Millionstel Sekunde im Monat zurückging, ließ sich das »Gold-Modell« nicht mehr anzweifeln.

Jocelyn Bell bekam ihren Doktor (und Hewish später einen Nobelpreis) hauptsächlich für die Entdeckung der Pulsare. Ich bekam meinen Doktor zum Teil für den Beweis, daß Pulsare unter keinen Umständen pulsierende Weiße Zwerge sein konnten.[28] Damals schien in dieser Tätigkeit kein Glamour zu stecken; das Ganze machte einen höchst negativen Eindruck. Im Rückblick meine ich jedoch, daß es viel wichtiger war, als es mir damals schien. Denn wenn die Pulsare keine Weißen Zwerge waren, mußten sie Neutronensterne sein, ob sie nun schwangen oder sich drehten. Damals wußte ich noch nicht genug, so daß mir die Bedeutung dieses Gedankens nicht aufging und ich auch nicht erkannte, daß die Existenz der Neutronensterne fast zwangsläufig zu der Erkenntnis führen mußte, daß es auch Schwarze Löcher gab. Es ist sicherlich kein Zufall, daß das Wort »Schwarzes Loch« in diesem astronomischen Zusammenhang zum ersten Mal in dem Jahr auftauchte, in dem die Pulsare entdeckt wurden. In den folgenden Jahrzehnten mußten Schwarze Löcher als Erklärung für eine ganze Vielfalt astronomischer Erscheinungen herhalten, darunter auch der einen, die die Theoretiker seit 1963 verwirrt hatte.

# Kapitel 4

# Schwarze Löcher genug

*Wässerige Schwarze Löcher, die die energiereichsten Objekte im Universum versorgen. Ein Röntgenstern, der wie eine Glocke läutet. Wie Hawking eine Wette verlor. Das erste bekannte Schwarze Loch – rund hundert Millionen weitere.*

Als die Radioastronomie Anfang der fünfziger Jahre richtig in Gang kam, hatten die Astronomen eigentlich schon eine recht klare Vorstellung davon, wie das Universum im Großen und Ganzen beschaffen war; diese Kenntnis leitete sich direkt aus Einsteins allgemeiner Relativitätstheorie ab. Indem sie die Struktur der Raum-Zeit als kohärentes Ganzes beschreibt, bietet die allgemeine Theorie genau genommen eine Beschreibung des ganzen Universums in Begriffen einer gekrümmten Raum-Zeit. Etwa vor 1920 meinten die Astronomen, das Universum bestehe aus den Sternen, die wir am Nachthimmel sehen können, und außerdem aus mit ihnen verbundenem Material, wie zum Beispiel Gas- und Staubwolken im Raum, und das alles zusammen ergebe die Milchstraße. Obwohl innerhalb der Milchstraße einzelne Sterne vielleicht entstanden und untergingen, galt das ganze System als ewig und unveränderlich, etwa so wie ein großer Wald, der auch Jahrtausende fast derselbe bleibt, auch wenn einzelne Bäume in ihm jeweils ganz verschiedene Lebenszyklen durchmachen. Deshalb staunte Einstein 1917 nicht wenig, als er die Gleichungen der allgemeinen Relativitätstheorie zu einer Beschreibung des Verhaltens der ganzen Raum-Zeit verwendete und feststellte, daß ein statisches, unveränderliches Universum gar nicht existieren konnte.

## Rotverschiebung und Relativität

Eine solche mathematische Beschreibung des Universums wird auch als kosmologisches Modell bezeichnet. Die Gleichungen beschreiben nicht unbedingt »das« Universum, sondern alle möglichen Verhaltensmuster, denen das Universum genügen muß, wenn die allgemeine Relativitätstheorie eine gute Beschreibung der Wirklichkeit liefert. Die Gleichungen ließen die Möglichkeit von Modelluniversen zu, die sich immer weiter ausdehnen, aber ebenso auch von anderen Modelluniversen, die sich immer weiter zusammenziehen; was sie auf gar keinen Fall zuließen, war die Möglichkeit eines statischen Universums, was den Beobachtungen scheinbar widersprach. Dennoch obsiegte die allgemeine Relativitätstheorie in allen anderen Prüfungen.

Das Dilemma wurde in den zwanziger Jahren unseres Jahrhunderts aufgelöst. Man stellte fest, daß einige der fransigen Wolken, die man sehen und durch Teleskope fotografieren konnte, keine Gaswolken in der Milchstraße sind, sondern eigenständige Sternsysteme. Sie sind etwa so groß wie die Milchstraße und liegen weit hinter den mit bloßem Auge sichtbaren Sternen. Das Universum erwies sich als viel größer als je vermutet; die Galaxien – so nannte man sie jetzt – mit ihren hundert Milliarden Sternen sind im leeren Raum vertreut wie Inseln im Ozean. Es stellte sich auch heraus, daß sich der Raum zwischen den Galaxien, also das Universum als Ganzes, ausdehnt, so wie es die Einsteinschen Gleichungen fordern.

Für mich ist das die schlagendste und auch die wichtigste Einzelbestätigung dafür, daß die allgemeine Relativitätstheorie als genaue Beschreibung von Raum und Zeit zutrifft. Seine Gleichungen sagten Einstein, daß das Universum nicht statisch sein konnte, und (jahrelang) mochte er deshalb den Gleichungen nicht glauben und argwöhnte, an der Theorie könne irgend etwas falsch sein.[29]

Doch rund zehn Jahre später wurde in ganz unabhängig durchgeführten Beobachtungen, bei denen niemand erwartet hatte, diese merkwürdige, kaum bekannte »Voraussage« der allgemeinen Relativitätstheorie überprüfen zu können, nachgewiesen, daß sich das Universum tatsächlich ausdehnt. Diese Entdeckung überraschte alle, bis auf ein paar Theoretiker, die mit den Folgen von Einsteins Arbeit vertraut waren. Die Gleichungen, in denen das stand, was die Beobachter mittlerweile auch entdeckt hatten, fanden sich schon in den Seiten wissenschaftlicher Zeitschriften in vielen Hochschulbibliotheken. Seitdem ist die auf Einsteins Gleichungen beruhende relativistische Kosmologie die Grundlage unserer gesamten Erkenntnis des Universums. Und gerade diese Expansion des Universums bedeutet für uns, daß vor langer Zeit alles in einem heißen, dichten Feuerball fest zusammengepackt gewesen sein muß – der berühmte Urknall, in dem das Universum entstand. Die Expansion des Universums aus dem Urknall ist, was die Gleichungen der allgemeinen Relativitätstheorie betrifft, das Spiegelbild des Zusammenbruchs eines dichten Sterns zu einem Schwarzen Loch.

Die Beweise für die Expansion des Universums leiten sich aus Untersuchungen des Lichts ferner Galaxien ab. Wenn das Licht von einem Stern (oder einem anderen heißen Objekt) mit einem Prisma gestreut wird, so daß es ein Spektrum aus Regenbogenfarben bildet, zeigen sich in diesem Spektrum gewöhnlich bei ganz bestimmten Wellenlängen scharfe Linien. Diese Spektrallinien treten in Gruppen auf, und jede Gruppe hängt mit der Strahlung aus den Atomen eines bestimmten Elements zusammen. So senden zum Beispiel heiße Natriumatome (oder Atome, die durch einen elektrischen Strom »angeregt« worden sind) ein hellgelbes Licht aus, wie wir es von Straßenlaternen kennen. Untersuchungen der Spektrallinien im Licht ferner Sterne und Galaxien zeigen den Astronomen, woraus diese Sterne und Galaxien bestehen. Sie zeigen außerdem, daß sich diese fernen Galaxien von uns weg bewegen, denn die Linien in ihren Spektren sind, im Vergleich zu denen von Atomen derselben Elemente hier auf der Erde erzeugten Linien, zur roten Seite des Spektrums hin verschoben. Alle Linien (beispielsweise die von

Wasserstoffatomen ausgehenden) bilden ein Muster, das genau so eindeutig ist wie ein Fingerabdruck. Um 1920 stellten die Astronomen fest, daß die ganze Linienstruktur im Licht ferner Galaxien (um ein winziges) zu Rot hin verschoben ist.

Für diese Rotverschiebung wird als Erklärung angeführt, daß das Licht auf seinem Weg von der fernen Galaxie zu uns gedehnt worden ist. In der Zeit, die das Licht braucht, bis es uns erreicht (das können Millionen Jahre sein), dehnt sich der Raum zwischen den Galaxien entsprechend den Voraussagen nach der allgemeinen Relativitätstheorie aus, und das Licht dehnt sich mit ihm. Da rotes Licht eine längere Wellenlänge aufweist als blaues Licht, landen Linien, die bei einer bestimmten Wellenlinie anfangen, schließlich bei einer längeren Wellenlinie, wandern also auf die rote Seite des Spektrums zu. Das ist die kosmologische Rotverschiebung, und sie wird durch einen ganz anderen Vorgang ausgelöst als die in Kapitel 3 erwähnte gravitationsbedingte Rotverschiebung.

Zwei Eigenarten dieser Ausdehnung des Universums sollte man noch erwähnen, auch wenn sie für die Geschichte von den Schwarzen Löchern eigentlich ohne Belang sind. Zum ersten: Die Rotverschiebung wird nicht dadurch verursacht, daß sich die Galaxien durch den Raum voneinander weg bewegen; vielmehr dehnt sich der Raum selbst und nimmt dabei die Galaxien mit, so wie getrennte Rosinen weiter auseinandergedrängt werden, wenn ein Teig aufgeht, aus dem ein Leib Rosinenbrot gebacken werden soll. Zweitens: Obwohl wir von unserem Blickpunkt hier auf der Erde aus sehen, daß die Galaxien gleichmäßig in allen Richtungen zurückweichen, heißt das nicht, daß wir im Mittelpunkt des Universums leben. Diese Art Expansion, bei der sich der Raum gleichförmig zwischen den Galaxien ausdehnt, liefert für jeden Beobachter an jeder beliebigen Stelle im Universum genau dasselbe Bild einer symmetrischen Expansion, und für diese Expansion gibt es keinen Mittelpunkt. Die Bedeutung dieser kosmologischen Rotverschiebung besteht (abgesehen davon, daß es sie überhaupt gibt) darin, daß sie uns sagt, wie weit entfernt eine Galaxie ist: je stärker die Rotverschiebung, um so weiter weg die Galaxie. In diese Grundkenntnisse vom Universum wollten die Theoretiker in den fünfziger Jahren die Entdeckung astronomischer Radioquellen einordnen.

## Radiogalaxien

Bis 1950 hatten die Radioastronomen in Cambridge fünfzig verschiedene Quellen des Radiorauschens aus unterschiedlichen Himmelsrichtungen identifiziert. Da Radiowellen viel länger sind als Lichtwellen, läßt sich die Quelle einer Radioemmission leider nur sehr schwer genau bezeichnen, viel schwerer als ein sichtbarer Stern oder eine Galaxie. Das Bild einer Radioquelle ist also praktisch unschärfer als das Bild eines Sterns, es sei denn, man könne ein Radioteleskop bauen, das viel größer als jedes optische Teleskop ist. Vor allen Dingen in der Frühzeit der Radioastronomie war es mithin schwierig, die sichtbaren Gegenstücke zu den neuentdeckten Radioquellen aufzuzeigen. Obwohl vor allem eine Quelle mit der Andromeda-Galaxie gleichgesetzt wurde, einer weiteren »Insel« im Raum dicht neben unserer Milchstraße, handelte es sich dabei doch nur um eine der schwächeren bekannten Radioquellen, und unter den ersten fünfzig waren die meisten Radiowellenlängen viel heller. Daraus folgerten die Pioniere der Radioastronomie natürlich, daß uns diese helleren Objekte näher sein müssen, also »Radiosterne« irgendwo in der Milchstraße.

Das warf vor allem eine Frage auf, die allerdings damals nur wenige gestört zu haben scheint. Die Sterne der Milchstraße sind in einer Scheibe konzentriert, und das Sonnensystem liegt in der Ebene dieser Scheibe. Die Milchstraße bildet also ein dickes Lichtband quer über den Himmel. Die neuentdeckten Radioquellen schienen hingegen beliebig über den ganzen Himmel verteilt zu sein. 1951 wies Tommy Gold in derselben Arbeit, in der er folgerte, Radiosterne müßten sehr kompakte, dichte Sterne sein, wenn sie mit Hilfe starker Magnetfelder so viel Radiorauschen erzeugen wollten, auch darauf hin, daß diese gleichmäßige Verteilung dieser Objekte am Himmel unter Umständen bedeuten konnte, daß es sich dabei überhaupt nicht um Sterne handelte, sondern daß man sie vielleicht mit anderen Galaxien weit entfernt von unserer Milchstraße identifizieren mußte. Damals scheint sich nur Fred Hoyle nachdrücklich für diese Vorstellung eingesetzt zu haben. Die meisten Astronomen verwarfen sie vor allem deshalb, weil die Radioquellen so stark waren. Wenn Radioquellen, von denen jede tausend mal so stark war wie das Radiorauschen aus der Andromeda-Galaxie, in Wirklichkeit weiter entfernt lagen als die Andromeda-Galaxie, mußten sie ein Vieltausendfaches an Energie im Radioteil des Spektrums erzeugen.

Der Wendepunkt kam 1951, als Graham Smith in Cambridge ein als Interferometrie bekanntes Verfahren dazu einsetzte, die Position einer starken Radioquelle, Cygnus A,[30] genau festzustellen. In der Interferometrie werden die mit zwei (oder mehr) Radioteleskopen gemachten Beobachtungen miteinander kombiniert und wirken dann so, als seien sie mit einem einzigen, viel größeren Teleskop angestellt worden. Das Verfahren ist mittlerweile so weit gediehen, daß man Radioteleskope auf entgegengesetzten Seiten der Welt zu gleichzeitigen Beobachtungen einer Quelle einsetzen und diese dann so genau lokalisieren kann, als habe man ein einziges Radioteleskop von Erdgröße verwendet. Die bahnbrechenden Arbeiten von Smith 1951 fanden noch in viel bescheidenerem Rahmen statt, reichten aber immerhin aus, daß Walter Baade und Rudolph Minkowksi unter Verwendung des 200-Zoll-Teleskops im Palomar Observatory in Kalifornien die Quelle als hantelförmiges Objekt identifizieren konnten, das ganz eindeutig kein Stern in der Milchstraße war. Damals hielt Baade Cygnus A für ein Paar zusammenstoßender Galaxien; heute wird allgemein die Ansicht vertreten, daß es sich dabei um eine explodierende Galaxie handelt. Jedenfalls ist es zwar eine der hellsten Radioquellen am Himmel, aber bei sichtbaren Wellenlängen so schwach, daß selbst das optische Teleskop auf der Erde auf Fotografien nur einen schwachen Klecks zeigt. Als Baade und Minkowski seine Rotverschiebung maßen, stellten sie fest, daß die Linien im Spektrum dieser fernen Galaxie um 5,7 Prozent zur roten Seite des Spektrums hin verschoben waren – für eine Galaxie eine riesige Rotverschiebung, aus der sich schließen läßt, daß sie einige hundert Millionen Lichtjahre von der Erde entfernt liegt. Die »Fluchtgeschwindigkeit«[31] von Cygnus A beträgt eindrucksvolle siebzehntausend Kilometer in der Sekunde, und die Radioquelle erzeugt bei Radiowellenlängen zehnmal so viel Energie wie unser Nachbar, die Andromeda-Galaxie. Absolut gesehen, erzeugt Cygnus A mehr Energie bei Radiowellenlängen als eine typisch helle Galaxie in Form von Sternenlicht.

Als erst einmal eine solcher Radiogalaxien identifiziert worden war, folgten bald andere nach. Die Untersuchungen am Himmel, die die Astronomen in Cambridge durchführten, wiesen noch viele weitere Radioquellen nach, und sie werden heute oft mit den Katalognummern bezeichnet, die ihnen bei diesen Untersuchungen zugeteilt worden waren. So ist zum Beispiel die Quelle 3C295 das zweihundertfünfundneunzigste Objekt im dritten Katalog von Cambridge. Der Katalog 3C wurde 1959 abgeschlossen und enthält eine Liste von 471 Radioquellen.

Cygnus A wird auch als 3C405 bezeichnet. Nicht alle dieser Radioquellen sind mit Galaxien identifiziert worden. Manche hängen durchaus mit Objekten in unserer eigenen Galaxie zusammen, darunter dem Krebsnebel (3C144), der (wie wir heute wissen) einen Pulsar enthält. Manche waren noch Anfang der sechziger Jahre nicht mit optischen Objekten identifiziert worden. Viele Radioquellen ließen sich allerdings mit fernen Galaxien identifizieren, von denen manche noch weiter entfernt liegen als Cygnus A, und deshalb entsprechend mehr Energie aufweisen müssen, damit sie auf unseren Radioteleskopen so deutlich erscheinen. Woher stammt all die Energie, die diese Radiostrahlung verursacht? Das weiß niemand genau, doch in einer 1961 veröffentlichten Arbeit äußerte der sowjetische Astrophysiker Vitalij Ginzburg vorausschauend, die für eine so starke Quelle wie Cygnus A erforderliche riesige Energiemenge stamme vielleicht aus der gravitationsbedingten Kontraktion im mittleren Teil der betreffenden Galaxie.

Daran ist eigentlich, bis auf die Größenordnung des von Ginzburg beschriebenen Effekts, nichts sonderlich Geheimnisvolles. Läßt man einen Gesteinsbrocken auf den Boden fallen, so gewinnt dieser Energie, während er durch die Schwerkraft beschleunigt wird. Beim Auftreffen auf den Boden verwandelt sich die Bewegungsenergie des Gesteinsbrockens (kinetische Energie) in ein Gedränge der Atome und Moleküle im Gestein und im Boden; aus diesem Gedränge entwickelt sich eine »winzige« Temperaturerhöhung. Durch die Gravitation bedingte potentielle Energie in dem Gesteinsbrocken in Ihrer Hand ist zunächst in kinetische Energie und dann in thermische Energie (Wärme) umgewandelt worden. Wenn eine große Gaswolke im Raum zusammenbricht und einen neuen Stern bildet, ereignet sich dasselbe, nur in einem größeren Maßstab. Die Beschleunigung der einzelnen Atome und Moleküle in der Gaswolke, während sie unter dem Zug der Schwerkraft nach innen fallen, wird in Stoß- und Schubbewegungen umgewandelt, wenn die Teilchen miteinander zusammenstoßen, und dabei wird das Zentrum der Wolke erhitzt. Auf diese Weise werden die Sterne im Inneren so heiß, daß sie die Kernfusionsreaktionen auslösen können, die ihre Temperatur erhalten, solange der Nachschub an Kernbrennstoff vorhält. Wenn eine genügend große Masse so kollabiert, kann man, wie Ginzburg nachwies, fast beliebig viel Energie erzeugen. Je stärker die schwerkraftbedingte Zugwirkung des Objekts, auf die das Gas fällt, desto einfacher die Energiefreisetzung. Nur wenige Jahre, nachdem Ginzburg postuliert hatte, daß Radiogalaxien ihre Energie vielleicht auf diesem Weg erzeugen, ging den Astronomen auf, daß sie es in manchen Fällen wohl mit sehr starken Gravitationsfeldern zu tun hatten. Das alles fing mit der Entdeckung von zunächst anscheinend echten Radiosternen an, erwies sich aber dann als bis dahin unbekanntes astronomisches Phänomen, das die fernsten, von der Erde aus sichtbaren Objekte einschließt, von denen manche Fluchtgeschwindigkeiten von mehr als neunzig Prozent der Lichtgeschwindigkeit aufweisen, und die man an Licht erkennt, das vor über zehn Milliarden Jahren von ihnen ausgesandt wurde, fünf Milliarden Jahre, bevor die Sonne und die Erde überhaupt entstanden.

## Quasare

Der erste Schritt zur Entdeckung der Objekte, die wir heute als Quasare kennen, wurde 1960 mit der Identifizierung des optischen Gegenstücks zu einer weiteren Quelle im dritten Katalog von Cambridge, 3C48, getan. Mit Hilfe der weltgrößten lenkbaren Schüsselantenne, des berühmten Radioteleskops in Jodrell Bank, das mit einem Interferometersystem gekoppelt worden war, stellten die Astronomen zunächst fest, daß die Radiostrahlung aus dieser Quelle von einem winzigen Punkt am Himmel von knapp vier Bogensekunden Durchmesser herrührte (das ist etwa die Winkelgröße des Mars auf seinem erdfernsten Punkt). Mit dieser Erkenntnis setzte Thomas Matthews vom California Institute of Technology ein Interferometerteleskop in Owens Valley ein, um den Standort der Quelle möglichst genau zu bestimmen. Sein Kollege Allan Sandage machte mit dem 200-Zoll-Teleskop Langzeitfotos (Belichtungszeit neunzig Minuten) von diesem Teil des Himmels. Das Foto zeigte offenbar einen Blauen Stern, der noch unter der nach den Beobachtungen in Jodrell Bank festgelegten Grenze und genau an der Position der Radioquelle lag.

Wenn Astronomen ein sichtbares Objekt untersuchen, nehmen sie als erstes dessen Spektrum auf. So geschah es auch mit 3C48; obwohl das Spektrum viele Linien aufwies, ergaben die Linien Muster, wie man sie noch in keinem anderen Stern gesehen hatte. Die Beobachter fanden vor allem nichts, was auf Wasserstofflinien hindeutete, obwohl Wasserstoff in allen Sternen bei weitem als häufigstes Element vorkommt.

Sandage gab die Entdeckung im Dezember 1960 auf der Jahrestagung der American Astronomical Society bekannt. Doch er und seine Kollegen waren von 3C48-Spektrum so verwirrt, daß sie ihre Ergebnisse nicht einmal im Tagungsband dieser Veranstaltung veröffentlichten. Außer einem kurzen Hinweis im Sitzungsbericht in der Zeitschrift *Sky and Telescope* ein paar Wochen später, erschien bis 1963 nichts über die Entdeckung, und selbst dann wußten Matthews und Sandage immer noch nicht, was sie eigentlich gefunden hatten. Der Kommentar in *Sky and Telescope* hatte folgendermaßen gelautet:

> Da die Entfernung von 3C48 unbekannt ist, besteht die entfernte Möglichkeit, daß es sich dabei um eine sehr ferne Galaxie von Sternen handelt; die betreffenden Astronomen stimmen jedoch in der Ansicht überein, daß der Stern uns verhältnismäßig nahe liegt und höchst eigenartige Merkmale aufweist.[32]

Das war Anfang 1963 immer noch die einhellige Meinung. Binnen weniger Monate erwiesen jedoch Untersuchungen an einer weiteren 3C-Quelle, daß diese einhellige Meinung trog.

Die Untersuchungen bedienten sich eines neuartigen Tricks zur Bestimmung der Position von Radioquellen, den sich der britische Astronom Cyril Hazard ausgedacht hatte. Bei seiner Bahn am Himmel zieht der Mond auch vor ein paar Sternen und anderen Objekten vorbei, die zufällig auf dem Streifen am Himmel liegen, den der Mond überstreicht. Dieses Ereignis, einer Verfinsterung ähnlich, heißt auch Okkultation oder Bedeckung. Hazard wies 1961 darauf hin, daß bei einer solchen Okkultation einer Radioquelle durch sorgfältige Bestimmung des Augenblicks, in dem die Radioquelle »zu senden« aufhört und des Moments, in dem sie wieder auftritt, die Position dieser Quelle anhand der bekannten Position des Mondes am Himmel bestimmt werden kann. Man muß dazu lediglich zwei Kurven auf der Sternenkarte zeichnen, von denen eine den vorderen Rand des Mondes zu dem Zeitpunkt bezeichnet, an dem die Quelle verschwindet, während die andere den hinteren Rand zu der Zeit angibt, zu der die Quelle wieder auftaucht. Diese beiden Kurven kreuzen einander zweimal, doch mindestens wird damit der Standort der Quelle auf einen von zwei Punkten am Himmel genau lokalisiert, und normalerweise sind die Radiomessungen so gut, daß man zwischen beiden unterscheiden kann.

Wenn man Glück hat, kann man es aber auch noch genauer machen. Hazard wußte, daß es im Verlauf des Jahres 1962 zu drei Mondbedeckungen (im April, August und Oktober) einer als 3C273 bekannten Radioquelle kommen mußte, die bisher noch durch keinerlei sichtbares Objekt identifiziert worden war. Mit drei Bedeckungen mußte das Verfahren einen eindeutigen Standort für die Quelle ergeben. Hazard und Kollegen in Australien überwachten diese Okkultationen dann mit einem neuen Radioteleskop im Parkes-Observatorium, und wiederum zeigte ein mit dem 200-Zoll-Teleskop aufgenommenes Bild, daß an der Position der Radioquelle offenbar ein blauer Stern saß, aus dem ein Materialstrahl ausgestoßen zu werden schien.

Dieser »Stern« wies auch ein ungewöhnliches Spektrum auf, das von einem unbekannten Linienmuster durchzogen war. Doch Maarten Schmidt, ein in Kalifornien arbeitender Astronom niederländischer Herkunft, der das erste Spektrum von 3C273 erhalten hatte, konnte diese Merkwürdigkeit erklären. Er wußte, daß eine bestimmte Anordnung von vier Linien als charakteristischer »Fingerabdruck« des Wasserstoffs zu erklären war – allerdings mit einer Rotverschiebung von knapp unter sechzehn Prozent. Wenn man diesen Wert für die Rotverschiebung akzeptierte, ordneten sich auch andere Linien im Spektrum richtig ein. Jesse Greenstein, der das Spektrum von 3C48 1961 bestimmt und mit Schmidt zusammen in Kalifornien gearbeitet hatte, sah sich seine alten Daten daraufhin noch einmal an und stellte fest, daß das merkwürdige Spektrum dieses Objekts auch durch eine große Rotverschiebung erklärt werden könnte – um ganze unvorstellbare siebenunddreißig Prozent, was einer Fluchtgeschwindigkeit von 110 000 Kilometern in der Sekunde und einer Entfernung von mehreren Milliarden Lichtjahren entsprach.

Der Bericht des Parkes-Teams mit der »Entdeckung« von 3C273, eine Arbeit in der Schmid die Rotverschiebung erklärte, und ein Artikel von Greenstein und Matthews, in dem sie die Rotverschiebung von 3C48 erklärten, erschienen alle zusammen in derselben Ausgabe von *Nature* 1963.[33] Schmid wies in seiner Arbeit darauf hin, daß eine so riesige Rotverschiebung nur durch zwei Effekte hervorgerufen werden kann: entweder durch gravitationsbedingte Ausdehnung des Lichts oder durch die Expansion des Universums. Allerdings »wäre es sehr schwer, wenn nicht unmöglich«, erklärte er, das hier beobachtete Spektrum im Fall 3C273 durch eine gravitationsbedingte Rotverschiebung zu erklären und »zum heutigen Zeitpunkt ... scheint eine Erklärung dahingehend, daß es sich um eine extragalaktische Ursache handelt, die direkteste und am wenigsten Widerspruch hervorrufende Erklärung zu sein«. Das gilt heute, dreißig Jahre später, immer noch. Mittlerweile spricht ein überwältigend großes Beweismaterial dafür, daß diese Objekte, die wie Sterne aussehen, doch riesige Rotverschiebungen aufweisen, und von denen mittlerweile Hunderte identifiziert worden sind, sich in Wirklichkeit in den kosmologischen Entfernungen befinden, die aus den Rotverschiebungen hervorgehen.

## Kosmische Kraftwerke

In den Jahren gleich nach ihrer Entdeckung wurden diese Objekte »quasistellar« genannt. Daraus entstand bald die Abkürzung Quasar. Wir wissen heute ebenso sicher wie anderes in der Astronomie, daß ein Quasar der leuchtende Kern einer sehr fernen Galaxie ist, ungeheure Energiemengen erzeugt und hundertmal (oder noch) heller leuchtet als gewöhnliche Galaxien, wie Andromeda, und nur deshalb über Milliarden von Lichtjahren hinweg durch den Raum wahrgenommen werden kann. Schnelle Schwankungen in der Energieabstrahlung der Quasare lassen jedoch nach denselben Gedankengängen, mit denen die Größe der Pulsare eingegrenzt wurde, darauf schließen, daß die Energie nur aus einem Bereich stammt, der etwa so groß ist wie unser Sonnensystem. Das sind kosmische Kraftwerke, wie es sie nur einmal gibt. Doch wie kann eine so kleine Quelle so viel Energie erzeugen? Ginzburg gab dazu einen Anhaltspunkt, und auf Seite 533 derselben Ausgabe von *Nature,* in der 1963 auch die Arbeiten über 3C273 erschienen, stand ein Bericht von Fred Hoyle und Willy Fowler, in dem postuliert wurde, die hier benötigte Energie könne nur durch die Entbindung von Gravitationsenergie erzeugt werden, wenn ein Objekt mit einer Masse von hundert Millionen Sonnen zur »Relativitätsgrenze«, mit anderen Worten, seinem Schwarzschild-Radius, kollabierte. Der Schwarzschild-Radius eines Objekts mit einer so hohen Masse entspräche tatsächlich dem Radius des Sonnensystems. Doch die Astronomen brauchten weitere zehn Jahre, bis sie sich damit abgefunden hatten, daß die kosmischen Kraftwerke in Quasaren in Wirklichkeit supermassive Schwarze Löcher sind. Zum Teil lag es daran, daß die Quasare gewissermaßen zu früh entdeckt worden waren – noch vor der Identifizierung von Pulsaren, die bewiesen, daß es Neutronensterne geben muß und deshalb gewiß auch Schwarze Löcher existierten. Um 1960 waren verschiedene, mehr oder weniger bizarre Theorien im Schwange, die erklären wollten, wie Quasare Energie erzeugen; gehalten hat sich eigentlich keine davon. Nur eine Hypothese, die ziemlich ausführlich schon 1964 (von den sowjetischen Forschern Jakov Seldowitsch und Igor Nowikow sowie von Ed Salpeter in den Vereinigten Staaten) aufgestellt worden war, hat heute noch Gültigkeit. Obwohl dieses Modell inzwischen verbessert worden ist, vor allem von Donald Lynden-Bell, Martin Rees und ihren Kollegen in Cambridge, hat sich am Prinzip nichts geändert. Es liefert uns ein Bild eines zentralen Schwarzen Lochs von der Größe des Sonnensystems und einer Masse von hundert Millionen Sonnen; es liegt im Herzen einer jungen Galaxie[34] und ist umgeben von einer wirbelnden Scheibe aus Material, aus der es allmählich Materie verschlingt. Jeder Happen Materie, den es verschlingt, setzt Gravitationsenergie frei und erhitzt das Material in der Umgebung. Und weil es von einer Materiescheibe umgeben ist, wird die Energie aus dem Bereich unmittelbar außerhalb des Schwarzen Lochs an den Polen ausgetrieben und erzeugt oft Strahlen von der Art, wie sie bei 3C273 zu sehen sind (Abb. 4.1). So ähnlich strahlen Pulsare ihre Energie ab, doch das wußte noch niemand, als die Quasare entdeckt wurden.

Für unsere Darstellung hier weist ein derartiges Schwarzes Loch zwei bemerkenswerte Eigenschaften auf. Erstens: Trotz seiner riesigen Masse hat ein solches Objekt eine Dichte, die etwa derjenigen unserer Sonne entspricht, also nicht einmal doppelt so hoch ist wie die Dichte des Wassers.

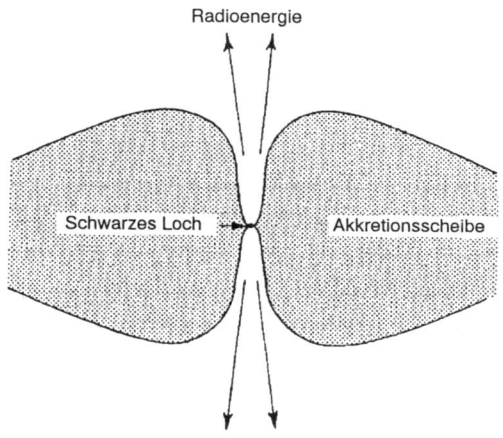

*Abbildung 4.1 Die Akkretionsscheibe aus Material, das um ein Schwarzes Loch herum wirbelt, läßt nur an den »Polen« des Lochs zwei schmale Kanäle frei, durch die Materie und Energie entweichen können.*

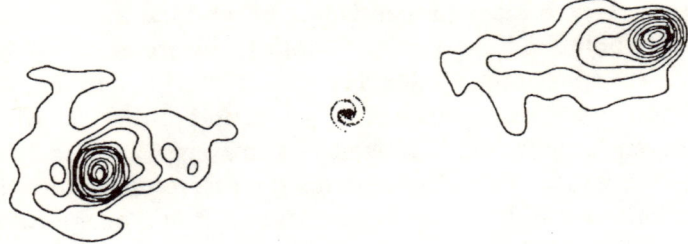

*Abbildung 4.2* Von supermassiven Schwarzen Löchern abgestrahlte Energie könnte erklären, warum viele Galaxien mitten zwischen zwei Radioquellen liegen. Das Radiorauschen kann aus Regionen stammen, wo aus einem zentralen Schwarzen Loch entweichende Energieströme und das Gas im leeren Raum interaktiv sind.

Es ist fast genau der »Dunkelstern«, den sich Michell im 18. Jahrhundert vorgestellt hatte! Die zweite erstaunliche Entdeckung: Die Umwandlung von Gravitationsenergie in Strahlung, wenn das Schwarze Loch Materie verschlingt, geschieht mit einem so hohen Wirkungsgrad, daß ein Quasar, der hundert mal heller scheint als eine gewöhnliche Galaxie, jährlich an Materie nur das Zwei- bis Dreifache der Masse unserer Sonne verbraucht, um diese Leistung aufrecht zu erhalten. Da Galaxien Hunderte Milliarden von Sternen enthalten, ist leicht zu verstehen, wie ein Quasar Millionen, sogar Hunderte Millionen Jahre unermüdlich hell leuchten kann.

Vor allem aber läßt sich die Energieabgabe der Quasare gar nicht anders erklären als mit diesen kosmischen Gravitationskraftwerken. Ihre Existenz spricht sehr dafür, daß es Schwarze Löcher wirklich gibt, und in der Astronomie gilt es mittlerweile als ausgemacht, daß viele Galaxien, auch unsere Milchstraße, vielleicht im Kern ein Schwarzes Loch aufweisen. Es gibt Beweise dafür, daß sich im Innern der Galaxien alle möglichen energetischen Aktivitäten abspielen, stille, wie in unserer Milchstraße, heftige, wie bei den Quasaren, und alle erdenklichen Zwischenstufen. Der Unterschied zwischen unserer Galaxie und einem Quasar besteht vielleicht nur darin, daß das Schwarze Loch im Inneren der Milchstraße »nur« eine Masse von einer Million Sonnen aufweist, und alles Material ringsum längst verschlungen hat, so daß keine Gasscheibe mehr übrig geblieben ist, von der sie sich ernähren könnte.

Das alles ist jedoch erst Ende der siebziger Jahre, zum Teil auch erst in den achtziger Jahren belegt worden. Wieso hat es auch nach der Entdeckung der Pulsare noch so lange gedauert? Zum Teil deshalb, weil es in den sechziger und siebziger Jahren neue Entwicklungen in der theoretischen Erklärung Schwarzer Löcher gegeben hat (darüber mehr in Kapitel 5); vor allem lag es aber daran, daß die Astronomen erst Anfang der siebziger Jahre eindeutige Beweise dafür gefunden hatten, daß es auch unter den Sternen unserer Milchstraße Schwarze Löcher mit Massen gibt, die nur ein paar mal so groß wie die Masse unserer Sonne sind. Erst der Beweis für die Existenz solcher Schwarzen Löcher mit »Sternenmassen« überzeugte auch die Zweifler, daß die Theorie von den Quasaren als supermassiven Schwarzen Löchern auf dem richtigen Fundament ruhten. Die Grundlagen für diese Entdeckung wurden schon im Juni 1962 gelegt, als Hazard und seine Kollegen sich abmühten, mit Hilfe der Mondbedeckungstechnik den Standort von 3C273 zu bestimmen.

## Röntgensterne

Das elektromagnetische Spektrum besteht nicht nur aus sichtbarem Licht und Radiowellen. Es enthält auch Infrarotstrahlung, ultraviolettes Licht, Röntgenstrahlen und Gammastrahlen – samt und sonders Wellen, die den Maxwellschen Gleichungen genügen und sich mit Lichtgeschwindigkeit ausbreiten, jedoch (im Gegensatz zu Radiowellen und sichtbarem Licht) nicht im Stande sind, die Atmosphäre zu durchdringen. Wenn sie sehen wollten, wie sich das Universum bei diesen Wellenlängen ausnahm, mußten die Astronomen ihre Instrumente über die abschirmenden Schichten der Atmosphäre, zunächst mit Ballons und Raketen, dann mit Satelliten in Umlaufbahnen, hinausheben. Schon 1948 hatten einfache Meßgeräte, die amerikanische Wissenschaftler auf deutsche Beute-V2-Raketen, Überbleibsel aus dem Zweiten Weltkrieg, montiert hatten, ergeben, daß die Sonne eine schwache Quelle von Röntgenstrahlen und von Radiowellen und Licht ist. Röntgenstrahlen sind eine energiereichere Strahlungsform als sichtbares Licht, weisen kürzere Wellenlängen auf und können in größeren Mengen nur von einem Objekt erzeugt werden, das viel heißer als unsere Sonne ist. Die Astronomen waren nicht sonderlich überrascht, als sie feststellten, daß die Sonne selbst auch Röntgenstrahlen produzierte, vor allen Dingen, wenn es auf der Sonnenoberfläche zu gewaltigen Aktivitätsausbrüchen kommt. Doch wenn andere Sterne ebenso viel schwache Röntgenstrahlung erzeugten, konnte man die von Sternen ausgehende Röntgenstrahlung nicht einmal oberhalb der Erdatmosphäre nachweisen. Obwohl die Röntgenstrahlenaktivität der Sonne in den fünfziger Jahren immer wieder untersucht wurde, glaubte eigentlich niemand, daß man Röntgenstrahlen jemals aus größerer Entfernung im Raum als von unserer Sonne aus werde nachweisen können. Die Röntgenastronomie entwickelte sich erst richtig, als sich die Forschung daran machte, Röntgenstrahlen von einem Himmelsobjekt aus zu suchen, das uns näher steht als die Sonne: der Mond.

Natürlich ist der Mond viel zu kalt, als daß er selbst Röntgenstrahlen erzeugen könnte. Wissenschaftler argumentierten jedoch, daß die von der Sonne ausgesandten energiereichen Teilchen (der sogenannte Sonnenwind) auch auf die Mondoberfläche auftreffen müssen und der Aufprall dieser Teilchen unter Umständen Atome im Mondmaterial anregt, so daß sie Röntgenstrahlen von charakteristischen Wellenlängen aussenden. Wenn das wirklich so stattfand, konnte man durch eine Art Röntgenspektroskopie herausbekommen, aus welchem Material der Mond besteht. Ein Experiment, in dem die vom Mond ausgehenden Röntgenstrahlen identifiziert werden sollten, wurde an einem Montag, dem 18. Juni 1962 an Bord der Arobee-Rakete von White Sands in New Mexico aus gestartet. Es war ein Fehlschlag in der Hinsicht, daß es keine vom Mond ausgehenden Röntgenstrahlen nachwies;[35] andererseits war es ein spektakulärer, unerwarteter Erfolg, denn es zeigte eine helle Röntgenstrahlenquelle auf, die scheinbar von einem Punkt im Himmel ausging.

Als sich die Instrumentenladung während des Fluges knapp sechs Minuten über der Atmosphäre befunden hatte, zeigten die rotierenden Nachweisgeräte eine schwache Untergrund-Röntgenstrahlung aus allen Himmelsrichtungen und Hinweise auf mindestens eine weitere schwache einzelne Röntgenstrahlenquelle. Die Sensation war jedoch die hell strahlende Quelle. Es schien sich dabei um ein Objekt weit außerhalb unseres Sonnensystems zu handeln. Diese Vermutung wurde auf späteren Raketenflügen bestätigt, die zeigten, daß sich die Quelle immer am selben Teil des Himmels in Richtung des Sternbilds Scorpius, oder Skorpion, befand. Die Quelle wurde bald Sco X-1 getauft (das heißt die erste in Richtung Scorpius erkannte Röntgenstrahlenquelle). Dort strahlte etwas so stark, daß es Röntgenstrahlen im Übermaß erzeugte, die durch den ganzen interstellaren Raum hindurch ohne weiteres erkennbar waren – ein wirklicher Röntgenstern.

Bald wurden weitere Röntgenstrahlenquellen entdeckt. Anfänglich wußte allerdings niemand, welche Sternarten wohl Röntgenstrahlen bildeten. Die Röntgenastronomie litt in ihren Anfangszeiten unter einer ähnlichen Schwierigkeit wie seinerzeit die Radioastronomie: die Nachweisgeräte konnten die Lage der Objekte, die sie untersuchten, nicht genau angeben. Bei Radiowellen lag es daran, daß man es mit sehr langwelliger Strahlung zu tun hatte. Röntgenstrahlen hingegen weisen sehr kurze Wellenlängen auf, so daß genaue Röntgenteleskope grundsätzlich nicht so groß zu sein brauchen wie genaue Radioteleskope oder sogar optische

Teleskope, wie das 200-Zoll-Teleskop. Die Instrumente auf den ersten Raketenflügen waren allerdings winzig und konnten kaum als Teleskope bezeichnet werden; ihre Richtungsempfindlichkeit entsprach ungefähr der einer Weitwinkelkamera-Optik. Außerdem bewegten sie sich auch. Auf dem Flug, auf dem Sco X-1 entdeckt wurde, mußte die Rakete nicht nur binnen weniger Minuten aus der Atmosphäre herausschießen und dann wieder in ihr eintauchen, sondern sich außerdem noch zweimal in der Sekunde um sich selbst drehen, damit die Nachweisgeräte auch wirklich den ganzen Himmel erfaßten. Dadurch wurde es natürlich noch schwieriger, genau festzustellen, woher denn die nachgewiesenen Röntgenstrahlen stammten. Um mindestens eine ihrer Quellen genau zu identifizieren, bedienten sich die Röntgenastronomen eines Tricks aus der Radioastronomie. Die erste Quelle, die mit einem bekannten sichtbaren Objekt gleichgesetzt wurde, lag im Krebsnebel oder Crab-Nebel.

Auf einem Raketenflug im April 1963 wurde die Lage von Sco X-1 grob bestimmt, und auf demselben Flug wurde zudem eine schwächere Röntgenstrahlenquelle aus der allgemeinen Richtung des Krebsnebels nachgewiesen. Natürlich schlossen alle darauf, daß die Quelle genau im Krebsnebel lag, denn dort hatte sich schließlich eine Supernova-Explosion abgespielt. Herbert Friedman vom US Naval Research Laboratory meinte, die Röntgenstrahlen kämen vielleicht von einem Neutronenstern, den die Supernova zurückgelassen hatte, und auch Sco X-1 könnte ein Überbleibsel einer Supernova sein. Hier wurde zum ersten Mal der Gedanke wieder aufgegriffen, daß Neutronensterne in Supernova-Explosionen entstehen, wie es dreißig Jahre zuvor Zwicky und Baade postuliert hatten. Die Entdeckung der Pulsare sollte dieser Vorstellung bald noch mehr Rückhalt verleihen.

Friedman hatte Glück. Als seine Gruppe die Röntgenstrahlenquelle entdeckte, die nach ihrer Meinung mit dem Krebsnebel zusammenhing, war es mit Hazards Mondbedeckungstechnik gerade gelungen, 3C273 zu identifizieren. Außerdem lag der Krebsnebel gerade im richtigen Teil des Himmels, der vom Mond bedeckt werden sollte. Das trifft nur alle neun Jahre einmal ein, doch die nächste Bedeckung sollte am 7. Juli 1964 eintreten. Friedmans Gruppe hatte also gerade genug Zeit, um einen Flug mit der Aerobee zu planen, auf dem während der Bedeckung die von der Quelle ausgehenden Röntgenstrahlen beobachtet werden sollten.

Ganz so einfach, wie ich es hier darstelle, war es allerdings nicht. Der Start mußte zeitlich genau so eingerichtet werden, daß die rund fünf Minuten Beobachtungszeit genau mit der Deckung zusammenfielen – jede Verzögerung im Countdown hätte das Experiment kaputtgemacht. Die Startvorrichtung für die Aerobee-Rakete war längst nicht perfekt; bis zu diesem Zeitpunkt waren sechs Starts hintereinander wegen Ausfällen in der Steuerung fehlgeschlagen. Als es darauf ankam, funktionierte die Einrichtung jedoch einwandfrei, und es konnte nachgewiesen werden, daß die Röntgenstrahlen tatsächlich von einem Punkt in der Mitte des Nebels ausgehen, den Friedman selbstsicher als Neutronenstern identifizierte, obwohl seine Schlußfolgerung erst nach der Entdeckung der Pulsare richtig akzeptiert wurde. Doch selbst wenn die Pulsare nie entdeckt worden wären, hätte man durch weitere Untersuchung von Röntgensternen bald nachweisen können, daß sie mit sehr dichten Objekten zusammenhängen müssen.

## Himmelskraftwerke

Friedman war sich so sicher, daß wenigstens einige Röntgenstrahlenquellen Neutronensterne sein müssen, weil diese Sterne so ungeheuer viel Energie erzeugen. Wie schon weiter oben gesagt, kann man Energie mit sehr hohem Wirkungsgrad freisetzen, wenn man Materie in ein starkes Schwerefeld einbringt. Die fallende Materie beschleunigt sich auf sehr hohe Geschwindigkeiten, und wenn sie die Oberfläche des Objekts trifft, in das sie fällt, wird diese kinetische Energie in Wärme umgewandelt. Materie auf die Oberfläche eines Neutronensterns fallen zu lassen, wäre also ein gutes Mittel, um die Oberfläche des Sterns zu erwärmen, sogar so stark zu erwärmen, daß er Energie bei den Wellenlängen von Röntgenstrahlen abgäbe. Im Grundsatz war das schon 1964 klar (solange man an die Existenz von Neutronensternen glaubte). Doch wo fanden sich Beweise für diesen Gedankengang?

Die Beweise zeigten sich nach der Identifikation von Sco X-1 mit einem sichtbaren Stern. Als die Röntgenstrahlendetektoren immer besser wurden, ließ sich die Lage der Quelle immer genauer angeben, bis sie im März 1966 mit solcher Genauigkeit bezeichnet worden war, daß sich die optischen Astronomen ans Werk machen konnten. Im Juni jenes Jahres (noch ein Jahr vor dem ersten Hinweis auf die Existenz von Pulsaren) identifizierten Japaner einen merkwürdigen Stern in der Nähe der vermuteten Position von Sco X-1. Untersuchungen mit dem 200-Zoll-Teleskop ergaben bald, daß dieser Stern ganz ungewöhnlich flackerte und seine Helligkeit von Minute zu Minute änderte. Astronomen bewahren regelmäßig fotografische Unterlagen über den Himmel auf, und schon auf solchen Fotos aus der Zeit um 1890 war der Stern zu sehen, woraus sich schließen ließ, daß er auch in längeren Zeitdimensionen schwankte. Besonders dramatisch an der Identifizierung des mit Sco X-1 assoziierten Sterns war jedoch die Feststellung, daß er im Röntgenstrahlenteil des Spektrums tausend mal so hell ist wie bei sichtbarem Licht – und etwa hunderttausend mal so viel Energie abstrahlt wie die Grantleistung (Gesamt-output)der Sonne.

Das Flackern, die Ausbrüche, die gesamte Energieabgabe von Sco X-1 läßt sich auf einen Schlag erklären: Mit der Röntgenquelle müssen zwei Sterne zusammenhängen, es muß ein binäres System vorliegen, in dem zwei Sterne einander umkreisen und einander durch Gravitationswirkungen fest umschlungen halten. Wenn in dieser Situation einer der Sterne sehr dicht und kompakt, der andere dafür größer ist und eine diffusere Atmosphäre aufweist, wird das Gas aus der Atmosphäre des größeren Sterns durch Gezeiteneffekte von ihm weggerissen und wandert durch Anziehungskraft auf den kleineren Stern. Während sich das Gas spiralförmig auf den kleineren Stern zubewegt, bildet es eine wirbelnde Materialscheibe, in der sich Wärme entwickelt, während die Gravitationsenergie in kinetische Energie umgewandelt wird. In mancher Hinsicht ist das eine Miniaturausgabe eines Quasars, obwohl sich auch 1969 das äquivalente Quasarmodell noch nicht bei allen Astronomen durchgesetzt hatte. Der kleine, dichte Stern ist von einem sehr heißen Gas, einem Plasma, umgeben, das bei den Wellenlängen von Röntgenstrahlen strahlt (dazu aber auch verhältnismäßig bescheidene Mengen von sichtbarem Licht abgibt) und durch das von dem größeren Stern hereinfallende Gas nachgeladen wird.

1969 konnte ich das Flackern des von Sco X-1 ausgehenden Lichts mit Schwingungen in dem heißen Plasma erklären, das den darunter liegenden Stern in einem solchen binären System umgibt. In diesem Flackern treten gelegentlich kurze Ausbrüche von regelmäßigen, periodischen Schwankungen auf, bevor wieder mehr Unordnung einkehrt. Diese Ausbrüche regelmäßiger Schwankungen ereignen sich meist nach großen Ausbrüchen, die wohl darauf zurückzuführen sind, daß besonders viel Material vom Begleitstern auf den Röntgenstern abgeladen worden ist, einen zusätzlichen Energieausbruch verursacht und die Plasmawolke in Schwingungen versetzt hat, so wie eine Glocke, die von einem riesigen Hammer getroffen wird.

Die Schwingung eines solchen heißen Plasmas hängt von dessen physikalischen Eigenschaften (wie etwa Temperatur und Dichte) und von der Stärke des Gravitationsfeldes ab, in dem es steckt. Am Spektrum des Sco X-1 ließ sich nachweisen, wie das Plasma beschaffen war; die Schwingungsperiode des Plasmas wies also die Stärke des Gravitationsfeldes auf.

Was ich 1969 errechnete, überraschte nicht: aus dem Flakkern von Sco X-1 ließ sich folgern, daß der zugrunde liegende Stern wohl ein Weißer Zwerg war, auf keinen Fall ein gewöhnlicher Stern, wie unsere Sonne, sein konnte, und höchstwahrscheinlich ein Neutronenstern war. Von meinen

Schlußfolgerungen war niemand besonders erstaunt oder beeindruckt, denn sie wurden zwei Jahre nach der Entdeckung der Pulsare vorgelegt, als die Astronomie über die Existenz der Neutronensterne keine Zweifel mehr hatte. Es ist aber doch interessant, daß solche Untersuchungen von Röntgenstrahlenquellen völlig unabhängige Beweise für die Existenz von Neutronensternen liefern, und daß man Neutronensterne folglich auch so hätte entdecken können, wenn Sco X-1 ein bißchen eher identifiziert worden wäre oder die Pulsare ein bißchen später identifiziert worden wären. Das binäre Modell von den Röntgenstrahlenquellen erwies sich als wichtigster Bestandteil im nächsten großen Entwicklungsschritt in den siebziger Jahren und ist bis heute der beste Beweis dafür geblieben, daß es sich bei einer bestimmten Quelle tatsächlich um ein Schwarzes Loch handelt.

### Der aussichtsreichste Kandidat

Die Röntgenastronomie drang am 12. Dezember 1970 mit dem Abschuß eines Satelliten richtig in den Raum vor, mit dessen Hilfe Beobachtungen der Röntgenstrahlung am Himmel durchgeführt werden sollten. Jetzt befanden sich die Nachweisgeräte nicht mehr in einer Rakete, deren Flug nur wenige Minuten dauerte, sondern steckten in einem Satelliten, der eine Bahn um die Erde beschrieb und den Himmel ununterbrochen so lange beobachten konnte, wie die Instrumente in Betrieb blieben und der Satellit sich auf seiner Umlaufbahn hielt. Nach acht Jahren Entwicklungszeit waren die Nachweisgeräte auch viel genauer und empfindlicher als alles, was man bei den Raketenflügen mit der Aerobee hatte verwenden können.

Der erste Röntgenastronomie-Satellit wurde von einer Plattform im Meer vor der Küste von Kenia in Ostafrika gestartet. Der Standort wurde deshalb gewählt, weil er knapp südlich vom Äquator liegt, und wenn man eine Rakete vom Äquator aus auf eine west-östliche Umlaufbahn bringt, kann man die Erdumdrehung nutzen und einen Schub in einem

Katapulteffekt erzeugen, der in der Größenordnung von rund 1 500 Kilometern pro Stunde liegt. Darauf kam es in diesem Fall an, denn die NASA hatte für diesen, von einem italienischen Team durchgeführten Start, die verhältnismäßig kleine Scout-Rakete zur Verfügung gestellt. Als Starttermin wurde der siebte Jahrestag der Befreiung Kenias aus der britischen Kolonialherrschaft gewählt, und aus diesem Anlaß wurde der Satellit auch Uhuru genannt, das ist das Suaheli-Wort für Freiheit. Diese Namensgebung war in zweifacher Hinsicht glücklich, denn mit diesem Start waren die Astronomen zum ersten Mal befreit von der lästigen Atmosphäre, durch die sie bisher den Himmel hatten beobachten müssen.

Die Auswirkungen von Uhuru und den in seinen drei Betriebsjahren angestellten Beobachtungen lassen sich nur mit der Vorstellung vergleichen, wie sich die Wissenschaft wohl entwickelt hätte, wenn die Erde bis zum 12. Dezember 1970 ewig in Wolken gehüllt gewesen wäre, die an diesem Tag zum ersten Mal verschwunden wären und die Sterne freigegeben hätten. Der Einsatz von Uhuru zeigte, daß der Himmel tatsächlich mit Röntgenquellen bedeckt ist, von denen sich manche mit sichtbaren Sternen identifizieren lassen, andere wieder nicht. Einige dieser Quellen, wie zum Beispiel Sco X-1 und die Krebs-Quelle, waren eindeutig Teil unserer Milchstraße. Andere hingen ebenso eindeutig mit fernen Galaxien zusammen. Im Universum liefen viel heftigere, energiereichere Reaktionen ab, als es sich die Astronomen selbst noch nach der Entdeckung des Sco X-1 vorgestellt hatten. Die ständige weitere Beobachtung vieler dieser Quellen mit Uhuru und den nachfolgenden Satelliten ergab dann, daß die Quellen sich genau so unstetig verhielten wie jene archetypische Röntgenquelle.

Mit der Geschichte der Röntgenastronomie seit 1970 könnte man viele Bände füllen und hat das auch schon getan. Ich möchte hier nur ausführlicher von einer einzigen Quelle schreiben, die mit Uhuru und dessen Nachfolgern untersucht worden ist, und die auch auf dem ersten Flug mit der Aerobee-Rakete 1962, allerdings schwächer als Sco X-1, zu erkennen war und die, obwohl ihre Stärke stark schwankt, manchmal das zweithellste Objekt am Röntgenhimmel gleich nach Sco X-1 ist. Das Objekt liegt in der Richtung des Sternbildes Cygnus, oder Schwan, und als erste in diesem Teil des Himmels nachgewiesene Röntgenstrahlenquelle wurde ihm der Name Cygnus X-1 zugeteilt.

Auf einigen Röntgensternen, die mit Uhuru weiter beobachtet wurden, zeigten sich regelmäßige Schwankungen, sehr ähnlich den Röntgen-Pulsaren. Zum Teil lassen sie sich mit der Rotation eines Neutronensterns erklären, deren Energiequelle die von einem Begleitstern abgegebene Materie ist, wie es auch im akzeptierten Modell für den Sco X-1 erklärt wird. So regelmäßiges Pulsieren sehen wir bei Sco X-1 wahrscheinlich deshalb nicht, weil das Sonnensystem zufällig nicht in dem Bereich liegt, den dieser »Lichtfinger« aus dieser Quelle bestreicht (und aus demselben Grund gibt es wohl für jeden Radiopulsar, den wir sehen, viele, vielleicht viele mehr, die wir nicht nachweisen können, weil ihre Radiostrahlen nicht über das Sonnensystem hinweg dringen). Doch Cygnus X-1 gehörte nicht zu diesen Röntgenpulsaren. Er sah auch nicht genau wie Sco X-1 aus, wies allerdings gewisse Ähnlichkeiten auf. Wie Sco X-1 zeigte auch er schnelle Schwankungen der Röntgenhelligkeit, gelegentlich starke Ausbrüche und dann wieder kurze Intervalle, in denen ein mehr oder weniger regelmäßiges, schnelles Flackern mit Perioden von einigen Zehntelsekunden bis zu ein paar Sekunden auftrat. Dieses kurzzeitige regelmäßige Flackern erfolgt jedoch viel schneller als bei Sco X-1; das schwingende Plasma muß sich also unter dem Einfluß eines stärkeren Schwerefeldes befinden. Da Sco X-1 fast sicherlich ein Neutronenstern ist, ergeben sich daraus sofort interessante Schlußfolgerungen: Die Schnelligkeit des Flackerns sagt uns, nach der üblichen Begründung mit der Lichtgeschwindigkeit, daß die Quelle der Röntgenstrahlen weniger als dreihundert Kilometer Durchmesser aufweisen muß.

Als sich die Position von Cygnus X-1 mit Uhuru genauer durchführen ließ, suchten die Astronomen nach einem optischen Gegenstück zu dieser Quelle. Leider gab es in diesem Teil des Himmels viele Sterne, und es bot sich keine Lösung dafür an, nun just den Stern herauszusuchen, an dem man interessiert war. Deshalb wandte man sich an die Radioastronomie um Hilfe. In diesem Entwicklungsstadium der Röntgenastronomie waren die in Satelliten eingesetzten Nachweisgeräte bei der Positionsbestimmung der Quellen noch nicht sonderlich genau, jedenfalls ungenauer als Radioteleskope auf der Erde, bei der man sich der ständig weiter verbesserten Technik der Interferometrie bedienen konnte. Im Juni 1970 und dann wieder im März 1971 richteten Radioastronomen im Green Bank Observatory in West Virginia ihre Instrumente in die allgemeine Richtung von Cygnus X-1 und wollten damit die Quellen erfassen, die mit Hilfe von Uhuru untersucht worden waren. Sie fanden nichts, doch am 13. Mai 1971 wiesen sie aus diesem Teil des Himmels kommende Radiosignale nach. Inzwischen hatten Radioastronomen im Observatorium Westerbork in den Niederlanden ebenfalls entdeckt, daß sich irgendwann zwischen dem 28. Februar 1971 (als sie gesucht und nichts gefunden hatten) und dem 28. April 1971 (als sie wieder nachgeschaut und die Quelle entdeckt hatten) genau im richtigen Teil des Himmels plötzlich eine Radioquelle »eingeschaltet« hatte. Zusammen erwiesen die beiden Beobachtungen, daß sich die Radioquelle irgendwann zwischen dem 23. März und dem 28. April eingeschaltet hatte. Aus den Uhuru-Daten ließ sich ablesen, daß genau um die Zeit, in der die Radioquelle erschien, die von Cygnus X-1 abgegebene Röntgenstrahlung auf ein Viertel des bisherigen Werts abgesunken war. Niemand hatte eine Erklärung dafür (und eine völlig befriedigende Erklärung gibt es bis heute nicht), doch zunächst einmal kam es auf dieses zeitliche Zusammentreffen an. Die »neue« Radioquelle mußte auf jeden Fall mit Cygnus X-1 zusammenhängen, wo irgendwie Energie von Röntgenstrahlung auf Radiosignale umgeleitet worden war. Die Radioastronomen lieferten zwei geschätzte Positionsangaben für die Quelle, und beide fielen fast genau mit dem

Standort eines ganz normal aussehenden Sterns zusammen, der viele Jahre zuvor im Harvard College Observatory katalogisiert worden war und als HDE 226868 bekannt war.

HDE 226868 ist ein gewöhnlicher B-Stern, heller und leuchtender als die Sonne – ein blauer Überriese. Wir sehen ihn allerdings so schwach, daß er Tausende von Lichtjahren von uns entfernt sein muß. Sofort richteten optische Astronomen ihre Teleskope auf diesen Stern. Louise Webster und Paul Murdin am Royal Greenwich Observatory in England und Tom Bolton am David Dunlop Observatory in Kanada stellten bald unabhängig voneinander fest, daß es sich bei HDE 226868 in Wirklichkeit um einen Teil eines Doppelsternsystems handelt. Der blaue Überriese umkreist alle 5,6 Tage einmal einen unsichtbaren Begleitstern. Nun kann ein blauer Überriese unmöglich eine Masse von viel weniger als dem Zwölffachen der Sonnenmasse aufweisen, und die meisten dieser Sterne haben Massen vom Zwanzig- oder Dreißigfachen der Sonnenmasse. Mit Hilfe der Newtonschen und Keplerschen Gesetze läßt sich die Masse des Begleitobjekts einfach ausrechnen, wenn HDE 226868 eine Masse von zwölf Sonnenmassen und eine Umlaufperiode von 5,6 Tagen aufweist: Der Begleitstern muß dann eine Masse von der dreifachen Sonnenmasse haben. Wenn HDE 226868 viel mehr Masse hat, muß auch der Begleitstern entsprechend mehr Masse aufweisen, damit er ihn auf einer so kleinen Bahn halten kann (der Abstand zwischen HDE 226868 und Cygnus X-1 beträgt nur ein Fünftel der Entfernung von der Erde zur Sonne). Mit anderen Worten: Das Begleitobjekt, die Quelle der Röntgenstrahlen, muß mindestens dreimal soviel Masse aufweisen wie die Sonne. Das kann kein weiterer heller Stern sein, denn dann sähen wir ihn; außerdem zeigt ja das Flackern, daß die gesamte Masse in einer Kugel von höchstens dreihundert Kilometern Durchmesser verpackt ist. So eine Masse liegt über der Oppenheimer-Volkoff-Grenze, und damit handelt es sich, wie beide Beobachterteams um 1972 erkannten, um ein Schwarzes Loch. Inzwischen haben sich die Beweise dafür verdichtet, daß Cygnus X-1 wirklich ein Schwarzes Loch ist. Im einzelnen stützen sich unsere genaueren Kenntnisse auf spektroskopische Untersuchungen des Systems und Analysen der Bahnbewegung. 1987 faßte Roger Blandford, der sich mit der Theorie der Schwarzen Löcher beschäftigt hat, in seinem Beitrag zu dem Band *300 Years of Gravitation* die Beweise folgendermaßen zusammen: Die kleinste mögliche Masse des blauen Überriesen beträgt sechzehn Sonnenmassen, woraus zu folgern ist, daß es sich bei der Röntgenquelle um ein Schwarzes Loch mit einer Masse vom Siebenfachen der Sonnenmasse handelt, während die wahrscheinlichste Masse von HDE 226868 dreiunddreißig Sonnenmassen beträgt, woraus sich für Cygnus X-1 eine Masse von 20 Sonnenmassen ergibt. »Sehr vieles spricht dafür, daß Cyg X-1 eine Masse aufweist, die über der Oppenheimer-Volkoff-Grenze liegt«, erklärt Blandford. »Diese Beweise haben sich seit 1972 noch erheblich verdichtet.« Natürlich läßt sich an einem Objekt, das viele tausend Lichtjahre von uns entfernt ist, nur schwer etwas beweisen, doch er kommt zu dem Schluß, man dürfe sich nicht lange mit der geringen Möglichkeit abgeben, daß an der Interpretation der Beobachtungen irgend etwas grundlegend falsch ist (denn wenn das stimmte, wüßten wir so wenig von der Funktion der Sterne, daß wir die Astronomie gleich ganz aufgeben könnten), sondern meint: »Im jetzigen Stadium bringt es sicherlich mehr, wenn wir die Beweise akzeptieren und weiterarbeiten.« Die Beweise akzeptieren, das heißt wohl, daß Schwarze Löcher wirklich existieren. Und obwohl Cygnus X-1 immer noch die erste Wahl bleibt, läßt sich daraus doch schließen, daß es Hunderte von Millionen dieser Objekte allein in unserer Galaxie gibt, obwohl nur sehr wenige von ihnen bisher überhaupt nachgewiesen worden sind.

## Eine Vielfalt an Möglichkeiten

Jetzt, 1991, gibt es buchstäblich erst für eine Handvoll Röntgenquellen, genau fünf, gute Beweise, aus denen sich ableiten läßt, daß die gravitationsbedingte Sogwirkung eines

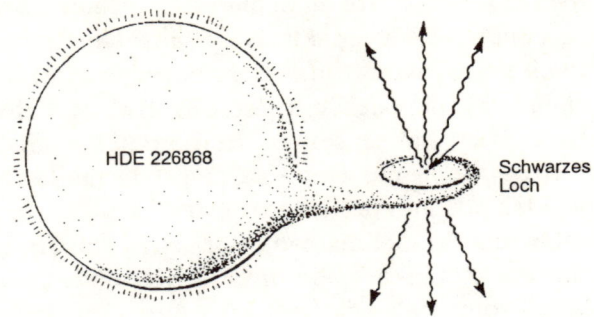

*Abbildung 4.3 In viel kleinerem Maßstab als in Abb. 4.2 erklärt das erste eindeutig definierte Schwarze Loch den Ursprung der Röntgenstrahlen des als HDE 226868 bekannten Sterns. Vom Schwarzen Loch aus diesem Stern herausgerissene Materie bildet eine wirbelnde Scheibe, in der die Gravitationsenergie in Wärme umgewandelt wird und Röntgenstrahlen erzeugt. Die Röntgenquelle heißt auch Cygnus X-1.*

Schwarzen Lochs die Energie liefert, die das Plasma, wie wir es sehen, so erhitzt, daß Röntgenstrahlen entstehen. In mindestens zwei dieser Fälle sind die Beweise ebenso aussagekräftig wie für Cygnus X-1 selbst. Eigentlich ist es doch ein bißchen enttäuschend, daß es zwanzig Jahre nach dem Start von Uhuru nicht mehr aussichtsreiche Bewerber gibt. Schließlich haben die Astronomen seit der Entdeckung des ersten Pulsars 1967 etwa fünfhundert Neutronensterne identifiziert. Doch dieser Vergleich führt in die Irre. Von den fünfhundert Pulsaren ist nur eine Handvoll nachweislich Teil von binären Systemen. Einen einzelnen Pulsar, der sich allein im Raum dreht, kann man immer noch an der Strahlung erkennen, die durch die starken Magnetfelder an der Oberfläche des Neutronensterns nach außen abgestrahlt wird. Doch ein alleinstehendes Schwarzes Loch, das nicht durch hineinstürzende Materie in Gang gehalten wird, macht seinem Namen alle Ehre. Es ist schwarz und nicht nachzuweisen. Daß wir etwa gleich viele in Frage kommende Schwarze Löcher wie binäre Pulsare kennen, läßt darauf schließen, daß es in unserer Galaxie ebenso viele isolierte Schwarze Löcher wie isolierte Neutronensterne gibt. Und wie viele sind das? Die rund fünfhundert bekannten Pulsare stellen nach heutigem Wissen in der Astronomie sicherlich nur die Spitze des Eisbergs dar. Schließlich lebt ein Pulsar auch nicht ewig. Diejenigen, die wir sehen, sind verhältnismäßig junge, aktive Neutronensterne. Mit zunehmendem Alter werden sie langsamer, strahlen weniger Energie ab und verblassen schließlich, bis sie unsichtbar sind. Die Astronomen wissen ziemlich genau, wie sich Sterne entwickeln und wie viele von ihnen zu Supernovae werden und etwa alle tausend Jahre in einer Galaxie wie der unseren explodieren. Die Galaxie enthält hundert Milliarden Sterne, und es gibt sie Tausende Millionen Jahre. Obwohl in jedem Jahrtausend nur wenige dieser Sterne als Supernovae explodieren, heißt das doch, daß immerhin ganze vierhundert Millionen »tote« Pulsare in der Galaxie vorhanden sein können; aus einer eher vorsichtigen Schätzung von Roger Blandford läßt sich entnehmen, daß es vielleicht ein Drittel so viele, also rund hundert Millionen, isolierte Schwarze Löcher in der Milchstraße verstreut gibt. In diesem Fall könnte das nächste rund fünfzehn Lichtjahre von uns entfernt liegen – nach astronomischen Maßstäben also fast nebenan und dennoch unerreichbar und nicht nachzuweisen.

Da unsere Galaxie nicht weiter ungewöhnlich ist, läßt sich aus dieser Rechnung auch ableiten, daß jede Galaxie im Universum ähnlich viele Schwarze Löcher aus Sternenmasse enthalten müsse. Und dazu kommen noch alle die Beweise dafür, daß alle großen Galaxien, wie die Milchstraße, wahrscheinlich in ihrem innersten Kern noch ein viel massiveres Schwarzes Loch enthalten. Die vorsichtigsten Astronomen geben vielleicht zu bedenken, daß es bisher nur indirekte Beweise dafür gibt, daß alle großen Galaxien supermassive

Schwarze Löcher enthalten. Nach dem Start von ROSAT 1990 konnten die Astronomen jedoch zum ersten Mal Bilder vom Himmel bei Röntgenstrahlenfrequenzen aufnehmen, die genau so detailreich waren wie die bei sichtbarem Licht mit optischen Teleskopen aufgenommenen Fotos.[36] Nur wenige Monate nach seinem Start hatte der Satellit schon vierundzwanzig Röntgenquasare (also Quasare, die in gewöhnlichem Licht sichtbar sind und außerdem Röntgenstrahlen produzieren) in einem Himmelsstück nachgewiesen, das gerade ein Drittel Quadratgrad umfaßte; das entspricht also zweiundsiebzig solcher Quellen pro Quadratgrad. Die Erzeugung von Röntgenstrahlen durch Quasare in solchen Mengen, daß sie sich auf die durch die Quasar-Rotverschiebung bestimmte Entfernung noch nachweisen lassen, läßt sich ohne den Mechanismus der Energieerzeugung in Schwarzen Löchern nicht erklären. Andererseits ist diese Energiemenge mit Hilfe eines Schwarzen Lochs mit einer Masse, die ein paar hundert Millionen mal so groß ist wie die Masse unserer Sonne, ohne weiteres zu erzeugen. Selbst wenn man die Wahrscheinlichkeit einrechnet, daß das in dieser ersten Untersuchung von ROSAT untersuchte Stück Himmel ungewöhnlich viele solcher Objekte enthält (diese Gegend wurde auch tatsächlich zur Untersuchung ausgewählt, weil aus Studien mit früheren Röntgensatelliten zu entnehmen gewesen war, daß in diesem Teil des Himmels vielleicht interessante Funde zu machen waren), muß doch daraus gefolgert werden, daß es im Universum viele tausend riesige Schwarze Löcher gibt, die wir unter Umständen (sobald ROSAT dazu kommt, sie alle zu fotografieren) als Röntgenquasare erkennen können. Aufgrund dieser Beweise muß man annehmen, daß fast alle Quasare im Röntgenteil des Spektrums aktiv sind.

Die bei dieser Energieerzeugung mitwirkenden Schwarzen Löcher sind, im Hinblick auf die Masse, allerdings vielleicht noch nicht das letzte Wort. In den achtziger Jahren grübelten die Astronomen über die Entdeckung einiger Paare von identischen Quasaren nach; jedes Paar scheint in Wirklichkeit ein Doppelbild eines einzigen Objekts zu sein. Als Erklärung für diese Abbildung läßt sich überlegen, daß das Licht von einem sehr fernen, einzelnen Quasar durch die Schwerkraft um irgendein dazwischenliegendes massereiches Objekt herum gebogen wird und deshalb aus zwei etwas verschiedenen Richtungen auf der Erde ankommt und zwei Bilder hervorruft. Das ist der sogenannte Gravitations-

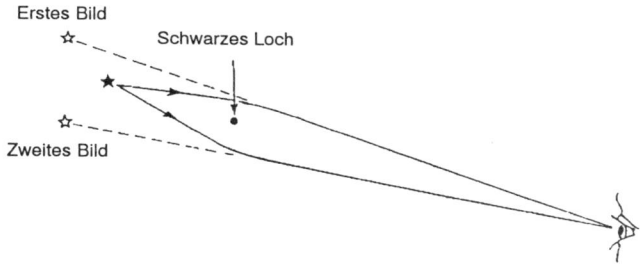

*Abbildung 4.4* Ein Schwarzes Loch kann als Gravitationslinse wirken und erzeugt dann mittels Lichtbeugung Mehrfachbilder eines Hintergrundsterns oder einer Galaxie.

linseneffekt; ins Große übertragen, ist es derselbe Prozeß wie die Lichtbeugung, die den ersten Prüfstein für die allgemeine Relativitätstheorie bei der Sonnenfinsternis von 1919 darstellte und von Einstein selbst vorausgesagt worden war (Abb. 4.4). In manchen Fällen können diese Gravitationslinsen durch das Vorhandensein einer großen Galaxie genau in Sichtlinie zwischen uns und dem fernen Quasar bedingt sein. Doch in mindestens drei Fällen deuten keinerlei Anzeichen auf eine hell leuchtende Galaxie an der richtigen Stelle, die den Raum so verzerren könnte, daß der Linseneffekt dadurch entsteht. Möglich, wenngleich längst nicht bewiesen, ist die Überlegung, daß in diesen Fällen die Linsenbildung durch vorhandene einzelne Schwarze Löcher mit überübergroßen Massen hervorgerufen wird, die jeweils rund tausend Milliarden Sonnenmassen wiegen.

Alle, oder fast alle, Astrophysiker betrachten mittlerweile Schwarze Löcher als natürliche Erscheinungen im Universum. Sie scheinen ein natürliches Produkt bei der Entwicklung massereicher Sterne zu sein und auch eine wichtige Rolle beim Verhalten und der Entwicklung von Quasaren und Galaxien zu spielen. Blandford drückt es so aus: »Die Astronomen und die Physiker haben sich an die Vorstellung gewöhnt.« Sie haben sich daran gewöhnt, weil aus Beobachtungen geradezu eine erdrückende Beweislast durch Untersuchungen an Pulsaren, binären Röntgenquellen, Quasaren und Galaxien mit energetisch aktiven Zentren entstanden ist. Vor dreißig Jahren, bevor über diese Phänomene überhaupt etwas bekannt wurde, nahm kein Astrophysiker die Schwarzen Löcher ernst. Mathematiker haben mit den Fortschritten in der Beobachtung seit Anfang der sechziger Jahre mehr als Schritt gehalten und ihre Theorien über Schwarze Löcher so verfeinert und verbessert, daß sie jedes neue Phänomen erklären und, wie wir noch sehen werden, noch weitaus exotischere Möglichkeiten postulieren können, als sie die Beobachter bisher zu Gesicht bekommen haben. Was ich bis jetzt beschrieben habe, ist heute gesichertes Wissen, das Bild der Schwarzen Löcher, an das sich die Astrophysiker gewöhnt haben. Was die Relativitätstheorie uns allerdings außerdem noch bietet, erschreckt manche Astrophysiker und stößt sie heute so vor den Kopf, wie es die Vorstellung von Schwarzen Löchern noch vor dreißig Jahren getan hat. Die Beobachter müssen es wohl selbst als erste zugeben: Selbst in der dunklen Zeit vor der Identifizierung des ersten bekannten Quasars waren nur wenige Vertreter der Relativitätstheorie damit beschäftigt, die okkulte Kunst der Theorie der Schwarzen Löcher über die Oppenheimer-Volkoff-Grenze hinaus zu entwickeln. Mit diesen Untersuchungen sollten sie aber, mindestens theoretisch, bald an den Rand der Zeit selbst gelangen.

**Kapitel 5**

# Die Finsternis am Rand der Zeit

*Theoretiker des dunklen Zeitalters. Wie ein Amateurmathematiker eine neue Sichtweise auf Schwarze Löcher und die Existenz des Universums entwickelte. Das Jahr, in dem die Schwarzen Löcher ihren Namen bekamen, und die Unausweichlichkeit der Singularität. Warum Schwarze Löcher keine Haare haben, doch Astronauten zu Spaghetti machen. Wie Hawking (mit etwas Nachhilfe) die Wärme in die Schwarzen Löcher hinein bekam. Der Rand der Zeit wird enthüllt.*

In der dunklen Zeit der Erforschung Schwarzer Löcher von 1939 bis 1963 blieben nur wenige Theoretiker bei der Stange. Als kurz nach dem Ausbruch des Zweiten Weltkriegs die Arbeit von Oppenheimer und Snyder erschien, tat sich in der Untersuchung der Zustandsgleichung für dichte Materie bis 1957 bald nichts mehr. Doch dann hatte die Physik nicht nur mehr über die im Innern des Kerns wirkenden Kräfte erfahren, sondern verfügte in Form der Elektronenrechner auch über ein leistungsfähiges neues Hilfsmittel. Forscher an der Princeton University kombinierten 1957 die verbesserte Physik und die neue Computertechnik zur Berechnung des Verhaltens von sehr dichten Sternen in erheblich größerer Ausführlichkeit als je zuvor. An der Spitze des Teams in Princeton, das mit dieser Arbeit befaßt war, stand John Wheeler, ein 1911 geborener Physiker mit einer langen Liste höchst eindrucksvoller Leistungen. Unter anderem hatte er in den dreißiger Jahren in Kopenhagen mit Niels Bohr, dem Pionier der Quantenmechanik zusammengearbeitet; um

1940 war er Leiter der Forschungsgruppe, der auch Richard Feynman angehörte, heute weithin als einer der größten theoretischen Physiker in den letzten fünfzig Jahren angesehen.

In seinen ersten Untersuchungen über Schwarze Löcher arbeitete Wheeler in Princeton mit seinen Assistenten Kent Harrison (der ihm bei der Physik behilflich war) und Masami Wakano (der die Computerseite bearbeitete) zusammen. Gemeinsam stellten sie die Arbeit von Chandrasekhar über Weiße Zwerge sowie die Arbeit von Oppenheimer und Volkoff über Neutronensterne in einen vereinheitlichten Rahmen und bestätigten, daß ein kalter Stern von mehr als einer bestimmten Masse keineswegs zu stabilisieren war.[37]

Damals interpretierte jedoch Wheeler dieses Ergebnis fast genau so, wie Eddington ein Vierteljahrhundert zuvor auf Chandrasekhar reagiert hatte. Er nahm an, daß die Sterne irgendwie Masse verlieren müßten, damit sie am Ende ihrer Lebenszeit nicht mehr als die kritische Masse aufwiesen. Als er diese Arbeiten im Juni 1958 auf einer wichtigen wissenschaftlichen Tagung in Brüssel, der sogenannten Solvay-Konferenz, vortrug, führte Wheeler aus:

> Als einziger Ausweg zeigt sich die Annahme, daß die Nukleonen im Zentrum einer stark komprimierten Masse zwangsläufig in Strahlung – elektromagnetische, Gravitationsstrahlung oder Neutrinos oder irgendeine Kombination der drei Strahlungsarten – in einem solchen Tempo oder in solchen Zahlen aufgelöst werden müssen, daß die Gesamtzahl der Nukleonen eine bestimmte kritische Grenze nicht übersteigt.

»Nukleon« steht hier einfach als Dachbegriff und beschreibt sowohl Protonen als auch Neutronen. So, wie er gesagt wurde, bezieht sich der Satz also gleichermaßen auf Weiße Zwerge und Neutronensterne. Oppenheimer war damals im Saal, stimmte Wheelers Schlußfolgerung nicht zu und fragte:

> Wäre die einfachste Annahme über das Los eines Sterns, anstelle der kritischen Masse, nicht vielmehr diejenige, daß er ständig einer gravitationsbedingten Kontraktion ausgesetzt ist und sich damit vom übrigen Universum selbst abschneidet?[38]

Doch Wheeler war davon nicht überzeugt und glaubte eine Zeitlang weiterhin, daß die extremen physikalischen Zustände in Objekten von der Dichte der Neutronensterne irgendein Schlupfloch offenließen, das einen stetigen gravitationsbedingten Zusammenbruch verhinderte. Nach 1958 setzte sich die Vorstellung von Neutronensternen allmählich durch. Mindestens in der westlichen Welt wurden Schwarze Löcher jedoch von den Physikern erst nach der Entdeckung der Quasare ernstgenommen, als den Astrophysikern aufging, daß ein supermassives Schwarzes Loch sich nicht bei superdichten, sondern aus Materie von lediglich derselben Dichte wie Wasser bildete, und man sich keine exotischen Prozesse vorstellen durfte, die die überschüssige Masse vielleicht verdampfen ließen, bevor sich das Schwarze Loch bilden konnte.

Interessant ist die Feststellung, daß schon Anfang der fünfziger Jahre zusammengebrochene Objekte in der Sowjetunion in Physiklehrbüchern ganz normal beschrieben wurden. Die Arbeit von Oppenheimer und Snyder wurde von Anfang an für bare Münze genommen, und um 1960 war eine ganze Generation von Studenten bereits mit dieser Idee aufgewachsen. Das erklärt auch, weshalb nach der Entdeckung der Quasare und dann der Pulsare die physikalischen Überlegungen, die zu einer Erklärung der neuen Phänomene führten, zunächst vorwiegend von sowjetischen Forschern, wie zum Beispiel Seldowitsch, abgegeben wurden. Vor der Entdeckung der Quasare erfolgte jedoch an der mathematischen Front noch eine letzte Entwicklung, deren Folgen in der Forschung über Schwarze Löcher bis heute zu verspüren sind.

## Neue Karten von Raum und Zeit

Diese neue Entwicklung löste ein Rätsel, mit dem sich die Physiker herumgeplagt hatten, seit Schwarzschild 1916 seine Lösung der Einsteinschen Gleichungen vorgetragen hatte. Welche physikalische Bedeutung hat der Schwarzschild-

Horizont rings um ein Schwarzes Loch? Zunächst hatten viele Forscher den Eindruck, daß es sich hier um eine wirkliche, physikalische Grenze, am Rand des Raums handeln mußte. Wenn ein Objekt in Richtung auf die Schwarzschild-Fläche fiel, lief die Zeit für das fallende Objekt immer langsamer ab, je mehr es sich diesem Horizont näherte, bis die Zeit am Horizont selbst stillstand. Ein fallendes Objekt brauchte unendlich lange, bis es den Horizont erreichte, und deshalb konnte offenbar diesen Horizont nichts überqueren.

Man kann es auch anders betrachten. Die Fluchtgeschwindigkeit von der Oberfläche des Horizonts ist die Lichtgeschwindigkeit. Wenn man die Gleichungen umdreht, bedeutet das, daß jedes aus großer Entfernung auf den Horizont zufallende Objekt sich mit Lichtgeschwindigkeit bewegt, wenn es dort ankommt, die Schwerkraft es immer noch weiter nach innen zieht und versucht, es weiter zu beschleunigen. Da sich jedoch nichts schneller als mit Lichtgeschwindigkeit ausbreiten kann, müssen sich irgendwie fallende Objekte am Horizont stauen und können ihn nie durchdringen. So wie es eine Singularität in der Mitte des Schwarzen Lochs gibt – einen Punkt von unendlicher Dichte –, so mußte es offenbar auch am Schwarzschild-Horizont eine wirkliche, physikalische Singularität geben.

Nun stützen sich alle diese Argumente auf die Sichtweise eines Beobachters, der außerhalb des Loches sitzt und zusieht, wie Objekte auf die Oberfläche des Loches zufallen. Vom Blickpunkt eines Beobachters, der in das Loch fällt, passiert am Horizont überhaupt nichts Ungewöhnliches! Die Gleichungen sagen uns, daß es, im Sinne der fallenden Uhren, nur kurz dauert, bis man durch den Horizont durchgefallen und in das Innere des Schwarzen Loches eingedrungen ist. Nur wenn die hineingefallenen Astronauten versuchten, wieder ins Universum hinaus zu gelangen, stellten sie fest, daß sie von der Schwerkraft im Schwarzen Loch gefangen wären und müßten dann in die Singularität im Zentrum des Schwarzen Loches eintauchen. Um 1930 war den Theoretikern, die sich mit der Relativitätstheorie beschäftigten, klar geworden, daß die Schwarzschild-Oberfläche schließlich doch keine physikalische Singularität ist. Sie sieht in Schwarzschilds Lösung der Einsteinschen Gleichungen deshalb wie eine Singularität aus, weil er eine bestimmte Metrik gewählt hat. Die Singularität ist ein Artefakt des zur Messung der Raum-Zeit in der Umgebung des Schwarzen Lochs verwendeten Koordinatensystems, so wie wir bei der Messung der geografischen Breite auf der Erde offenbar Singularitäten am Nordpol und am Südpol erzeugen, obwohl es dort überhaupt keine physikalischen Singularitäten gibt.

Wenn man sich zum Beispiel auf eine Reise genau nach Norden begibt, landet man schließlich auf dem Nordpol. Von dort aus kann man nicht weiter nach Norden reisen. Wegen unserer Definition unseres Koordinatensystems sind alle Richtungen vom Nordpol aus Südrichtungen. Das heißt jedoch nicht, daß es am Nordpol einen Rand des Planeten gibt, und es heißt auch nicht, daß sich Polarexpeditionen am Pol stauen und nicht wissen, wie sie weiter kommen sollen. Man kann seine Fahrt sogar in derselben Richtung fortsetzen, die man bisher eingeschlagen hatte, geht dann direkt über den Nordpol und stellt fest, daß man sich jetzt in Südrichtung bewegt, obwohl man sich gar nicht umgedreht hat.

Etwas ganz Ähnliches geschieht am Schwarzschild-Horizont in der Umgebung eines Schwarzen Loches. Man kann diesen Horizont direkt durchdringen und in derselben Richtung weitergehen. Doch am Horizont geschieht etwas Merkwürdiges, obwohl einem das nicht sofort auffällt. Es sieht zwar so aus, als bewege man sich in derselben Richtung weiter auf die zentrale Singularität zu, doch die Rollen von Raum und Zeit sind jetzt gegeneinander vertauscht. Außerhalb des Lochs haben wir die Freiheit, (innerhalb gewisser Grenzen) uns so im Raum zu bewegen, wie wir wollen. Aber in der Zeit sind wir unerbittlich mit sechzig Sekunden pro Minute von der Vergangenheit unterwegs in die Zukunft. Innerhalb des Lochs hätte ein Reisender in bestimmten Grenzen die Freiheit, sich in der Zeit zu bewegen, würde sich jedoch im Raum unausweichlich auf die zentrale Singularität zubewegen. Davon jedoch später mehr. Zunächst möchte ich unsere Kenntnisse der Geometrie Schwarzer Löcher auf den neuesten Stand bringen.

An der Schwarzschild-Oberfläche geht die Mathematik, nicht die Physik, aus dem Leim; deshalb brauchten die Theoretiker nur eine bessere mathematische Beschreibung der Vorgänge. So etwas war jedoch leichter gesagt als getan, vor allem auch, da sich bei näherer Betrachtung zeigte, daß Schwarzschild nicht eine Lösung, sondern ein paar Lösungen für Einsteins Gleichungen gefunden hatte, etwas Ähnliches wie die positive und die negative »Wurzel« einer einfachen quadratischen Gleichung. Die Gleichungen, die den endgültigen Zusammenbruch eines Objekts zu einem Schwarzen Loch beschreiben, lassen sich umkehren und beschreiben dann die Expansion eines Objekts aus einer Singularität heraus (manchmal auch als »Weißes Loch« bezeichnet). Die Lösungen sind das Äquivalent der kosmologischen Lösungen, die Einstein gefunden hatte und die das Universum insgesamt beschreiben, also die Entdeckung, daß sich das Universum entweder ausdehnt oder zusammenzieht, aber daß es nicht stillstehen kann. Die Expansion des Universums aus dem Urknall heraus ist übrigens genau der Vorgang, den die »zweite« Reihe von Gleichungen über Schwarze Löcher beschreibt.

Eine physikalische Erklärung und ein Koordinatensystem, das die Beobachtung erleichterte, wurden zunächst in den fünfziger Jahren entwickelt und in den sechziger Jahren in ihre endgültige Form gebracht. Die ersten Schritte tat Martin Kruskal, einer von Wheelers Kollegen in Princeton um die Mitte der fünfziger Jahre. Kruskal war Fachmann für Plasmaphysik, bildete aber mit einigen Kollegen eine Gruppe, die sich selbst, mehr oder minder als Zeitvertreib, mit der allgemeinen Relativitätstheorie beschäftigte. Kruskal fand ein Koordinatensystem, in dem sich die Struktur eines Schwarzen Lochs in einer einfachen Reihe von Gleichungen beschreiben ließ, die die Ebene Raum-Zeit weit außerhalb des Lochs mit der stark gekrümmten Raum-Zeit im Innern des Lochs ohne jeden mathematischen Hinweis einer Singularität am Schwarzschild-Horizont in Verbindung brachten (dieses Koordinatensystem beschreibt eigentlich die Dinge aus der Sichtweise eines Lichtstrahls, der in das Schwarze Loch eintaucht). Doch als Kruskal diese Berechnungen Wheeler ein paar Jahre, bevor dieser seine Untersuchungen der dichten Sterne zusammen mit Harrison und Wakano aufgenommen hatte, zeigte, war Wheeler nicht sonderlich interessiert und Kruskal dachte nie an eine Veröffentlichung. Um 1958 erkannte Wheeler die Bedeutung der mathematischen Entdeckung von Kruskal, und er erwähnte sie immer häufiger auf wissenschaftlichen Tagungen. Doch Kruskal hatte sich mittlerweile in seine eigenen Forschungsarbeiten vertieft, das Interesse an der damaligen Fragestellung verloren und veröffentlichte das Ergebnis immer noch nicht offiziell. Schließlich schrieb Wheeler selbst die Arbeit fertig, setzte Kruskals Namen auf den Aufsatz und schickte ihn an *Physical Review,* wo er 1960 erschien. Noch später verbesserte Roger Penrose von der Universität Oxford Kruskals Darstellung von der Struktur von Raum und Zeit in Zusammenhang mit einem Schwarzen Loch. Für Mathematiker: Kruskals Metrik bietet den Schlüssel zum Verständnis der Schwarzen Löcher. Für die Physiker: Die wichtigste Erkenntnis stammt aus einer bildlichen Darstellung, dem sogenannten Penrose-Diagramm.

Diese Darstellung in Diagrammform schließt an Minkowskis Erkenntnis an, aus der sich die Beschreibung der Ebenen Raum-Zeit in einer vierdimensionalen Geometrie ergab. Da wir nicht in vier Dimensionen zeichnen können, und weil sich alle drei Raumdimensionen gleich verhalten, während die Zeit als Dimension aus diesem Rahmen fällt, stellen Relativitätstheoretiker oft Ereignisse, die sich in der Raum-Zeit abspielen, mit Linien in einem zweidimensionalen Diagramm dar, ähnlich einem Kurvenbild, in dem die Zeit in senkrechter Richtung und eine den Raum darstellende Dimension in waagerechter Richtung gemessen werden. So ein einfaches Raum-Zeit-Diagramm (oder Minkowski-Diagramm) ist in Abbildung 5.1 dargestellt. Hier handelt es sich um eine etwas besser ausgeführte Fassung eines Diagramms der Art, wie es in Abbildung 2.4 gezeigt wird; indem wir jede Zeiteinheit in senkrechter Richtung als ein Jahr und die Längeneinheit in waagerechter Richtung als ein Lichtjahr bezeichnen, können wir dafür sorgen, daß der Weg eines Lichtstrahls durch die Raum-Zeit in einem solchen Diagramm durch eine Linie dargestellt wird, die in einem Winkel von fünfundvierzig Grad zur Senkrechten verläuft.

Ein solches Diagramm liefert vor allem eine bildliche Darstellung der Wechselwirkung zwischen jedem beliebigen Beobachter und dem Universum insgesamt. Jeder Punkt auf dem Diagramm stellt einen Zeitpunkt und eine Position im Raum dar. Wenn ein beliebiger Beobachter an einem belie-

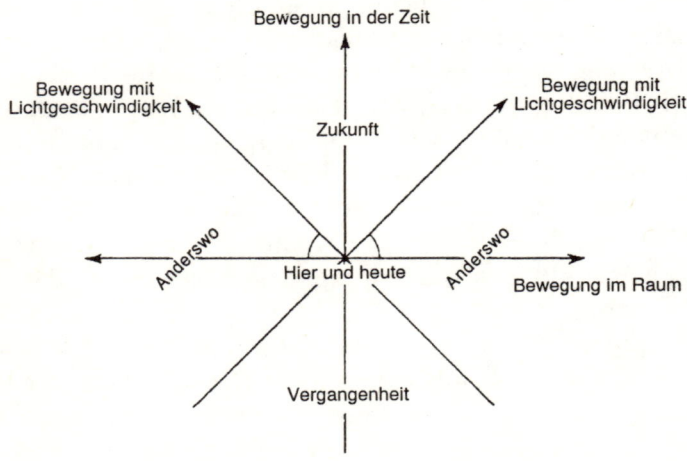

*Abbildung 5.1 Eine etwas kompliziertere Fassung des Raum-Zeit-Diagramms (Abb. 2.4) setzt die Lage von Vorgängen in der Raum-Zeit in Beziehung zur Lichtgeschwindigkeit. Aus dem »Hier und Heute« kann man überall hin in der Zukunft reisen und Informationen von überall her aus der Vergangenheit holen. Aber niemals weiß man etwas über die »Sonstwo« bezeichneten Regionen, noch kann man sie je besuchen.*

bigen Punkt im Raum stillsitzt, befindet er sich immer im selben Abstand von der Zeitachse, und während die Zeit vergeht, altert er nur. Eine Linie, die die (recht langweilige) Geschichte eines solchen Beobachters darstellt (die »Weltlinie« dieses Beobachters) erstreckt sich einfach senkrecht die Seite hinauf. Wenn sich der Beobachter jedoch bewegt, wird die Weltlinie krakelig. Bewegt man sich in Abb. 5.2 von A nach B und nimmt sich für diese Reise ein Jahr Zeit, so wird

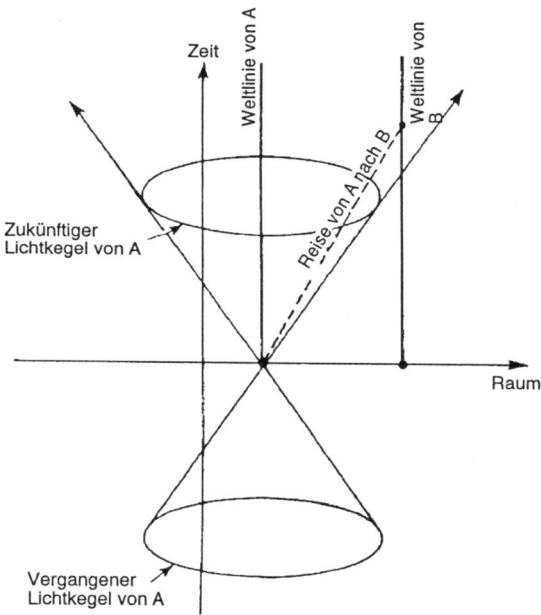

*Abbildung 5.2 Die vom »Hier und Heute« aus zugänglichen Regionen in Raum und Zeit stellt man sich besser im Hinblick auf zukünftige und vergangene Lichtkegel vor. Vom Punkt A aus kann ein Beobachter überhaupt nichts über Vorgänge am Punkt B wissen. Doch im Lauf der Zeit kommt der Augenblick, in dem Informationen über B in den zukünftigen Lichtkegel des Beobachters an einem Punkt auf der Weltlinie »oberhalb« von A eindringt. In diesem Augenblick kann der Beobachter ein Signal von B empfangen.*

die Weltlinie des Reisenden um einen entsprechenden Winkel in die Vertikale geneigt. Je schneller sich etwas bewegt, um so größer ist der Winkel zur Vertikalen. Allerdings kann sich nichts schneller bewegen als das Licht. Wenn man also am Punkt A anfängt, kann man sich zu anderen Punkten nur innerhalb der Weltlinien bewegen, die den vom Punkt A ausgehenden Lichtstrahlen entsprechen. Die beiden Weltlinien, die in entgegengesetzte Richtungen verlaufenden Lichtstrahlen entsprechen, bilden zwei Seiten eines Dreiecks; stellt man sich vor, daß man das ganze Diagramm um die Zeitachse dreht, treten sie an der Oberfläche eines Kegels aus, der als »zukünftiger Lichtkegel« bekannt ist. Der Beobachter A kann nur Dinge beeinflussen, die in Teilen des Universums innerhalb des künftigen Lichtkegels von A ablaufen.

Ähnlich erstreckt sich ein Kegel vom Beobachter bei A zurück in die Vergangenheit. Nur was innerhalb dieses vergangenen Lichtkegels geschieht, kann sich auf die Vorgänge am Punkt A auswirken, der, wie wir uns erinnern, einen Zeitpunkt ebenso wie einen Raumpunkt darstellt. Es gibt zwar auch Regionen außerhalb der beiden Lichtkegel, doch was dort geschieht kann nie Ereignisse im Punkt A beeinflussen oder von diesem beeinflußt werden. Wo man sich auch befindet: Die Raumzeit ist in die »Vergangenheit«, »Zukunft« und »anderswo« unterteilt.

In einem Penrose-Diagramm sind ferne Bereiche von Raum und Zeit (bis hinaus in die Unendlichkeit) in einer einzigen Diamantform auf einer Art Minkowski-Diagramm erfaßt und lassen sich alle auf einem Blatt unterbringen. Das ist ein recht unkompliziertes mathematisches Hilfsmittel, nicht schwieriger als die Verwendung der Mercator-Projektion zur kartografischen Darstellung der kugelförmigen Erdoberfläche auf einem rechteckigen, ebenen Blatt Papier. Obwohl dabei (wie auch in der Mercator-Projektion) das Bild ein bißchen verzerrt wird (so daß zum Beispiel der Bereich der Raum-Zeit innerhalb eines Schwarzen Lochs auf dem Diagramm nur halb so viel Platz bekommt wie das gesamte draußen befindliche Universum), zeigt es jedenfalls, wie verschiedene Bereiche der Raum-Zeit miteinander verbunden sind und welche Bereiche von einem gewählten Punkt aus ohne Verletzung der Lichtgeschwindigkeitsgrenze besucht oder nicht besucht weren können.

Die erste Stufe bei einer derartigen Darstellung der Raum-Zeit in Gegenwart eines Schwarzen Lochs sieht aus wie Abbildung 5.3. Das ganze Universum außerhalb des Lochs wird durch den Diamanten verkörpert. Das Innere des Schwarzen Lochs wird durch die Dreiecksform oben rechts dargestellt, während die Singularität selbst durch eine gezackte Linie

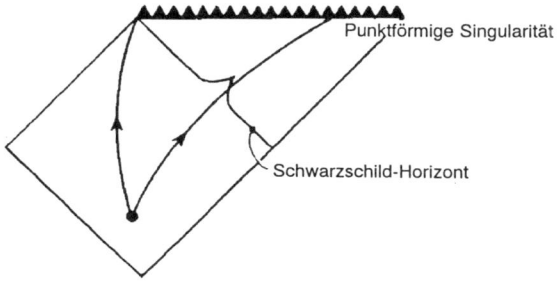

*Abbildung 5.3 Eine Raum-Zeit-Karte des ganzen Universums läßt sich in Form eines Diamanten darstellen, etwa so wie eine Darstellung der Erdoberfläche auf einem quadratischen Blatt Papier möglich ist. Wie üblich, befindet sich die Zukunft »auf der Seite von unten nach oben«, die Vergangenheit »auf der Seite von oben nach unten«, und die Bewegung mit Lichtgeschwindigkeit befindet sich in einem Winkel von 45 Grad. In dieser Darstellung wird ein Schwarzes Loch durch den dreieckigen Raum-Zeit-Bereich »längs« des Universums bezeichnet. Die Punktsingularität ist als waagerechte Linie angegeben und zeigt, daß alles, was in das Loch über dem Schwarzschild-Horizont fällt, auf die Singularität treffen muß, während es unausweichlich in die Zukunft wandert. Die Pfeilspitze auf der Linie, die den Schwarzschild-Horizont darstellt, zeigt an, daß dieser nur in einer Richtung überquert werden kann – auf dem Weg in das Schwarze Loch.*

ausgedrückt wird, die den gesamten Raum innerhalb des Lochs zu einer bestimmten Zeit abdeckt; sie bezeichnet den Rand der Zeit. Innerhalb des Lochs führen alle Wege in die Singularität. Die Grenze des Lochs, der Ereignishorizont, wird durch eine Pfeilspitze gekennzeichnet, was bedeutet, daß er nur in einer Richtung überquert werden kann. Man erkennt leicht, daß man, um aus dem Loch wieder hinauszukommen, der Weltlinie folgen müßte, die um über fünfundvierzig Grad zur Vertikalen geneigt ist und schneller als das Licht reisen müßte, was unmöglich ist.

Aber das ist erst die halbe Geschichte. Wie sieht es mit dem Weißen Loch als Lösung der Gleichungen aus? Das ergibt sich zusammen mit einem ganzen zusätzlichen Universum in der ausführlichen Version des Penrose-Diagramms für ein Schwarzschildsches Schwarzes Loch, wie in Abbildung 5.4 gezeigt. Jetzt gibt es ein Weißes Loch in der Vergangenheit, aus dem die Dinge in beide Universen austreten können, doch in das nichts von einem der beiden Universen jemals fallen kann. Und beide Universen haben die Singularität des Schwarzen Lochs in der Zukunft gemeinsam. Reisende können unmöglich von einem Universum in das andere gelangen, obwohl selbstmörderisch veranlagte Astronauten, die aus jedem Universum in das Schwarze Loch tauchen, einander begegnen und kurz ihre Aufzeichnungen vergleichen könnten, bevor sie in der Singularität zerstört werden würden.

Wenn das in einem Urknall entstandene Universum eines Tages zu einer Singularität eines Schwarzen Loches kollabieren soll (und dafür gibt es zwingende Gründe, über die in meinem Buch *In Search of the Big Bang* gesprochen wird), dann bietet das Penrose-Diagramm die beste bildliche Darstellung des ganzen Lebenszyklus unseres Universums. Das bedeutet unter anderem, daß die Existenz eines zweiten Universums ernst zu nehmen ist. Darüber braucht man sich nicht sonderlich den Kopf zu zerbrechen, wenn, wie das einfache Penrose-Diagramm zeigt, grundsätzlich keine Möglichkeit besteht, mit diesem Universum in Verbindung zu treten.

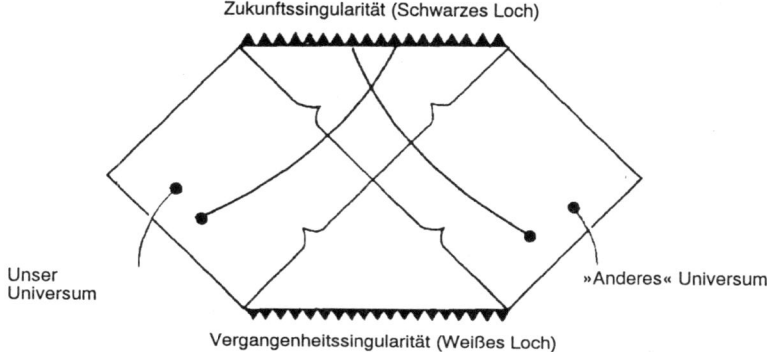

*Abbildung 5.4 Will man ausführlich darstellen, wie ein Schwarzes Loch mit der übrigen Raum-Zeit verbunden ist, gehört dazu ein zusätzliches Universum auf der »anderen Seite« des Lochs ebenso wie eine Singularität in der Vergangenheit, das sogenannte Weiße Loch. Man kann jedoch aus unserem Universum nur in dieses zusätzliche Universum gelangen, wenn man schneller als das Licht oder in der Zeit zurückreist.*

Doch das Diagramm stellt ja die Struktur der Raum-Zeit für ein einfaches, nicht rotierendes Schwarzes Loch dar, die Art also, wie sie Schwarzschilds Lösung der Einsteinschen Gleichungen beschreibt und die deshalb als Schwarzschildsches Schwarzes Loch bezeichnet wird. Da sich in Wirklichkeit aber Schwarze Löcher wahrscheinlich drehen (und Schwarze Löcher aus Sternenmasse unter Umständen noch viel schneller rotieren als Pulsare), ist diese Fassung des Penrose-Diagramms vielleicht ein bißchen zu einfach. In Kapitel 6 werde ich über die Vorgänge innerhalb des Ereignishorizonts sprechen, die sich ergeben, wenn wir die Rotationsauswirkungen einbeziehen. In diesem Kapitel möchte ich mich aber zunächst darauf konzentrieren, wie realistische Schwarze Löcher, rotierende und nichtrotierende, vermutlich mit dem ganzen Universum in Wechselwirkung treten.

## Schwarze Löcher in Rotation

Das Interesse an Schwarzen Löchern stieg nach 1963 (dazu gehört auch Penroses Entwicklung des Diagramms, das jetzt nach ihm benannt ist) vor allen Dingen aus zwei Gründen schlagartig an: wegen der Entdeckung der Quasare und aufgrund der Entdeckung einer Lösung für die Einsteinschen Gleichungen, die die Beschaffenheit eines sich drehenden Schwarzen Lochs beschreibt. Ehe wir uns das Penrose-Diagramm für ein solches Objekt ansehen und dabei untersuchen, wie es verschiedene Bereiche der Raum-Zeit miteinander verbindet, sollten wir uns zunächst mit der physikalischen Beschaffenheit dieser Ungetüme befassen, von denen jedes nicht nur einen Ereignishorizont, sondern derer gleich zwei aufweist, und bei denen die Singularität kein Punkt, sondern ein Ring ist.

Obwohl Schwarzschild seine Lösung von Einsteins Gleichungen mit der Beschreibung eines statischen Schwarzen Lochs 1916 fast gleichzeitig mit der Entwicklung der Gleichungen durch Einstein fand, dauerte es noch siebenundvierzig Jahre, bis jemand eine Lösung der Einsteinschen Gleichungen fand, in denen ein rotierendes Schwarzes Loch beschrieben wird. Das zeigt, welch hohes Maß an Komplexität innerhalb der Gleichungen der allgemeinen Relativitätstheorie steckt und wie schwer sie zu lösen sind. Die Mathematiker haben nach eigener Einschätzung die Gleichungen noch längst nicht in ihrer ganzen Tiefe ausgelotet, und noch immer können sich weitere Lösungen (die auch weitere Überraschungen mit sich bringen) daraus ergeben. Die besondere Schwierigkeit bei dem Rätsel der rotierenden Schwarzen Löcher, das schließlich von dem Neuseeländer Roy Kerr, der an der Universität Texas tätig war, gelöst wurde, besteht darin, daß eine rotierende Masse bei ihrer Rotation Raum-Zeit mitzieht. Von diesem Effekt hatte man als theoretische Folge

*Ein schwarzes Loch im Weltall (Photri/laenderpress)*

*Spiralnebel (FPG/laenderpress)*

*Ein Vela-Supernovarest (Archiv Johannes von Buttlar)*

*Dumbell-Nebel in Vulpecula NGC-6853 (Photri/laenderpress)*

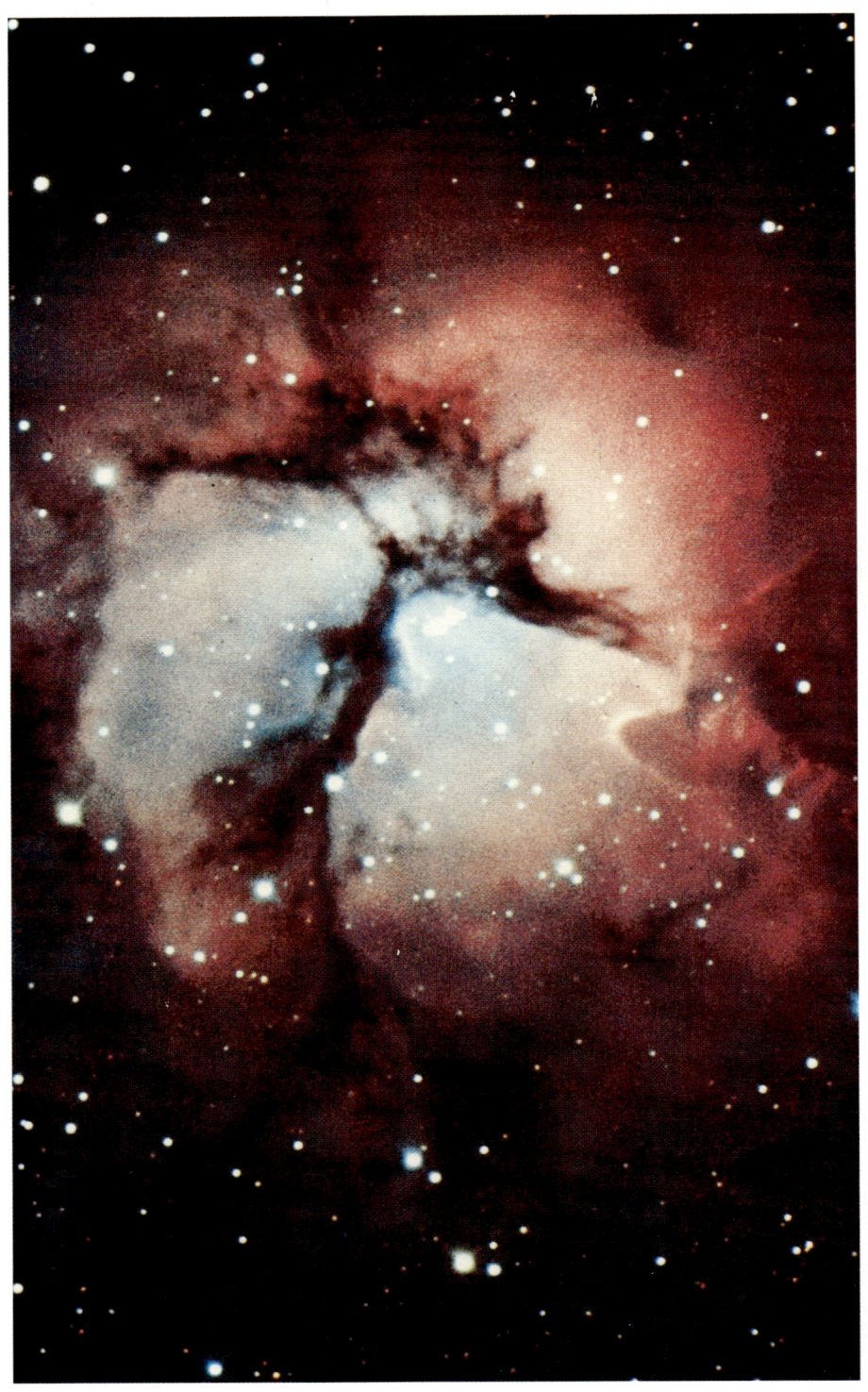
*Trifid-Nebel M-20 (Photri/laenderpress)*

*Orion-Nebel (Photri/laenderpress)*

*Galaxie (FPG/laenderpress)*

*Hercules Sternen-Galaxie M 13 (Photri/laenderpress)*

*Galaxie Eta Carinae NGC 3372 (Archiv Johannes von Buttlar)*

*Spiralnebel im Weltall (Archiv Johannes von Buttlar)*

der Einsteinschen Gleichungen schon lange gewußt, doch bis zu Kerrs Arbeiten 1963 wußte niemand etwas über die Folgen dieser mitgenommenen Raum-Zeit in der Umgebung eines Schwarzen Lochs. Übrigens dauerte es noch einmal zwölf Jahre, bis bewiesen wurde, daß Kerrs Lösung von Einsteins Gleichungen die einzige ist, die rotierende (und elektrisch neutrale) Schwarze Löcher beschreibt, so wie (von Werner Israel 1967) bewiesen wurde, daß die Schwarzschildsche Lösung die einzige Lösung darstellt, die nichtrotierende, ungeladene Schwarze Löcher beschreibt. Die Schwarzschild-Lösung ist eigentlich ein Sonderfall der Kerr-Lösung, bei dem die Rotation gleich Null gesetzt wird.

Wenn man an einem seiner Pole in ein sich drehendes Schwarzes Loch fiele, merkte man nicht, wie das Loch Raum-Zeit mitschleppte. Man erreichte lediglich den Schwarzschild-Horizont in der üblichen Entfernung von der Singularität (eine Entfernung, die nur von der Masse des Lochs abhinge) und durchquerte ihn dann auf einer Reise (ohne Rückkehr) zur Auslöschung. In der Umgebung des Äquators wäre dieser Mitnahme-Effekt allerdings deutlich zu merken. Dann wirkte nicht nur der Sog der Schwerkraft nach innen, der einen auf das Loch zuzöge, sondern es zöge auch noch etwas zur Seite und schleuste einen in die Rotation des Lochs ein.

In einer bestimmten Entfernung vom Horizont könnte man nicht stillstehen, auch wenn die Motoren am Raumschiff noch so stark wären. Man könnte die Raketen zwar immer noch dazu benutzen, den Fall in das Loch selbst aufzuhalten und sogar wieder in das Universum draußen zurückzukehren, doch man würde zur Seite gerissen, auch wenn die Raketen vollen Schub produzierten. Der Grenzabstand, bis zu dem diese unvermeidliche Mitnahme eintritt, ist die sogenannte statische Grenze, und sie liegt um so weiter vom Ereignishorizont entfernt, je mehr man sich dem Äquator nähert, wenn man vom Pol auf ihn zukommt. Diese statische Grenze bezeichnet eine als statische Oberfläche bekannte Grenzlinie, die das rotierende Schwarze Loch wie ein fetter

Kringel umgibt (Abb. 5.5). Der Bereich zwischen der statischen Oberfläche und dem Ereignishorizont heißt Ergosphäre (nach einem griechischen Wort für »Arbeit«), weil Roger Penrose eine merkwürdige Eigenschaft der Schwarzen Löcher entdeckt hat.

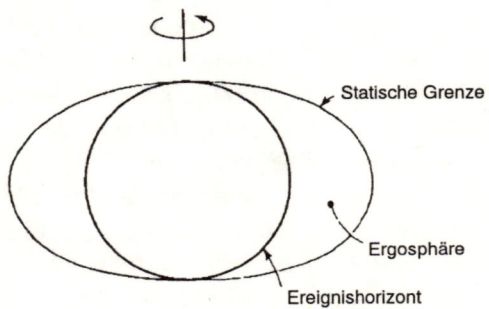

*Abbildung 5.5 Die Raum-Zeit in der Nähe eines rotierenden Schwarzen Lochs wird von der Drehung mitgenommen. Der davon betroffene Bereich heißt Ergosphäre, weil Roger Penrose nachgewiesen hat, wie daraus Energie gewonnen werden könnte. Die äußere Grenze der Ergosphäre wird als statische Grenze bezeichnet; die innere Grenze befindet sich auf dem Ereignishorizont (oder der Schwarzschild-Oberfläche) des Schwarzen Lochs.*

Penrose ist seit Anfang der sechziger Jahre eine der Hauptfiguren in der Erforschung der Schwarzen Löcher, und wir werden auf seine Arbeit noch mehrmals zurückkommen. Er wurde 1931 geboren, machte 1957 seinen Doktor an der Universität Cambridge, verbrachte die nächsten neun Jahre mit Forschung und Lehre in London, Cambridge, Princeton, Syracuse und Texas, bevor er sich 1966 ans Birkbeck College in London verpflichtete. 1973 ging er nach Oxford, und dort ist er heute noch Rouse-Ball-Professor für Mathematik. Seine Interessen (über einige schreibt er in seinem Bestseller *The Emperor's New Mind*) reichen weit über die Erforschung Schwarzer Löcher hinaus, die ihn allerdings am bekanntesten gemacht hat. Seine besonderen Erkenntnisse über die Beschaffenheit rotierender Schwarzer Löcher kamen ihm 1969, als er nachwies, wie ein solches Objekt als Energiequelle dienen konnte.

Um diese Zeit benutzten übrigens Forscher, wie zum Beispiel Penrose, den Begriff »Schwarzes Loch« durchaus schon. Zum ersten Mal hatte John Wheeler 1967 kollabierte Sterne damit bezeichnet, und den Namen erst einmal inoffiziell an seinen Kollegen ausprobiert, bevor er ihn zum ersten Mal auf der New Yorker Tagung der American Association for the Advancement of Science am 29. Dezember öffentlich verwandte. In dieser astrophysikalischen Bedeutung erschien der Ausdruck »Schwarzes Loch« im Druck zum ersten Mal in der Ausgabe der Zeitschrift *American Scientist* vom Januar 1978 und setzte sich daraufhin sofort durch. Er trat an die Stelle einiger bis dahin benutzter Bezeichnungen, wie zum Beispiel »gefrorener Stern« und »Kollapsar«. Das Timing war nach der Entdeckung der Quasare, Pulsare und Röntgensterne geradezu vollendet. Wie Wheeler in seinem Buch *A Journey into Gravity and Spacetime* sagt, war »das Aufkommen des Begriffs Schwarzes Loch 1967 terminologisch sicherlich unbedeutend, aber psychologisch von großer Tragweite. Kaum war der Name eingeführt, erkannten immer mehr Astronomen und Astrophysiker, daß Schwarze Löcher vielleicht doch nicht Einbildung, sondern astronomische Objekte waren, auf deren Suche man Zeit und Geld verwenden konnte«.

Nun war Penrose allerdings einer der wenigen Forscher, die von Schwarzen Löchern schon lange fasziniert waren und zu ihrer Erforschung nicht weiter ermutigt zu werden brauchten. Er erzählte einmal, der Gedanke, wie aus einem rotierenden Schwarzen Loch Energie gewonnen werden könne, sei ihm während der Bahnfahrt zu einem Treffen mit seinen Studenten in London gekommen, als er sich überlegt habe, was er ihnen Neues über diese Objekte erzählen könne. In diesem Penrose-Prozeß, wie er jetzt genannt wird, fällt ein Objekt in die Ergosphäre und zerbricht dort in zwei Teilstücke. Ein Teilstück bewegt sich über den Ereignishorizont hinweg, allerdings in einer der Umdrehung des Lochs entgegengesetzten Richtung (gegen die Drehrichtung kann man sich nur bewegen, wenn dieses Materieteil in das Loch hineinsteuert). Das andere Stück bewegt sich in Drehrichtung aus der Ergosphäre hinaus, allerdings viel schneller, als das ganze ursprüngliche Objekt herein kam, denn es hat durch die Mitnahme der Raum-Zeit um das Loch herum einen Energieschub bekommen (nach »Bearbeitung« durch die Ergosphäre). Es ist so, als ob dieser hinausstrebende Brocken des ursprünglichen Objekts von dem Brocken, der in das Loch fällt, einen »Tritt« bekommen hätte, so wie eine Büchse beim Abfeuern gegen die Schulter des Schützen schlägt. Dieser Kick ist allerdings stärker als der Rückstoß eines Gewehrs im Universum draußen. Wenn die Bahn des hineinfallenden Objekts sorgfältig gewählt wird und der Zeitpunkt der Aufspaltung stimmt, dann enthält das Stück, das aus der Ergosphäre auftaucht, mehr Energie, als das ganze Objekt über die statische Oberfläche eingebracht hat. Diese Energie muß von der Umdrehung des Schwarzen Lochs stammen, die tatsächlich ganz geringfügig langsamer geworden ist, da das Schwarze Loch ein Objekt verschlingen mußte, das sich entgegengesetzt zu seiner Drehrichtung bewegte. Die Masse des Schwarzen Lochs verringert sich tatsächlich um ein Winziges, denn ein Teil seiner Massenenergie wird in Bewegungsenergie umgewandelt, die dem Stück Objekt auf seinem Weg nach draußen durch den rotierenden Bereich der Raum-Zeit, der Ergosphäre heißt, einen Schubs gibt.

Das läßt sich mit der Bewegungsenergie erklären, die ein Teilchen in der Ergosphäre aufweist. Für ein Teilchen in einem gewissen Abstand oberhalb der Erde oder oberhalb der Sonne ist die Bewegungsenergie null, wenn das Teilchen stillsteht, also an einer Stelle verharrt (vielleicht mit Hilfe einer in Gegenrichtung wirkenden Rakete, die damit die

Wirkung der Schwerkraft aufhebt). Soviel sagt einem der gesunde Menschenverstand. Doch mit dem muß man vorsichtig umgehen, sobald es sich um Schwarze Löcher handelt. Wegen der Zugwirkung der Raum-Zeit muß in der Ergosphäre ein Teilchen langsam um das Schwarze Loch in entgegengesetzte Richtung zur Drehrichtung des Lochs kreisen, wenn es die Bewegungsenergie Null aufweisen soll. Und wenn es sich mit mehr als dieser kritischen Geschwindigkeit gegen die Drehrichtung des Lochs bewegt, so gewinnt es keine Energie, sondern verliert sie – es besitzt dann in Wirklichkeit eine negative Bewegungsenergie. Durch die Addition dieser negativen Energie (gleichbedeutend mit der Subtraktion positiver Energie) zum Loch verliert das Loch Masse; da die Masse-Energie des Systems insgesamt aber unverändert bleiben muß, wird die verlorene Energie durch einen Anstieg der Bewegungsenergie des davonfliegenden Teilstücks vom ursprünglichen Objekt ausgeglichen.

Auch wenn dem Schwarzen Loch noch so viel Masse hinzugefügt wird, bleibt eine bestimmte Kombination von Gesamtmasse des Lochs und Drehimpuls (einem Maß seiner Umdrehung) immer gleich oder nimmt zu – kann jedoch nie abnehmen. Das war die wichtigste Entdeckung des Forschungsstudenten Demetrios Christodoulou in Princeton, der Penroses Entdeckungen der energetischen Vorgänge im Schwarzen Loch 1970 aufarbeitete. Diese nicht weiter zu reduzierende Größe ist als »irreduzible Masse« des Schwarzen Lochs bekannt, und das Quadrat der irreduziblen Masse ist der Oberfläche des Ereignishorizonts proportional. Mit anderen Worten: Die Fläche des Ereignishorizonts kann nur gleich bleiben oder größer werden. Die entscheidende Entdeckung gelang, wie wir noch sehen werden, Stephen Hawking und seinen Kollegen in den siebziger Jahren.

Der Penrose-Prozeß eignet sich zur Energiegewinnung eigentlich nicht sonderlich gut, selbst wenn wir wüßten, wo wir ein rotierendes Schwarzes Loch auftreiben könnten (obwohl nicht viel Phantasie notwendig ist, um zu erkennen, daß ein solcher Prozeß in der Natur die ungeheuren Energieausbrüche bei Quasaren erklären kann). Ich muß an dieser Stelle allerdings unbedingt eine weitere bizarre, wenngleich praxisferne, Voraussage aus diesen Gleichungen erwähnen: die Möglichkeit, mit einem rotierenden Schwarzen Loch Licht zu verstärken und daraus eine Art Schwarze-Loch-Bombe herzustellen. Anfang der siebziger Jahre wiesen einige Physiker darauf hin, daß ein dem Penrose-Prozeß ähnlicher Effekt die Energie eines Lichtstrahls, der die Ergosphäre durchdringt, in einem als superstrahlende Streuung bekannten Prozeß verstärken müßte. Man stelle sich folgende Anordnung vor: Ein in Umdrehung befindliches Schwarzes Loch wird von einem sphärischen Spiegel umstellt, der ein winziges Loch aufweist; durch dieses Loch wird ein schwacher Lichtstrahl geleitet, das Licht könnte die Ergosphäre durchdringen und dabei verstärkt werden, vom Spiegel zurückprallen und immer wieder die Ergosphäre durchdringen und dabei jedes Mal mehr Energie gewinnen. Wenn man das Loch im Spiegel offen ließe, würde sich im Innern (zu Lasten der Rotation des Schwarzen Lochs) Energie aufbauen, bis sie in einem starken Strahl aus dem Loch im Spiegel austräte. Wenn man das Loch im Spiegel jedoch abdichtete, würde sich ebenfalls immer mehr Strahlungsenergie aufbauen, bis der Spiegel selbst nach außen explodierte – ein Schwarzes Loch als Bombe.

Das sind allenfalls Gedankenspielereien; was innerhalb des Ereignishorizonts eines Schwarzen Lochs abläuft, ist viel faszinierender. Was bedeutet vor allem die Singularität? Bildet sich ein solches bizarres Objekt zwangsläufig, auch wenn es innerhalb eines Ereignishorizonts versteckt und nicht zu sehen ist? Und könnte eine Singularität existieren, ohne daß sie sich hinter dem Mantel eines Ereignishorizonts versteckte, also mit dem gesamten Universum wechselwirkte? Schon bevor er sich mit der Energiegewinnung aus der Ergosphäre eines in Rotation befindlichen Schwarzen Lochs befaßte, hatte Penrose diese Geheimnisse aufgegriffen und zuerst die Frage behandelt, ob Singularitäten in der allgemeinen Relativitätstheorie zwangsläufig gefordert sind.

## Die Singularitätenregel

Wenn man sich vorstellt, wie sich aus kollabierten Sternen am Ende von deren Lebensdauer Schwarze Löcher bilden, deren Materiedichte größer ist als die Materiedichte in einem Atomkern, ist der Gedanke an eine Singularität, die sich im Herzen eines Schwarzen Lochs entwickelt, eigentlich gar kein so großer Phantasiesprung mehr, auch wenn Eddington diese Vorstellung immer abscheulich fand und Wheeler Jahre brauchte, bis er sich damit abfinden konnte. Wenn wir es theoretisch schon mit Bedingungen zu tun haben, die extremer sind als alles, was uns hier auf Erden je vorgekommen ist, überrascht es nicht weiter, wenn man in den Gleichungen Voraussagen von merkwürdigen, extremen Phänomenen findet. Doch wenn wir es mit einem Schwarzen Loch von der Größe des Sonnensystems zu tun haben, das die Masse von hundert Millionen Sonnen enthält, dabei aber eine Dichte aufweist, die kaum höher als die von Wasser ist, wird die Vorstellung von einer Singularität im Herzen des Lochs schon eher zweifelhaft. Kann eine große, aus Wasser bestehende Kugel – ohne Rücksicht darauf, aus wieviel Wasser sie besteht – wirklich die Existenz einer Singularität irgendwo in ihrem Innern erfordern? Wenn irgendwo im Weltraum ein Wassertropfen herumschwirrte, dessen Masse zur Bildung eines Schwarzen Lochs nicht ganz ausreiche, und dem dann der zusätzliche halbe Liter oder Liter über diese Grenze hinweg verhülfe, müßte sich dann innerhalb des Lochs zwangsläufig eine Singularität bilden, nur weil man einen halben Liter oder einen Liter hinzugegeben hat?

Das klingt lächerlich, doch denken Sie daran: auch wenn die durchschnittliche Dichte eines Schwarzen Lochs die von Wasser wäre, würde dies nicht bedeuten, daß es sich tatsächlich um eine Sphäre aus Wasser handelte. Eine Masse von 100 Millionen Sonnen im Volumen unseres Sonnensystems würde unter ihrem eigenen Gewicht schnell zusammenbrechen – egal woraus es besteht.[39] Die Gleichungen sagen uns, daß ein Schwarzes Loch aus einem Ereignishorizont, einer

Singularität und nichts dazwischen besteht. Von außen kann man die Masse des Lochs anhand seiner gravitationsbedingten Anziehungskraft ebenso messen wie seine Umdrehungsgeschwindigkeit. Wenn es eine elektrische Ladung aufweist, könnte man die ebenfalls messen. Doch diese drei Eigenschaften sind wirklich alles, was man je messen kann. Es läßt sich nicht feststellen, was die im Loch verschwundene Materie einmal war, bevor sie hinter dem Horizont verschlungen wurde – ob es ein Stern, ein großer Wassertropfen oder ein Stapel Fertiggerichte war. Ein Schwarzes Loch aus Sternmaterial läßt sich nicht von einem Schwarzen Loch aus irgend etwas anderem unterscheiden; diese Eigenschaft haben die Theoretiker in dem schönen Satz »Schwarze Löcher haben keine Haare« zusammengefaßt, den Wheeler und sein Kollege Kip Thornee Anfang der siebziger Jahre formulierten.

Das läßt aber immer noch viele Unterschiede zwischen kompakten, superdichten Schwarzen Löchern und supermassiven Schwarzen Löchern von niedriger Dichte zu – mindestens für den Betrachter von außen. Das beste Beispiel dafür ist das Schicksal des furchtlosen Astronauten, der sich in die Nähe des Ereignishorizonts oder sogar über diesen hinweg wagt. Bisher habe ich nur flüchtig davon gesprochen, daß jemand eine solche Reise unternimmt, und was er vielleicht sieht, ohne auf die unangenehme Tatsache hinzuweisen, daß er wahrscheinlich durch die Gravitations- und Gezeitenkräfte, auf die er trifft, in Stücke gerissen wird. Ein Beobachter, der mit den Füßen zuerst im freien Fall auf ein Schwarzes Loch zufliegt, spürt natürlich kein Gewicht. Da die Füße des Beobachters jedoch näher beim Loch sind als sein Kopf, zerrt die Schwerkraft stärker an den Füßen, und die Füße werden stärker beschleunigt. Infolgedessen wird der Körper des Beobachters gedehnt. Da gleichzeitig alles, was vom Loch angezogen wird, auf einen Punkt in der Mitte zu gedrückt wird, wird der Körper des Beobachters seitlich gequetscht. Dieses gleichzeitige Dehnen und Quetschen entspricht genau dem Einfluß der Gezeitenkräfte, die das Wasser auf der Erdoberfläche unter dem Gravitationseinfluß von Mond und Erde bewegen; in einem Schwarzen Loch, dessen Masse ein paar mal so groß ist wie die unserer Sonne, sind die Gezeitenkräfte natürlich extrem hoch. In einem Schwarzen Loch von zehn Sonnenmassen (also mit einem Schwarzschild-Radius von knapp dreißig Kilometern) wären die auf den unseligen Astronauten einwirkenden Gezeitenkräfte zehnmal so groß wie die Schwerkraft auf der Erdoberfläche, wenn sich der Astronaut noch dreitausend Kilometer vom Loch entfernt befindet und es vor dem Hintergrund der Sterne noch nicht einmal sehen kann. Selbst in dieser Entfernung hätte er das Gefühl, als hinge er an einem Trapez, und zehn andere Leute hätten sich an seine Knöchel gehängt, wobei er gleichzeitig noch zur Seite gedrückt werden würde. Lange, bevor der zum Untergang verurteilte fallende Beobachter den Ereignishorizont erreichte, wäre er schon »spaghettifiziert« und könnte folglich nicht mehr wahrnehmen, was mit ihm geschieht.

Bei supermassiven Schwarzen Löchern ist es anders. Wenn man ein solches Loch mit genügend großer Masse und entsprechend großem Radius wählt, wären die Gezeitenkräfte, die man beim Fall durch den Ereignishorizont verspürte, nicht schlimmer als die Kräfte, die der Körper erlebt, wenn man in einem Flugzeug von der Erde abhebt. Unter diesen Umständen könnte der unerschrockene Astronaut tatsächlich überleben und das Innere des Schwarzen Lochs untersuchen. Das wäre allerdings eine Zeitverschwendung, denn minutenschnell würde der Astronaut auf die zentrale Singularität treffen und dort dieselbe Spaghettifizierung durchmachen, doch diesmal innerhalb, nicht außerhalb des Ereignishorizonts. Zumindest träte dieselbe Spaghettifizierung auf, wenn sich im Innern des Lochs tatsächlich eine Singularität befindet. Ist das denn sicher?

Es ist sicher. Roger Penrose hat es bewiesen und den Beweis schon 1965 veröffentlicht. Dazu hat er berechnet, wie die Schwerkraft im Innern eines Schwarzen Lochs die Lichtkegel für beliebige Punkte der Raum-Zeit im Loch verzerren muß. Wenn ein supermassives Schwarzes Loch aus einem einheitlichen Materieklumpen besteht, in allen Richtungen gleich (also kugelsymmetrisch) ist und unter seinem eigenen Gewicht zusammenbricht, entspricht diese Situation offensichtlich der eines kollabierenden Sterns, nur in verstärktem Maße, und es muß sich eine Singularität bilden. Daß der Ereignishorizont einen größeren Radius bildet, in dem die Gezeitenkräfte weniger extrem wirken, ist eigentlich nur ein unbedeutendes Detail.

Penrose wollte jedoch überprüfen, ob sich eine Singularität bilden muß, wenn die Materialwolke, die das supermassive Schwarze Loch bildete, nicht kugelsymmetrisch war. Nehmen wir an, das Loch bestehe buchstäblich aus hundert Millionen Sternen ähnlich der Sonne, die auf irgendeine unordentliche, komplizierte Weise zusammenfallen. Könnten die Partikel, aus denen die Sterne bestehen, irgendwie in den Mittelpunkt der Wolke eintauchen, aneinander ohne Zusammenstöße vorbeigelangen und dann aus diesem Mittelpunkt der Anziehung wieder nach außen treten, ähnlich wie ein Komet auf seiner Bahn an der Sonne vorbei ankommt und dann wieder in den Raum hinausschwingt? Die Dichte innerhalb des Lochs könnte in diesem Fall sehr hoch werden, ohne jedoch jemals unendlich hoch zu werden.

Der Gedanke hörte sich plausibel an, doch eine mathematische Untersuchung des Verhaltens von Lichtkegeln innerhalb des Lochs schloß diese Vorstellung aus. Die Art Lichtkegel mit geraden Seiten, wie ich sie bisher beschrieben habe, entspricht dem ebenen Raum. Wir wissen jedoch aus Einsteins Arbeiten, daß die Schwerkraft den Raum krümmt, so daß die Lichtstrahlen gekrümmten Geodäten folgen. Lichtstrahlen, die an irgendeinem Punkt innerhalb des Schwarzen Lochs beginnen, laufen dann allmählich auseinander, doch der lichtbeugende Effekt der Schwerkraft wirkt wie eine Linse und beugt die Strahlen wieder aufeinander zu. Wenn sich die Lichtstrahlen in einem genügend starken Gravitationsfeld befinden, werden sie so stark gebeugt, daß sie wieder auf sich selbst konvergieren und innerhalb gewisser Grenzen sogar treffen.

Das gilt für alle Lichtstrahlen, die an einem Punkt innerhalb des Horizonts eines Schwarzen Lochs ausgesandt werden; es muß gelten, weil sonst ein Teil des Lichts aus dem Loch entkommen könnte. Penrose wies nach, daß in diesem Fall die allgemeine Relativität absolut zwingend vorschreibt, daß irgendwo innerhalb des Ereignishorizonts eine Singularität vorliegen muß. Die Singularität muß nicht unbedingt genau von derselben Art sein, wie man sie beim glatten, symmetrischen Kollaps eines kugelförmigen Sterns bekäme, doch, wie es Penrose in einer Rundfunksendung 1973 ausdrückte, »werden Gezeiteneffekte auftreten, die bis ins Unendliche reichen und eine Region der Raum-Zeit hervorrufen, in der unendlich starke Gravitationskräfte, Materie und Photonen buchstäblich aus dem Dasein hinausquetschen«.[40]

Diesen Gedanken griff 1965 Stephen Hawking, damals Forschungsstudent in Cambridge, auf. Penrose hatte bewiesen, daß jedes Objekt unter dem Einfluß eines gravitationsbedingten Kollapses eine Singularität bilden muß. Hawking erkannte, daß er, wenn er die Gleichungen umdrehte, vielleicht beweisen konnte, daß das expandierende Universum aus einer Singularität entstanden sein muß. Zusammen mit Penrose arbeitete er einige Jahre an der mathematischen Darstellung, und 1970 veröffentlichten sie eine gemeinsame Arbeit, in der sie bewiesen, daß das Universum, wie wir es beobachten, tatsächlich in einer Urknallsingularität entstanden sein muß, wenn die allgemeine Relativitätstheorie zutrifft. Nach dieser wichtigen Entdeckung hatte vor allen Dingen Hawking Anfang der siebziger Jahre mit dramatischen neuen Entwicklungen im theoretischen Verstehen der Schwarzen Löcher zu tun, das sich gleichzeitig mit den dramatischen neuen Beobachtungen von Objekten, wie zum Beispiel Cygnus X-1, vollzog. Seine berühmteste Entdeckung besagt, daß Schwarze Löcher explodieren; diese Entdeckung läßt Zweifel an einer Hypothese aufkommen, die die meisten Physiker von Herzen gern für wahr halten würden, aber für die es eigentlich überhaupt keine Beweise gibt.

## Der kosmischen Zensur ein Schnippchen schlagen

Penroses Nachweis, daß hinter jedem Ereignishorizont eine Singularität liegt, war nicht sonderlich beunruhigend, selbst wenn eine Singularität definitionsgemäß ein Ort ist, an dem die physikalischen Gesetze nicht mehr gelten und alles passieren kann. Wenn wir die Singularität niemals sehen, macht das auch nichts. Es machte jedoch etwas, wenn wir eine Singularität fänden, die nicht von dem achtbaren Schirm eines Ereignishorizonts umhüllt wäre. Eine solche nackte Singularität wäre mehr als eine extreme Auswirkung der Gravitation, die Objekte in sich aufsaugte. Wie die Gesetze der Physik bei einer Singularität nicht mehr gelten, könnte sehr wohl bedeuten, daß hier auch gegen die Schwerkraft selbst verstoßen werden würde und die Energie und Materie in das Universum hinaus gespien werden würde. Eigentlich handelte es sich dann eher um ein Weißes als um ein Schwarzes Loch. Noch schlimmer: Dieser Erguß könnte beliebig viele Formen annehmen, wie Hawking und andere in den siebziger Jahren feststellten. So wie man nicht unterscheiden kann, ob ein Schwarzes Loch aus Sternmaterie oder Tiefkühl-Fertiggerichten besteht, ist es einer nackten Singularität völlig egal, ob die Materie, die sie ausspeit, Sternmaterie oder tiefgekühlte Fertiggerichte sind. Wahrscheinlich dürfte es sich um Sternmaterie handeln, also um Elementarteilchen wie Protonen und Neutronen.[41]

Doch was aus einer nackten Singularität hervorkommt, entsteht rein zufällig, und somit besteht eine geringe, doch immerhin echte Wahrscheinlichkeit, daß ein solches Objekt plötzlich eine Nachbildung des Tadsch Mahal oder alle diese tiefgekühlten Fertiggerichte, von denen ich schon gesprochen habe, oder einige Exemplare des Buchs, das Sie jetzt in der Hand halten, doch grün auf rotes Papier gedruckt, ausspeit.

Diese Aussicht erfreut die Physiker nicht sonderlich. Nachdem er bewiesen hatte, daß es so etwas wie einen leeren

Ereignishorizont nicht gibt, also jeder eine Singularität enthält, spekulierte Penrose, daß es vielleicht so etwas wie eine nackte Singularität nicht gibt, daß also jede von einem Ereignishorizont verdeckt wird. Das hörte sich sauber und logisch an und ist inzwischen als die Hypothese von der kosmischen Zensur bekannt geworden, also als die Vorstellung, daß die Natur keine nackte Singularität erträgt. Leider hat bisher niemand nachzuweisen vermocht, daß die untrügliche kosmische Zensur im Universum tatsächlich am Werk ist. Clifford Will faßte die Lage in seinem Beitrag zu dem Buch *The New Physics* (Herausgeber Paul Davis) folgendermaßen zusammen: »Es gibt für die Hypothese von der kosmischen Zensur keine überzeugenden Beweise. Es herrscht nicht einmal allgemeine Übereinstimmung darin, wie man diese vage Vorstellung einer Zensur so formulieren soll, daß sie sich mathematisch ausdrücken läßt.« Da wir wissen, daß das Universum selbst aus einer Singularität im Urknall entstanden ist, läßt sich aus den vorliegenden Beweisen schließen, daß die Hypothese von der kosmischen Zensur falsch ist. In den neunziger Jahren lieferten Computersimulationen der Art und Weise, in der nichtsphärische Objekte wirklich zusammenstürzen, noch weitere Beweise.

Eine Singularität muß in diesem Zusammenhang ganz einfach als ein Ort verstanden werden, in dem Dichte und Schwere unendlich werden. Er muß kein mathematischer Punkt sein, sondern könnte auch eine Linie, sogar eine Fläche von unendlicher Dichte sein. Wenn irgendeine Singularität mit der Außenwelt wechselwirken könnte, bedeutete dies das Ende der uns bekannten Physik.

Kip Thorne vom California Insitute of Technology postulierte 1972, daß sich Schwarze Löcher mit Horizonten im allgemeinen nur bilden können, wenn eine beliebige Masse gleichzeitig in allen Richtungen ausreichend stark verdichtet wird. Thorne gehört zu der Handvoll Spezialisten, die es auf dem Gebiet der Schwarzen Löcher überhaupt gibt; er ist 1940 geboren, machte 1962 am Cal Tech sein Bachelorexamen, 1965 in Princeton seinen Doktor und erschien gerade rechtzeitig, als sich das Interesse an kollabierten Objekten wieder belebte. Seit 1970 ist er Professor am Cal Tech und arbeitet besonders eng mit Wheeler zusammen. Das Postulat, das er kurz nach Antritt seiner Stelle veröffentlichte, bedeutete eigentlich, daß ein kollabiertes Objekt, ohne Rücksicht auf seine wirkliche Form, ein Schwarzes Loch nur dann bildete, wenn es durch einen Reifen vom richtigen kritischen Radius paßte, wobei die Orientierung dieses Objekts keine Rolle spielte. Das ist die sogenannte Reifen-Hypothese. 1990 führten Stuart Shapiro und Saul Teukolsky von der Cornell University in Ithaca, New York, mit dem Supercomputer von Cornell numerische Simulationen des gravitationsbedingten Kollapses durch. Aus ihren Rechnungen ist zu folgern, daß Thorne recht hatte und die kosmische Zensur verletzt werden kann.

Shapiro und Teukolsky rechneten die Folgen eines Zusammenbruchs von geringfügig nicht-sphärischen Objekten, sogenannten Sphäroiden, von denen einige am Anfang etwas in die Länge gezogen (zigarrenförmig), andere wieder abgeplattet sind (wie die Erde). Kompakte Sphäroide kollabieren tatsächlich und bilden Schwarze Löcher; dabei werden sie in jeder Richtung so klein, daß sie durch einen Reif mit dem entsprechenden Schwarzschild-Radius passen. Das trifft jedoch nicht zu, wenn die Sphäroide am Anfang groß sind.

Große, längliche Objekte kollabieren zu einer Spindel mit einer linearen Singularität, die wie ein Stachel durch die Pole des kollabierten Objekts ragt. Abgeplattete Sphäroide kollabieren zunächst zur Form eines Pfannkuchens, durchlaufen diesen Zustand aber nur und werden dann zunächst ebenfalls länglich und kollabieren schließlich ebenfalls in eine Spindel. In beiden Fällen reicht die lineare Singularität weit über die Grenzen des entsprechenden Reifs hinaus, es besteht also kein verbergender Ereignishorizont, der sie vom übrigen Universum abschließt.

In diese Berechnungen geht die allgemeine Relativität ganz ein, und aus ihnen ist zu folgern, daß sich im Universum spindelförmige Singularitäten ohne Ereignishorizonte bilden können. Obwohl die gravitationsbedingte Strahlung einen Teil der Masse während des Kollapses abführt, beträgt der Masseenergieverlust insgesamt nicht einmal ein Prozent; das rettet also ein massives Objekt nicht vor dem Verschwinden in einer Singularität. Dem Cornell-Team zufolge machen sich das Gravitationspotential, die Gravitationskraft, die Gezeitenkraft, die kinetische Energie und die Potentialenergie im Innern dieser Objekte stark bemerkbar, obwohl diese nach wie vor in Sicht bleiben. Offenbar kann man eine Singularität ohne Ereignishorizont, aber keinen Ereignishorizont ohne Singularität haben. Kein Wunder, daß Will erklärt, »eine der wichtigsten ungelösten Fragen in der klassischen allgemeinen Relativitätstheorie« sei »die Gültigkeit (sogar die Bedeutung) der Hypothese von der kosmischen Zensur«.

Natürlich ist die Untersuchung von Shapiro und Teukolsky »nur« eine Computersimulation, und vielleicht ist den Forschern in ihren Rechnungen etwas entgangen. Vielleicht verbergen alle kollabierenden Objekte die Nacktheit ihrer Singularitäten hinter dem Mantel eines Ereignishorizonts. Doch selbst in diesem Fall hält, nach der Arbeit, die Hawking besonders berühmt gemacht hat, dieser Mantel auch nicht ewig, und eines Tages könnte die Nacktheit der Singularität dem ganzen Universum doch bewußt werden, mit allen Folgen, die das nach sich zieht.

## Schwarze Löcher sind kühl

In seiner Untersuchung des Penrose-Prozesses und der rotierenden Schwarzen Löcher konzentrierte sich Christodoulou nicht auf die Energie, die das aus der Ergosphäre entweichende Teilchen gewinnt, sondern auf die Energie, die das Loch selbst verliert. Wenn das Loch Energie an das entweichende Teilchen verliert, dreht es sich auch langsamer, da es Drehimpuls einbüßt. Man kann sich vorstellen, wie es Christodoulou berechnet hat, wie ein weiteres Teilchen von außen so in das Schwarze Loch geworfen wird, daß es den Spin des

Lochs wieder erhöht, also den verlorengegangenen Drehimpuls zurückerstattet und die Masseenergie des Lochs vergrößert. Doch Christodoulou stellte fest, daß selbst bei richtiger Durchführung dieser Maßnahme, wenn man also dem Loch genau den vorher verlorengegangenen Betrag an Drehimpuls wiedergibt, die hinzugegebene Energie immer mehr ist als die ursprünglich mit dem Drehimpuls verlorengegangene Energie. Die Energieveränderung läßt sich also nicht genau rückgängig machen, sofern wir denn die Änderung im Drehimpuls überhaupt genau rückgängig machen wollen. Das führte dann zum Begriff der irreduziblen Masse des rotierenden Schwarzen Lochs, das Stephen Hawking mit der Größe der Schwarzschild-Oberfläche in der Umgebung des Schwarzen Lochs in Verbindung brachte.

Diese Entdeckung fesselte die Physiker, denn irreversible Prozesse spielen in der Natur eine ganz besondere Rolle. Sie hingen mit einem sehr wichtigen physikalischen Gesetz, dem zweiten Hauptsatz der Thermodynamik zusammen, der uns in einfachster Wiedergabe sagt, daß sich die Dinge abnutzen. Man kann den zweiten Hauptsatz wirken sehen, wenn man einen Eiswürfel in eine Tasse mit heißem Kaffee wirft und zusieht, wie das Eis schmilzt, während sich der Kaffee abkühlt. Wärme fließt vom heißeren Objekt (Kaffee) zum kälteren Objekt (Eiswürfel), bis alles zu einer gleichförmigen Flüssigkeit von gleicher Temperatur geworden ist, in der sich nichts Interessantes mehr abspielt. Der Hauptsatz hängt mit dem wahrgenommenen Fluß der Zeit zusammen; wenn man den schmelzenden Eiswürfel filmt und den Film rückwärts laufen läßt, merkt jedes Publikum sofort, daß etwas nicht stimmt. Man kann diesen Hauptsatz auch so ausdrücken: Die Menge an Informationen im Universum (oder in jedem beliebigen »geschlossenen System«, wie zum Beispiel einem Eiswürfel in einer Tasse Kaffee in einer perfekt isolierenden Box) nimmt ständig ab. Es steckt mehr Information im System, so lange es aus Kaffee und Eis besteht, weil es dann komplexer ist als ein System, das nur noch aus lauwarmem Kaffee besteht. Die Physiker messen die Information sogar rückwärts – sie messen die Unordnung, nicht die Ordnung, und sie nennen den Verlust an Information eine Zunahme einer Entropie genannten Eigenschaft (entsprechend einer Zunahme an Unordnung). Was in einem durchschnittlichen Kinderzimmer passiert, wenn die Mutter nicht aufräumen darf, ist ein gutes Beispiel für die zunehmende Entropie. Der Satz, demzufolge die Entropie nur zunehmen (oder bestenfalls gleich bleiben) kann, spielt in unserem Verständnis vom Verhalten des Universums eine entscheidende Rolle. Als den Physikern also klar wurde, daß Schwarze Löcher ebenfalls eine Eigenschaft aufwiesen, die nur zunehmen (oder bestenfalls gleich bleiben) konnte, waren sie erst einmal erstaunt.

1971 wies Hawking nach, daß ein Schwarzes Loch nicht einmal zu rotieren braucht, damit sich diese Irreversibilität in seinem Verhalten zeigt. Auch ein nichtrotierendes (stationäres) Schwarzes Loch weist eine Oberfläche auf, die nur gleich bleiben (wenn das Schwarze Loch keine Energie oder Masse absorbiert) oder größer werden kann (wenn es Materie oder Energie aufnimmt). Er zeigte außerdem, daß die Kollision und Verschmelzung von zwei Schwarzen Löchern miteinander dazu führt, daß die Fläche des Ereignishorizonts um das neue, größere Schwarze Loch herum immer größer ist als die Flächen der beiden ursprünglichen Schwarzen Löcher zusammen genommen. Das alles wurde etwa um die Zeit festgestellt, in der Uhuru gestartet wurde. Die Analogie zwischen der ständig wachsenden Oberfläche eines Schwarzen Lochs und der immer weiter zunehmenden Entropie des Universums führte Hawking und seine Kollegen James Bardeen (damals an der Yale University) und Brandon Carter (der mit Hawking zusammen in Cambridge arbeitete) zur Entwicklung weiterer Analogien zwischen den Hauptsätzen der Thermodynamik und der Eigenschaften Schwarzer Löcher. Zunächst hielt man diese Analogien allenfalls für mathematische Tricks ohne wirkliche physikalische Bedeutung. Wenn man sagte, daß die Oberfläche eines Schwarzen Lochs ein Maß für seine Entropie ist, weil die Entropie eines

Systems auch ein Maß seiner Temperatur darstellt, schien darin eine unüberwindliche Schwierigkeit zu stecken. Wenn Schwarze Löcher eine Temperatur aufwiesen, dann mußten sie entsprechend ihrer Temperatur Energie abstrahlen. Und 1973 »wußte jedermann«, daß ein Schwarzes Loch überhaupt nichts abstrahlte.

Das wußte fast jeder. Wie Hawking zugibt (zum Beispiel in seinem Buch *Eine kurze Geschichte der Zeit*), wurden die Arbeiten an »der Thermodynamik Schwarzer Löcher«, die er zusammen mit Bardeen und Carter durchführte, im wesentlichen von dem Wunsch angeregt, zu beweisen, daß ein bestimmter Kollege mit seiner Behauptung, Schwarze Löcher könnten tatsächlich eine Temperatur aufweisen, Unrecht hatte. In ihrer Arbeit unterstrichen die drei Forscher, daß die Analogie zwischen der Fläche des Ereignishorizonts und der Entropie nach ihrer Ansicht wirklich nur eine Analogie darstellt.[42] Obwohl sie sagten, daß eine bestimmte, von der Fläche abgeleitete Eigenschaft »auf dieselbe Art und Weise zur Temperatur analog« sei, wie [die Fläche] »analog zur Entropie« sei, unterstrichen sie doch, daß diese Eigenschaft und die Fläche selbst »von der Temperatur und der Entropie des Schwarzen Lochs« verschieden sind. Dogmatisch fuhren sie fort: »Tatsächlich ist die effektive Temperatur eines Schwarzen Lochs absolut null«. Aber da irrten sie sich.

Der Kollege, der schon eine ganze Weile gegen das, was »alle wußten«, anstänkerte, war Jacob Bekenstein. Als er seine Kritik das erste Mal vorbrachte, arbeitete er gerade unter John Wheeler an seiner Abschlußarbeit in Princeton. In *A Journey into Gravity and Spacetime* berichtet Wheeler, wie er unbeabsichtigt Bekenstein auf den Weg brachte, der schließlich zu einer der überraschendsten Entdeckungen zur Beschaffenheit der Schwarzen Löcher führen sollte. Wheeler berichtet, eines Nachmittags im Jahr 1970 habe er mit Bekenstein in seinem Büro in Princeton über die Physik der Schwarzen Löcher diskutiert. Wheeler habe dabei, etwas verlegen, berichtet, daß er sich jedes Mal nicht recht wohl in seiner Haut fühle, wenn er zuließe, daß eine Tasse mit heißem Tee ihre Energie mit einer Tasse mit kaltem Tee austauschen und dann zwei lauwarme Tassen Tee erzeugen könne. Dieses Handeln verändert zwar an der Gesamtenergie im Universum nichts, vergrößert aber das Ausmaß an Unordnung oder Entropie. Informationen sind für immer verlorengegangen und das ist, wie Wheeler es ausdrückt, ein Verbrechen, das »bis ans Ende aller Zeiten vernehmbar bleibt«. Doch dann fuhr er fort: »Wenn ein Schwarzes Loch vorbeischwimmt und ich die Teetassen hineinwerfe, verberge ich die Beweise für mein Verbrechen vor der ganzen Welt.« Dabei kam er wieder auf die Vorstellung zurück, daß Schwarze Löcher eben keine »Haare« haben. Die einzigen Eigenschaften von Schwarzen Löchern sind Masse, Ladung und Spin; nichts ist darüber ausgesagt, ob sie aus Teetassen oder Sternmaterie bestehen oder ob die hineingeworfenen Teetassen heiß, kalt oder lauwarm waren. Die Entropie im Tee ist zusammen mit dem Tee selbst im Loch verschwunden.

Bekenstein trollte sich und dachte über diese halb unseriöse Bemerkung nach. Ein paar Tage später kam er wieder zu Wheeler und hatte eine Antwort parat. »Sie zerstören die Entropie nicht, wenn sie diese Teetassen in das Schwarze Loch schmeißen. Das Schwarze Loch hat schon Entropie, und sie erhöhen sie nur.«

Mit einem Selbstvertrauen, das vielleicht von seiner Unerfahrenheit in der Forschung herrührte, postulierte Bekenstein dann, daß die Fläche des Ereignishorizonts rings um ein Schwarzes Loch tatsächlich ein direktes Maß sowohl für die Entropie als auch die Temperatur dieses Schwarzen Loches bietet, und er berechnete, daß ein Schwarzes Loch mit einer Masse vom Dreifachen der Masse unserer Sonne (also das kleinste Schwarze Loch, das sich aus einem kollabierten Stern bilden kann) eine Temperatur von etwas weniger als einem Millionstel Grad über dem absoluten Nullpunkt der Temperatur, minus 273° C, haben müßte, also der Temperatur, bei der alle thermische Bewegung der Atome und Moleküle aufhört. Nun ist das eine sehr bescheidene Temperatur, und den Berechnungen zufolge müßten massereichere

Schwarze Löcher noch niedrigere Temperaturen aufweisen. Aber die Temperatur ist auf jeden Fall nicht Null, und das bedeutet, daß irgendwie doch Energie aus einem Schwarzen Loch entweichen kann. Das alles erschien 1972 in Bekensteins Doktorarbeit, obwohl es natürlich vorher schon in unvollständiger Form bekannt geworden war.

Hawking, mittlerweile eine Art Experte in Schwarzen Löchern, regte sich über Bekensteins Vermutung schrecklich auf und hielt sie für völligen Unsinn. Die Arbeit, die er mit Bardeen und Carter schrieb, war eine direkte Antwort auf Bekensteins These. Bekenstein litt unter diesem Widerspruch gegen seine Argumente (nicht nur von Hawking, sondern auch von anderen Forschern, darunter auch Werner Israel) und obwohl er weiterhin die Vorstellung vertrat, daß die Fläche eines Schwarzen Lochs ein Maß ihrer Entropie darstellte, wiederholte er in einer 1973 veröffentlichten Arbeit[43] die Kommentare von Hawking und dessen Kollegen und erklärte, die Eigenschaft, die er entdeckt habe, sei nicht »als die Temperatur des Schwarzen Lochs zu betrachten; eine solche Gleichsetzung kann leicht zu allen möglichen Paradoxa führen und eignet sich deshalb nicht«. Doch gerade als Bekensteins Zutrauen zu seinem eigene Urteilsvermögen offenbar ins Wanken geriet, bekam seine Theorie bald aus einer unerwarteten Quelle Unterstützung.

Ebenfalls 1973 erfuhr Hawking auf einem Besuch in Moskau, daß zwei sowjetische Forscher, Yakov Seldowitsch und Alex Starobinsky, entdeckt hatten, rotierende Schwarze Löcher könnten Teilchen aus Energie bilden und sie in den Raum ausstoßen. Das war eine interessante und annehmbare Vorstellung, denn die zur Bildung dieser Teilchen erforderliche Energie stammte vielleicht in einer Art Penrose-Prozeß aus der Ergosphäre. Doch als Hawking versuchte, den Seldowitsch-Starobinsky-Effekt mit Hilfe der Quantenmechanik richtig mathematisch zu behandeln, stellte er zu seiner Überraschung und zunächst auch zu seinem Ärger fest, daß die Gleichungen ergaben, daß selbst nichtrotierende Schwarze Löcher Teilchen aussandten. Er war auf einem anderen Weg und ganz gegen seine Neigung zum selben Schluß gekommen wie Bekenstein. Schwarze Löcher haben eine Temperatur, das räumte er 1974 ein, und sie senden tatsächlich Teilchen aus – ein Phänomen, das mittlerweile als Hawking-Prozeß bekannt ist (was gegenüber Bekenstein,[44] Seldowitsch und Starobinsky ein bißchen unfair ist). Doch die Temperatur des Lochs ist keine unabhängige Eigenschaft neben Masse, Spin und Ladung; die Temperatur hängt von der Fläche des Ereignishorizonts ab, die ihrerseits schon durch die drei Grundeigenschaften bestimmt ist. Auch ein heißes Schwarzes Loch hat immer noch keine Haare.

Den Hawking-Prozeß versteht man am einfachsten in einer Kombination aus Quantenphysik und Relativitätstheorie. Die Relativitätstheorie sagt uns, daß sich Energie in Materie verwandeln läßt. Aus der Quantenphysik wissen wir, daß es bei der Feststellung der Energiemenge in einem System immer eine inhärente Unsicherheit gibt. Unter anderem heißt das, daß kein System jemals eine Energie genau von Null haben kann; wenn das der Fall wäre, gäbe es keine Unsicherheit. Selbst der sogenannte »leere Raum« enthält Energie, die sich zwar nicht direkt messen läßt, die jedoch kurzlebige Teilchenpaare erzeugen kann, die in unglaublich kurzer Zeit, weniger als $10^{-44}$ einer Sekunde, entstehen und vergehen. Diese Teilchen müssen in Paaren auftreten, damit sichergestellt ist, daß Quanteneigenschaften, wie zum Beispiel die elektrische Ladung, immer ausgeglichen sind. So wird zum Beispiel jedes so gebildete temporäre Elektron (mit einer negativen Ladung) mit einem temporären Positron gepaart (das eine positive Ladung trägt).[45]

Solche »Teilchen-Antiteilchen-Paare« zerstören einander fast augenblicklich und geben dem Vakuum die Energie zurück, die sie vorübergehend geborgt hatten. Sie heißen auch »virtuelle« Paare (Abb. 5.6). Obwohl sich die ganze Vorstellung bizarr anhört, wirkt sich die Präsenz dieses Meeres aus virtuellen Teilchen meßbar auf das Verhalten wirklicher geladener Teilchen aus, und kein Physiker bezweifelt ihre Existenz.

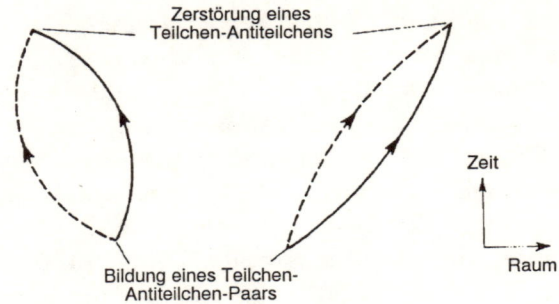

***Abbildung 5.6*** *Was wir uns als »leere«Raum-Zeit vorstellen, ist in Wirklichkeit mit einem schäumenden Ferment aus »virtuellen« Teilchen angefüllt, die in Paaren durch Quantenunbestimmtheit aus dem Nichts entstehen, aber einander sofort zerstören und geschlossene Weltlinienschleifen bilden.*

Doch was geschieht mit virtuellen Paaren, die direkt am Rand des Horizonts eines Schwarzen Lochs gebildet werden? In einem an den Penrose-Prozeß erinnernden Ablauf kann ein Teil des Paars den Horizont überqueren und vom Loch verschlungen werden, und das andere Teilchen bleibt übrig und hat keinen Partner mehr, mit dem oder gegen den es sich zerstören kann. Das übrig gebliebene Teilchen holt sich Energie aus dem Gravitationsfeld des Lochs und wird zu einem echten Teilchen, das ins Universum hinaus verschwindet (Abb. 5.7). Wie beim Penrose-Prozeß, so verliert auch beim Hawking-Prozeß das Schwarze Loch selbst Masseenergie, und seine Oberfläche schrumpft. Die so über den ganzen Ereignishorizont verdampfenden Teilchen führen Energie mit sich (jetzt als Hawking-Strahlung bekannt), und diese Energie liefert die Temperatur, die nach Bekensteins Meinung ein Schwarzes Loch aufweisen muß. Die Temperatur hängt mit der Fläche des Ereignishorizonts in folgender Form zusammen: Je größer ein Schwarzes Loch, desto niedriger die Temperatur.

Bei Sternenmassen und größeren Schwarzen Löchern wäre es übertrieben, wenn man sagte, Schwarze Löcher sei-

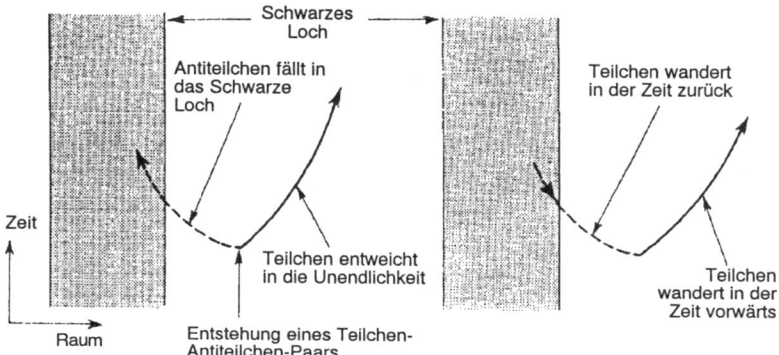

*Abbildung 5.7 Wenn ein Paar virtueller Teilchen in der Nähe des Schwarzen Lochs entsteht, kann eines dieser beiden Teilchen in das Loch fallen, so daß das andere nichts mehr hat, an dem es sich vernichten könnte. Es wird in die Realität »befördert« und bezieht Energie aus der Masse des Schwarzen Lochs. Was die Gleichungen betrifft, so ist dieser Vorgang genau derselbe, als ob sich ein Teilchen durch Tunnelwirkung aus dem Loch entfernte, in dem es in der Zeit zurückkreiste und dann, sobald es sich in sicherer Entfernung vom Ereignishorizont befände, in die Zukunft davon machte.*

en heiß (es ist auch eine kleine Übertreibung, wenn man sagt, daß sie kalt sind); wenn je die Geschichte der Hawking-Strahlung schon aufhörte, trüge dieser Prozeß eigentlich nur zu unseren Kenntnissen über Schwarze Löcher bei, denn schließlich verbindet er drei große physikalische Theorien, die Thermodynamik, die Relativität und die Quantenmechanik, in einem Gesamtrahmen. Doch Hawkings Entdeckung hat noch einen weiteren, beunruhigenderen Aspekt.

## Explodierende Horizonte

Das Beunruhigende am Hawking-Prozeß: kleine Schwarze Löcher können ganz verdampfen und lassen dann eine nackte Singularität zurück. Natürlich nimmt jedes Schwarze Loch, wenn es Staubpartikel verschlingt oder die Energie des Sternenlichts und der Hintergrundausstrahlung aufnimmt, die den Raum erfüllt, Energie schneller auf, als es Masse über den Hawking-Prozeß verliert.

Man stelle sich ein Schwarzes Loch vor, das mit einer Masse von rund einer Milliarde (tausend Millionen) Tonnen anfängt. Das ist etwa die Masse eines verhältnismäßig kleinen Asteroiden, zum Beispiel Apollo, oder eines großen Berges, wie etwa Mount Everest. Sechstausend Milliarden Objekte von dieser Größe ergäben insgesamt erst die Masse der Erde. Ein Schwarzes Loch mit einer astronomisch so bescheidenen Masse hätte einen Schwarzschild-Radius von nur $10^{-13}$ Zentimetern, also etwa der Größe eines Atomkerns. Ein solches Schwarzes Loch könnte so gut wie gar nichts verschlingen, und selbst wenn es nur ein Proton oder Neutron »zu sich nähme«, wäre das schon fast zu viel des Guten. Dennoch wiese es nach Hawkings Berechnungen eine Temperatur von rund 120 Milliarden Grad auf und strahlte die Energie heftig in einem Umfang von sechstausend Megawatt ab, das entspricht der Leistung von sechs Großkraftwerken.

Diesem Strom an positiver Energie in den Raum hinaus wirkte ein Strom negativer Energie in das Loch hinein entgegen, und infolgedessen schrumpfte das Loch. Je mehr es schrumpfte, um so wärmer würde es, und um so schneller schrumpfte es. Schließlich könnte ein solches Objekt völlig verschwinden und hinterließe dann nichts als die von ihm ausgesandte Strahlung. Es könnte aber auch sein, daß Quanteneffekte die Strahlung aufhielten, wenn sich das Loch bis auf eine bestimmte Größe verkleinert hätte. Und dann besteht noch ein dritte Möglichkeit: Die Strahlungsemmission könnte den Ereignishorizont in der Umgebung des Schwarzen Loches so weit verschwinden lassen, bis nur noch eine nackte Singularität übrig bliebe. Aus den Berechnungen geht außerdem hervor, daß diese Singularität eine negative Masse aufweise, damit also die gesamte positive Energie ausgliche, die aus dem Loch und in das gesamte Universum ausgeschüttet worden wäre.

Das alles wäre weniger beunruhigend, wenn wir uns nur Gedanken über Schwarze Löcher machen müßten, die sich heute im Universum bilden. Nach dem heutigen Stand der Dinge könnte man ein Schwarzes Loch nur erzeugen, wenn man mit einem Mehrfachen der Masse anfinge, die in unserer Sonne vorhanden ist, und diese Masse dann durch Gravitation zusammenbrechen ließe. Jedes so gebildete Schwarze Loch wiese nur eine ganz niedrige Temperatur auf und erzeugte nur sehr wenig Hawking-Strahlung. Allerdings hatte Hawking drei Jahre vor seiner Entdeckung, daß Schwarze Löcher im Miniaturformat explodieren müßten, schon postuliert, daß es solche kleinen Schwarzen Löcher überhaupt geben müsse. 1971 hatte er darauf hingewiesen, daß bei dem extrem hohen Druck im Urknall sogar Schwarze Löcher mit Massen von lediglich einem Hundertausendstel Gramm entstanden sein könnten. Schließlich kann man aus allem ein Schwarzes Loch machen, wenn man es nur fest genug zusammendrückt; dabei ist nicht zu vergessen, daß die Erde selbst ja auch ein Schwarzes Loch werden würde, wenn wir über Mittel verfügten, mit denen wir sie zu einer Kugel von einem Radius von etwas weniger als einem Zentimeter zusammenpressen könnten. Wenn der Urknall selbst nicht völlig glatt verlaufen ist, muß es Unregelmäßigkeiten gegeben haben, wobei manche Regionen etwas dichter waren als der Durchschnitt, andere wieder etwas weniger dicht als der Durchschnitt, und zwangsläufig müßten dann einige der »zu dichten« Regionen als Schwarze Löcher aus dem Urknall hervorgegangen sein.

In zwei getrennten Arbeiten hatte Hawking also festgestellt, daß winzige Schwarze »Urlöcher« im Universum durchaus vorhanden sein können, und er hatte außerdem nachgewiesen, daß solche Objekte durch Verdampfen verschwinden und wahrscheinlich nackte Singularitäten mit negativer Masse übrig lassen müssen. Ich habe mit Absicht das Beispiel eines kleinen Schwarzen Loches gewählt, das zunächst eine Masse von einer Milliarde Tonnen hat, weil aus den Rechnungen hervorgeht, daß die seit dem Urknall verstrichene Zeit gerade dazu ausreicht, daß Löcher mit so viel Masse (und natürlich alle mit einer darunterliegenden Masse) inzwischen verdampft sind. Das alles wurde von den meisten Physikern nicht mit offenen Armen aufgenommen. Wir erinnern uns doch, wie Eddington seinerzeit Chandrasekhars Entdeckung des durch Gravitationswirkung verursachten entgültigen Zusammenbruchs lächerlich gemacht hatte.

> Der Stern muß immer weiter strahlen und strahlen und sich zusammenziehen und zusammenziehen, bis er wahrscheinlich einen Radius von nur ein paar Kilometern aufweist, und dann wird die Schwerkraft so stark, daß sie die Strahlung darinnen festhält und der Stern kann endlich seinen Frieden finden.

Hawking hatte diesen Satz umgedreht. Ganz im Stile von Eddington könnte man sagen, Hawking habe folgendes nachgewiesen:

> Das Schwarze Loch muß immer weiterstrahlen und strahlen und sich zusammenziehen und zusammenziehen, bis wahrscheinlich der Ereignishorizont verschwindet und die darin steckende Singularität zum Universum hin frei wird.

Und nicht irgendeine x-beliebige Singularität, sondern eine nackte Singularität mit negativer Masse. Damit liegt der Rand der Zeit selbst zur allgemeinen Einsichtnahme frei. Noch in den neunziger Jahren finden viele Physiker diese Vorstellung so lächerlich, wie Eddington in den dreißiger Jahren die Vorstellung von den Schwarzen Löchern zum Lachen gefunden hatte. Doch andere sind härter im Nehmen. In der BBC-Rundfunksendung, von der hier schon die Rede war, wies Roger Penrose zunächst darauf hin, daß »kein sehr überzeugendes theoretisches Argument für eine kosmische Zensur« spricht und erklärte dann:

> Oft ist behauptet worden, das Auftreten nackter Singularitäten bedeute für die Physik eine Katastrophe. Ich teile diese Ansicht nicht. Gewiß verfügen wir vorläufig noch nicht über eine Theorie, die mit Raum-Zeit-Singularitäten fertig wird. Doch ich bin ein

Optimist. Ich glaube, eines Tages wird eine solche Theorie entdeckt werden.

Wenn man Penroses Optimismus folgt, kommt man zu dem Schluß, daß es eigentlich an der Zeit wäre, festzustellen, wie die Existenz solcher Ränder des Universums die Möglichkeit von Reisen durch Raum und Zeit eröffnet. Doch lassen wir die Singularität zunächst beiseite, und sehen wir uns kurz einige Merkwürdigkeiten an, die sich im Bereich der Raum-Zeit knapp außerhalb des Ereignishorizonts eines Schwarzen Loches abspielen. Obwohl die sonderbarsten, extremsten Verzerrungen der Raum-Zeit mit der Singularität selbst zusammenhängen, kann man ganz schön durcheinander kommen – geistig ebenso wie körperlich – wenn man nur in der Nähe eines Schwarzen Lochs vorbei geht und sich überhaupt nicht über den Horizont hinweg wagt.

## Fliehkraftverwirrung

Wenn man sich in die Nähe eines Schwarzen Lochs begibt, erlebt man als erstes das Gefühl, das wir Fliehkraft nennen. Jeder kennt die Fliehkraft, der schon einmal mit dem Auto schnell eine Kurve genommen hat. Es ist die Kraft, die einen in dieser Kurve nach außen drückt. In Wirklichkeit versucht natürlich der Körper, sich geradlinig weiter zu bewegen und wird vom Autositz, der Seitenwand oder dem Sicherheitsgurt seitwärts gedrückt. Sie erinnern sich vielleicht noch: Der Physiklehrer in der Schule erklärte, bei der Fliehkraft handle es sich um eine »fiktive« Kraft, einfach das Ergebnis einer Drehung. Das heißt jedoch nicht, daß diese Kraft für jemanden, der sich in einem sogenannten drehenden Bezugsrahmen befindet, nicht spürbar ist. Wenn man einen Tennisball auf das Armaturenbrett im Auto legt, rollt der Ball nach links, also kurvenauswärts, wenn der Wagen eine Rechtskurve beschreibt. In dem mit dem Auto zusammenhängenden Bezugsrahmen gibt es eine Kraft, die den Ball nach außen drückt. Bis auf die Streitereien darüber, ob man diese Kraft nun fiktiv oder nicht nennen sollte, wissen wir alle, was da vor sich geht und wohin der Ball rollt. Man wäre sicherlich verwundert, wenn das Auto eine scharfe Rechtskurve beschriebe und der Ball daraufhin ebenso elegant auf dem Armaturenbrett nach rechts rollte. Nach Marek Abramovicz, der 1990 bei NORDITA (dem skandinavischen Institut für theoretische Physik in Kopenhagen) arbeitete, würde aber genau das geschehen, wenn das Auto ein Raumschiff wäre und Sie bei dieser scharfen Rechtskurve über den Ereignishorizont eines Schwarzen Lochs hinwegschrammten.

Abramovicz macht sich schon seit Anfang der siebziger Jahre Gedanken über einige merkwürdige Voraussagen aus den Gleichungen der allgemeinen Relativitätstheorie im Hinblick auf die Fliehkraft. 1990 stellten er und seine Kollegen fest, daß die Fliehkraft in Wirklichkeit genau in der entgegengesetzten Richtung wirkt und einen an die Innenseite eines Fahrzeugs drückt, das eine Kreisbahn beschreibt, wenn diese Bahn an der Oberfläche eines Schwarzen Lochs vorbeiführt. Das gilt nur für Bahnen, die in einem gewissen Abstand vom Ereignishorizont vorbeiführen, und dieser Abstand hängt mit einem anderen Merkmal von Schwarzen Löchern zusammen, das oft zu Verwirrungen führt.

Die Oberfläche des Ereignishorizonts liegt in einem gewissen Abstand von der zentralen Singularität, wo die Fluchtgeschwindigkeit genau gleich der Lichtgeschwindigkeit ist. Wenn man eine Rakete mit einem unendlich starken Motor und unendlich viel Treibstoff hätte, könnte man bewegungslos auf dem Ereignishorizont schweben, wenn man die Raketenauslaßseite auf die Singularität richtete und den Motor mit voller Kraft laufen ließe. Doch der Ereignishorizont befindet sich nicht in dem Abstand von der Singularität, in dem die Lichtstrahlen in einen Kreis um die Singularität herum gebogen werden. Das geschieht erst ein bißchen weiter draußen, in einem Abstand von der Singularität, der das Eineinhalbfache des Schwarzschild-Radius beträgt. Zwischen dem Schwarzschild-Radius und diesem Abstand, der den »Lichtgeschwindigkeitskreis« bezeichnet, kann ein Lichtstrahl nicht auf einer Bahn um ein Schwarzes Loch bleiben. Jeder Lichtstrahl, der in den Lichtgeschwindigkeitskreis gerät, muß entweder in das Schwarze Loch stürzen oder um es herum gebogen werden und in Form einer offenen Kurve aus seiner Umgebung wieder in den Raum hinaus dringen. Zwischen dem Ereignishorizont und dem Lichtgeschwindigkeitskreis könnte Ihr Raketenfahrzeug von unendlicher Stärke die Schwerkraft durch geschickten Einsatz der Raketenmotoren in jedem beliebigen Abstand vom Loch ausbalancieren. Mit Hilfe einer seitwärts montierten Rakete könnte es sich dann auf einer Kreisbahn um das Loch herum bewegen. Und da geht der Spaß erst richtig los.

Der Spaß beginnt, genaugenommen, am Lichtgeschwindigkeitskreis. Für die kreisförmigen Photonenbahnen selbst ist die Fliehkraft Null, und sie kehrt ihre Richtung um, wenn man diese Bahnen überquert. Abramovicz erklärte das physikalisch (mathematisch dauerte es erheblich länger) mit dem Hinweis, daß der Weg eines Lichtstrahls eine Geodäte, das relativistische Äquivalent einer Geraden, bezeichnet. Da die Fliehkraft nur wirksam wird, wenn wir uns auf einer gekrümmten Bahn bewegen, kann alles, das sich auf einer Lichtbahn bewegt, keine Zentrifugalbeschleunigung erleiden. Das gilt für jedes Raumschiff, das das Schwarze Loch bei jeder beliebigen Geschwindigkeit umkreist, sofern es sich auf der Kreisbahn eines eingeschlossenen Photons bewegt. Wenn wir davon ausgehen, daß der Raketenmotor die Zugwirkung der Schwerkraft ausgleicht und das Raumschiff genau in der Entfernung des Lichtgeschwindigkeitskreises vom Schwarzen Loch entfernt hält, kann die seitwärts gerichtete Rakete das Raumschiff mit jeder beliebigen Geschwindigkeit um diesen Kreis herum treiben, und die Insassen des Raumschiffs sind gewichtlos, befinden sich im freien Fall und verspüren überhaupt keine Fliehkraft.

Das ist etwas ganz anderes als die Schwerelosigkeit, die Astronauten verspüren, wenn sie in einer Bahn rund um die Erde frei fallen. Die Astronauten und ihr Raumfahrzeug fallen dann in einer natürlichen Bahn einfach unter dem Einfluß der Schwerkraft. Doch unsere hypothetischen Erforscher des

Schwarzen Lochs zwingen ihr Raumfahrzeug durch ständiges Zünden der Raketenmotoren in eine unnatürliche Bahn. Dennoch sind sie nach wie vor ohne Gewicht.

Für andere Kreisbahnen gibt es nur eine Geschwindigkeit, bei der die Fliehkraft die Schwerkraft aufhebt und bei der das Raumschiff auf seiner Bahn bleibt, ohne daß die Motoren gezündet werden, so wie ein Raumschiff, das eine Kreisbahn um die Erde beschreibt. Auf dieser Bahn sind die Insassen des Raumfahrzeugs gewichtlos.

Für alle anderen Bahngeschwindigkeiten müssen die Raketenmotoren ständig eingesetzt werden, damit der Abstand von der Zentralmasse immer gleichbleibt und das Raumschiff mit der entsprechenden Kraft hinein- oder hinausgedrückt werden kann. Unter diesen Bedingungen spüren die Insassen, wie eine Fliehkraft sie gegen eine der Wände des Raumfahrzeugs preßt. Doch auf diesen besonderen Photonenbahnen müssen die Motoren nur eingesetzt werden, um die gravitationsbedingte Zugwirkung der zentralen Masse auszugleichen. Sobald das erreicht ist, kann das Raumfahrzeug mit jeder beliebigen Geschwindigkeit im freien Fall die Kreisbahn umsegeln.

Innerhalb dieser kreisförmigen Photonenbahn verstärkt die Fliehkraft jedoch den nach innen wirkenden Zug der Schwerkraft. Die nach außen wirkende Kraft, die aufgewandt werden muß, damit das Raumschiff auf einer Kreisbahn bleibt, wird größer, wenn die Geschwindigkeit des Raumschiffs auf dieser Bahn steigt. Die Insassen dieses in schneller Bewegung befindlichen Raumschiffs werden nicht durch die Fliehkraft nach außen gedrückt, sondern nach innen gesaugt. Mit anderen Worten: Die Fliehkraft wirkt immer so, daß sie die Teilchen auf einer Umlaufbahn von den kreisförmigen Photonenbahnen abstößt.

Für die Wissenschaftler, die sich mit der Relativitätstheorie beschäftigen, ist das von mehr als esoterischem Interesse. An Schwarzen Löchern hat man bisher im Universum nur die vom Typ Cygnus X-1 identifiziert, die Masse verschlingen, so wie sie durch Gezeitenkräfte von einem Begleitstern abgezogen wird. Diese Masse fällt in das Schwarze Loch und bildet dabei eine wirbelnde Akkretionsscheibe, in der sehr hohe Temperaturen entstehen und Röntgenstrahlung erzeugt wird. Und diese Röntgenstrahlung zeigt den Beobachtern auf der Erde, daß da ein Schwarzes Loch ist.

Doch wie speist die Akkretionsscheibe Materie in das Loch? Nach den neuen Erkenntnissen von Abramovicz und seinen Kollegen geht es so: Sobald das Material die Region der kreisförmigen Photonenbahn überschritten hat, wird es durch Rotation in das Loch hineingezwungen, gleichgültig, wie schnell es seine Bahn beschreibt. Es ist so, als ob man den Tee in der Tasse umrührt; der Tee drängt sich nicht an die Außenseite und bildet dort eine konkave Oberfläche, sondern in der Mitte, und bildet dort einen Höcker. Ähnliche Prozesse laufen in der Akkretionsscheibe in der Umgebung eines Schwarzen Lochs ab und beeinflussen die Röntgenstrahlenerzeugung durch die Quelle; in künftigen Beobachtungen könnten also die Auswirkungen einer Umkehr der Fliehkraft festgestellt werden, ohne daß sich furchtlose Astronauten in eine Bahn dicht um ein Schwarzes Loch begeben und dort entsprechende Messungen durchführen müßten.

Doch die Umkehrung der Fliehkraft ist nicht die einzige Absonderlichkeit, die solche Raumfahrer dort messen könnten. Wenn sie sich ein genügend großes Schwarzes Loch aussuchten, in dem die in der Nähe des Ereignishorizonts wirkenden Gezeitenkräfte nicht zu extrem sind, könnten sie, ohne den Ereignishorizont zu überqueren, die Region mit der verzerrten Raum-Zeit in der Umgebung des Schwarzen Lochs zu wiederholten Reisen durch die Zeit nutzen – doch nur in einer Richtung, in die Zukunft.

## Eine Zeitmaschine für einfache Fahrt

Die Rolle der Schwerkraft bei der Abbremsung des Zeitablaufs in der Nähe eines Schwarzen Lochs ist nicht umstritten. Es ist einfach eine extremere Version der Verzerrung der

Raum-Zeit, die man schon gemessen hat, besonders bei der gravitationsbedingten Rotverschiebung des Lichts, das von Weißen Zwergen ausgeht.

Ich habe weiter oben die gravitationsbedingte Rotverschiebung als Energieverlust des Lichts beschrieben, das sich aus dem Gravitationstopf eines sehr dichten Objekts heraus bewegt. Dieser gravitationsbedingte Zeitdehnungseffekt liefert uns jedoch noch eine andere Sichtweise der Vorgänge. Danach kann das Licht selbst als Uhr verwendet werden. Da sich Licht mit der konstanten Geschwindigkeit von 300 000 Kilometern in der Sekunde ausbreitet, kann man anhand von Licht mit einer bestimmten Wellenlänge den Zeitablauf messen. Die elektromagnetischen Wellen, aus denen das Licht besteht, sind, wie Maxwell gezeigt hat, oszillierende elektrische Felder und Magnetfelder. Wenn wir aus Gründen der Vereinfachung nur eine der beiden Komponenten nehmen, läßt sich eine solche Welle auf ihrer Bewegung durch den Raum mit einer Wellenlinie darstellen, wie sie in Abb. 5.8 zu sehen ist. Die Wellenamplitude ist ein Maß für die Oszillationsstärke, und die Wellenlänge ist der Abstand von einem Oszillationsabstand zum nächsten. Wenn man sich jetzt vorstellt, wie die Welle an einem vorbeizieht und einfach die dabei aufeinanderfolgenden Maxima abzählt, sieht man, daß die Zeit zwischen jeweils zwei Maxima einfach die durch die Lichtgeschwindigkeit dividierte Wellenlänge ist. Man kann sich jedes Wellenmaximum als ein kleines Energieflackern vorstellen, und bei Licht von einer bestimmten Wellenlänge (einer bestimmten Farbe) folgen diese Flackersignale in regelmäßigen Raum-Zeit-Intervallen aufeinander wie das Ticken einer perfekten Uhr. So wird übrigens die Länge einer Zeiteinheit, die wir Sekunde nennen, definiert.

Ursprünglich war die Sekunde in Abhängigkeit von der Erdumdrehung, der grundlegenden astronomischen »Uhr«, bestimmt gewesen. Die Minute hat sechzig Sekunden, die Stunde sechzig Minuten, der Tag vierundzwanzig Stunden; mithin wurde eine Sekunde als das 1/86400-fache der Dauer eines Tages definiert. Die Länge eines Tages ändert sich im Verlauf eines Jahres geringfügig, wenn sich die Erde um die Sonne bewegt. Über längere Zeiten hinweg betrachtet, nimmt die Drehung der Erde allmählich ab; es gibt aber auch eratische Veränderungen, wenn zum Beispiel unser Planet durch große Erdbeben erschüttert wird. Insgesamt ist die Erdumdrehung bei weitem kein perfekter Zeitmesser. Deshalb wird die Sekunde jetzt in Abhängigkeit von der Frequenz einer besonders reinen Wellenlänge einer von Cäsiumatomen ausgesandten Strahlung definiert; eine Sekunde ist die Zeit, die diese besondere elektromagnetische Welle braucht, um 9 192 631 770 mal zu flackern. Diese Zeitdefini-

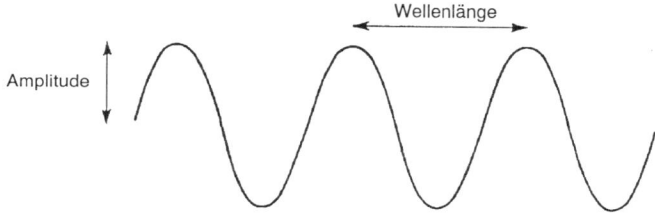

*Abbildung 5.8 Eine Welle*

tion hat uns auch den Ausdruck »Atomuhren« beschert; dabei handelt es sich in Wirklichkeit um Lichtuhren. Alle unsere Zeitsignale stammen heute letzten Endes aus solchen Uhren, und wenn man seine Uhr nach dem Zeitzeichen im Radio stellt, paßt man sie dem »Ticken« des Lichts von Cäsiumatomen an. Doch die Erde selbst ist weiterhin ein sehr willkürlicher Zeitmesser, während es uns doch darauf ankommt, daß unsere Uhren im täglichen Gebrauch auch Mittag anzeigen, wenn die Sonne am höchsten am Himmel steht. Während also die Erde gegenüber der Atomzeit etwas aus dem Takt gerät, berücksichtigen die amtlichen Zeitzeichen, wie im Rundfunk, gelegentlich eine »Schaltsekunde«, die alles wieder in Ordnung bringt und sicherstellt, daß die Anzeige

Mittag auf Ihrer Uhr nie mehr als eine Sekunde von dem Zeitpunkt abweicht, an dem die Sonne am höchsten am Himmel steht (natürlich vorausgesetzt, daß Sie Ihre Uhr richtig gestellt haben und die Uhr auch richtig geht). Bei der Erörterung der Rotverschiebung kommt es allerdings darauf an, daß alle Sekunden genau gleich lang sind, und daß die Sekunde in Abhängigkeit von der Schwingungsfrequenz elektromagnetischer Wellen, also vom Licht, definiert ist.

Jetzt arbeiten wir damit bei Messungen in der Nähe eines Schwarzen Lochs. Astronauten, die sich in der Nähe eines Schwarzen Lochs bewegen, könnten eine Cäsiumuhr mitführen. Sie mäßen damit die Wellenlänge der richtigen elektromagnetischen Strahlung der Atome und stellten fest, daß sie genau der Messung zu Hause auf der Erde entspräche. Sie stellten also fröhlich ihre Uhren nach den Schwingungen der Lichtwellenlänge und gingen, wie üblich, an ihr Tagewerk. Doch wenn die von den Cäsiumatomen ausgehende Strahlung aus der Umgebung des Schwarzen Lochs abgestrahlt und von den Beobachtern draußen in der Region der ebenen Raum-Zeit aufgenommen werden würde, müßten sie feststellen, daß sie wegen der gravitationsbedingten Rotverschiebung eine längere Wellenlänge als die äquivalente Strahlung aus denselben Atomen auf der Erde bekommen hätten, oder von Cäsiumatomuhren im Raumfahrzeug der Beobachter. Mit anderen Worten: Die Zeit zwischen zwei aufeinanderfolgenden Energieflackersignalen wäre in rotverschobenem Licht länger. In der Zeit, in der 9 192 631 770 Flackersignale von der Atomuhr unten in der Nähe des Schwarzen Lochs an den Beobachtern draußen in der ebenen Raum-Zeit vorbeigingen, wäre nach den Uhren draußen in der Region der ebenen Raum-Zeit viel mehr Zeit verstrichen als eine Sekunde. Im Vergleich zu den Abläufen in der ebenen Raum-Zeit würden die Astronauten in der Region eines starken Schwerefeldes in der Nähe des Schwarzen Loches langsamer leben.

Alles, was an Bord ihres Raumschiffes abliefe, käme ihnen jedoch normal vor. Sie würden sogar behaupten, daß die

Beobachter draußen in der ebenen Raum-Zeit ein beschleunigtes Leben führten. Wenn das Licht von den Cäsiumatomen der Uhren dieser Beobachter hinunter in die Region gerade oberhalb des Schwarzen Lochs gestrahlt werden würde, bekäme es ja Energie aus dem Gravitationsfeld zugeführt und machte deshalb eine Blauverschiebung hin zu höheren Energien und mithin kürzeren Wellenlängen, entsprechend höheren Frequenzen also, durch. Wenn die Astronauten dieses ankommende Licht mit der Strahlung aus ihren eigenen Uhren verglichen, kämen sie zu dem Schluß, daß die Zeit im Universum draußen schnell abliefe.

Beide Sichtweisen wären richtig. Wenn die Astronauten jetzt ihre Raketen zündeten und sich aus der Region der stark verzerrten Raum-Zeit entfernten, um ihre Uhren mit den Beobachtern zu vergleichen, so würden die Uhren, die mit den Astronauten hinunter in die Nähe des Schwarzen Lochs gereist wären, zeigen, daß weniger Zeit verstrichen war, während die Uhren, die mit den Beobachtern in der ebenen Raum-Zeit verblieben wären, angeben würden, daß mehr Zeit verstrichen war. Außerdem wären die Astronauten buchstäblich weniger gealtert als die Beobachter. Diese ganze Sache mit der Zeitdehnung ist keinesfalls eine Illusion, die nur dadurch verursacht wird, wie wir die Zeit messen. Wenn wir uns dafür entscheiden, die Zeit in Abhängigkeit von den Umdrehungen der Erde zu messen, hat das auf das Universum insgesamt keinen Einfluß; messen wir jedoch die Zeit im Hinblick auf die Schwingungen elektromagnetischer Wellen, dann ist das eine wahrhaft grundlegende Entscheidung, denn so mißt auch das Universum selbst das Licht. Das Licht stellt, wie Einstein merkte, das einzige, unerläßliche, unfehlbare, grundlegende Maß sowohl für Länge als auch für Zeit im Universum dar. Wenn Sie sich nicht mit der Vorstellung vertraut machen können, daß die Astronauten, die die Region knapp oberhalb des Ereignishorizonts besucht haben, hinterher weniger gealtert sind als die Beobachter, die in der ebenen Raum-Zeit geblieben sind, denken Sie daran, daß diese Astronauten und Beobachter selbst auch aus

Atomen bestehen. Wenn die Schwerkraft beeinflußt, wie Cäsiumatome Licht erzeugen, ist es natürlich nicht erstaunlich, daß die Schwerkraft auch einen Einfluß darauf ausübt, wie sich Atome in lebenden Körpern verhalten. In der Region einer Raum-Zeit nahe einem Schwarzen Loch läuft die Zeit wirklich langsam ab.

Deshalb kann man ein schönes, großes Schwarzes Loch auch als Zeitmaschine benutzen, die allerdings nur in eine Richtung funktioniert. Je länger die Astronauten in der Nähe des Ereignishorizonts verbringen, je dichter sie herangehen, um so stärker der Effekt. Man braucht nicht einmal übermäßig leistungsfähige Raketen, um sich diesen Effekt zunutze zu machen, denn die Astronauten könnten ja auch mit überlegt eingesetzten kurzen Gasstößen ihrer Raketen das Raumschiff so steuern, daß es auf eine offene Bahn hinunter in die Region der stark verzerrten Raum-Zeit fiele und die Beobachter in einer Raumstation zurückblieben, die sich auf einer Kreisbahn weit weg vom Schwarzen Loch befände. Das sinkende Raumschiff würde sich im freien Fall nähern und durch die Schwerkraft des Schwarzen Lochs bis zum Punkt der größten Nähe beschleunigen. Dann würde es sich ganz knapp (immer noch im freien Fall, doch vielleicht auch unter Bildung einiger schwindelerregender Gezeiteneffekte) um das Loch herum bewegen und wieder aufsteigen, dabei aber die ganze Zeit durch die Schwerkraft abgebremst werden. Auf dem Punkt größter Entfernung vom Loch könnten die Astronauten ihre Raketen wieder kurz zünden und damit das Raumschiff längs der Raumstation der Beobachter bringen, die in einer Bahn weit oben geblieben wären; und jetzt könnte man die Uhren vergleichen. Wenn man den richtigen Weg um das Schwarze Loch herum wählt, könnte eine solche Reise, die nach den Uhren im sinkenden Raumschiff vielleicht ein paar Stunden dauerte, dem Universum draußen zufolge beliebig lange dauern, hundert Jahre, tausend Jahre, auch noch länger. Außerdem könnten die Astronauten diesen Vorgang beliebig oft wiederholen und so Jahrhunderte oder Jahrtausende in die Zukunft springen. In einem solchen

Szenario wären die Beobachter, die sie bei jedem Besuch in der Region der ebenen Raum-Zeit träfen, nicht dieselben Beobachter, die sie auf ihre erste Fahrt verabschiedet hätten. Diese Beobachter wären längst an Altersschwäche gestorben und durch viele aufeinanderfolgende Generationen neuer Beobachter ersetzt worden.

Das klingt nach Science Fiction, und der Grundgedanke ist auch in vielen Science-Fiction-Geschichten verwandt worden. Dennoch handelt es sich dabei um völlig nüchterne wissenschaftliche Tatsachen. Der einzige Haken (und deshalb sind diese Geschichten schließlich doch Science Fiction, also etwas Ausgedachtes): Wenn sie diese Zeitmaschine, die nur in einer Richtung funktioniert, nutzen wollten, müßten sie erst einmal ein sehr massives Schwarzes Loch finden und dann dorthin reisen, um Gezeitenprobleme zu vermeiden. Das nächste Schwarze Loch, dessen Größe wahrscheinlich ausreicht, liegt im Zentrum der Milchstraße über dreißigtausend Lichtjahre von uns entfernt. Selbst das Licht braucht über dreißigtausend Jahre, bis es uns aus der Umgebung der nächsten nutzbaren Einweg-Zeitmaschine erreicht. Da nichts schneller dorthin gelangt als das Licht, müßten wir, wenn wir uns diese Möglichkeit zunutze machen wollten, einen Abkürzungsweg durch den Raum finden, damit wir in einer kürzeren Zeit dorthin kämen. Auch dieses Instrument kennen wir natürlich aus Science-Fiction-Romanen: Es ist das Konzept von Tunneln durch den »Hyperraum«. Aber man glaubt es kaum: Auch dieser Gedanke stützt sich auf solide wissenschaftliche Tatsachen.

**Kapitel 6**

# Verbindungen im Hyperraum

*Als Science Fiction zur Tatsache wurde. Weiße Löcher, Wurmlöcher und Tunnel durch die Raum-Zeit; Reisen in andere Universen und in unsere eigene Vergangenheit. Der Blauverschiebungsblock – und wie man ihn umgeht. Mit Hilfe der Antigravitations-Strings wird dem Hyperraum die Kehle geöffnet.*

Als der Astronom Carl Sagan einen Science-Fiction-Roman schreiben wollte, brauchte er eine ausgedachte Einrichtung, mit der seine Figuren große Entfernungen im Universum zurücklegen konnten. Er wußte natürlich, daß sich nichts schneller als das Licht ausbreiten kann, und er kannte auch die allgemeine Absprache in der Science Fiction, wonach Autoren die Schwierigkeit mit einer eigenen Erfindung umgingen: einer Abkürzung durch den »Hyperraum«.

Als Naturwissenschaftler schwebte Sagan jedoch etwas vor, das sich von solchen gängigen Krücken abhob. Konnte man das Gerede vom »Hyperraum« in Science Fiction nicht mit einem Mäntelchen solide klingender, wissenschaftlicher Aussagen bedecken? Sagan wußte es nicht, denn sein Fachgebiet sind weder Schwarze Löcher noch die allgemeine Relativitätstheorie, sondern Untersuchungen an Planeten. Aber er wußte, an wen er sich um Rat wenden konnte, wenn er mehr über die erkennbar unmögliche Idee von Hyperraumverbindungen durch die Raum-Zeit wissen wollte, um das Konzept in seinem Buch *Contact* wissenschaftlich plausibler erscheinen zu lassen.

Im Sommer 1985 wandte sich Sagan an Kip Thorne im California Institute of Technology um Rat. Thorne war von der Fragestellung immerhin so gefesselt, daß er zwei Doktoranden, Michael Morris und Ulvi Yurtsever, damit beauftragte, das physikalische Verhalten der von Relativitätstheoretikern »Wurmlöcher« genannten Strukturen etwas ausführlicher zu erforschen. Damals, um die Mitte der achtziger Jahre, hatten die Vertreter der Relativitätstheorie längst gemerkt, daß nach den Gleichungen der allgemeinen Relativitätstheorie solche Verbindungen durch den Hyperraum möglich waren. Sie sind sogar ein fester Bestandteil der Schwarzschildschen Lösung von Einsteins Gleichungen, und Einstein selbst hatte zusammen mit Nathan Rosen in den dreißiger Jahren in Princeton entdeckt, daß die Schwarzschild-Lösung in Wirklichkeit ein Schwarzes Loch als Brücke zwischen zwei Regionen der ebenen Raum-Zeit darstellt – eine »Einstein-Rosen-Brücke«. Das hängt mit den in Kapitel 5 erwähnten zwei Lösungen für die Gleichungen zusammen. Doch bevor Sagan die Geschichte wieder aufgriff, hatte sich der Eindruck durchgesetzt, daß derartige Verbindungen durch den Hyperraum physikalisch bedeutungslos waren und grundsätzlich niemals als Abkürzungen auf der Reise von einem Teil des Universums in einen anderen dienen konnten.

Morris und Yurtsever stellten fest, daß diese weit verbreitete Überzeugung nicht stimmt. Sie packten die Frage am mathematischen Ende an und konstruierten eine Raum-Zeit-Geometrie, die Sagans geforderten Wurmloch entsprach, durch das Menschen physisch reisen konnten. Erst danach untersuchten sie die Physik, um festzustellen, wie man die bekannten physikalischen Gesetze biegen konnte, um die geforderte Geometrie herzustellen. Zu ihrer großen Überraschung, und zur höchsten Freude von Sagan fiel ihnen eine solche Möglichkeit ein (Thorne war von der Entdeckung wahrscheinlich nicht sonderlich überrascht; Morris erinnert sich an seinen Eindruck, daß Thorne die Antwort wahrscheinlich schon kannte, als er seine beiden Studenten an diese Aufgabe setzte; dennoch brauchte Morris ein paar Wochen, bis er anhand der vielen Hinweise von Thorne ans Ziel kam.). Gewiß nehmen sich die physikalischen Bedingungen sehr gesucht und wenig plausibel aus. Doch darauf kommt es gar nicht an. Wichtig ist vielmehr die Feststellung, daß nichts in den physikalischen Gesetzen eine Reise durch die Wurmlöcher verbietet. Die Autoren so vieler Zukunftsromane hatten recht: Mindestens theoretisch bieten Verbindungen durch den Hyperraum eine Möglichkeit, entlegene Bereiche des Universums aufzusuchen, ohne daß man Jahrtausende durch den normalen ebenen Raum mit weniger als Lichtgeschwindigkeit zu tuckern braucht.

Die Schlußfolgerungen des Cal Tech-Teams erschienen denn auch als wissenschaftlich genaue Garnierung in Sagans Roman, als dieser 1986 erschien. Doch wohl nur wenige Leser konnten bei der Lektüre nachvollziehen, daß das »wissenschaftliche Geschreibsel« zum größten Teil fest auf den jüngsten Entdeckungen der mathematischen Relativitätstheoretiker beruhte. Zudem hat die Entdeckung von Gleichungen, die physikalisch zulässige, durchquerbare Wurmlöcher beschreiben, zu einer boomenden Heimindustrie von Mathematikern geführt, die diese merkwürdigen Phänomene untersuchen. Seinen Anfang nimmt alles bei der Einstein-Rosen-Brücke, und ehe wir uns mit den erstaunlichen Entdeckungen von Thorne und seinen Studenten näher vertraut machen, müssen wir uns erst einmal den 1985, als Sagan seine Frage stellte, gültigen Stand der Wissenschaft ansehen, demzufolge Wurmlöcher physikalisch bedeutungslose Phantasieprodukte der Mathematik waren.

## Die Einstein-Verbindung

Eine der vielen Merkwürdigkeiten in der Geschichte der Naturwissenschaften, und ein gutes Beispiel dafür, daß man die Geschichte der Schwarzen Löcher unmöglich erzählen kann, ohne im chronologischen Ablauf hin und her zu springen, ist die Feststellung, daß Raum-Zeit-Wurmlöcher von mathematischen Deutern der Relativitätstheorie schon ausführlichst untersucht wurden, bevor überhaupt jemand den Begriff Schwarze Löcher ernst nahm. Schon 1916, knapp ein Jahr, nachdem Einstein seine Gleichungen der allgemeinen Relativitätstheorie formulierte, war der Österreicher Ludwig Flamm zu der Erkenntnis gekommen, daß Schwarzschilds Lösung von Einsteins Gleichungen in Wirklichkeit ein Wurmloch beschreibt, das zwei Regionen der ebenen Raum-Zeit, also zwei Universen, beschreibt. In den folgenden Jahrzehnten wurde gelegentlich immer einmal wieder über die Beschaffenheit dieser Wurmlöcher spekuliert; die bekanntesten Forscher, die zu dieser Diskussion beitrugen, waren Hermann Weyl in den Zwanzigern (Weyl war ein deutscher Mathematiker, der in Göttingen, Riemanns alter Heimatstadt, studiert hatte und sich mit der Riemannschen Geometrie als Spezialfach beschäftigte), Einstein und Rosen Mitte der dreißiger Jahre und John Wheeler in den fünfziger Jahren. Allerdings interessierten sie sich nicht für die großen, durchquerbaren Wurmlöcher, wie sie bald in der Science Fiction auftauchten (die sogenannten »makroskopischen« Wurmlöcher).

Das Interesse an Wurmlöchern entstand, als sich die Menschen Gedanken über die Beschaffenheit der Elementarteilchen, zum Beispiel der Elektronen machten. Wenn ein Elektron buchstäblich als Materiepunkt existierte, dann mußte man die Raum-Zeit in der Umgebung dieses Punktes korrekt mit Hilfe der Schwarzschildschen Metrik beschreiben, also einschließlich eines winzigen Wurmlochs (aus offenkundigen Gründen als »mikroskopisches« Wurmloch bezeichnet), das eine Verbindung zu einem anderen Universum liefert. Die oben erwähnten Theoretiker und andere überlegten sich, ob alle Elementarteilchen nun tatsächlich mikroskopische Wurmlöcher waren, und ob Eigenschaften, wie zum Beispiel die elektrische Ladung, vielleicht deshalb gegeben waren, weil Kraftfelder (in diesem Fall das elektrische Feld) vom anderen Universum durch die Wurmlöcher gefädelt wurden. Solche Gedanken sagten Einstein und anderen Erforschern der Relativitätstheorie sehr zu, denn mit ihnen ließ sich der Aufbau der Materie eher als Struktur von Partikeln deuten, die schließlich die Produkte einer gekrümmten Raum-Zeit sind, mit anderen Worten, alles ließ sich mit der allgemeinen Relativität erläutern.

Ihre Hoffnungen erfüllten sich jedoch nicht, obwohl (wie wir in Kapitel 8 noch sehen werden) eine verblüffende Variation zu diesem Thema in den neunziger Jahren wiederum das Interesse der Theoretiker erregte. Was diese bahnbrechenden Erforscher der Relativitätstheorie jedoch von Anfang an feststellten, war die Aussage, daß Schwarzschild-Wurmlöcher keine Möglichkeit bieten, von einem Universum mit einem anderen zu kommunizieren.

In ihrer modernen Form läßt sich diese Aufgabe ohne weiteres als Penrose-Diagramm darstellen, wie etwa in Abbildung 6.1. Ein Schwarzschild-Wurmloch oder eine Einstein-Rosen-Brücke, die die beiden Universen verbindet, läßt sich

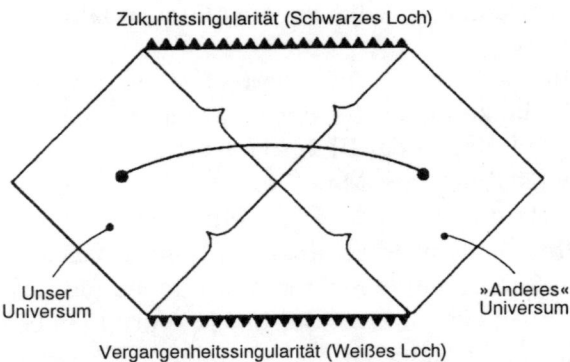

*Abbildung 6.1* Wenn man von einem Universum in das andere reisen wollte, müßte man »über die Seite« reisen. Dazu gehört eine Bewegung in einem Winkel von weniger als 45 Grad, also schneller als mit Lichtgeschwindigkeit. Auf den ersten Blick scheint das unmöglich zu sein.

durch eine über die Seite gezogene Linie darstellen, die die beiden Seiten des Diagramms miteinander verbindet. Nun darf nicht vergessen werden, daß die Diagonalen auf einem solchen Diagramm der Bewegung mit Lichtgeschwindigkeit entsprechen, und daß Linien, die flachere Winkel beschreiben, einer Bewegung mit mehr als der Lichtgeschwindigkeit entsprechen.

Um eine Einstein-Rosen-Brücke von einem Universum in ein anderes zu durchqueren, müßte sich ein Reisender in irgendeinem Stadium der Reise schneller als das Licht bewegen, gleichgültig mit welcher welligen Linie man die beiden Universen miteinander verbindet. Diese Art Wurmloch weist außerdem noch eine häßliche Eigenschaft auf: Es ist instabil. Wenn man sich vorstellt, daß die von einer großen Masse, beispielsweise der Sonne, in der Raum-Zeit hervorgerufene »Delle« in ein Volumen gedrängt wird, das nur wenig größer als seine entsprechende Schwarzschild-Kugel ist, bekommt man ein »Einschlußdiagramm«, wie in Abbildung 6.2. Die Schwarzschild-Geometrie weist ein erstaunliches Merkmal auf: Wenn man die Masse so weit einschrumpfen läßt, daß sie innerhalb des Schwarzschild-Radius liegt, bekommt man

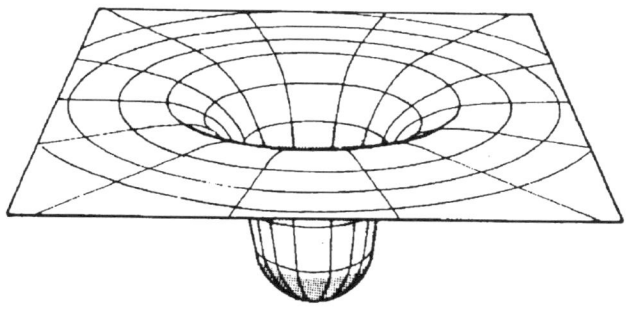

*Abbildung 6.2 Eine Erinnerung an das »Einschluß-diagramm«, das darstellt, wie ein Objekt, wie zum Beispiel die Sonne, die Raum-Zeit verzerrt.*

nicht einfach eine bodenlose Grube wie in Abbildung 6.3, sondern der Boden dieses Einschlußdiagramms öffnet sich und stellt die Verbindung mit einer weiteren Region der ebenen Raum-Zeit dar (Abb. 6.4). Dieser schöne offene Ansatz,

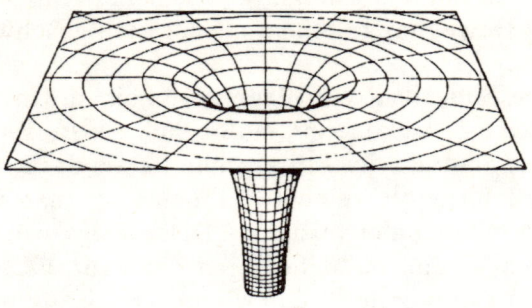

*Abbildung 6.3* Wir stellen uns ein Schwarzes Loch gewöhnlich als die extreme Darstellung eines Einschlußdiagramms, buchstäblich mit einem Loch in der Struktur der Raum-Zeit, vor.

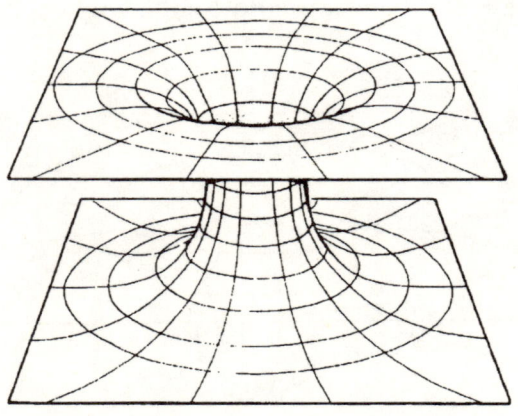

*Abbildung 6.4* Doch in die Gleichungen ist eine zusätzliche Version der Raum-Zeit eingebaut. Ein Schwarzes Loch ist eigentlich eine Art Schlund – oder ein »Wurmloch« – und verbindet zwei Universen.

der die Verheißung von Reisen zwischen den Universen bietet, besteht leider nur Sekundenbruchteile. Wenn wir uns wiederum eine Darstellung in der Art eines Penrose-Diagramms ansehen, können wir es nach verschiedenen Zeiträumen durchschneiden (die »Vergangenheit« befindet sich unten im Diagramm, während die »Zukunft« oben liegt) und dann ein Einschlußdiagramm entsprechend jedem Raumschnitt zeichnen (Abb. 6.5). Daraus wird ersichtlich, daß

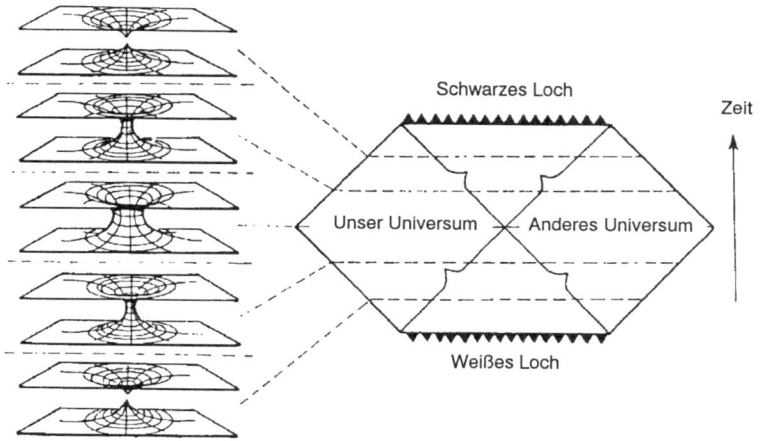

**Abbildung 6.5** *Der Haken steckt darin, daß die in Abb. 6.4 dargestellte Situation eigentlich nur eine Momentaufnahme des Wurmlochs ist. Im Lauf der Zeit öffnet sich das Wurmloch und schließt sich dann ganz schnell wieder. Das geht so rasch vor sich, daß nichts, nicht einmal Licht, hindurchtreten kann.*

sich der Schwarzschild-Hals aus zwei Verzerrungen in gegenüberliegenden Regionen des ebenen Raums bildet, die aufeinander zu wachsen, kurz zusammenwachsen, ihre volle Größe erreichen und sich öffnen, dann wieder voneinander abrücken, sich trennen und voneinander lösen. Ein Schwarzes Loch von der Masse unserer Sonne braucht für die gesamte Ausbildung des Wurmlochs vom getrennten Zustand im Zusammenhang mit der Singularität in der Vergangenheit über den Schwarzschild-Hals-Zustand bis hin zum getrennten Zustand entsprechend der Singularität in der Zukunft nicht einmal eine Zehntausendstel Sekunde, wie es mit Uhren innerhalb des Schwarzen Lochs zu messen wäre. Das Wurmloch selbst besteht nicht einmal so lange, daß das Licht von einem Universum ins andere dringen könnte. Die Schwerkraft schlägt die Tür zwischen den Universen zu.

Das ist besonders enttäuschend, denn wenn man die schnelle Ausbildung des Wurmlochs einmal beiseite läßt und sich nur die Geometrie in dem Moment ansieht, in dem dieser Hals weit offen ist, hat man den Eindruck, als ob solche Wurmlöcher vielleicht nicht nur getrennte Universen, sondern getrennte Bereiche unseres Universums miteinander verbinden könnten. Der Raum ist vielleicht in der Nähe jeder Mündung des Wurmlochs eben, jedoch weiter weg vom Wurmloch in einer schwachen Krümmung gebogen, so daß die Verbindung in Wirklichkeit eine Abkürzung von einem Teil des Universums in einen anderen darstellt (Abb. 6.6). Wenn man in Gedanken diese Geometrie auseinander faltet

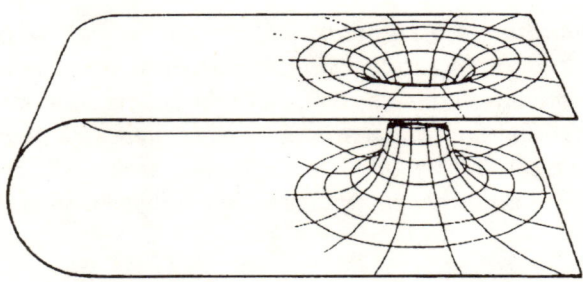

*Abbildung 6.6 Wenn es eine Möglichkeit gäbe, ein Wurmloch offen zu halten, könnte dies vielleicht eine Abkürzung von einer Region unseres Universums in eine andere darstellen.*

und das ganze Universum bis auf die Umgebung der Wurmlochöffnungen eben gestaltet, bekommt man etwas Ähnliches wie Abb. 6.7 heraus, in der ein gekrümmtes Wurmloch zwei getrennte Bereiche eines vollständig ebenen Universums miteinander verbindet; dabei darf man sich nicht dadurch täuschen lassen, daß auf dieser Zeichnung der Abstand

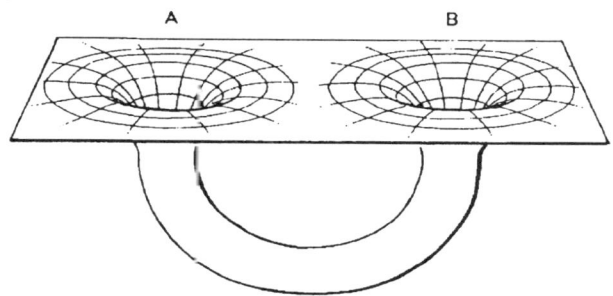

*Abbildung 6.7 In vier Dimensionen ist das Wurmloch immer noch eine Abkürzung, selbst wenn es bei unserer Zeichnung auf dem Papier so aussieht, als sei es eher ein Umweg.*

von einer Öffnung zur anderen durch das Wurmloch hindurch länger zu sein scheint als der Abstand von einer Öffnung zur anderen durch den normalen Raum. Bei der üblichen vierdimensionalen Behandlung kann selbst ein so gekrümmtes Wurmloch immer noch eine Abkürzung von A nach B bedeuten.

Das könnte zumindest so sein, wenn das Wurmloch lang genug offen bliebe und wenn der Durchgang durch das Wurmloch nicht eine Bewegung mit mehr als der Lichtgeschwindigkeit erforderte. Das zweite Problem leitet sich unmittelbar daraus ab, daß die künftige Singularität im Penrose-Diagramm eines Schwarzschildschen Schwarzen Lochs horizontal über der Seite ausgebreitet liegt, so daß alles (oder jeder), das (oder der) den Ereignishorizont überquert, gar keine andere Wahl hat, als in die Singularität hinein zu stürzen. Damit sind wir jedoch noch längst nicht am Ende der Geschichte von den Verbindungen durch den Hyperraum. Ein einfaches Schwarzschildsches Schwarzes Loch hat keine elektrische Gesamtladung und rotiert auch nicht. Wenn man nun entweder eine elektrische Ladung oder eine Rotation zu einem Schwarzen Loch hinzu addiert, verwandelt man damit die Beschaffenheit der Singularität und öffnet die Tür zu anderen Universen und macht diese Reise möglich, und dabei kann man mit weniger als Lichtgeschwindigkeit reisen.

## Durch den Hyperraum eilen

Daß elektrisch geladene Schwarze Löcher existieren, gilt nicht als sehr wahrscheinlich. Wenn ein Schwarzes Loch irgendwie eine starke positive Ladung aufgebaut hätte, würde es sich selbst bald wieder neutralisieren, weil es aus seiner Umgebung negativ geladene Teilchen (wie zum Beispiel Elektronen) verschlänge und gleichzeitig alle zusätzlich positiv geladenen Teilchen abstieße, die ihm in den Weg kämen. Andererseits gilt es aber auch nicht als sonderlich wahrscheinlich, daß wirkliche Schwarze Löcher keinen Drehimpuls aufweisen; sie müssen sich gewiß drehen, und je kompakter sie sind, um so schneller dürften sie sich wohl drehen.

Eine Vorstellung davon, wie Schwarze Löcher tatsächlich Tore zu anderen Universen darstellen können, macht man sich am einfachsten, wenn man sich zunächst den idealisierten und unwahrscheinlichen Fall eines elektrisch geladenen nicht-rotierenden Schwarzen Lochs ansieht. So haben auch die Erforscher der Relativitätstheorie mit ihrer Untersuchung dieser Phänomene angefangen. Auch diese Pioniere waren schon am Werk, bevor die Tinte auf Einsteins endgültiger Fassung der Gleichungen in der allgemeinen Relativitätstheorie trocken war, als der Erste Weltkrieg noch in Europa wütete.

Die Beschreibung der Raum-Zeit-Struktur in der Nähe eines geladenen (jedoch nicht rotierenden) Schwarzen Lochs heißt Reissner-Nordstrøm-Geometrie; im Gegensatz zu Einstein und Rosen arbeiteten jedoch Reisner und Nordstrøm nicht zusammen. Heinrich Reisner in Deutschland lag zunächst daneben, als er 1916 eine Arbeit über die Selbstgravitation elektrischer Felder im Zusammenhang mit Einsteins Theorie veröffentlichte; der Finne Gunnar Nordstrøm fügte seinen Beitrag 1918 hinzu. Doch obwohl die beiden Forscher nicht zusammenarbeiteten, hingen ihre Name auf den Seiten der Lehrbücher über die Relativitätstheorie fest zusammen. Wiederum läßt sich die Bedeutung ihrer Entdeckungen am besten mit Hilfe der üblichen optischen Krücke der Relativitätstheorie, des Penrose-Diagramms, darstellen.

Wenn man einem Schwarzen Loch eine elektrische Ladung zufügt, stattet man es mit einem zweiten Kraftfeld neben der Schwerkraft aus. Da gleichnamige Ladungen (alle positiven oder alle negativen) einander jedoch abstoßen, wirkt dieses elektrische Feld der Schwerkraft entgegen und versucht, das Schwarze Loch auseinander zu sprengen, nicht, es fester zusammen zu ziehen. Natürlich kann nichts dazu führen, daß das Schwarze Loch nach außen explodiert (es sei denn, die Hawking-Strahlung habe den Ereignishorizont selbst bis zum Nichts schrumpfen lassen). Das heißt jedoch immer noch nicht, daß es im Innern eines geladenen Schwarzen Lochs eine Kraft gibt, die gewissermaßen dem Schwerkraftzug nach innen entgegenwirkt. Daraus ergibt sich als wichtigste Folgerung, daß es einen zweiten Ereignishorizont gibt, der mit einem geladenen Schwarzen Loch zusammenhängt und innerhalb des Ereignishorizonts liegt, der mit dem Gravitationsfeld des Lochs verbunden ist.

Physikalisch heißt dies, daß es zwei Kugelflächen gibt, die die zentrale Singularität umgeben, wovon die eine in der anderen steckt und beide Stellen anzeigen, an denen die von einem entfernten Beobachter gemessene Zeit zum Stillstand kommt. Der äußere Ereignishorizont liegt der Singularität etwas näher als der Ereignishorizont für ein Schwarzes Loch mit derselben Masse, jedoch ohne elektrische Ladung. Der innere Ereignishorizont befindet sich dicht bei der Singularität, wenn das Loch nur eine geringe elektrische Ladung aufweist; er ist weiter weg, wenn die Ladung stärker ist. Wenn das Schwarze Loch über genügend elektrische Ladung verfügte, würde sich der innere Horizont grundsätzlich über den äußeren Ereignishorizont hinaus bewegen. Dann würden beide Horizonte verschwinden, und wir behielten eine nackte Singularität übrig. Dazu müßte einem Schwarzen Loch jedoch eine ungeheuer große elektrische Ladung zugeführt werden, und dazu läßt sich keine praktikable Möglichkeit vorstellen. Dennoch scheinen die Reisner-Norstrøm-Gleichungen das Prinzip der kosmischen Zensur außer Acht zu lassen. Noch seltsamer: Ein Astronaut würde auf einem kühnen Flug bis in die Nähe einer solchen Singularität nicht von dieser angezogen und von der Schwerkraft zerschmettert werden; die Reissner-Nordstrøm-Singularität stößt Objekte tatsächlich ab, die sich ihr zu sehr nähern, wirkt also als Anti-Schwerkraft-Bereich.

Aber damit stehen wir erst am Anfang der Merkwürdigkeiten geladener Schwarzer Löcher. Wir erinnern uns: Wenn man den Ereignishorizont eines Schwarzschildschen Schwarzen Loches überquert, kehren sich die Rollen von Raum und Zeit um. Infolgedessen ist die Weltlinie der Singularität in einem Penrose-Diagramm nicht die eines Punkts im Raum, der mit ablaufender Zeit senkrecht »die Seite hinauf« wandert. Wenn man den Horizont auf dem Weg in ein Schwarzes Loch überquerte, erstreckte sich stattdessen die Singularität über den ganzen Raum hinweg vor einem, und man müßte zwangsläufig hineinfallen. Fiele man jedoch in ein Schwarzes Loch vom Typ Reissner-Nordstrøm, so kehrten sich die Rollen von Raum und Zeit noch einmal um, wenn man den zweiten Ereignishorizont überquerte. Infolgedessen ist die Darstellung der Singularität im Penrose-Diagramm kein Querstrich über die Seite, sondern eine senkrechte Linie die Seite hinauf (Abb. 6.8). Wenn man sein Raumschiff sorgfältig navigierte, könnte man an der Singularität vorbei kommen, obwohl man immer mit weniger als der Lichtgeschwindigkeit reiste, und könnte auf dem Rückweg aus dem Schwarzen Loch die Ereignishorizonte noch einmal überqueren! Obwohl die Schwerkraft immer noch versucht, die Tür zu anderen Universen zu verschließen, hält

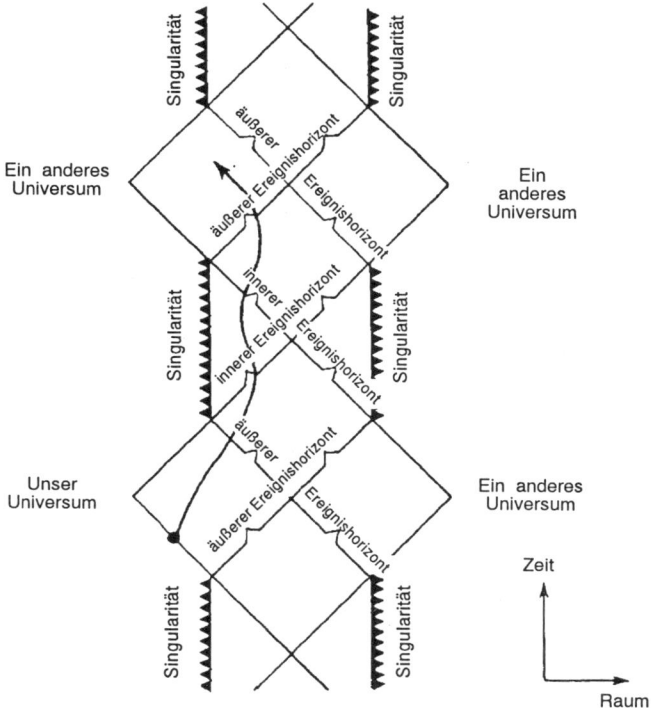

*Abbildung 6.8 Die Raum-Zeit-Karte eines elektrisch geladenen Schwarzen Lochs zeigt, wie das Loch viele Universen (oder viele Regionen eines Universums) miteinander verbindet. Da die Singularität jetzt senkrecht steht, könnte ein erfahrener Navigator mit einem geeigneten Raumschiff einen Kurs durch das Schwarze Loch und in eine andere Region der ebenen Raum-Zeit steuern, ohne daß er dabei die Lichtgeschwindigkeit zu überschreiten brauchte.*

das elektrische Feld die Tür so weit auf, daß Reisende hindurch gelangen. In gewisser Hinsicht ist es aber dennoch eine Einbahnstraße, denn man könnte nicht in das Universum zurückkehren, aus dem man gestartet wäre; die in Abbildung 6.8 dargestellten Horizonte mit einem Einbahnstraßencharakter bedeuten, daß man unausweichlich in einer anderen Region der Raum-Zeit, normalerweise als anderes Universum interpretiert, auftauchen würde. Wenn man dann umkehrte, um auf demselben Weg zurückzufliegen, müßte man, wie diese neuen Karten der Raum-Zeit deutlich zeigen, schneller fliegen als das Licht. Aber auch damit ist die Geschichte noch nicht zu Ende. Betrachten wir uns Abbildung 6.8 noch einmal. Die Raum-Zeit-Karte hat kein Ende. Statt der zwei Universen, wie sie die Schwarzschild-Geometrie miteinander verbindet, verbindet die Reissner-Nordstrøm-Geometrie eine unendlich große Anzahl solcher Paare von Universen in einer Kette. Eine solche Raum-Zeit-Karte ähnelt den miteinander verbundenen Männchen, die man aus einem gefalteten Blatt Papier ausschneiden kann; jedes Männchen ist dabei allerdings ein ganzes Paar von Universen (Abb. 6.9).

*Abbildung 6.9* Die Raum-Zeit-Karte für eine durch ein geladenes Schwarzes Loch miteinander verbundene Reihe von Universen ähnelt dieser endlosen Kette aus Papiermännchen.

Theoretisch ist das alles sehr interessant, doch da es in unserem Universum ziemlich gewiß keine geladenen Schwarzen Löcher gibt, ist es allenfalls von esoterischem

Interesse – bis auf eines: Die Rotation wirkt sich auf die Raum-Zeit-Geometrie eines Schwarzen Lochs in gewisser Hinsicht ähnlich aus wie eine elektrische Ladung. Vor allem der Drehimpuls eines rotierenden Schwarzen Lochs wirkt ebenfalls der nach innen gerichteten Zugwirkung der Schwerkraft entgegen und drückt einen inneren Ereignishorizont aus der Singularität hinaus und öffnet damit die Tür zu anderen Universen. Im Gegensatz zu geladenen Schwarzen Löchern existieren Schwarze Löcher ganz gewiß. Ein rotierendes Schwarzes Loch weist noch eine besondere Eigentümlichkeit auf: Die Singularität in seinem Zentrum ist kein mathematischer Punkt, sondern ein Ring, durch den (wenn das Loch genug Masse aufweist und schnell genug rotiert) ein wagemutiger Raumfahrer hindurch tauchen und diesen Einsatz sogar überleben könnte. Bevor Sagan sich bei Thorne so unschuldig nach Wurmlöchern erkundigt hatte, war das die plausibelste Beschreibung, die sich Mathematiker für ein durchquerbares makroskopisches Wurmloch ausgedacht hatten.

## Universen werden verbunden

Wie die Grenze der Ergosphäre eines Schwarzen Lochs vom Typ Kerr beult sich auch der innere Ereignishorizont eines rotierenden Schwarzen Lochs in der Äquatorgegend am weitesten von der Mitte des Lochs hinaus, während er sich an den Polen überhaupt nicht ausbeult. Das verkompliziert die Geometrie der Raum-Zeit in der Umgebung eines Kerrschen Schwarzen Lochs und erklärt auch mit, warum die Mathematiker mit der Lösung der entsprechenden Gleichungen so lange gebraucht haben: Die Reissner-Nordstrøm-Variante zum Thema Schwarzes Loch ist kugelsymmetrisch (in allen Richtungen gleich), und allein schon dadurch werden die Gleichungen fast leichter lösbar. Sobald Kerr (1963) festgestellt hatte, wie man die Rotationswirkungen berücksichtigen mußte, war es nicht mehr weiter schwierig, auch die Auswirkungen der elektrischen Ladung noch mit einzubeziehen.

Das taten Ezra Newman und seine Kollegen an der University of Pittsburgh 1965; diese Lösung der Einsteinschen Gleichungen, heute als Kerr-Newman-Lösung bekannt, beschreibt die Raum-Zeit in der Umgebung eines rotierenden, elektrisch geladenen Schwarzen Lochs. Nimmt man die Kerr-Newman-Lösung und setzt die Ladung gleich Null, bekommt man Kerrs mathematische Beschreibung eines rotierenden Schwarzen Lochs. Setzt man stattdessen die Rotation gleich Null, so bekommt man die Reissner-Nordstrøm-Lösung für ein geladenes Schwarzes Loch; setzt man sowohl die Ladung als auch die Rotation gleich Null, so bekommt man Schwarzschilds Lösung eines nichtrotierenden, ungeladenen Schwarzen Lochs. Die Kerr-Newman-Lösung von Einsteins Gleichungen schließt alle Eigenschaften ein, die ein Schwarzes Loch aufweisen kann: Masse, Ladung und Spin. Entsprechend dem Ansatz von den nicht vorhandenen Haaren ist dies die endgültige Lösung dieser Gleichungen, mindestens was Schwarze Löcher betrifft. Da jedoch nicht anzunehmen ist, daß rotierende Schwarze Löcher tatsächlich eine Ladung aufweisen, ebensowenig wie zu vermuten ist, daß nichtrotierende Schwarze Löcher im wirklichen Universum eine Ladung aufweisen, werde ich über die Kerr-Newman-Lösung hier nichts mehr sagen, sondern mich stattdessen auf die verzwickten Möglichkeiten konzentrieren, die sich allein dadurch auftun, wenn man bei einem massiven Schwarzen Loch zusätzlich die Rotation berücksichtigt.

Zunächst die Ringsingularität. Nach den üblichen Maßgaben über die Masse des Schwarzen Lochs selbst und die Größe der Ringsingularität (damit der Astronaut nicht durch Gezeitenkräfte zerrissen wird) wäre es möglich, an einem seiner Pole in ein Kerrsches Schwarzes Loch und geradewegs durch den von der Singularität gebildeten Reif hindurch zu tauchen. Sobald das geschieht, steht die Welt Kopf. Die Gleichungen zeigen uns, daß man, wenn man den Ring durchdringt, in einen Bereich der Raum-Zeit eindringt, in dem das Produkt der Entfernung von der Mitte des Rings und die Auswirkung der Schwerkraft negativ sind. Das bedeutet vielleicht, daß sich die Schwerkraft ganz normal verhält, doch daß man in einen Bereich des negativen Raums eingedrungen ist, in dem man zum Beispiel »minus zehn Kilometer« vom Mittelpunkt des Lochs entfernt sein kann. Mit dieser Möglichkeit tun sich sogar die Relativitätstheoretiker schwer und interpretieren deshalb diese Negativität so, daß die Schwerkraft sich umkehrt, wenn man den Ring durchdringt, also zu einer abstoßenden Kraft wird, die einen schiebt, jedoch nicht zieht. Im Raum-Zeit-Bereich jenseits des Rings stößt die Schwerkraft des Schwarzen Lochs Materie und Licht von sich fort, wirkt also wie die oben erwähnten Weißen Löcher.

Schon das ist schwer genug zu verstehen; die Gleichungen, die dieses Anti-Schwerkraft-Universum beschreiben, weisen jedoch noch eine weitere, noch beschwerlichere Folgeerscheinung auf. Ein Astronaut, der durch den Ring tauchte, jedoch in dessen Nähe bliebe und um den Mittelpunkt des Schwarzen Lochs in einer entsprechenden Bahn kreiste, reiste damit in der Zeit rückwärts. Die Rettung, aus dem Blickwinkel der konventionellen Physik, ergibt sich daraus, daß man selbst in diesem Fall, wenn man dann anschließend wieder durch den Ring zurück und aus dem rotierenden Schwarzen Loch heraus tauchte, man immer noch nicht in denselben Raum-Zeit-Bereich zurückkehren könnte, aus dem man gestartet wäre. Wie die Ereignishorizonte eines Reissner-Nordstrømschen Schwarzen Lochs, so erlauben auch die eines Kerrschen Schwarzen Lochs nur die Reise in einer Richtung und befördern einen damit in ein anderes Universum (Abb. 6.10). Man kann in gewisser Hinsicht in diesem Universum ankommen, »ehe« man das Ausgangsuniversum verlassen hat, doch man könnte praktisch nicht mit dem Ausgangsort in Verbindung treten, um sich selbst eine Nachricht zukommen zu lassen, ehe man die Reise angetreten hätte.

Dennoch: Man kann sich ja ein geladenes Schwarzes Loch mit einer so starken elektrischen Ladung vorstellen, daß sich der innere Ereignishorizont über den äußeren Horizont hinausschiebt und die darin steckende Singularität freilegt;

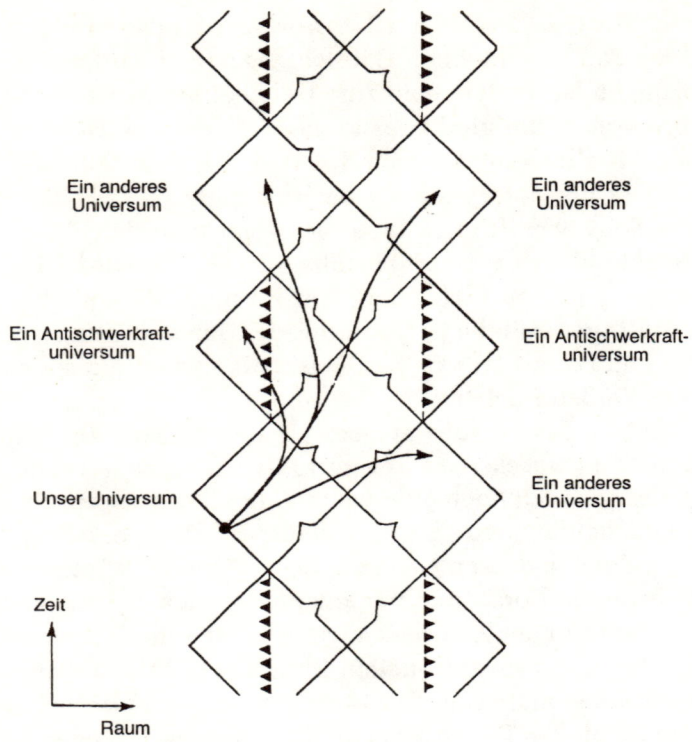

*Abbildung 6.10* Die Raum-Zeit-Karte eines rotierenden Schwarzen Lochs ähnelt der eines geladenen Schwarzen Lochs sehr stark, enthält jedoch eine zusätzliche Komponente, die Antischwerkraftuniversen.
A: erlaubte Reisen
B: verbotene Reisen

ebenso stößt ein Kerrsches Schwarzes Loch, das genügend schnell rotiert, seine Ereignishorizonte ab und bietet dem Blick eine nackte Singularität. Diese Singularität liegt jedoch, im Gegensatz der eines Reissner-Nordstrømschen Schwarzen Lochs, immer noch in Form eines Rings vor. Man könnte nun nicht nur durch den Ring reisen, sondern aus der Ferne mit starken Ferngläsern durch ihn hindurch schauen. Wenn man durch den Ring in die Region der negativen Zeit reiste, gäbe es keine Einbahnstraßenhorizonte mehr, die einen daran hindern könnten, wieder an den Ausgangsort zurückzukehren. Das Penrose-Diagramm für eine

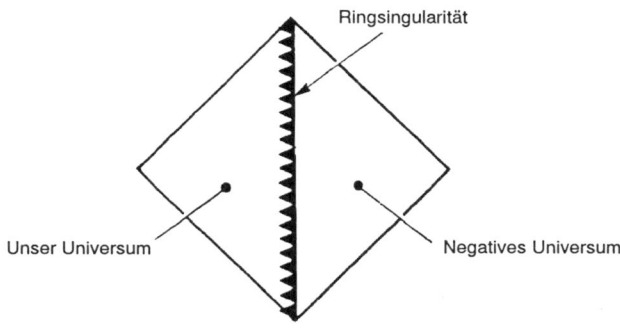

*Abbildung 6.11 Ein Schwarzes Loch, das schnell genug rotiert, wirft seinen Ereignishorizont ab und legt eine nackte Singularität frei, die ein »negatives« Universum mit einem »normalen« Universum verbindet.*

derartige Situation ist höchst einfach. Es besteht aus einem negativen Universum und einem positiven Universum, die durch eine ringförmige Singularität voneinander getrennt sind, durch die alles von einem in ein anderes Universum reisen kann (Abb. 6.11). Im Prinzip wäre es sogar möglich, aus jedem Punkt in Raum und Zeit in beiden Universen an diese Singularität heranzukommen, sie in geeigneter Weise zu umkreisen und wieder genau an den Ausgangspunkt zurück zu kehren, jedoch dort vor der Abreise anzukommen. Wenn es irgendwo im Universum eine solche nackte Kerr-Singularität gibt, dann könnte man im Prinzip von seinem jetzigen Platz aus an jede Stelle im Universum und in jede

Zeit – Vergangenheit, Gegenwart oder Zukunft – reisen, in die man wollte, wenn man den richtigen Weg findet. Noch einmal sei es gesagt: Dazu ist nirgendwo erforderlich, daß man mit mehr als der Lichtgeschwindigkeit reiste.

Natürlich könnte man unterwegs an Altersschwäche eingehen, aber darauf kommt es hier nicht so sehr an. Die Gleichungen der allgemeinen Relativitätstheorie, die beste Beschreibung der Raum-Zeit, über die wir verfügen, erlauben die Möglichkeit der Zeitreise ganz ausdrücklich. Da nimmt es nicht Wunder, daß die meisten Physiker verzweifelt wünschen, daß es doch ein unverletzliches Gesetz der kosmischen Zensur geben möge, und daß sie sich so sehr den Kopf darüber zerbrechen, daß es überhaupt keine Beweise dafür gibt, daß die Natur tatsächlich in Übereinstimmung mit einem solchen Gesetz funktioniert. Sie können sich jedoch damit trösten, daß es mindestens sehr schwer werden dürfte, ein Schwarzes Loch so schnell in Umdrehung zu versetzen, daß dabei ein Drehimpuls entsteht, der die Ereignishorizonte abschleudert. Nackte Singularitäten dieser Art sind vielleicht praktisch unsinnige Lösungen der Einsteinschen Gleichungen, selbst wenn sie, genau genommen, nicht unmöglich sind. Lassen wir die bizarren Eigenschaften der Ringsingularität einmal beiseite und betrachten wir stattdessen noch einmal die gesamte Raum-Zeit-Karte für ein Kerrsches Schwarzes Loch.

Abgesehen von dieser Aufweichung der Singularität und der Möglichkeit, daß ein Reisender durch den Ring und wieder zurück taucht, entspricht die Raum-Zeit-Karte der Kerrschen Geometrie genau der Papiermännchentopologie in der Reissner-Nordstrøm-Geometrie. Läßt man die Region der negativen Zeit einmal außer Acht, so kann man das wie in Abbildung 6.10 darstellen, wobei die »Weichheit« der Singularität durch eine Glättung der gezackten »Haifischzähne« ausgedrückt wird, mit denen sonst für gewöhnlich die Weltlinie einer Singularität dargestellt wird.

Unter dem Strich kommt bei all diesen Berechnungen, selbst wenn man das Rätsel der Anti-Gravitation, die negativen Zeitbereiche auf der Karte außer acht läßt, die Feststellung heraus, daß Objekte, die nach Meinung der Physiker in unserem Universum bestimmt existieren (rotierende massive Schwarze Löcher, wie diejenigen, die man für die Kraftwerke der Quasare hält), Verbindungen durch den Hyperraum zu anderen Regionen der Raum-Zeit, also anderen Universen, darstellen. Wie sollen wir diese anderen Universen interpretieren? Gibt es tatsächlich einen unendlichen Bereich der Raum-Zeit, der sich Schicht auf Schicht »für immer« (was das auch heißt) fortsetzt? Im Zusammenhang mit den Gleichungen der allgemeinen Relativitätstheorie kann man aber mit derselben Gültigkeit sagen, daß alle diese verschiedenen Bereiche der Raum-Zeit in Wirklichkeit Teile unseres eigenen Universums sind, wobei die rotierenden Schwarzen Löcher als Hyperraum-Verbindungen genau so wie die Wurmlöcher funktionieren, die sich aus den Vorstellungen der Einstein-Rosen-Brücken ableiten, die ich weiter oben beschrieben habe.

Ein rotierendes Schwarzes Loch verbindet vielleicht unser Universum nicht nur einmal, sondern viele Male mit sich selbst und bietet damit einen Weg zu verschiedenen Orten und verschiedenen Zeiten. Das »andere Universum«, in dem man nach einer Reise, wie sie in Abbildung 6.10 dargestellt ist, auftaucht, könnte tatsächlich unser eigenes Universum sein, nur vor Millionen Jahren (oder in zig Millionen Jahren). Diese Aussicht ist für unsere vom normalen Menschenverstand geprägten Vorstellungen so beunruhigend, daß die meisten Physiker ungeheuer erleichtert waren, als um 1970 neue Berechnungen zu zeigen schienen, daß im wirklichen Universum starke Gravitationseffekte im Zusammenhang mit Singularitäten und Ereignishorizonten sogar diese Hyperraum-Verbindungen unterdrückten, bevor irgend etwas sie durchdringen könnte. Wurmlöcher konnten offenbar nur in einem leeren Universum existieren (und in diesem Fall könnte sie nichts durchdringen, und es gäbe auch keine wirkliche Möglichkeit, Hyperraum-Verbindungen für Raum- oder Zeitreisen zu benutzen).

## Der Blauverschiebungsblock

Diese Frage der Wurmlöcher erkannten zum ersten Mal Mathematiker, die sich mit der Beschaffenheit Weißer Löcher beschäftigten. Vor allem einer, Douglas Eardly vom California Institute of Technology, schien Anfang der siebziger Jahre schlüssig nachgewiesen zu haben, daß es im wirklichen Universum keine Weißen Löcher geben kann. Für mich war das eine besondere Enttäuschung, denn damit verschwand eine so saubere Erklärung einer möglichen Galaxienbildung, eine Theorie (in den sechziger Jahren von sowjetischen Forschern entwickelt), die mir besonders zugesagt hatte und über die ich sogar ein Buch geschrieben hatte.[46]

Die Theorie von den Weißen Löchern wurde in den sechziger Jahren vor allen Dingen von Igor Nowikow wieder belebt. Ihn interessierten die Hinweise auf explosionsartige Aktivitätsausbrüche im Universum, wie zum Beispiel die mit Quasaren zusammenhängenden Aktivitäten. Damals war noch längst nicht geklärt, wie Materie, die in ein supermassives Schwarzes Loch hinein fiel, Energie erzeugen konnte, die dann an den Polen des Objekts wieder austrat,[47] und manche Forscher stellten sich daraufhin die Frage, ob solche Phänomene mit Weißen Löchern besser zu erklären wären als mit Schwarzen Löchern. Nowikow postulierte, der Urknall habe sich vielleicht nicht in einem einzigen Ausbruch einer Singularität abgespielt, sondern Stücke einer Ursingularität hatten ihre Expansion vielleicht verzögert und seien dann verspätet in das Universum eingedrungen. Diese »verzögerten Kerne« spien dann Materie so ins Universum, wie wir es heute bei Quasaren beobachten. Außerdem hätte die Schwere eines verzögerten Kerns noch vor dem Ausbruch vielleicht eine in der Umgebung befindliche Materialwolke im expandierenden Universum an Ort und Stelle gehalten; wenn sich Sterne in der Gaswolke um einen verzögerten Kern gebildet hätten, könnte das den Ursprung der Galaxien erklären. Dieses ganze Gedankengebäude wurde nun leider durch Eardleys Arbeiten zum Einsturz gebracht. Die Gründe dafür entnehmen wir ein paar weiteren Darstellungen vom Typ der Penrose-Diagramme.

Relativitätstheoretiker sprechen nicht nur von Schwarzen und Weißen Löchern, sondern auch von »Grauen« Löchern. Ein Schwarzes Loch ist ein Objekt, in das Materie und Strahlung hinein fallen, aber aus dem nichts wieder heraus dringt. Ein Weißes Loch ist ein Objekt, aus dem Materie und Strahlung entweichen, aber in das nichts hineinfällt. Ein Graues Loch ist ein Objekt, aus dem Materie und Strahlung entweichen, sich bis zu einer bestimmten Entfernung über den Ereignishorizont erheben und dann wieder hinein fallen.[48] Auf jeden Fall wird das Schwarze/Weiße/Graue Loch durch zwei Singularitäten beschrieben: eine in der Vergangenheit und eine in der Zukunft. Daß es sich hier um eine idealisierte mathematische Darstellung der Verhältnisse handelt, ergibt sich aus Abbildung 6.12, in der das entsprechende Raum-Zeit-Diagramm zu sehen ist, das den Zusammenbruch eines

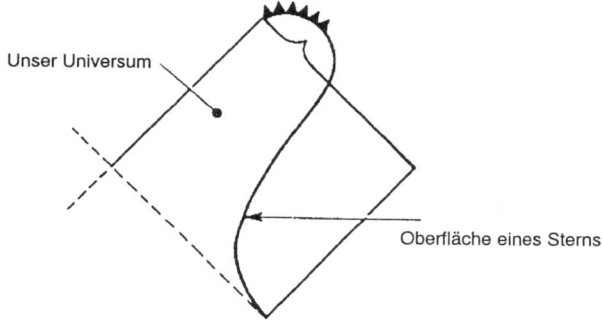

*Abbildung 6.12 Hier liegt der Haken. Ein Schwarzes Loch, das sich in unserem Universum heute bildet, weist keine Vergangenheitssingularität auf, da die Zukunftssingularität sich aus dem Zusammenbruch eines Sterns bildet. Damit fallen alle interessanten Möglichkeiten von Raum- und Zeitreisen weg, so lange man den Schlund des Wurmlochs nicht auf künstlichem Weg öffnen kann.*

sehr massereichen Sterns zu einem Schwarzen Loch darstellt. Die Raum-Zeit wird genau eigentlich nur von der Schwarzschild-Lösung der Einsteinschen Gleichungen in der Region oberhalb (oder außerhalb) der Oberfläche des Sterns beschrieben. Der Stern selbst schneidet einen großen Teil des Raum-Zeit-Diagramms rechts in Abbildung 6.12 ab, so daß dieses praktisch bedeutungslos ist. Erst wenn der Stern zusammenbricht, macht sich die Schwarzschild-Metrik bemerkbar, und nur die zukünftige Singularität weist eine Existenzmöglichkeit auf. Für einen in Wirklichkeit zusammenbrechenden Stern gibt es keine vergangene Singularität und keinen vergangenen Ereignishorizont, aus denen irgend etwas hervorgehen könnte. Von den drei zulässigen mathematischen Variationen über das Thema bietet nur das Schwarze Loch realistische Aussichten auf physikalische Verwirklichung.

Wenn der zusammenbrechende Stern schnell genug rotiert, besteht immer noch die Möglichkeit, daß ein Kerrsches Schwarzes Loch entsteht und einen Weg in irgendein anderes Universum schafft, in dem die Materie, die in unserem Universum zu dem Schwarzen Loch kollabiert, in jenem anderen Universum aus einem vergangenen Ereignishorizont als Weißes Loch wieder auftauchen kann; doch auch mit dieser Sichtweise gibt es Schwierigkeiten. Eine davon bezieht sich auf die Hawking-Strahlung. Singularitäten, die in einem Raum-Zeit-Diagramm quer in der Zukunft liegen (derartige waagerechte Singularitäten heißen »raumähnlich«, weil sie quer über alle Raumbereiche existieren, jedoch jeweils nur in einem Zeitpunkt), erleiden die Folgen der Hawking-Verdampfung nicht. Aus dem Blickwinkel einer solchen Singularität liegt jegliche Zeit in der Vergangenheit, und es gibt keine Zukunft, in die hinein eine Hawking-Verdampfung ablaufen kann (immer unter der Annahme, daß sich der Zeitablauf nicht umkehren läßt, worüber aber immer noch spekuliert wird). Eine raumähnliche Singularität in der Vergangenheit kann andererseits nach dem Hawking-Prozeß eine Vielfalt von Teilchen erzeugen, ja vielleicht sogar bis zum

Nichts verdampfen. Das Schicksal hat diese Teilchen natürlich dazu verurteilt, das Innere des Schwarzen Lochs anzufüllen und unausweichlich zusammen zu sacken und eine raum-ähnliche Zukunftssingularität zu bilden. Damit ändert sich eigentlich am Bild eines Schwarzschildschen Schwarzen Loches nicht sehr viel, doch die Vorgänge, die sich möglicherweise innerhalb des Lochs abspielen, wo »nach früherer Meinung« eigentlich überhaupt nichts Interessantes geschah, werden etwas näher beleuchtet. Der Haken kommt erst, wenn wir dieselbe Denkweise bei der Art »senkrechter« (oder »zeitähnlicher«) Singularität anwenden, die im Zusammenhang mit rotierenden oder geladenen Schwarzen Löchern auftritt. Schließlich ist es ja der Tatsache zu verdanken, daß die Zukunftssingularität auf die Seite gedreht wird und dann zu einer zeitähnlichen Singularität wird, daß grundsätzlich ein Raumfahrzeug in ein Schwarzes Loch und wieder heraus in ein anderes Universum reisen kann, ohne daß es durch die Schwerkraft zerquetscht wird. Doch wenn die zeit-ähnliche Singularität selbst durch den Hawking-Prozeß verdampft, muß man sich fragen, was mit all den erzeugten Teilchen geschieht. Dazu argumentieren einige Physiker mit einer Interpretation der Gleichungen, die sie für die einfachste halten: Die Teilchen müssen das Innere des Schwarzen Lochs ausfüllen und sich in einem bestimmten Augenblick in der Zukunft ansammeln und dabei eine raumähnliche Zukunftssingularität bilden und den Weg zu anderen Universen versperren.

Ich muß sagen, daß mich diese Argumente nicht ganz überzeugen. In ihrer ursprünglichen Form schließt ja die Hawking-Verdampfung vor allem Prozesse ein, die sich am Ereignishorizont abspielen. Wenn also Teilchenpaare gebildet werden, kann ein Partner entweichen, während der andere innerhalb des Lochs in einen negativen Energiezustand verfällt. Es ist keineswegs gesichert, daß derselbe Prozeß auch unterhalb des Ereignishorizonts abläuft, also gleich neben dem, was auf eine nackte Singularität hinaus läuft. Dennoch scheinen bedeutendere Mathematiker als ich die Vorstellung ernst zu nehmen, und wenn sie damit recht haben, dann versperren offenbar Quantenprozesse die Tür zu anderen Welten, die die allgemeine Relativität geöffnet hatte. Da wir allerdings bis heute noch über keine vollständige Theorie verfügen, die die Quantenphysik und die allgemeine Relativität in einer Reihe von Gleichungen vereinigt, läßt sich diese enttäuschende Schlußfolgerung noch nicht als das letzte Wort zu diesem Thema betrachten. Wir sehen auf jeden Fall daraus, daß man Schlußfolgerungen über Schwarze Löcher geradezu auf den Kopf stellen kann, wenn man sich ansieht, was mit Eardleys Arbeiten geschah, die bei ihrem Erscheinen doch die Möglichkeit der Existenz von Weißen Löchern schon auf der Grundlage der allgemeinen Relativität zu widerlegen schien.

Diese realistischere Betrachtung des Zusammenbruchs eines Sterns mit nachfolgender Bildung eines Schwarzen Lochs zeigt uns vor allen Dingen, daß wir die wirkliche Materieverteilung im Universum draußen berücksichtigen müssen, nicht nur die eleganten Gleichungen, die die gekrümmte Raum-Zeit beschreiben. Solche Schwierigkeiten entstehen nicht, wenn wir den Urknall selbst beschreiben, denn da gab es kein draußen und deshalb auch keine draußen befindliche Materie oder Energie, um die man sich kümmern mußte. Bei einem verzögerten Kern sieht der Fall allerdings anders aus. Ich habe schon erwähnt, daß Nowikows Idee unter anderem auch deshalb so attraktiv war, weil ihr zufolge die Schwerkraft des verzögerten Kerns mit der Materie verbunden blieb und damit die Existenz von Galaxien im expandierenden Universum vielleicht erklärt werden konnte. Leider würde ein solcher Kern zu fest an Materie und sogar am Licht haften. Wir erinnern uns: Das aus der Oberfläche eines Schwarzen Lochs entweichende Licht ist so stark rotverschoben, daß es all seine Energie verliert. Diese Rotverschiebung ist unendlich. Doch Licht, das auf ein Schwarzes Loch zufällt, nimmt Energie auf, und wenn es den Ereignishorizont überquert, wird es unendlich stark blauverschoben. Das spielt weiter keine Rolle, solange diese aufgenommene Energie sicher im Innern eines Schwarzen Lochs verschlossen ist (obwohl es ein paar verzwickte kosmologische Folgen nach sich zieht, von denen im Kapitel 8 die Rede sein wird). Doch jetzt stellen wir uns vor, was mit einem Weißen Loch im wirklichen Universum geschieht, das bereits Materie und Energie aufweist, wenn dieses Loch versucht, aus einer Singularität hervorzugehen.

Der expandierende Kern des Weißen Lochs weist ein Gravitationsfeld auf, das in seiner Stärke der eines äquivalenten Schwarzen Lochs entspricht. Materie und Energie werden also zusätzlich zu dem Objekt aus dem Universum draußen angesammelt, auch wenn das Weiße Loch im Innern sich gern nach außen ausdehnen möchte. Dieses Problem stellt sich besonders bei verzögerten Kernen, die aus dem Urknall übrig geblieben sind, da sie in diesem Feuerball der Erschaffung von einem wirbelnden Mahlstrom aus Energie umgeben gewesen wären, aus dem sie sich hätten versorgen können; Eardley wies allerdings nach, daß es selbst im Universum heute noch genug Energie gibt, schon in Form des Sternenlichts, so daß am Ereignishorizont eine Energieansammlung entstehen könnte. Wenn die Blauverschiebung unendlich ist, braucht man schließlich nur ganz wenig Licht, das in das Weiße Loch hineinfällt, und schon verursacht die Blauverschiebung Probleme. Diese Probleme äußern sich in Form einer jetzt sogenannten »blauen Fläche«, eine Energiewand rings um das Weiße Loch von einer Stärke, bei der die Lichtenergie selbst die Raum-Zeit so sehr krümmt, daß sie ein Schwarzes Loch rings um das sich bildende Weiße Loch schafft. Nick Herbert, ein Physiker an der Stanford University, hat das Bild kräftig so ausgedrückt: »Universen, wie das unsere, enthalten tödliche Mengen an Licht und Materie, die erdrückende blaue Flächen bilden und damit kleine blaue Löcher in der Wiege ersticken«. Prosaischer gesagt, läßt sich aus den Gleichungen ableiten, daß dieser Erstickungsprozeß etwa eine Tausendstel Sekunde dauerte, wenn irgendein verzögerter Kern im Universum heute plötzlich mit der Verzögerung Schluß machen und ein Weißes Loch werden wollte.

Noch schlimmer ist die Vorstellung, daß diese Erstickung von der Schwarzschildlösung auch in die Lösungen nach Reissner-Nordstrøm und Kerr Eingang findet. Solche Löcher haben natürlich immer vergangene Ereignishorizonte. Die Energieansammlung am vergangenen Ereignishorizont setzt in dem Augenblick ein, in dem das Universum (und der Horizont) entstehen, und sie bildet eine undurchdringliche blaue Fläche. Bisher hat niemand die schwierige mathematische Aufgabe vollständig gelöst, wie man denn die Wechselwirkung zwischen dieser blauen Fläche und dem Wurmloch genau beschreiben kann. Ende der achtziger Jahre hielten allerdings die meisten Physiker die Existenz einer solchen blauen Fläche als Trennung zwischen den Universen für wahrscheinlich. Man kann sich ihr Erstaunen vorstellen, als zu Ende der achtziger Jahre und Anfang der neunziger Jahre durchgeführte Rechnungen ergaben, daß es vielleicht doch nicht so ist.

## Die blaue Fläche tut sich auf

Diese Arbeiten folgen zeitlich auf die von Thorne und Kollegen durchgeführte Untersuchung der durchquerbaren Wurmlöcher, die sich aus Sagans Frage ergeben hatte. Sie folgt jedoch logisch aus Eardleys Arbeiten über blaue Flächen, und deshalb sollte man sie auch diskutieren, bevor (großes Ehrenwort!) man sich wieder mit dem Science-Fiction-Szenario und den daraus abzuleitenden realistischen Schlußfolgerungen befaßt.

Eardley hat nachgewiesen, daß sich im wirklichen Universum Schwierigkeiten mit den blauen Flächen ergeben, denn wir müssen ja nicht nur die Krümmung der Raum-Zeit rings um eine Singularität berücksichtigen, sondern auch mit in Betracht ziehen, wie die gekrümmte Raum-Zeit mit Materie und Energie aus dem Universum draußen wechselwirkt. Doch wie steht sie in Wechselwirkung mit der Raum-Zeit draußen? Bei diesen Berechnungen ging man davon aus, daß die Raum-Zeit außerhalb des Schwarzen/Weißen Lochs selbst eben ist. Das trifft für Raumbereiche in der Größenordnung unseres Sonnensystems oder der Milchstraße fast so gut zu, daß die Fachleute diese Annahme beinahe für gegeben halten; gewiß ist das die Darstellung, mit der sie die Wirklichkeit in erster Näherung beschreiben. Doch vielleicht ist es im Maßstab des Universums ganz anders. Einsteins kosmologische Gleichungen, die uns sagen, daß sich das Universum entweder ausdehnen oder zusammenziehen muß, bedeuten auch, daß die Geometrie des Universums wohl kaum eben sein dürfte. Viel eher ist sie nicht-euklidisch und gekrümmt – entweder offen, wie die im Kapitel 2 behandelte Sattelfläche oder geschlossen, wie die Oberfläche einer Kugel. Wissenschaftler an der University of Newcastle upon Tine haben nachgewiesen, daß bei einem geschlossenen Universum (der von den meisten Kosmologen heute aus Gründen, die in *Cosmic Coincidences* beschrieben und in Kapitel 8 kurz erwähnt werden, akzeptierten Möglichkeit) schließlich tatsächlich Löcher in der Geschichte der blauen Fläche, vielleicht sogar in den blauen Flächen selbst sein können.

## Die Reise in den Hyperraum

Da mit der Reissner-Nordstrøm-Lösung leichter umzugehen ist als mit der Kerr-Lösung, hat man sich bei diesen Untersuchungen bisher auf das Verhalten geladener Schwarzer Löcher in einem realistischen mathematischen Modell vom Universum konzentriert. Dabei wird angenommen, daß die wichtigen, mit der Existenz von zwei Ereignishorizonten rings um jedes derartige Schwarze Loch verbundenen Eigenschaften auch Eingang in die Kerrsche Lösung für rotierende Schwarze Löcher finden; allerdings stecken diese Arbeiten noch in den Kinderschuhen, und es kann sehr wohl später noch Überraschungen geben, wenn die Rotation in diese Gleichungen mit einbezogen wird. Die Probleme mit den blauen Flächen ergeben sich im alten Bild (wobei »alt« jetzt vor 1988 heißt) am Inneren Ereignishorizont, der auch als

Cauchy-Horizont bekannt ist. Sie lassen sich physikalisch damit erklären, daß ein Beobachter am Cauchy-Horizont sitzt und die ganze unendliche Zukunft des Universums draußen in endlicher Zeit auf seinen Uhren sieht. Doch was geschieht, wenn das Universum draußen keine unendliche Zukunft aufweist? Wie, wenn es endlich und grenzenlos wäre, wie die geschlossene Oberfläche einer Kugel? Diese Möglichkeit wurde zunächst vor allem von Felicity Mellor in Newcastle zusammen mit Ian Moss untersucht, einem ehemaligen Protegé von Stephen Hawking, sowie auch zusammen mit Paul Davies bearbeitet, damals Professor für Physik in Newcastle, mittlerweile in Adelaide in Australien tätig. Sie befaßten sich mit der mathematischen Beschreibung der Wurmlöcher, die im Zusammenhang mit geladenen Schwarzen Löchern in der einem geschlossenen Universum entsprechenden Geometrie auftreten, also einem Universum, das über seinen eigenen kosmologischen Ereignishorizont verfügt. Sie hatten es also mit drei Ereignishorizonten zu tun, zwei mit dem Schwarzen Loch zusammenhängenden und einem kosmologischen. Die von ihnen untersuchten kosmologischen Modelle weisen auch ein weiteres Merkmal auf, das mit der Konstante zusammenhängt, mit deren Hilfe Einstein seine Gleichungen so hinbiegen wollte, daß die Modelluniversen nach der allgemeinen Relativitätstheorie still hielten. Diese moderne Version der kosmologischen Konstante hält das Universum jedoch keinesfalls still, sondern soll erklären, wie es sich aus der intensiven Schwere der Ausgangssingularität durch Expansion entwickelt hat. Die Konstante wirkt also weit hinten, am Rand der universellen Zeit, in der Nähe der Singularität, in der das Universum entstanden ist; sie wirkt als eine Art Anti-Gravitation mit negativem Druck, vergrößert den Keim des Universums von einem Volumen, das weitaus kleiner als das eines Atoms ist, bis auf die Größe einer Grapefruit; das dauert nur Sekundenbruchteile, und dann verschwindet sie wieder, während sich das Universum in der stetigeren Expansion ausdehnt, wie wir sie jetzt erleben. Die Phase der sehr schnellen Expansion heißt auch Inflation, und sie ist der wichtigste Bestandteil der Theorie vom Urknall in ihrer modernen Ausführung. Moss hat nachgewiesen, daß alle Schlußfolgerungen der Newcastler Gruppe über Wurmlöcher nur dann gelten, wenn das Universum geschlossen ist. Sehr peinlich wäre es allerdings, wenn sie im Zusammenhang mit dem inflationären Szenario, zur Zeit die allgemein bevorzugte kosmologische Interpretation, nicht funktionierten. Es wäre deshalb unklug gewesen, wenn man die Berechnungen nicht in Gegenwart einer solchen kosmologischen Konstante überprüft hätte. In solchen Szenarien ist der von Materiekonzentration weiter weg gelegene Raum fast eben; er heißt de-Sitter-Raum. Doch die Raum-Zeit selbst kann nach wie vor schwach gekrümmt sein und ein geschlossenes Universum ergeben. Die Raum-Zeit entspricht zwei Schwarzen Löchern auf entgegengesetzten »Seiten« des Universum. Mellor und Moss haben festgestellt, daß das Universum unter diesen Bedingungen viele Schwarze Löcher aufweisen kann, die durch Regionen voneinander getrennt sind, die fast genau dem de-Sitter-Raum entsprechen; diese Schwarzen Löcher können (wenn sie geladen sind) durch stabile Wurmlöcher verbunden sein. In manchen Fällen können sich nackte Singularitäten bilden und verletzen dabei die kosmische Zensur; um die Newcastler Gruppe selbst zu zitieren: »Ein Beobachter könnte grundsätzlich durch das Schwarze Loch in ein anderes Universum reisen.«

Paul Davies hat vor allen Dingen durch die Berücksichtigung der Quanteneffekte zu dieser Arbeit beigetragen. Wie Hawking so eindrucksvoll in den siebziger Jahren zeigte, können sich Quanteneffekte dramatisch auf das Verhalten Schwarzer Löcher auswirken, und deshalb bot sich die Überlegung an, ob sie unter Umständen verhinderten, daß die von Mellor und Moss beschriebenen Wurmlöcher im wirklichen Universum auftreten. Doch daraus wurde nichts. 1989 beschrieben Davies und Moss, daß »die Hypothese, ein Objekt könne ein Schwarzes Loch durchdringen und in ein »anderes Universum« eindringen«, für geladene Schwarze Löcher in einem geschlossenen Universum selbst dann gilt, wenn Quanteneffekte berücksichtigt werden. Solange das Universum geschlossen ist, können weder das Vorhandensein einer kosmologischen Konstante noch die Quantenkomplikationen die Existenz von durchquerbaren Wurmlöchern verhindern, und die »Mellor-Moss-Lösungen können unter Umständen echte Raumbrücken in andere Universen darstellen«.[49]

Alle diese Untersuchungen beschäftigen sich mit natürlichen Merkmalen des Universums, natürlich gebildeten Schwarzen Löchern, wie sie mit Quasaren zusammenhängen oder solchen, die aus dem superdichten Zustand im Urknall selbst übrig geblieben sind. Wenn die Mathematik hält, sobald jemand die schwierige Aufgabe auf sich nimmt und die Berechnungen so anpaßt, daß auch rotierende Schwarze Löcher einbezogen werden können, bedeutet das, daß Verbindungen zum Hyperraum in einem Universum, wie dem unseren, ganz natürlich entstehen können. Diese erstaunliche Entdeckung bietet einen dramatischen Hintergrund für die von Sagans Wunschdenken angeregten Spekulationen, wie sie später Forscher vom California Institute of Technology und andere noch weiter gesponnen haben, daß man tatsächlich durchquerbare Wurmlöcher mit Hilfe einer entsprechend hochentwickelten technischen Zivilisation künstlich herstellen kann, wie es uns Science-Fiction-Autoren seit Jahrzehnten beschreiben.

## Wurmlochbau

Allerdings muß jeder Hyperraumingenieur im Zusammenhang mit Wurmlöchern ein Problem sorgsam abwägen. Schon aus den einfachen Rechnungen geht folgendes hervor: Ohne Rücksicht auf die Vorgänge im Universum draußen sollte beim Durchtritt eines Raumschiffs durch das Loch (oder vielmehr beim versuchten Durchtritt eines Raumschiffs durch ein Loch) das Sternentor zufallen. Selbst wenn man die Frage der Radiowellen oder des Lichts vom Raumschiff, die auf die Singularität einströmen und eine unendliche blaue Fläche erzeugen, einmal außer acht läßt, erzeugt ein sich beschleunigendes Objekt nach der allgemeinen Relativitätstheorie die kleinen Kräuselungen in der Struktur der Raum-Zeit selbst, die als Gravitationswellen bekannt sind. Diese Auswirkung der Gravitationsstrahlung, die vom pulsierenden Doppelstern in den Raum hinaus dringt, zieht Energie so stark ab, daß sich die Bahn des Pulsars meßbar ändert und damit nach wie vor die beste Bestätigung für die Genauigkeit von Einsteins Theorie liefert. Die dem Raumschiff mit Lichtgeschwindigkeit vorauseilende und in das Schwarze Loch eindringende Gravitationsstrahlung selbst ließe sich bis auf eine unendliche Energie verstärken, wenn sie auf die Singularität zukäme; damit krümmte sich die Raum-Zeit um sich selbst, und dem herannahenden Raumschiff würde die Tür vor der Nase zugeschlagen werden. Selbst wenn es ein natürliches durchquerbares Wurmloch gibt, scheint es schon bei der geringsten Störung instabil zu werden, darunter auch bei der Störung, die jeder Versuch einer Durchquerung mit sich bringt.

Doch Thornes Gruppe dachte sich für Sagan auch darauf eine Antwort aus. Schließlich sind ja die Wurmlöcher in *Contact* ganz eindeutig nicht natürlich, sondern technisch hergestellt. Eine Figur in diesem Buch erklärt es folgendermaßen:

> In der genauen Kerrschen Lösung der Einsteinschen Feldgleichungen gibt es einen inneren Tunnel, doch der ist instabil. Bei der kleinsten Störung würde er sich schließen und zu einer physikalischen Singularität werden, durch die nichts mehr dringen kann. Ich habe versucht, mir eine überlegene Zivilisation vorzustellen, die die innere Struktur eines zusammenbrechenden Sterns so weit im Griff hätte, daß sie diesen inneren Tunnel stabil halten könnte. Das ist sehr schwer. Die Zivilisation müßte den Tunnel ewig überwachen und stabilisieren.[50]

Jetzt kommt das Beste: Dieser Trick ist zwar schwer, aber vielleicht nicht unmöglich. Man könnte ihn mit Hilfe der sogenannten negativen Rückkoppelung betreiben, indem jede

Störung der Raum-Zeit-Struktur des Wurmlochs eine weitere Störung zur Folge hat, die die erste Störung aufhebt. Das ist genau das Gegenteil des bekannten positiven Rückkoppelungseffekts, bei dem die Lautsprecher aufjaulen, wenn ein über einen Verstärker mit diesen Lautsprechern gekoppeltes Mikrofon vor die Lautsprecher gestellt wird. In diesem Fall dringt der Ton von den Lautsprechern ins Mikrofon, wird verstärkt, tritt aus den Lautsprechern lauter als vorher aus, wird wieder verstärkt und so weiter. Stattdessen stellen wir uns vor, daß der aus den Lautsprechern ins Mikrofon dringende Ton von einem Computer analysiert wird, der dann eine Schallwelle mit genau den entgegengesetzten Charakteristiken erzeugt, die aus einem zweiten Lautsprecher austritt. Die beiden Wellen heben einander auf und erzeugen absolute Stille. Bei einfachen Schallwellen, also reinen Noten, die Wellen etwa von der Form der Sinuskurve in Abbildung 5.8 entsprechen, läßt sich dieser Trick tatsächlich hier auf der Erde in den neunziger Jahren bewerkstelligen. Kompliziertere Geräusche wie das Brüllen auf einem Fußballplatz lassen sich allerdings heute noch nicht auslöschen; in ein paar Jahren ist man aber vielleicht so weit. Deshalb ist es vielleicht auch gar nicht weit hergeholt, wenn man sich vorstellt, daß Sagans »überlegene Zivilisation« einen Gravitationswellen-Empfänger/Sender baut, der sich im Eingang eines Wurmlochs befindet und den vom Durchtreten des Raumschiffs durch das Wurmloch verursachten Störeffekt berechnet, eine Reihe von Gravitationswellen »zurück spielt«, die dann die Störung genau aufheben, bevor sie den Tunnel zerstören kann.

Doch woher kommen die Wurmlöcher überhaupt? Morris, Yurtsever und Thorne gingen die von Sagan angeschnittene Frage genau umgekehrt an, wie bisher alle Fachkollegen über die Schwarzen Löcher nachgedacht hatten. Sie dachten nicht an irgendein bekanntes Objekt im Universum, wie einen toten massereichen Stern oder einen Quasar, und überlegten sich dann, was damit passieren konnte, sondern sie konstruierten zuerst die mathematische Beschreibung einer

Geometrie für ein durchquerbares Wurmloch und benutzten sodann die Gleichungen der allgemeinen Relativitätstheorie für die Feststellung, welche Arten von Materie und Energie mit einer solchen Raum-Zeit zusammenhingen. Ihr Ergebnis läßt sich (im Rückblick) geradezu als Ausdruck des gesunden Menschenverstandes ansehen. Die Schwerkraft, eine Anziehungskraft, die Materie zusammenzieht, neigt zur Erschaffung von Singularitäten und möchte gern den Eingang eines Wurmlochs verschließen. Den Gleichungen zufolge muß der Eingang eines künstlichen Wurmlochs, wenn es offen bleiben soll, von irgendeiner Materieform oder einer Art Feld durchzogen sein, das einen negativen Druck ausübt und mit einer Anti-Gravitation zusammenhängt.

Das erinnert schon an die mit der modernen Version einer kosmologischen Konstante zusammenhängende Art von Feld, die vermutlich die Expansion des ganz frühen Universums gesteuert hat; auf diesen fesselnden Zusammenhang komme ich später noch zurück. Damit ein Wurmloch offen bleibt, muß der ausgeübte Unterdruck (oder Sog) über der Masse-Energie-Dichte der ursprünglichen Materie liegen, aus der das Schwarze Loch besteht. Mit anderen Worten: Die mit dem Unterdruck verbundene Anti-Schwerkraft hebt die Wirkung der Schwerkraft innerhalb des Wurmlochs selbst mehr als auf. Für ein Loch von ein paar Kilometer Öffnungsweite (etwa der Größe eines Neutronensterns) muß der Unterdruck stärker als der normalerweise im Inneren eines Neutronensterns vorliegende Druck sein. Es überrascht mithin nicht, wenn hypothetische Materie mit dieser merkwürdigen Eigenschaft als »exotische« Materie bezeichnet wird. Die Gruppe im Cal Tech wies nach, daß jedes durchquerbare Wurmloch exotisches Material in irgendeiner Form enthalten muß. Durch die Arbeit von Mellor, Moss und Davies gerät diese Einschränkung vielleicht etwas ins Wanken, denn aus den Untersuchungen dieser Autoren geht hervor, daß es natürliche Wurmlöcher sogar ohne exotische Materie geben kann. Doch da wir uns hier für künstliche Wurmlöcher interessieren (eine Superzivilisation könnte sich nicht darauf verlassen, daß sie natürliche Hyperraumverbindungen just an den Stellen finden könnte, wo sie sie brauchte; auf jeden Fall gibt es auch noch andere, auf der Hand liegende Schwierigkeiten beim Zugang zu Quasarzentren), scheint die exotische Materie doch unerläßlich zu sein.

Jetzt erinnern Sie sich vielleicht an Ihre Oberstufenphysik und denken, damit wäre die Möglichkeit, durchquerbare Wurmlöcher zu schaffen, völlig zunichte gemacht. Ein negativer Druck ist ja im Alltagsleben nicht anzutreffen (man stelle sich nur vor, daß man ein Material mit negativem Druck in einen Ballon hineinbläst und der Ballon sich infolgedessen zusammenzieht). Exotische Materie kann doch gewiß in einem wirklichen Universum nicht existieren? Mit dieser Annahme liegt man unter Umständen daneben. Bei der Verdampfung Schwarzer Löcher im Hawking-Prozeß spielen negative Energiezustände tatsächlich eine Rolle, wie wir wissen, und das entspricht irgendeiner Art von negativem Druck, der am Horizont eines Schwarzen Lochs wirkt; negativer Druck oder Unterdruck kann nicht nur theoretisch erzeugt werden, sondern ist tatsächlich im Laboratorium hergestellt und gemessen worden.

## Wir erzeugen Anti-Schwerkraft

Den Schlüssel zur Anti-Schwerkraft entdeckte ein niederländischer Physiker, Hendrik Casimir, schon 1948. Casimir, 1909 im Haag geboren, ist mit seinen Arbeiten über die Supraleitung besonders bekannt geworden, ein merkwürdiges Phänomen, bei dem manche Materialien, sobald sie auf sehr tiefe Temperaturen abgekühlt werden, ihren elektrischen Widerstand völlig verlieren (Physiker und Ingenieure sind kürzlich bei der Entdeckung fast aus dem Häuschen geraten, daß bestimmte Supraleiter gar nicht einmal auf die früheren Supraleitungstemperaturen abgekühlt zu werden brauchen, sondern bei verhältnismäßig hohen Temperaturen funktionieren, allerdings noch nicht bei der üblichen Zimmertemperatur). Ab 1942 arbeitete Casimir in den Forschungslaboratorien des Elektrokonzerns Philips, und dabei postulierte er eine noch seltsamere Möglichkeit als die Supraleitung, die nach seinem Dafürhalten in den Regeln der Quantenphysik enthalten war; sie wurde später als Casimir-Effekt bekannt.

Den Casimir-Effekt versteht man am einfachsten, wenn man sich zwei parallele Metallplatten vorstellt, die sehr dicht nebeneinander gelegt werden und zwischen denen sich überhaupt nichts befindet (Abb. 6.13). Nun haben wir schon gesehen, daß das Quantenvakuum keinesfalls das »Nichts« ist,

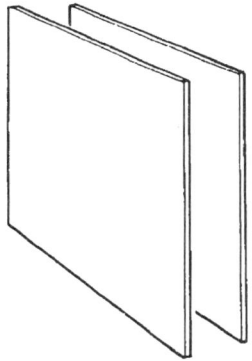

*Abbildung 6.13 Die Physik, mit deren Hilfe vielleicht Wurmlöcher offen gehalten werden können, ist am Werk, wenn zwei einfache Metallplatten in einem Vakuum dicht nebeneinander gestellt werden.*

wie sich die Physiker ein Vakuum vor der Quantenzeit vorstellten. Es wimmelt geradezu vor Aktivität darin, ständig werden Teilchen-Antiteilchen-Paare gebildet und zerstören einander. Unter den Teilchen, die in diesem Quantenvakuum entstehen und vergehen, gibt es sicherlich auch viele Photonen, die Träger der elektromagnetischen Kraft, von denen einige Lichtteilchen sind. Besonders leicht bildet das Vakuum virtuelle Photonen, zum Teil, weil ein Photon sein eigenes Antiteilchen ist, zum Teil aber auch, weil Photonen keine

»Ruhemasse« aufweisen, über die man sich Gedanken machen müßte, so daß alle Energie, die aus der Quantenunbestimmtheit geborgt werden muß, die Energie der mit dem bestimmten Photon zusammenhängenden Welle ist. Photonen mit verschiedenen Energien hängen mit elektromagnetischen Wellen verschiedener Wellenlängen zusammen; kürzere Wellenlängen entsprechen dabei einer höheren Energie. Man kann sich diesen elektromagnetischen Aspekt des Quantenvakuums deshalb auch so vorstellen, daß der leere Raum mit einem schnell vergänglichen Meer aus elektromagnetischen Wellen gefüllt ist, in dem alle Wellenlängen vertreten sind.

Diese nicht zu reduzierende Vakuumaktivität verleiht dem Vakuum eine Energie; diese Energie ist jedoch überall gleich und kann deshalb weder nachgewiesen, noch genutzt werden. Energie läßt sich zur Verrichtung von Arbeit nur einsetzen, und gibt sich deshalb auch nur dann zu erkennen, wenn ein Energiegefälle zwischen einem Ort und einem anderen besteht. Das läßt sich sehr schön an der Elektrizität erklären, mit der man die Wohnung beleuchtet. In einem Stromkreislauf für die Beleuchtung liegt eine Leitung auf einer mäßig hohen elektrischen Potentialenergie (die vielleicht 110 Volt oder 240 Volt entspricht, je nachdem, wo Sie wohnen), während ein anderer Leiter (die sogenannte Erde) im Nullpunkt der elektrischen Energie liegt. Die der Leitung mit der höheren Spannung innewohnende Energie tut so lange gar nichts, bis eine Verbindung mit der auf niedrigerer Spannung liegenden Leitung hergestellt wird; deshalb heißt sie auch »potentielle« Energie. Kommt eine Verbindung zustande, so fließt elektrischer Strom über diese Verbindung und setzt die potentielle Energie als tatsächliche Energie in Form von Wärme und Licht frei. Das sogenannte Potentialgefälle ist dabei von entscheidender Bedeutung; wenn beide Leitungen dieselbe Spannung aufweisen, seien es null oder 240 Volt oder noch mehr, fließt kein Strom. Wenn die ganze Welt mit ein paar hundert Volt geladen wäre, fingen wir nicht alle an, plötzlich elektrisch aufzuleuchten, denn es gäbe ja keinen Ort mit niedrigerer Energie, zu dem die Elektrizität abfließen könnte. Ein solcher Art elektrisch geladener Planet ähnelte grob gesagt der Art und Weise, in der das Vakuum gleichförmig mit Energie angefüllt ist. Diese heißt natürlich Vakuumenergie, und Casimir zeigte, wie man sie sichtbar macht.

Zwischen zwei elektrisch leitenden Platten, so führte Casimir aus, können elektrische Wellen nur bestimmte stabile Muster bilden. Zwischen den beiden Platten hin- und herprallende Wellen verhielten sich wie die Wellen auf einer gezupften Gitarrensaite. Eine solche Saite kann nur in bestimmter Art und Weise schwingen und nur bestimmte Töne erzeugen, nämlich die Töne, für die die Schwingungen der Saite zur Länge der Saite so passen, daß es an den festen Enden der Saite keine Schwingung gibt. Die zulässigen Schwingungen sind der Grundton für eine bestimmten Saitenlänge und dessen Harmonische oder Obertöne. Genau so können nur bestimmte Strahlungswellenlängen in die Lücke zwischen den beiden Platten eines Kasimir-Versuchs passen (Abb. 6.14). Vor allem paßt in diese Lücke kein Photon, das

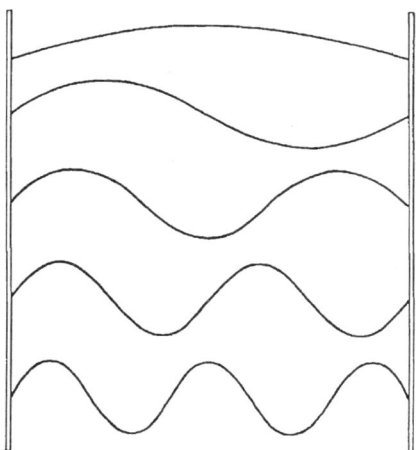

*Abbildung 6.14 Nur Wellenstücke von bestimmter Länge passen in die Lücke zwischen den Metallplatten in Abb. 6.13.*

einer Wellenlänge von mehr als dem Abstand zwischen den Platten entspricht. Folglich muß ein Teil der Aktivität des Vakuums in dem Abstand zwischen den Platten unterdrückt vorliegen, während draußen alles wie gewohnt weiter geht. Die Folge: In jedem Kubikzentimeter Raum sausen weniger virtuelle Photonen zwischen den Platten umher als draußen, und deswegen verspüren die Platten eine Kraft, die sie zusammendrückt. Da leider die ausgeschlossenen Photonen diejenigen mit den größeren Wellenlängen und damit der niedrigeren Energie sind, ist der Effekt insgesamt sehr gering. Doch die Kraft existiert und zeigt sich als Anziehungskraft zwischen den beiden Platten, die versucht, diese zusammenzuziehen – negativer Druck.

So bizarr sich das anhört, so wirklich ist es. Die Stärke der Casimir-Kraft zwischen zwei Platten ist in verschiedenen Versuchen mit Hilfe von ebenen und gekrümmten Platten aus verschiedenen Materialien gemessen worden. Für eine Reihe von Plattenabständen wurde sie zu 1,4 Nanometer bis 15 Nanometer bestimmt (ein Nanometer ist ein Milliardstel Meter); das entspricht Casimirs Vorhersage genau.

Es gibt noch einen Naturwissenschaftler, der, wie Sagan, Science-Fiction-Geschichten schreibt: Robert Forward von den Hughes Research Laboratories in Malibu im Staat Kalifornien. Er meint, man könne den Casimir-Effekt sogar praktisch nutzen und Energie aus dem Vakuum gewinnen. Im Gegensatz zu Sagan ist Forward wahrscheinlich als SF-Autor bekannter denn als Naturwissenschaftler. In seiner überschwenglichen Art entspricht er genau dem Wissenschaftlertyp, der sich darüber Gedanken macht, wie man Anti-Materie in Antriebssystemen von Raumfahrzeugen ausnutzen kann; er beschreibt auch Lebensformen, die sich auf der Oberfläche eines Neutronensterns entwickelt haben. Für ihn ist die Energiegewinnung aus dem Vakuum, das wir uns bis dahin als überhaupt nichts vorgestellt haben, ganz leicht.

Forwards Konstruktion einer »Vakuumsschwankungsbatterie« besteht aus einer Schlange aus ultradünner Aluminiumfolie, die elektrisch geladen ist; sie sieht aus wie ein Kinderspielzeug. Die positive elektrische Ladung hält die Folienblätter auseinander, während die Casimir-Kraft versucht, sie zusammenzuziehen. Wenn in diesem Zustand die Sache langsam zusammensacken darf, wie ein Akkordeon, das gerade gequetscht wird, wird Energie aus der Casimir-Kraft als nutzbare Elektrizität abgegeben. Wenn das »Akkordeon« ganz zusammengefaltet ist, läßt sich die »Batterie« mit Strom aus einer Fremdquelle wieder aufladen, wie jede wiederaufladbare Batterie.

Natürlich ist Forwards Vakuumschwankungsbatterie (auf den nüchternen Seiten der Zeitschrift *Physical Revue B* im August 1984 beschrieben[51]) in Wirklichkeit gar nicht zu bauen; aber darauf kommt es hier auch gar nicht an. Nach den Gesetzen der Physik wäre sie jedenfalls möglich, und sie hängt ganz und gar von der, allerdings in sehr kleinem Maßstab, bewiesenen Realität des negativen Drucks ab. In einer 1987 veröffentlichten Arbeit wiesen Morris und Thorne auf solche Möglichkeiten hin und merkten dabei gleichzeitig an, daß selbst ein unkompliziertes elektrisches Feld oder Magnetfeld, das sich um das Wurmloch herumschlingt, »schon am Rande des Exotischen (liege); wenn seine Spannung nur um ein Winziges höher wäre ... genügte sie unseren Anforderungen an die Wurmlochkonstruktion«.[52] In derselben Arbeit kommen sie zu dem Schluß, daß »man das exotische Material, wie es für den Eingang eines durchquerbaren Wurmlochs erforderlich ist, nicht platterdings für unmöglich halten darf«. Die beiden Forscher vom Cal Tech führen das wichtige Argument an, daß es den meisten Physikern an Phantasie mangelt, wenn sie Gleichungen überdenken sollen, mit denen Materie und Energie unter viel extremeren Zuständen beschrieben werden sollten, als wir sie hier auf der Erde vorfinden. Sie erklären das mit dem Beispiel eines Anfängerlehrgangs in der allgemeinen Relativitätslehre, der im Herbst 1985 am Cal Tech abgehalten wurde, nachdem Sagans Anfrage die erste Arbeitsphase angestoßen hatte, jedoch bevor das alles selbst unter Relativitätstheoretikern gesichertes Wissen war. Den beteiligten Studenten wurde nichts Besonderes über Wurmlöcher beigebracht, doch man wies sie an, die physikalische Bedeutung der Raum-Zeit-Metrik zu untersuchen. In der Prüfung wurde ihnen eine Frage gestellt, die sie Schritt für Schritt durch die mathematische Beschreibung der einem Wurmloch entsprechenden Metrik führte. »Es war schon frustrierend«, sagten Morris und Thorne, »wenn man mit ansehen mußte, wie phantasielos diese Studenten waren. Die meisten konnten die einzelnen Eigenschaften der Metrik entziffern, doch nur sehr wenige merkten, daß es sich dabei um ein durchquerbares Wurmloch handelte, das zwei verschiedene Universen miteinander verband.«

Für alle nicht sonderlich Phantasiebegabten bleiben zwei Probleme bestehen: Es muß eine Möglichkeit geben, ein Wurmloch so groß zu machen, daß Menschen (und Raumfahrzeuge) hindurch reisen können; die exotische Materie muß außerdem von jedem Kontakt mit diesen Raumfahrern ferngehalten werden. Der beste Vorschlag in dieser Richtung spricht tatsächlich die Möglichkeit an, daß entlegene Zivilisationen unter Umständen ihre eigenen Verbindungen durch den Hyperraum herstellen könnten; er stammt von Matt Visser von der Washington University in St. Louis, Missouri. Hauptbestandteil des Gedankengebäudes sind »Strings«, also Fäden oder Schnüre.

## Ein Raumschiff mit »String«-Antrieb: Kann so etwas funktionieren?

Wenn die heutigen Vorstellungen von der Entstehung des Kosmos zutreffen, ist das sich ausdehnende Universum, wie wir es sehen, das schon etwas behäbigere Produkt einer Phase heftigster Expansion in den ersten Sekundenbruchteilen nach dem Schöpfungsmoment, angetrieben durch die mit negativem Druck wirkende Anti-Schwerkraft in Form einer kosmologischen Konstante. Die Expansion verlangsamte sich allmählich bis auf ihr heutiges, getragenes Tempo, als die mit der kosmologischen Konstante zusammenhängenden

Felder zu anderen Formen zerfielen und verschwanden und die Konstante mitnahmen. Man darf sich jedoch nicht vorstellen, daß dieser Übergang von der inflationären Epoche in den heutigen Expansionszustand ganz gleichmäßig und glatt und im ganzen jungen Universum auch gleichzeitig abgelaufen ist. Ganz im Gegenteil. Die Kosmologen berechnen, daß die mit diesem Übergang zusammenhängenden Feldveränderungen wohl eher in verschiedenen, voneinander getrennten Bereichen des jungen Universums, den sogenannten Domänen, unabhängig voneinander abgelaufen sind. Innerhalb jeder Domäne verlief der Wechsel sicherlich ziemlich glatt. Doch an den Grenzen zwischen den Domänen haben vielleicht die übrig gebliebenen Felder vom Zerfall der Felder mit negativer Schwerkraft nicht so ohne weiteres zusammengepaßt und damit die Struktur der Raum-Zeit verzerrt.

Diese Verzerrungen ähneln den sogenannten Versetzungen, wie man sie oft in Kristallen findet. Ein perfekter Kristall zeichnet sich dadurch aus, daß die Atome, aus denen er aufgebaut ist, säuberlich in Reihen angeordnet sind. Wenn sich aus einer Flüssigkeit beim Abkühlen ein kristalliner Festkörper bildet, erstarrt die Flüssigkeit jedoch nicht zu einem vollkommenen Kristall. Verschiedene Regionen kristallisieren mit kleinen Unterschieden, so wie die Domänen der Kosmologen, und die Atome des Festkörpers sind dann an verschiedenen Stellen in jeweils verschiedener Orientierung angeordnet. Die ordentlichen Reihen in einer Domäne passen nicht zu denen in der gleich daneben liegenden Domäne, und dort, wo sich die beiden Atomreihen treffen, entsteht eine Art Verwerfung. Die Grenzen zwischen verschiedenen Regionen können durchaus als glatte Ebenen erscheinen, an denen entlang der Kristall leicht in zwei Hälften zu spalten ist, oder sie wirken wie haarfeine Linien.

Nach den Berechnungen über die Physik des Universums in seiner Anfangszeit muß etwas Ähnliches beim kosmologischen Übergang geschehen sein; manchmal beschreibt man es als das Gegenstück zum Erstarren einer Flüssigkeit zu einem Festkörper. Der Unterschied besteht nur darin, daß die

»Flüssigkeit« und der »Festkörper« beim kosmologischen Übergang unterschiedlichen Zuständen des Vakuums selbst entsprechen. In dem Maße, in dem verschiedene Domänen etwas unterschiedlich »erstarrt« sind, hätten sich eigentlich Raum-Zeit-Fehler in Form von Wänden quer durch das Universum, von dünnen Röhren und sogar mathematischen Punkten bilden müssen. Wir sehen jedoch in unserem Teil des Universums keine derartigen Wände, weil das Universum sich inzwischen angeblich so weit ausgedehnt hat, daß man sie nicht mehr erblicken kann. Wir sehen auch keine punktförmigen Fehler, weil sie schwer zu finden sind (obwohl in manchen Fassungen der Theorie der Eindruck vermittelt wird, daß sie als isolierte Magnetpole auftreten könnten, also als Norden ohne Süden oder umgekehrt). Doch die aus dieser Epoche übrig gebliebenen Röhren können in unserem Teil des Universums durchaus noch existieren und spielen vielleicht sogar bei der Bestimmung der Materieverteilung in dem für uns sichtbaren Universum eine wichtige Rolle.

Diese Röhren sind als »kosmische Strings« bekannt. Sie können keine Enden haben, sondern müssen jeweils entweder geschlossene Kreise oder Schleifen bilden oder sich quer über das beobachtbare Universum erstrecken. Wenn es diese Strings gibt, sind sie sehr dünn: Eintausend Milliarden Milliarden Milliardstel eines Zentimeters im Querschnitt. Und dennoch würde ein Stück dieses kosmischen Fadens von knapp einem Kilometer Länge genau so viel wiegen wie die ganze Erde. Ein Faden, der sich quer über das Universum erstreckte und zehn Milliarden Lichtjahre lang wäre, ließe sich in eine Kugel kleiner als ein einziges Atom zusammenballen, wöge jedoch so viel wie ein Supercluster aus Galaxien. Manche Astronomen meinen, daß die Anwesenheit dieser Stringschleifen in der Frühzeit des Universums vielleicht die gravitationsbedingten »Samenkörner« geliefert hat, aus denen dann Galaxien und Galaxiencluster entstanden sind. Wegen ihrer starken gravitationsbedingten Zugwirkung haben diese Stringschleifen Material aus der kosmischen Ausdehnung zurückgehalten, so daß daraus Sterne und Galaxien entstehen konnten. Diese starke gravitationsbedingte Zugwirkung ist jedoch nur ein äußerliches Merkmal dieser Fäden; im Zusammenhang mit der Errichtung eines durchquerbaren Wurmlochs ist es sogar die am wenigsten interessante Eigenschaft. Viel interessanter ist vielmehr, was sich innerhalb der Röhre befindet.

Kosmische Strings kann man sich am einfachsten als dünne Röhren vorstellen, in denen sich Material befindet, das aus der frühesten Phase der Ausdehnung unseres Universums stammt, also vor dem Übergang in den heutigen Zustand. Kosmische Strings stecken nicht voll Materie, sondern voll der ursprünglichen Energiefelder, fast wie Fossile aus dem ersten Sekundenbruchteil. Und diese Felder tragen immer noch den Stempel der kosmologischen Konstante, diesen ungeheuren negativen Druck, der sich bei der Entstehung des Universums überall hin erstreckte. In einem gedehnten Stück Gummi will die Spannung im Material die Enden zusammenziehen. In gedehnten kosmischen Strings versucht die mit dem negativen Druck verbundene negative Spannung, diese Strings noch weiter zu dehnen. Das Innere von kosmischen Strings ist exotisches Material mit all den Eigenschaften, die man wahrscheinlich braucht, um ein Wurmloch zu stabilisieren.

Matt Vissers Phantasie zeigte sich darin, daß er mit der Annahme einer Kugelsymmetrie Schluß machte, die den Relativitätstheoretikern gemeinhin dazu dient, ihre Berechnungen zu vereinfachen. In einem Aufsatz, den er 1989 für den Wettbewerb der Gravity Research Foundation verfaßte (und für den er zwar keinen Preis, doch eine ehrende Erwähnung bekam), benutzte Visser als Ausgangsbasis Ergebnisse der Gruppe um Thorne und konstruierte eine Raum-Zeit-Struktur, die einen Durchgang durch das Wurmloch leicht ermöglichte und klärte dann, wo er das exotische Material zur Errichtung einer solchen Struktur unterbringen konnte. Da wir es hier mit zwei dreidimensionalen Räumen (zwei Universen oder zwei Teilen desselben Universums) zu tun haben, die durch das Sternentor miteinander verbunden sind, müssen die Oberflächen, die die Eingänge und Ausgänge der Wurmlöcher bilden, dreidimensional sein. Ich habe sie bisher immer im Hinblick auf kugelförmige Schwarze Löcher beschrieben, die vielleicht auch noch rotieren, so daß die Kugelflächen am Äquator ein bißchen ausbeulen.

Visser, erkenntnisreicher theoretischer Ingenieur des Hyperraums, sprach sich jedoch für eine ebene Oberfläche aus, durch die seine Reisenden dringen sollten, ohne daß sie durch starke Gravitationsfelder gestört werden konnten und das exotische Material weit außerhalb ihrer Reichweite untergebracht war. Die Struktur, die er sich schließlich ausdachte, ist die sechsseitige Oberfläche eines Würfels, bei dem das gesamte exotische Material in Streben an den Würfelrändern angeordnet ist. Ein herankommender Reisender, der eine Seite eines solchen Würfels durchquert, verspürt keine Gezeitenkräfte und trifft auf keinerlei Materie, sei sie exotisch oder nicht. »Ein solcher Reisender«, erklärt Visser, »wird einfach über das Universum verschoben« und taucht aus einem äquivalenten Würfel in einem anderen Bereich des ebenen Raums – vielleicht sogar in einem anderen Universum – wieder auf.

In dieser Arbeit ist nicht ausdrücklich von kosmischen Strings die Rede, ebenso wenig in der stärker formalisierten mathematischen Fassung dieser Gedanken, die Visser in *Physical Review D* veröffentlichte.[53] Doch in dieser formalisierten Arbeit weist er darauf hin, daß »die an den Würfelkanten vorhandene Spannungsenergie identisch mit der Spannungsenergie ... eines klassischen Fadens mit negativer Spannung« ist (von ihm). »Bisher ist kein natürlicher Mechanismus bekannt, der eine negative Fadenspannung erzeugen kann, erklärt Visser; aber es gibt natürlich einen bekannten Mechanismus, der vielleicht vor langer Zeit, bei der Entstehung des Universums eine negative Stringspannung erzeugt hat. Wo sollte denn das exotische Material besser als entlang der Streben seiner Würfeleingänge zu durchquerbaren Wurmlöchern abgelagert werden?

Die Aussicht, so etwas je bauen zu können, übersteigt unsere gegenwärtigen Möglichkeiten bei weitem. Doch, wie Morris und Thorne betonen, ist so etwas nicht unmöglich und »wir können deshalb heute auch die Existenz durchquerbarer Wurmlöcher nicht ausschließen«. Hier besteht für mich eine Analogie, die die Arbeit von Träumern, wie Thorne und Visser, in einen nützlichen und dabei gleichzeitig nachdenklich stimmenden Zusammenhang einordnet. Vor fast genau fünfhundert Jahren dachte Leonardo da Vinci über die Möglichkeit von fliegenden Maschinen nach. Er konstruierte Hubschrauber und Starrflügler, und moderne Flugzeugingenieure erklären, ein nach seinen Konstruktionen gebautes Flugzeug wäre wahrscheinlich sogar geflogen, wenn Leonardo moderne Triebwerke zur Verfügung gehabt hätte, um diese Maschinen anzutreiben, obwohl kein Ingenieur in seiner Zeit jemals eine motorisierte Flugmaschine hätte bauen können, mit der ein Mensch in die Luft hätte fliegen können. Leonardo konnte sich Düsentriebwerke und Linienflüge bei über Schallgeschwindigkeit nicht in seinen kühnsten Träumen ausdenken. Dennoch arbeiten die Concorde und die Jumbojets nach denselben physikalischen Grundgesetzen wie die fliegenden Maschinen, die er konstruierte.

In knapp einem halben Jahrtausend sind seine kühnsten Träume nicht nur in Erfüllung gegangen, sondern übertroffen worden. Vielleicht dauert es sogar länger als ein halbes Jahrtausend, bis Matt Vissers Konstruktion eines durchquerbaren Wurmlochs verwirklicht wird. Doch nach den Gesetzen ist so etwas auf jeden Fall möglich, und Sagan spekuliert ja, daß so etwas von einer weiter entwickelten Zivilisation als der unseren vielleicht schon probiert worden ist.

Natürlich stehen dem immer noch praktische Schwierigkeiten im Weg. Selbst wenn Sagans überlegene Zivilisation über die Möglichkeiten verfügte, kosmische Strings zu manipulieren und auch an der richtigen Stelle nach ihnen zu suchen, müßte man ja immer noch durch den Raum an die Stelle reisen, an der sich der Faden befindet, um das Material zu holen, aus dem man das Sternentor bauen könnte. Wenn man aber ohnehin weit in den Raum hinaus reisen kann, braucht man das Sternentor vielleicht gar nicht; und wenn man mit anderen Mitteln nicht weit genug in den Raum hinaus reisen kann, bekommt man vielleicht auch nie die Rohstoffe zum Bau des Sternentors. Hat man allerdings bereits irgendein anderes effizientes Mittel zur Raumfahrt, besteht vielleicht ein viel stärkerer Zwang, ein durchquerbares Wurmloch zu bauen. In einer »Anmerkung zur Begründung« gegen Ende ihres Aufsatzes über die Nutzung von Wurmlöchern zur Reise zwischen den Sternen im *American Journal of Physics* bemerken Morris und Thorne: »Seit wir diese Arbeit geschrieben haben, haben wir festgestellt, daß eine beliebig hoch entwickelte Zivilisation aus einem einzigen Wurmloch eine Maschine für eine rückwärts gerichtete Zeitreise bauen kann.« Mit anderen Worten: Jedes Sternentor ist gleichzeitig eine potentielle Zeitmaschine. Auch wenn man es nicht glaubt: Damit ist die Geschichte der Zeitreise erst zur Hälfte erzählt. Die physikalischen Gesetze erlauben Reisen zurück in die Zeit auch noch nach einer anderen Methode, die ausführlich in einer Arbeit beschrieben wird, die in *Physical Review D* (9, S. 2203) ganze fünfzehn Jahre bevor Morris und Thorne ihren ersten legendären Aufsatz über Wurmlöcher diesen Beweis anfügten. Nach der allgemeinen Relativitätstheorie gibt es zwei Möglichkeiten, wie man eine Zeitmaschine bauen kann. Sehen wir uns beide etwas genauer an.

**Kapitel 7**

# Zwei Arten, eine Zeitmaschine zu bauen

*Der gesunde Menschenverstand ist nicht mehr gesund. Das Großmutter-Paradoxon und wie man es umgehen kann. Schrödingers Katzen und die Theorie der vielen Welten. Zeitverwicklungen. Ist die Zeit eine Illusion? Tachionen auf Zeitreise. Eine universelle Zeitmaschine, Tiplers Zeitmaschine und sowjetisch-amerikanische Zeittunnel. Raum-Zeit-Billard und kosmische Geschichte – zwei und zwei (und viel mehr) werden nach Richard Feynmans Methode addiert.*

Der gesunde Menschenverstand sagt uns, daß Zeitreisen unmöglich sind. Der gemeine Menschenverstand sagt uns auch, es sei Unsinn zu meinen, daß Objekte in Bewegung schrumpfen und schwerer werden, und daß eine Astronautin, die zu einem fernen Stern reist und zur Erde zurückkehrt, dann jünger ist als ihr zu Hause gebliebener Zwillingsbruder. Der gesunde Menschenverstand ist nicht immer der beste Führer zu den Gesetzen, nach denen das Universum funktioniert, und bei der Zeitreise, wie bei allem anderen, muß man erst einmal feststellen, was einem diese Gesetze wirklich sagen und nicht, was man von ihnen gern gesagt hätte. Das heißt aber nicht, daß wir die Zweifel an der Zeitreise, wie sie Philosophen immer wieder ausgedrückt haben, und wie sie auch in unserem gesunden Menschenverstand verankert sind, nun völlig von der Hand weisen können. Wenn Zeitreisen wirklich möglich sind, muß man einige liebgewordene Ansichten von der Beschaffenheit der Wirklichkeit aufgeben, doch es wäre nicht das erste Mal, daß die Physiker in den letzten hundert Jahren so etwas haben tun müssen.

»Zeitreisen« bedeuten für mich natürlich Hin- und Rückreisen in der Zeit, also Vorgänge, die es einem ermöglichen, auf eine Reise zu gehen und zu (oder vor) dem Augenblick der Abreise an den Ausgangsort zurückzukehren. Eine solche Zeitreise bildet, wie es heißt, eine geschlossene zeitähnliche Schleife (auf englisch: *closed timelike loop* oder CTL). Für den »gesunden Menschenverstand« wird die im Zusammenhang mit einer solchen Zeitreise auftretende Schwierigkeit am besten dadurch dargestellt, daß man sich vorstellt, was mit einem Zeitreisenden geschähe, wenn er oder sie in der Zeit zurück reiste und irgendwie (vielleicht ungewollt) am Tod der eigenen Großmutter mütterlicherseits mitwirkte, ehe die Mutter des oder der Zeitreisenden überhaupt geboren worden wäre. In diesem Fall wäre der beziehungsweise die Zeitreisende auch niemals geboren worden. Also hätte die Reise niemals durchgeführt werden können und die Großmutter wäre schließlich doch nicht gestorben. In diesem Fall ist der oder die Zeitreisende aber geboren worden ... und so weiter.

## Paradoxa und Möglichkeiten

Wissenschaftlicher ausgedrückt, ist das Problem der geschlossenen zeitähnlichen Schleifen die mögliche Verletzung des Kausalitätsprinzips, die sie verursachen können. Das Kausalitätsgesetz ist eine Hypothese, die besagt, daß Ursachen immer ihren Wirkungen voraus gehen. Wenn ich den Schalter an der Wand neben der Tür in meinem Zimmer betätige, geht das Licht an, nachdem ich, nicht bevor ich, den Schalter betätigt habe. Selbst im konventionellen Rahmen der Relativitätstheorie, der es Beobachtern ermöglicht, sich mit unterschiedlichen Geschwindigkeiten zu bewegen und dieselben Ereignisse zu sehen, die (in manchen Fällen) in unterschiedlichen Abläufen oder zu unterschiedlichen Zeiten vonstatten gehen, wird kein Beobachter, gleichgültig wie er oder sie reist, jemals sehen, daß das Licht in meinem Zimmer angeht, kurz bevor ich den Schalter betätige. Stellen wir uns einen in Fahrt befindlichen Eisenbahnwaggon vor, in dessen Mitte sich eine Lichtquelle befindet. Verschiedene Beobachter sind sich vielleicht nicht einig, ob die beiden Lichtimpulse aus dieser Quelle die beiden Enden des Waggons gleichzeitig erreichen, beziehungsweise welcher Puls zuerst an seinem Ende ist; alle Beobachter sind sich aber sehr wohl einig darüber, daß die Impulse aus der Lichtquelle austreten, bevor sie an den Abschlußenden eintreffen. Die meisten Physiker halten das Kausalprinzip für ein unverletzliches Naturgesetz. Allerdings haben sie dafür keinen Beweis. Niemand hat je gesehen, daß das Kausalitätsprinzip verletzt wurde; doch ebenso wie bei der »Regel« von der kosmischen Zensur gibt es auch hier in den Gesetzen der Physik nichts, das die Kausalität bindend vorschreibt. Das Kausalprinzip ist höchstens der in wissenschaftlichem Jargon gehaltene Ausdruck unseres Zeitbegriffs, wie wir ihn mit dem gesunden Menschenverstand begreifen.

Wie können wir also das »Großmutter-Paradoxon« auflösen? Es gibt zwei wohlbegründete Möglichkeiten, über die Wissenschaftler, Philosophen und (am verständlichsten) Science-Fiction-Autoren diskutiert haben. Erstens: Vergangenheit ist unverletzlich und bereits in einem starren Muster festgelegt. Nach dieser Ansicht ist alles Geschehene, einschließlich Ihrer Reise zurück in der Zeit zu einem Besuch bei der Großmutter, bereits geschehen und damit unveränderlich. Was man auch vor hat, wenn man sich auf die Reise macht – nichts, was man tut, kann die Vergangenheit verändern. Sollten Sie mit Mordabsichten starten, schießt Ihre Waffe vielleicht daneben, wenn Sie auf die Großmutter zielen; es kann aber auch sein, daß sie durch eine Reihe scheinbar zufälliger Ereignisse die Großmutter überhaupt nie zu Gesicht bekommen.

In einer kleinen Variante dieses Gedankens kann man vielleicht in der Zeit zurück gehen und die Vergangenheit verändern, jedoch nicht erheblich. Wenn Sie zum Beispiel in die Vergangenheit zurück reisten und einen Baum fällten, dann wüchse an dessen Stelle ein neuer; wenn Sie Ihre Großmutter umbrächten, als diese noch ein junges Mädchen war, heiratete Ihr Großvater vielleicht deren Schwester, und Ihr Erbgut veränderte sich also verhältnismäßig wenig und so weiter. Fritz Leiber hat in seinen »Change War«-Erzählungen zwei verfeindete Gruppen von Zeitreisenden beschrieben, die versuchen, einander durch Veränderung der Vergangenheit jeweils zum eigenen Vorteil zu besiegen. Doch selbst bei größter Anstrengung bewirken die Veränderungen, die sie vornehmen, verhältnismäßig wenig und »glätten sich« auch schon wieder, bevor sie sich sehr weit im Raum-Zeit-Kontinuum ausbreiten können; damit gehorchen sie einem Gesetz, das eine von Leibers Figuren als »Gesetz der Realitätserhaltung« bezeichnet.[54] Am beunruhigendsten an dieser Lösung des Großmutter-Paradoxon ist wohl der Draht, in dem darin unsere freie Willensausübung, unser wahrhaft unabhängiges Handeln auf der Strecke zu bleiben scheinen. Wenn die Vergangenheit trotz aller CTL-Reisen so starr fixiert ist, liegt die Zukunft vielleicht genau so fest und unsere Vorstellung, daß die Zeit fließt und wir Entscheidungen treffen, die die Abfolge bestimmter Ereignisse beeinflussen, entspricht vielleicht genau so wenig der Wirklichkeit wie die scheinbar lebendige Bewegung und der Ablauf der Zeit, die sich einstellen, wenn die Einzelbilder, aus denen sich ein Film zusammensetzt, in schneller Folge auf einer Leinwand abgebildet werden.

Die Vorstellung, daß die Zeit in gewisser Hinsicht eine feste, unveränderliche Dimension ist, scheint H. G. Wells zum ersten Male in seiner berühmten Geschichte »Zeitmaschine« erwogen zu haben; in Buchform ist sie erstmals 1895 erschienen. Genau zehn Jahre, bevor Einstein seine spezielle Relativitätstheorie veröffentlichte, und noch länger, bevor Minkowski die spezielle Relativitätstheorie in einer vierdimensionalen Raum-Zeit-Geometrie beschrieb, schrieb Wells: »Es gibt keinen Unterschied zwischen der Zeit und jeder der drei Raumdimensionen, nur bewegt sich unser Bewußtsein mit der Zeit.« Der ausgedachte Zeitreisende in der Geschichte beschreibt das, was wir als dreidimensionalen Würfel wahrnehmen, als in Wirklichkeit festes, unveränderliches vierdimensionales Gebilde, das sich durch die Zeit erstreckt und mithin als Dimensionen die Länge, die Breite, die Dicke und die Zeitdauer aufweist. Die Sache hat nur einen Haken: Wenn alles in vier Dimensionen festliegt, muß man sich fragen, wie der Reisende überhaupt einen Einfluß auf die Ereignisse ausüben kann, in die er später in der Geschichte verwickelt wird. Nach Wells eigener Begründung für diese Abenteuer ist alles, auch das Eingreifen des Reisenden in die Zukunft, schon festgelegt und prädeterminiert. Damit ist das Leben aber ziemlich reizlos geworden.

Die zweite Möglichkeit, das Großmutter-Paradoxon aufzulösen, ist anspruchsvoller. Mittlerweile hat sich allgemein die Ansicht durchgesetzt, daß das Universum auf subatomarer Ebene von Quantenregeln beherrscht wird, die nach den Gesetzen des Zufalls und der Wahrscheinlichkeit wirken. Was das bedeutet, läßt sich ebenfalls mit einer abgedroschenen (doch aussagekräftigen) Erklärung darstellen. Der Zerfall des Kerns eines radioaktiven Atoms, wobei dieser Kern ein Teilchen ausstößt und zum Kern eines Atoms eines anderen Elements wird, ist völlig zufallsgeregelt. Für jede Art von radioaktiven Elementen gibt es eine bestimmte Zeitdauer, in der die Wahrscheinlichkeit, daß die Atome zerfallen, genau 50:50 liegt. Diese Zeitspanne ist die sogenannte Halbwertszeit des Elements. Daß sich ein solcher Quantenprozeß so sklavisch an die Wahrscheinlichkeitsgesetze hielt, beleidigte Einstein zutiefst und veranlaßte ihn zu dem berühmten Ausspruch: »Ich kann nicht glauben, daß Gott mit der Welt Würfel spielt.« Doch alle Beweise (und sie sind zahlreich) deuten darauf hin, daß auf der Quantenebene tatsächlich die Wahrscheinlichkeit herrscht. Das klassische Gedankenexperiment, das die bizarren Folgen dieser Überlegung am besten darstellt, dachte sich der Nobelpreisträger und Quantenphysiker Erwin Schrödinger aus; dabei geht es um eine hypothetische Katze, die zusammen mit einer Giftflasche, etwas radioaktivem Material und einem Geigerzähler in einer Kiste eingeschlossen ist. Das ganze wird so verdrahtet, daß der

Geigerzähler beim Zerfall des radioaktiven Materials anspricht und ein Gerät in Gang setzt, das die Giftflasche zerstört und damit die Katze tötet. Wenn wir diesen Versuch aufbauen, den Deckel der Kiste schließen und warten, bis die Wahrscheinlichkeit für den Eintritt des radioaktiven Zerfalls genau 50:50 beträgt, so fragte Schrödinger, in welchem Zustand befindet sich dann die Katze in der Kiste, bevor wir den Deckel öffnen und nachsehen?

Der gesunde Menschenverstand sagt uns, daß die Katze entweder lebt oder tot ist. Die Quantenphysik erklärt uns jedoch, daß Ereignisse, wie zum Beispiel der radioaktive Zerfall eines Atoms, erst dann wirklich werden, wenn sie beobachtet werden. Die Quantenphysik behauptet also in diesem Fall, daß über den Zerfall oder Nicht-Zerfall des radioaktiven Materials erst entschieden wird, wenn jemand die Kiste aufmacht und nachsieht. Bevor wir in die Kiste schauen, existiert das radioaktive Zeug in einer sogenannten Überlagerung von Zuständen, einem Gemisch der Möglichkeiten Zerfallen und Nicht-Zerfallen. Sobald wir nachsehen, wird eine dieser Möglichkeiten wirklich, und die andere verschwindet. Bevor wir jedoch nachschauen, existiert alles in der Kiste, auch die Katze, in einer Überlagerung von Zuständen. Die Katze wird also von der Quantenmechanik – einer Theorie, die in über einem halben Jahrhundert alle Prüfungen, denen sie unterzogen wurde, bestanden hat – als gleichzeitig tot und lebendig beschrieben.[55]

Wie kann das angehen? Eine mögliche Auflösung dieses Rätsels bezeichnet man als Vielwelt-Hypothese. Sie besagt, daß das Universum (»die Welt« in diesem Fall), so oft es auf Quantenebene mit einer Entscheidung über den einzuschlagenden Weg konfrontiert wird, beide Möglichkeiten weiter verfolgt und sich in zwei Universen aufspaltet (die oft als »parallele Welten« beschrieben werden, obwohl sie mathematisch betrachtet eigentlich im rechten Winkel zueinander stehen). Wenn in diesem Bild das radioaktive Material in der Kiste vor der Wahl steht, zu zerfallen oder nicht zu zerfallen, löst es sich nicht einfach in eine geisterhafte Mischung aus überlagerten Zuständen auf. Stattdessen spaltet sich das ganze Universum in zwei Teile. In einer Welt zerfällt das Material, man öffnet die Kiste und findet darin eine tote Katze. In der anderen Welt zerfällt das Material nicht, und man öffnet die Kiste und findet eine lebendige Katze. Beide Katzen und beide »man« sind gleichermaßen möglich, und keine und keiner von beiden weiß etwas von seinem Widerpart in der anderen Welt.

Diese Vielwelt-Interpretation der Quantenmechanik wird nun keineswegs von allen Physikern ernst genommen. Doch zu der Minderheit, die sie ernst nehmen, gehören interessanterweise einige der allerbesten Physiker unserer Tage, darunter John Wheeler (mindestens eine Zeitlang, obwohl er sich inzwischen schon eher zweifelnd geäußert hat), Kip Thorne und Stephen Hawking (der meint, er könne den Ursprung des Universums mit einer Variation über das Vielwelten-Thema erklären). Diese Möglichkeit löst das Großmutter-Paradoxon natürlich sauber auf: Der Zeitreisende kann in der Zeit zurückgehen und den Tod der armen, alten Großmutter (oder vielmehr der armen, jungen Großmutter) verursachen, doch diese Handlung führt dann zum Entstehen eines neuen Zweigs am Weltenbaum, eines Universums, in dem der Zeitreisende nicht existiert und nie existiert hat. Wenn sich der Zeitreisende vom Augenblick, da die Großmutter starb, in der Zeit wieder vorwärts bewegt, bewegt er sich diesen neuen Zweig am Baum der Zeit hinauf und kommt in einer ganz anderen Welt als der an, von der er ausgegangen ist.

In Science-Fiction-Romanen ist diese Möglichkeit oft genutzt worden. Eines der berühmtesten Beispiele dafür findet sich in dem Roman *Bring the Jubilee* von Ward Moore. In dieser Geschichte lebt die Hauptfigur zunächst in einer Welt, die der unseren sehr ähnelt, nur daß der Süden den amerikanischen Bürgerkrieg gewonnen hat. Er reist dann in der Zeit zurück und befaßt sich mit einer entscheidenden Schlacht in diesem Krieg, löst dabei unbeabsichtigt eine Kette von Ereignissen aus, die den Ausgang der Schlacht verändern und letztlich dazu führen, daß die Vereinigten Staaten über die

Konföderierten siegen. Wenn er wieder in unserer Zeit vorwärts reist, kommt er in »unserer« Welt an. Doch seine ursprüngliche Welt existiert vielleicht auf ihrer eigenen Zeitspur auch noch. Das Thema ist außerdem in den Filmen »Zurück in die Zukunft« ausgeschlachtet worden, vor allen Dingen (wenn auch leider etwas verwirrend) im zweiten Teil der Trilogie.

Zeitreisen können also auf mindestens zweierlei Arten stattfinden, ohne daß die Kausalitätsgesetze verletzt werden, wenn denn die Kausalität unverletzlich in die Vergangenheit eingebaut ist und wenn neue Universen entstehen können, in denen jedes Herumspielen an Ereignissen der Vergangenheit Platz findet. Es gibt noch eine bizarre Möglichkeit: eine Zeitschleife, in der Ereignisse ihre eigene Ursache sind (oder, wenn Ihnen diese Ausdrucksweise mehr zusagt, etwas ohne Ursache geschieht). Auch hier bietet Science Fiction wieder ein klassisches Beispiel.

## Zeitschleifen und andere Verwicklungen

In der Kurzgeschichte *All You Zombies* beschreibt Robert Heinlein, wie eine junge Waise von einem (wie sich herausstellt) Zeitreisenden verführt wird und eine Tochter zur Welt bringt, die zur Adoption freigegeben wird. Aufgrund von Komplikationen, die sich bei der Geburt herausstellen, läßt »sie« eine Operation zur Geschlechtsumwandlung durchführen und wird zum Mann. Ihr Verführer wirbt sie für den Zeitservice an und erklärt, daß sie in Wirklichkeit sein jüngeres Ich sei und auch das Kind, das er in der Zeit wieder zurück in das Waisenhaus geführt hat, wo es aufgewachsen war, ihr beider jüngeres Ich sei.[56] Dieser geschlossene Kreis ist gut ausgedacht und verstößt auch gegen keine bekannten physikalischen Gesetze (obwohl die Biologie dabei natürlich völlig auf der Strecke bleibt). Doch stellen wir uns einmal vor, wir lassen solche »Spezialeffekte« beiseite und gehen ferner davon aus, daß niemand so verrückt ist, etwas zu tun, was ein Paradoxon zur Folge haben könnte, wie zum Bei-

spiel die Ermordung der eigenen Großmutter. Wie können wir dann in der Sprache der modernen Physik eine ganz einfache Zeitreise beschreiben?
Am besten geht das anhand eines Raum-Zeit-Diagramms. Stellen wir uns einen Erfinder vor, der in seinem Laboratorium an einer Zeitmaschine bastelt. Sobald sie fertig ist, steigt er ein, betätigt einen Schalter, bewegt sich in der Zeit zurück und im Raum etwas zur Seite, bis er neben seinem jüngeren Ich sitzt. Dann schaltet er die Maschine aus, die beiden Versionen des Erfinders wechseln einige Worte und schließlich begibt er sich weiter auf seinem Weg in die Welt außerhalb des Laboratoriums. Das entsprechende Raum-Zeit-Diagramm dieser Vorgänge sieht aus wie in Abbildung 7.1. In einer kleinen Variante zu dem von Minkowski verwendeten

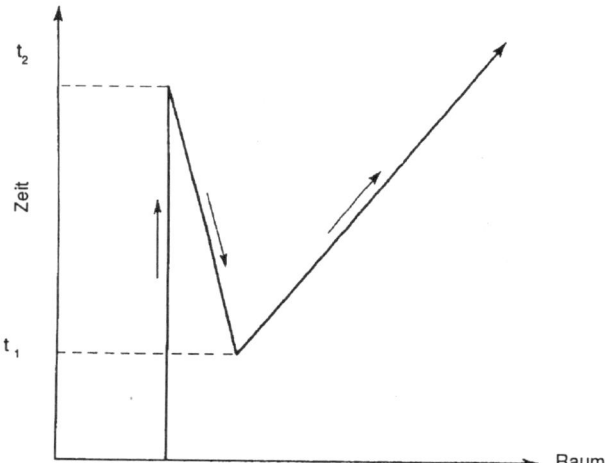

*Abbildung 7.1 Richard Feynman entwickelte eine Variation zum Raum-Zeit-Diagramm. In diesem Beispiel zeigt die Karte, wie ein Zeitreisender seine Zeitmaschine zur Zeit $t_2$ fertig baut und dann in der Zeit zurück reist und mit seinem früheren Ich zur Zeit $t_1$ das eine oder andere bespricht, bevor er in die Zukunft zurückkehrt.*

möglichen Raum-Zeit-Diagramm entwickelte Richard Feynman die Vorstellung, damit den Ablauf der Zeit darzustellen. Wenn man in einen Zettel oder eine Karte einen schmalen Schlitz schneidet und ihn so über das Diagramm legt, daß nur die untere Achse dadurch sichtbar ist, bekommt man einen Blick auf den Erfinder im Laboratorium in dem Augenblick, in dem er mit seiner Arbeit beginnt. Dann fährt man mit dem Schlitz die Seite hinauf (oder deckt einfach das Diagramm mit der Hand zu und fährt mit der Hand die Seite hinauf) und sieht dann, wie die Weltlinie des Erfinders länger wird, je mehr Zeit verstreicht, während er am selben Ort bleibt. Plötzlich erscheint aus dem Nichts eine ältere Version des Erfinders und sitzt in der Zeitmaschine. Von da an sehen wir eine gewisse Zeitlang drei Erfinder. Einer, die jüngste Version, baut seine Zeitmaschine, nachdem er ein paar Worte mit seinem älteren Ich gewechselt hat. Ein anderer, der älteste, geht in die Welt hinaus, nachdem er ein paar Worte mit seinem jüngeren Ich gewechselt hat. Und der Dritte sitzt in der Zeitmaschine und ist mittleren Alters. Nicht nur das: Während die Zeit vergeht (sich die Seite hinauf bewegt), wird er jünger. Wir könnten es zum Beispiel erkennen, wenn er eine Zigarre rauchte. Aus einer gottähnlichen Sicht außerhalb von Raum und Zeit könnten wir sehen, wie die Zigarre als Stummel zwischen seinen Lippen anfängt und allmählich länger wird, je mehr wir unseren Blick die Seite hinauf wandern lassen, bis sie schließlich zu einer vollständigen Zigarre »erbrennt«, die der Reisende sorgfältig einpackt und in der Tasche verstaut. Die Zeitmaschine hat den Ablauf der Zeit in ihrem Innern verändert, und dieser Effekt zeigt sich daran, daß die Weltlinie für diese dritte Version des Erfinders auf die anfängliche Weltlinie des Erfinders zurückgefaltet wird.

Das Feynman-Diagramm diente ursprünglich zur Beschreibung des Verhaltens von Teilchen in der subatomaren Welt. Ein Diagramm wie in Abbildung 7.1 wird im allgemeinen dazu verwendet, das Aussehen eines Teilchen-Antiteilchen-Paars (vielleicht eines Elektrons und eines Positrons) bei »V« zu beschreiben. Obwohl ich weiter oben davon gesprochen habe, daß solche virtuellen Paare einander zerstören, und obwohl das sicherlich der häufigste Fall ist, lassen sich die Gleichungen genau so befriedigend erfüllen, wenn einer dieser Partner diese Zerstörung mit einem Partner aus der wirklichen Welt vornimmt und damit dem Vakuum die Energieschuld zurückerstattet, so daß der ursprüngliche virtuelle Partner an seiner Stelle in die Wirklichkeit befördert wird. In diesem Fall könnte das aus dem bei »V« in Abbildung 7.1 aus dem virtuellen Paar erschaffene Positron sich sehr bald mit einem Elektron (senkrechte Linie links) treffen und sein Gegenelektron in die große weite Welt entlassen. Feynman verursachte 1940 Stirnrunzeln, als er darauf hinwies, daß dieses ganze Muster sehr wohl als Weltlinie eines einzelnen Elektrons betrachtet werden konnte, das zunächst in der Zeit vorwärts, dann in der Zeit rückwärts und danach wieder in der Zeit vorwärts geht. Mit anderen Worten: Ein Positron ist genau dasselbe wie ein in der Zeit rückwärts reisendes Elektron.

Man braucht nicht einmal auf virtuelle Teilchen zurückzugreifen, um diesen Trick zu bewerkstelligen. Wirkliche Teilchen-Antiteilchen-Paare können auch aus reiner Energie hergestellt werden, wenn nur genug davon vorhanden ist. Wenn sich ein Elektron und ein Positron zerstören, setzen sie Energie in Form von Gammastrahlen frei; genügend energiereiche Gammastrahlung kann ebenfalls ein Teilchen-Antiteilchen-Paar erzeugen. Eine weitere Version eines einfachen Feynman-Diagramms kann also aussehen wie Abbildung 7.2. Daraus ergibt sich die Schlußfolgerung, daß in gewisser Hinsicht alle Teilchenbahnen und -wechselwirkungen in der Geometrie der Raum-Zeit fixiert werden können, wobei alle Bewegungen und Veränderungen eine Illusion darstellen, die sich aus unserer wandelnden psychologischen Wahrnehmung des Augenblicks »jetzt« ergeben (Abb. 7.3). Die Physiker haben sich mittlerweile an diese Vorstellung mindestens in der Hinsicht gewöhnt, daß die Feynman-Diagramme ein wertvolles Hilfsmittel in der Teilchenphysik darstellen.[57] Doch niemand »glaubt wirklich«, daß Positronen nur in der Zeit rückwärts wandernde Elektronen sind; das gilt eher als Metapher denn als Ausdruck einer Realität. Dennoch besagen die Gesetze der Physik, daß ein Positron buchstäblich von einem in der Zeit sich rückwärts bewegenden Elektron nicht zu unterscheiden ist. Und daß die Weltlinie auf demselben Diagramm die Abenteuer eines zeitreisenden Erfinders beschreiben kann, bedeutet doch, daß nach den Gesetzen der Physik solche Ausflüge möglich sind (und, wenn Sie so wollen, ein in der Zeit rückwärts reisender Erfinder gleichbedeutend mit einem »Anti-Erfinder« ist).

Über einen Punkt bin ich etwas flüchtig hinweg gegangen, der von praktischer Bedeutung sein kann, falls jemals wirklich versucht werden sollte, Zeitmaschinen zu bauen. In der Teilchenwelt kann ein Teilchen-Antiteilchen-Paar aus Gammastrahlungsenergie hergestellt werden. Doch woher stammt die Masse-Energie für den doppelten Erfinder? Wenn gleichzeitig mit dem Original ein anderes Exemplar des Erfinders existieren soll, muß man wohl annehmen, daß der Zeitmaschine Energie mindestens entsprechend der Masse des Erfinders zugeführt werden muß. Das wäre ziemlich viel Energie; man kann sie nicht beziehen, indem man seine Zeitmaschine einfach in die Steckdose steckt (oder einen gerade hernieder fahrenden Blitz anzapft), und das beschränkt vielleicht die ersten Zeitreiseversuche auf einfache Tests, bei denen es nur um kleine Materiemengen, nicht gleich um ganze Menschen, geht. Doch das ist nur ein technisches Problem und läßt sich gewiß leichter lösen als der Umgang mit kosmischen Strings. Ich habe nie behauptet, daß Zeitreisen leicht sind; ich habe nur gesagt, daß sie nach den physikalischen Gesetzen zugelassen sind!

Lassen wir einen Augenblick die dramatischen Folgen außer acht, die sich daraus ergeben, wenn Menschen Zeitreisen durchführen. Konzentrieren wir uns stattdessen auf die Vorstellung, daß Teilchen rückwärts in der Zeit reisen. Daraus ergibt sich ein ganz eigenes grundlegendes Zeit-Paradoxon, denn wenn wir eine Möglichkeit hätten, Teilchen in die Vergangenheit zurückzuschicken, würden wir sie sicherlich zur

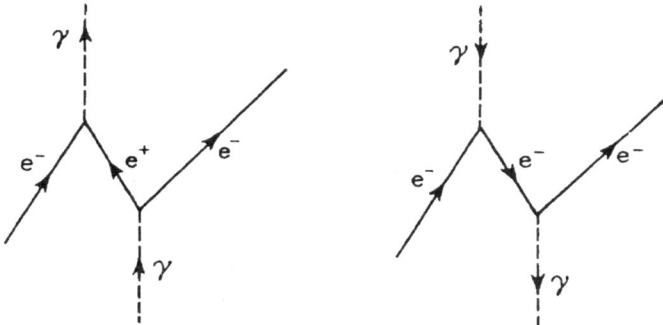

*Abbildung 7.2* Wenn ein Elektron-Positron-Paar aus Gammastrahlung gebildet wird, kann sich das Positron mit einem anderen Elektron gegenseitig auslöschen und läßt seinen ersten Partner frei. Feynman wies darauf hin, daß das genau dem Zustand entspricht, in dem ein einzelnes Elektron von einem Gammastrahl abprallt und in der Zeit zurück reist, bevor (?) es von einem zweiten Gammastrahl abprallt und seinen Weg in die Zukunft fortsetzt. So wie in Abb. 5.7, genügen auch hier die in der Zeit zurück reisenden Teilchen den Gesetzen der Physik durchaus. Ein Positron, so sagte Feynman, ist ein in der Zeit zurückreisendes Elektron.

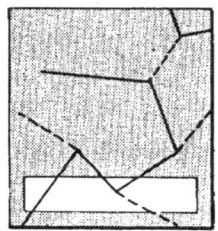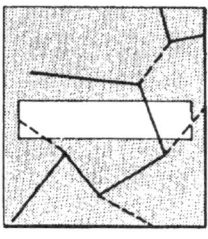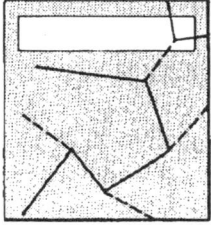

*Abbildung 7.3 Ist die Zeit nur Einbildung?* Wenn alle Teilchen-Weltlinien irgendwie in der Raum-Zeit fixiert wären und sich nur unsere Wahrnehmung »bewegte«, also »die Seite hinauf« wanderte, während die Zeit »verginge«, würden wir immer noch einen komplizierten Tanz von wechselwirkenden Teilchen sehen, obwohl sich nichts bewegte!

Nachrichtenübermittlung nutzen. Nehmen wir an, Sie und ich verfügen über ein Zeit-Funkgerät und treffen folgende Abmachung: Ich verspreche Ihnen, über die normale Telefonleitung um achtzehn Uhr abends eine Nachricht durchzugeben, sofern ich nicht eine Zeitradionachricht von Ihnen bekomme, die so in die Zeit zurück geschickt wurde, daß sie mich um siebzehn Uhr erreicht. Doch Sie versprechen, die Nachricht in die Zeit zurück abzuschicken, wenn ich um achtzehn Uhr anrufe. Sie schicken Ihre Nachricht nur, wenn ich anrufe; ich rufe jedoch nur an, wenn Sie mir keine Nachricht geschickt haben. Angenommen, wir halten beide unser Wort[58] – wie lösen wir dann dieses Dilemma auf? Im Gegensatz zum Szenario mit der umgebrachten Großmutter oder dem zeitreisenden Erfinder könnte das in nicht allzu ferner Zukunft tatsächlich ein Problem werden. Nach der guten alten Relativitätstheorie selbst, wenn man Feynmans jüngste Taschenspielertricks mit Raum-Zeit-Diagrammen einmal außer acht läßt, spricht überhaupt nichts gegen die Vorstellung von Teilchen, die sich in der Zeit zurück bewegen. Die einzige Auflage: Sie müssen sich immer weiter in der Zeit zurück bewegen – und übrigens bewegen sie sich schneller als das Licht. Sie haben sogar einen Namen: Tachionen. Bisher hat allerdings, vielleicht zum Glück, noch kein Mensch nachweislich ein Tachion gefunden.

## Tachionen als Zeitreisende

Auf den ersten Blick scheint die spezielle Relativitätstheorie jede Bewegung zu verbieten, die schneller als mit Lichtgeschwindigkeit erfolgt. Wenn man sich anfänglich langsamer als mit Lichtgeschwindigkeit bewegt und dann immer schneller wird, läuft die Zeit immer langsamer ab, bis sie schließlich bei Lichtgeschwindigkeit zum Stillstand kommt. Schneller kann man sich nicht bewegen, denn die Lichtgeschwindigkeit selbst ist eine undurchdringliche Schranke; versucht man, noch schneller zu werden, gibt es keine Zeit mehr, in der man diese Geschwindigkeit erhöhen könnte.

Doch gleich auf der anderen Seite dieser Schranke liegt, den Gleichungen zufolge, eine absonderliche Welt, in der alles entgegen dem Uhrzeigersinn abläuft. Wenn man sich dort mit etwas mehr als Lichtgeschwindigkeit bewegt, läuft die Zeit ganz langsam rückwärts. Das hat auch eine gewisse Logik, denn wenn die Zeit langsamer abläuft, je mehr man sich der Lichtgeschwindigkeit nähert und wenn sie bei Lichtgeschwindigkeit still steht, dann muß sie bei mehr als Lichtgeschwindigkeit rückwärts laufen (langsamer als Stillstand). Je schneller man sich in der Tachionenwelt bewegt, um so schneller läuft die Zeit rückwärts. Und je mehr Bewegungsenergie ein Teilchen aufweist, desto langsamer bewegt es sich (wenn man also Energie zuführt, bringt man ein Teilchen immer näher an die Lichtgeschwindigkeitsschranke, und das von beiden Seiten dieser Schranke aus). Wenn ein Tachion Energie verliert, bewegt es sich immer schneller und rast in der Zeit zurück. Diese bizarre Möglichkeit wurde übrigens erstmals erwähnt, bevor Einstein seine spezielle Relativitätstheorie veröffentlichte. Zu Anfang des 20. Jahrhunderts stellte Arnold Sommerfeld (vorher Privatdozent an der Universität Göttingen, doch dann schon Professor an der Technischen Hochschule Aachen und schließlich in München ein berühmter Pionier der Quantentheorie) fest, daß nach Maxwells Theorie des Elektromagnetismus Teilchen, die sich mit mehr als Lichtgeschwindigkeit bewegen, schneller werden müßten, während sie Energie einbüßten. Er veröffentlichte diese Schlußfolgerung 1904; die 1905 erschienene spezielle Relativitätstheorie stützt sich im wesentlichen ebenfalls auf Maxwells Theorie, und da ist es nicht weiter überraschend, daß sich in ihr eine gleichartige Beschreibung von Teilchen findet, die sich mit mehr als Lichtgeschwindigkeit bewegen. Doch erst in den sechziger Jahren wurde diesem Gedanken mehr Aufmerksamkeit zuteil, und selbst dann galt er eher als Spielerei mit den Gleichungen denn als ernst zu nehmende praktische Möglichkeit. Die hypothetische Existenz solcher Tachionen ist ein weiteres Indiz für die Positiv-Negativ-Symmetrie, die in vielen physikalischen Gleichungen steckt, zum Beispiel die Symmetrie, die die Existenz von Anti-Teilchen zuläßt. Auch die Vorstellung von Anti-Teilchen nahm kein Mensch ernst, als sie das erste Mal vorgetragen wurde; diese Symmetrie wurde vielmehr als mathematische Merkwürdigkeit der Gleichungen abgetan. Heute ist die Anti-Materie ganz routinemäßig Teil der Physik und wird ebenso routinemäßig in Teilchenbeschleunigern, wie zum Beispiel bei CERN, gebildet. Doch Tachionen sind nicht die Anti-Teilchen-Gegenstücke bekannter Teilchen. Wenn es sie gibt, verkörpern sie eine ganz eigene, neue Möglichkeit.

Wie könnte man einem Tachion je auf die Spur kommen? Natürlich muß man zuerst in den Schauern kosmischer Strahlung suchen, also Teilchen aus dem Weltraum, die häufig in die obere Schicht der Erdatmosphäre eindringen. Wenn ein energiereiches kosmisches Strahlungsteilchen mit einem gewöhnlichen atomaren Teilchen in der oberen atmosphärischen Schicht zusammenstößt, erzeugt es einen Schauer weniger energiereicher Teilchen, die dann am Boden nachzuweisen sind (so sind im übrigen auch die Positronen zum ersten Mal ermittelt worden). Wenn einige auf diesem Weg entstehende Teilchen Tachionen sind, bewegen sie sich in der Zeit rückwärts und kommen in den Meßgeräten auf dem Boden nicht nur vor den meisten Teilchen im Schauer an, sondern sogar noch, bevor der ursprüngliche kosmische Strahl die obere Atmosphärenschicht berührt.

Forscher, die sich mit kosmischer Strahlung beschäftigen, haben ihre Unterlagen auf Spuren nach solchen Vorläuferzacken durchforstet, die sich auf ihren Instrumenten kurz vor dem Eintreffen der üblichen Schauer kosmischer Strahlung gezeigt haben könnten. Sie haben dabei einige Signale gefunden, die vielleicht passen, doch in keinem Fall läßt sich daraus eindeutig die Existenz von Tachionen ableiten, obwohl in den frühen siebziger Jahren auf diesem Gebiet einige Aufregung herrschte. 1973 fanden zwei in Australien tätige Forscher, Roger Clay und Philip Crouch, scheinbar aussagekräftige Hinweise für Zacken, die auf Vorläuferteilchen zurück zu gehen schienen, die sich schneller als mit Lichtgeschwindigkeit bewegt hatten. Diese in Detektoren für kosmische Strahlung ermittelten Befunde wurden an die Zeitschrift *Nature* geschickt, bei der ich damals tätig war und erschienen 1974[59] und erregten, wie ich mich noch gut erinnere, die Bestürzung vieler Physiker und die Freude vieler Journalisten. Diese Ergebnisse sind bis heute gültig, werden jedoch nicht mehr ernsthaft als Beweise für Tachionen betrachtet, weil in späteren Versuchen die mit anderen Schauern kosmischer Strahlung zusammenhängenden Vorläufer nicht mehr gefunden wurden. In der Physik herrscht mittlerweile allgemein die Ansicht vor, daß irgendetwas anderes die australischen Nachweisgeräte 1973 gerade im richtigen (oder falschen, je nach Ihrer Ansicht) Zeitpunkt ausgelöst haben muß. Doch die Suche nach Tachionen war damit noch nicht zu Ende.

Tachionen können sich unter Umständen auch noch auf andere Weise bemerkbar machen, wenn sie (oder mindestens einige unter ihnen) elektrisch geladen sind. Die Einsteinsche Lichtgeschwindigkeitsgrenze bezieht sich genau genommen nur auf die Lichtgeschwindigkeit im Vakuum. Das ist die berühmte Konstante c, für die keinem Teilchen, das sich jemals langsamer als c bewegt, soviel Energie mitgeteilt werden kann, daß es die Lichtgeschwindigkeit im Vakuum überschreitet. Doch das Licht selbst bewegt sich langsamer als mit c, wenn es ein durchlässiges Material, wie zum Beispiel eine Glasplatte oder einen Wasserbehälter, durchdringt. »Gewöhnliche« Teilchen können sich also schneller als mit Lichtgeschwindigkeit, beispielsweise in Wasser bewegen, ohne daß sie die endgültige Geschwindigkeitsgrenze c überschreiten. Wenn ein geladenes Teilchen, zum Beispiel ein Elektron, das wirklich tut, strahlt es Licht aus. So wie ein schnell bewegtes Objekt, das die Schallmauer durchbricht, einen Knall erzeugt, erzeugt ein sich schnell bewegendes geladenes Teilchen, das die Lichtbarriere durchbricht, eine Art »optischen Knall«. Diesen Effekt hat ein sowjetischer Physiker, Pawel Tscherenkow, 1934 entdeckt und ihm zu Ehren heißt er heute »Tscherenkow-Strahlung«. Ein geladenes Tachion, das sich selbst in einem Vakuum schneller als mit Lichtgeschwindigkeit bewegt, müßte ebenfalls Tscherenkow-Strahlung aussenden, so lange es überhaupt noch Energie aufweist, die es abstrahlen kann. Aus Rechnungen geht hervor, daß ein solches Teilchen seine gesamte Energie buchstäblich in einem Blitz verlöre, dann die Energie Null aufwiese und mit unendlicher Geschwindigkeit davonflöge, so daß es sich in gewisser Hinsicht gleichzeitig überall auf seiner Weltlinie befindet. Wenn diese Weltlinie ein anderes Teilchen schnitte, könnte das Tachion dadurch jedoch unter Umständen vorübergehend aus diesem Stoß Energie gewinnen und einen weiteren Lichtblitz abgeben. Leider sind bisher keine entsprechenden Lichtblitze in Wasserbehältern nachgewiesen worden, obwohl in verschiedenen Forschungszentren solche Untersuchungen durchgeführt worden sind.

Nach übereinstimmender Ansicht existieren wirkliche Tachionen nicht. Sie sind, wie man sagt, ein Artefakt der Gleichungen und können ohne weiteres ignoriert werden, weil sie angeblich keine wirkliche physikalische Bedeutung haben. Der Physiker Nick Herbert von der Stanford University faßt die Lage in seinem Buch *Faster Than Light* folgendermaßen zusammen: »Die meisten Physiker«, erklärt er, »halten die Existenz von Tachionen für nur unwesentlich größer als die Existenz von Einhörnern.«

Aber dennoch sind sie nach den physikalischen Gesetzen erlaubt, und ein Physiker, Gregory Benford, hat diese Vorstellung wirkungsvoll in dem Roman *Timescape* eingebaut, in dem auch die Existenz von Parallelwelten postuliert wird. Selbst in Benfords Romanwelt(en) gibt es jedoch keinen physikalischen Transport gewöhnlicher Objekte (geschweige denn Menschen) zurück in der Zeit. Wenn wir diesen Trick schaffen wollen, müssen wir uns etwas ausdenken, das die Struktur der Raum-Zeit selbst verändert. Wurmlöcher bieten natürlich Möglichkeiten, aber es gibt auch noch eine andere, in gewisser Hinsicht einfachere Methode. Dabei spielt die Rotation eine Rolle, und der Gedanke leitet sich von der Erkenntnis ab, daß das ganze Universum, wenn es rotiert, ja selbst eine Zeitmaschine in der Hinsicht darstellt, daß es geschlossene zeitähnliche Schleifen enthält.

## Gödels Universum

Der Mann, dem diese Idee zu verdanken ist, stieß die Leute mit den meisten seiner theoretischen Entdeckungen vor den Kopf. Es war der Mathematiker Kurt Gödel, 1906 in Brünn geboren. Gödel studierte an der Wiener Universität Mathematik und machte 1930 seinen Doktor. Gleich danach, 1931, veröffentlichte er eine Arbeit, die gelegentlich als das wichtigste Einzelereignis in der Beschäftigung mit der reinen Mathematik im 20. Jahrhundert bezeichnet worden ist. Gödel bewies, kurz gesagt, daß die Arithmetik, also das Rechnen, unvollständig ist. Wenn ein beliebiges System von Regeln zur Beschreibung einfacher Rechnungen (und ich rede hier von wirklich einfachen Rechnungen, zum Beispiel davon, daß zwei plus zwei vier ergibt) aufgestellt wird, muß es nach Gödels Beweis arithmetische Aussagen geben, die mit den Regeln des Systems weder bewiesen noch widerlegt werden können. Das ist der Gödelsche Unvollständigkeitssatz. Nun sei gleich dazu gesagt, daß er in der täglichen Verwendung der Arithmetik keinerlei Schwierigkeiten aufwirft. Die Regeln von Addition, Subtraktion und so weiter funktionieren nach wie vor einwandfrei, ebenso gut wie vor 1931. Aber Logiker und Philosophen sind dadurch zutiefst beunruhigt und grundsätzlich bedeutet er, daß in der Mathematik irgend etwas stecken kann, das weder als richtig noch als falsch bewiesen werden kann.

Was das bedeutet, kann man sich ungefähr anhand eines alten logischen Wortspiels klarmachen, das von dem antiken griechischen Philosophen Epimenides stammt. Er weist darin auf den logischen Fehlschluß hin, der in auf sich selbst bezogenen Aussagen, wie der folgenden, steckt:

Diese Aussage ist falsch.

Wenn der Satz stimmt, muß er falsch sein; ist er falsch, dann muß er wahr sein. Man kann zwar fragen: »Ist der Satz richtig oder falsch?« Doch auf diese Frage gibt es keine Antwort. Trotz solcher Rätsel verwenden wir tagtäglich die Sprache, verständigen uns damit ganz gut, und viele Leute würden jede Diskussion über die Bedeutung solcher Sätze als Haarspalterei abtun. Sowohl beim Beispiel des Epimenides als auch beim Gödelschen Unvollständigkeitssatz ist jedoch die Feststellung wichtig, daß auf sich selbst bezogene Schleifen zu logischen Widersprüchen beziehungsweise, wenn Ihnen das besser gefällt, nicht-logischen Widersprüchen, führen kann.

Auf dieser Grundlage ist gelegentlich behauptet worden, daß die menschliche Intelligenz zum Beispiel nie im Stande sein wird, den Menschengeist zu verstehen, weil wir bei der Beschäftigung mit uns selbst zwangsläufig mit solchen logischen Schleifen konfrontiert werden. Das ist das Kernthema in Douglas Hofstadters hervorragendem Buch »Gödel, Escher, Bach«. Ich komme jedoch von meinem Thema ab, wenn ich mich noch weiter in diese faszinierenden Folgerungen vertiefe; ich möchte hier nur noch darauf hinweisen, daß die Existenz von Aussagen oder mathematischen Postulaten, die sich weder als richtig noch als falsch beweisen lassen, in gewisser Hinsicht für die Rätsel steht, die auch Zeitschleifen mit sich bringen, bei denen beispielsweise die Großmutter ermordet und nicht ermordet wird, und auch für das Quantenrätsel der weder lebenden noch toten Katze steht.

Nach dem »Anschluß« Österreichs Ende der dreißiger Jahre wanderte Gödel in die Vereinigten Staaten aus, wurde Professor in Princeton und arbeitete dort mit seinem guten Freund Albert Einstein zusammen. Für einen Menschen, der logisch zu beweisen vermochte, daß die Mathematik unvollständig ist, müssen die Gleichungen der allgemeinen Relativitätstheorie ein Kinderspiel gewesen sein. Seine Freundschaft zu Einstein regte Gödel denn auch zu einigen wichtigen Beiträgen zur Relativitätstheorie an, und er fand neue Lösungen für die Gleichungen. Die interessanteste dieser

Variationen zu einem relativistischen Thema entstand 1949; da kam Gödel der Gedanke, die natürliche Gegebenheit, wonach die Schwerkraft das Universum zusammenzieht und zum Kollaps führt, könne vielleicht durch eine Zentrifugalkraft aufgewogen werden, wenn das ganze Universum rotierte. Ein solches rotierendes Universum brauchte nicht einmal ein eindeutiges Rotationszentrum aufzuweisen, ebenso wenig wie das expandierende Universum ein Zentrum aufweist, von dem aus es sich ausdehnt. In dem Universum, das wir rings um uns erblicken, erkennt jeder Beobachter, wo er sich auch befindet, eine gleichmäßige Expansion, die vom Beobachter als Mittelpunkt auszugehen scheint. Ähnlich sieht in Gödels Universum jeder Beobachter, wo er auch steht, daß sich das Universum scheinbar um ihn dreht. Doch er sieht noch mehr.

Wenn massive Objekte rotieren, ziehen sie die Raum-Zeit in ihrer Umgebung mit sich, etwa so, wie der Kaffee herumwirbelt, wenn man mit dem Löffel in der Tasse rührt. Besonders ausgeprägt ist diese Erscheinung in der Ergosphäre rings um ein rotierendes Schwarzes Loch, und sie ist auch der Grund für die hier ablaufenden merkwürdigen Prozesse, die es uns (grundsätzlich) erlauben, Energie aus dem Schwarzen Loch zu gewinnen. Dieser Effekt wirkt für jede rotierende Masse, sei sie auch noch so klein. Diese mitgerissene Raum-Zeit ist als Effekt allerdings so schwach ausgeprägt, daß man sie nur wahrnimmt, wenn das rotierende Objekt verhältnismäßig massereich ist. Für die Erde kann dieser Effekt allerdings gerade so stark sein, daß er sich nachweisen läßt. Wenn sich diese Mitnahme von Raum-Zeit so abspielt, wie sie nach der Einsteinschen allgemeinen Relativitätstheorie vorausgesagt wird, müßte sie sich im Einfluß auf das Verhalten von Gyroskopen, also Kreiselgeräten, in Erdnähe äußern. Die Drehrichtung der Gyroskope müßte sich geringfügig ändern und wegen der Erddrehung eine Präzession aufweisen. Dieser vorausgesagte Effekt ist sehr schwach; dennoch beschäftigen sich Forscher an der Stanford University schon zwei Jahrzehnte mit einem Vorhaben zu einer Messung. Sie wollen hundertprozentig ausgewuchtete Kreiselgeräte in Form gleicher Metallkugeln bauen, die dann an Bord der Raumfähre irgendwann bis Ende der neunziger Jahre in eine Erdumlaufbahn gebracht und unter Bedingungen der Schwerelosigkeit in Umdrehung versetzt werden. Eine ganze Batterie von Instrumenten soll dann die schwerelosen Kreiselgeräte beobachten und feststellen, ob sie tatsächlich wegen dieses Mitnahmeeffekts der Erddrehung auf die Raum-Zeit in der Nähe eine Präzession aufweisen.

Ein derartiger Effekt läßt sich für eine so geringe rotierende Masse, wie einen Planeten, nur sehr schwer messen. Wenn sich jedoch das ganze Universum dreht, müßten sich ähnliche Effekte sehr drastisch bemerkbar machen. Am besten kann man sich ein Bild von diesen Vorgängen mit Hilfe der Lichtkegel machen, die die Beziehung zwischen Punkten in der Raum-Zeit in einem gewöhnlichen Minkowski-Diagramm (diesmal keinem Feynman-Diagramm) zeigen. Abbildung 7.4 ist eine Darstellung der mit drei Punkten in der Raum-Zeit, A, B, C, zusammenhängenden Lichtkegel. Diese Punkte können nichts voneinander wissen und beeinflussen einander auch nicht, denn wenn ein Signal von einem dieser Punkte zu irgendeinem der anderen Punkte gelangen will, müßte es sich außerhalb der betreffenden Lichtkegel bewegen und schneller als das Licht wandern.

Im Lauf der Zeit beschreiben allerdings Beobachter, die von jedem dieser Punkte ausgehen, ihre eigene, mehr oder weniger krakelige Weltlinie in die Zukunft und die Seite hinauf. Irgendwann in der Zukunft empfängt der Beobachter, der am Punkt A angefangen hatte, Lichtsignale, die vom Punkt B ausgehen; dieser Beobachter kann nun zum ersten Mal von Ereignissen beeinflußt werden, die am Punkt B abgelaufen sind. Allerdings kann dieser Beobachter diese Ereignisse am Punkt B niemals beeinflussen, denn wenn er ein Signal dorthin schicken wollte, müßte er in der Zeit zurückgehen (ich gehe in dieser Überlegung einmal davon aus, daß es keine Tachionen gibt). Jede Wechselwirkung ist also nur in einer Richtung möglich. Dasselbe gilt analog für die anderen Beobachter und sogar für alle Beobachter in der ebenen Raum-Zeit.

Wenn die Beobachter jedoch in einem Universum leben, das rotiert, so machen sie die Erfahrung, daß es die Raum-Zeit so mitnimmt, daß die Lichtkegel (irgendwo im Universum) umkippen. Dreht sich das Universum schnell genug, so

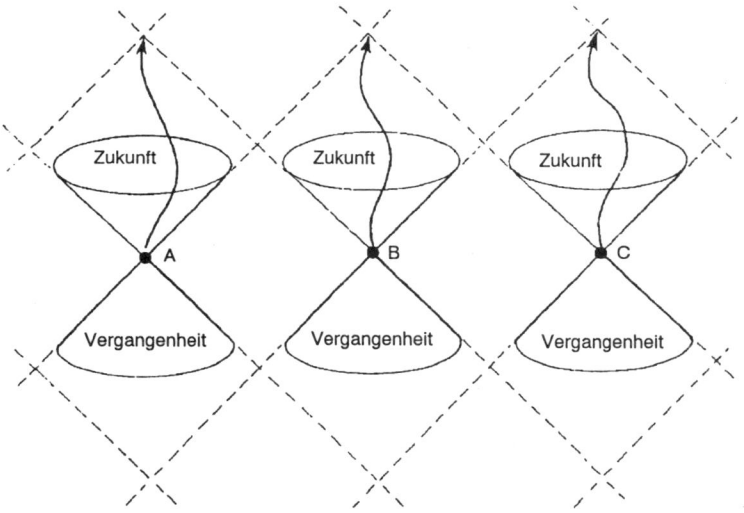

*Abbildung 7.4 Eine Reihe von drei Lichtkegeln, die zu den Raum-Zeit-Ereignissen A, B und C »gehören«. Von keinem dieser Ereignisse kann man in ein anderes reisen.*

fallen die Lichtkegel so sehr um, daß ein Beobachter, der vom Punkt A ausgeht, den Punkt B erreichen kann, ohne sich jemals außerhalb des Zukunftslichtkegels zu bewegen, also ohne jemals die Lichtgeschwindigkeit zu überschreiten. Ähnlich kann ein Beobachter, der vom Punkt B ausgeht, den Punkt C besuchen, und wir können uns vorstellen, daß eine Reihe von sich überlappenden Lichtkegeln insgesamt einen

Kreisweg rings um das ganze Universum beschreibt und wieder zum Punkt A zurückführt (Abb. 7.5). Nun dürfen wir nicht vergessen, daß es sich hier um ein Raum-Zeit-Diagramm handelt. Punkt A stellt sowohl einen Ort im Raum als auch einen Zeitpunkt dar. In Gödels Universum kann man an einem Punkt der Raum-Zeit aufbrechen und auf einem geschlossenen Weg rings um das Universum reisen und landet zur selben Zeit am selben Ort, von dem man aufgebrochen war, obwohl die Reise vielleicht nach den im Raumschiff mitgenommenen Uhren Jahrtausende gedauert hat.

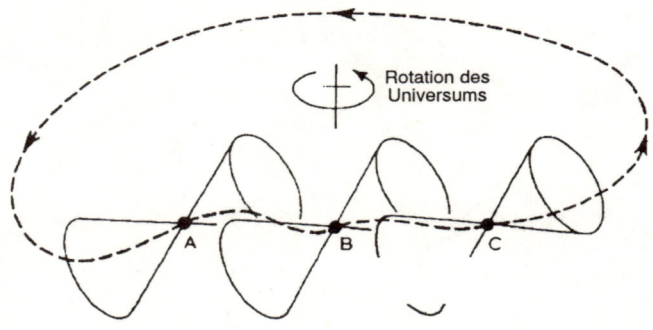

*Abbildung 7.5 Wenn das Universum rotiert, sind die Lichtkegel unter Umständen so geneigt, daß man doch von A nach B und C - und im ganzen Universum herum wieder zurück zu Ereignis A - reisen kann. Man kehrt also an denselben Ort und zur selben Zeit zurück, wo man angefangen hatte, und das alles, ohne jemals schneller als das Licht zu reisen.*

Da liegt nun der Hund begraben. Wenn ein Universum, wie das unsere, auf diese Art und Weise geschlossene zeitähnliche Schleifen bilden wollte, müßte es alle siebzig Millionen Jahre eine Umdrehung vollführen. Das ist ein recht gemächliches Tempo für ein Universum, das nach heutiger

Kenntnis etwa fünfzehn Milliarden Jahre alt ist; es läßt sich auch schwer messen, aber alle vorliegenden Beweise sprechen eindeutig dagegen, daß das Universum sich so schnell dreht. Doch selbst wenn es das täte, wiese die kürzeste zeitähnliche Schleife einen Umfang von etwa hundert Milliarden Lichtjahren auf. Es würde also hundert Milliarden Jahre dauern, bis ein Lichtstrahl das Universum umkreist hätte und wieder an seinem Ausgangspunkt in der Raum-Zeit angekommen wäre. Eine solche Universalzeitmaschine wäre also nicht gerade benutzerfreundlich. Dennoch geht auch aus Gödels Lösung der Einsteinschen Gleichungen hervor, daß Zeitreisen nach der allgemeinen Relativitätstheorie nicht verboten sind. Die Lösung zeigt außerdem, daß eine Rotation und das durch sie verursachte Kippen der Lichtkegel zu einer Existenz von geschlossenen zeitähnlichen Schleifen führen kann. 1973 entdeckte ein Forscher an der University of Maryland, daß man denselben Trick auch mit viel weniger Masse als dem ganzen Universum vollführen kann, sofern die betreffende Masse ausreichend stark verdichtet ist und sich sehr, sehr schnell dreht.

## Tiplers Zeitmaschine

Frank Tipler, dem diese originelle Idee zu verdanken ist, arbeitet heute an der Tulane University in New Orleans. Er ist ein höchst eigenwilliger mathematischer Physiker, der nicht nur den Bau einer Zeitmaschine berechnet, sondern sich auch sehr dafür interessiert, ob es im Universum außer uns noch intelligentes Leben in einer anderen Form gibt. (Nur der Vollständigkeit halber sei angefügt, daß seiner Meinung nach jede etwas weiter entwickelte Zivilisation als wir sich das ganze Universum ohne weiteres hätte unterwerfen können. Daß wir für eine solche Zivilisation in unserem astronomischen Hinterhof, dem Sonnensystem, keine Anzeichen sehen, hält er für einen belastbaren Beweis dafür, daß wir – ernüchternde Schlußfolgerung – die am weitesten entwickelte Zivilisation darstellen, die es gibt.)

Ich bin Tipler zum ersten Mal 1980 begegnet, als ich seine Vorstellungen von Zeitreisen für den *New Scientist* beschrieb, wo ich damals arbeitete. Wir sind seitdem in Verbindung geblieben, und er versichert mir, daß seine Berechnungen aus den siebziger Jahren bis heute Bestand haben. Seine mathematische Beschreibung einer funktionierenden Zeitmaschine erschienen 1974 in den Seiten der Zeitschrift *Physical Revue D* (9, S. 2203 ff.) unter dem Titel »Rotierende Zylinder und die Möglichkeit einer globalen Kausalitätsverletzung«.[60] Für Sie und für mich bedeutet »globale Kausalitätsverletzung« einfach »Zeitreise«. Als ich Tipler fragte, ob er Zeitreisen allen Ernstes für möglich halte, erwiderte er: »Es gibt durchaus eine echte theoretische Möglichkeit zur Kausalitätsverletzung im Zusammenhang mit der klassischen allgemeinen Relativität.« Seine methodische, gründliche Vorarbeit, die ihn zu diesem Schluß geführt hat, stellt auch eine solide Grundlage für weitere Spekulationen über Möglichkeiten von Zeitreisen dar.

Tipler beschrieb seinen Weg zum mathematischen Konstruktionsplan für eine Zeitmaschine in drei Schritten. Zuerst stellte er sich die Frage, ob die Gleichungen theoretisch Reisen durch die Raum-Zeit zulassen, bei denen der Reisende in Raum und in Zeit an den Ausgangspunkt zurückkehrt, nachdem er einen Teil der Reise in der Zeit zurückgegangen ist. Wir wissen schon, daß die Antwort positiv ist; Gödel hat das 1949 bewiesen, und es gibt noch zwei weitere Beispiele von Lösungen für Einsteins Gleichungen, die eine geschlossene zeitähnliche Schleife zulassen. Brandon Carter wies 1968 nach, daß auch die Kerrsche Lösung von Einsteins Gleichungen, in der die Raum-Zeit in der Umgebung eines rotierenden Schwarzen Lochs beschrieben wird, geschlossene zeitähnliche Schleifen enthält, sobald die Rotation schnell erfolgt. Tipler kannte diese ältere Arbeit, aber als vorsichtiger Mann vergewisserte er sich erst einmal, daß geschlossene zeitähnliche Schleifen nach der allgemeinen Relativitätstheorie zulässig sind. Dann untersuchte er, ob es im Universum von Natur aus Bedingungen gibt, nach denen Reisen um geschlossene zeitähnliche Schleifen herum möglich sind. Auch hier lautete die Antwort: ja. Schließlich dachte er darüber nach, ob man nicht mindestens grundsätzlich solche Bedingungen schaffen, also eine funktionierende Zeitmaschine bauen kann. Auch diese Frage war zu bejahen.

Das wichtigste Element in Tiplers Rechnungen, die in der Arbeit von 1974 und später vorgelegt wurden, ist die Rotation. Er kam jedoch auch zu dem Schluß, daß eine solche (natürliche oder künstliche) Zeitmaschine nicht aus gewöhnlicher Materie unter gewöhnlichen Bedingungen geschaffen werden kann; man braucht eine rotierende nackte Singularität, wenn man geschlossene, zeitähnliche Schleifen haben will. In der Natur ist diese Möglichkeit, wie wir gesehen haben, keineswegs ausgeschlossen, denn nackte Singularitäten können sich bilden, wenn Schwarze Löcher explodieren oder nicht kugelförmige Materieaggregate unter der Zugwirkung der Schwerkraft zusammenbrechen. In beiden Fällen wäre es erstaunlich, wenn die Endprodukte nicht rotierten. Bei weitem der interessanteste Aspekt von Tiplers Arbeit ist jedoch seine Beschreibung der Grundlagen einer künstlichen Zeitmaschine.

Wie umkippende Lichtkegel zur Zeitreise führen, ist aus Abbildung 7.6 ersichtlich. In dieser Fassung eines Minkowski-Diagramms sind zwei Raumdimensionen, X und Y, angegeben, und die Zeit verläuft, wie gewöhnlich, auf der Seite nach oben. Nur die zukünftigen Hälften der Lichtkegel sind dargestellt, damit das Bild nicht zu kompliziert wird. Die Zeitachse stellt auch die Weltlinie einer massiven, schnell rotierenden, nackten Singularität dar, die in ein starkes Gravitationsfeld gehüllt ist. Die interessierenden Auswirkungen auf Lichtkegel erkennt man, wenn man auf die Linien schaut, die die Kreisbahnen in verschiedenen Abständen um die Singularität herum darstellen. In weiter Entfernung von der Singularität, wo das Gravitationsfeld schwach ist, erstrecken sich die Lichtkegel in der für die ebene Raum-Zeit üblichen Weise in die Zukunft hinein. Je näher man jedoch an die rotierende Singularität heran kommt, um so stärker kippen die

# 298 Zwei Arten, eine Zeitmaschine zu bauen

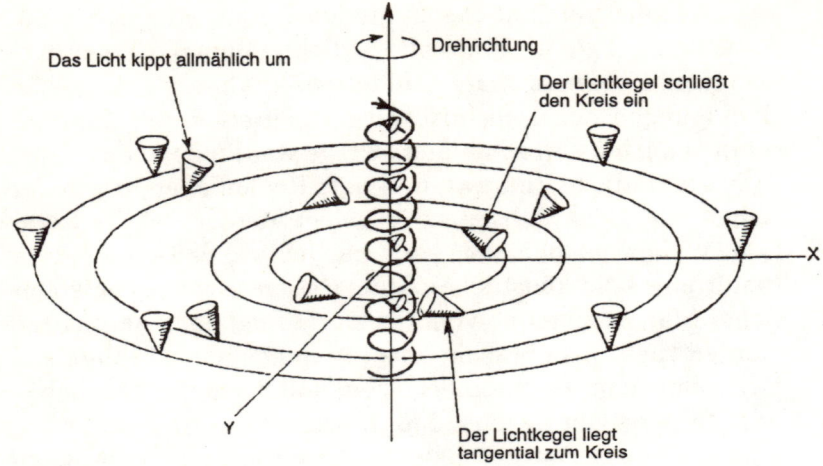

*Abbildung 7.6 Ein massiver, rotierender Zylinder nimmt auch Raum-Zeit mit und läßt die Lichtkegel im Bereich eines starken Gravitationsfeldes umkippen. Auf dieser Grundlage konstruiert Frank Tipler seine Zeitmaschine. Wenn man in einer engen Bahn um den rotierenden Zylinder reiste, reiste man rückwärts in der Zeit, wie es die Schraube in der Mitte dieses Diagramms darstellt.*

Kegel in die Richtung, in der sich das Zentralobjekt dreht. Für einen Beobachter würde in dieser Situation alles normal aussehen; zum Beispiel würden auch die Regeln der speziellen Relativitätstheorie gelten, nach denen Reisende auf Geschwindigkeiten unter der Lichtgeschwindigkeit beschränkt sind. Für einen Beobachter weit draußen in der ebenen Raum-Zeit, der die Ereignisse in der Region der verzerrten Raum-Zeit wahrnähme, würden sich jedoch allmählich die Rollen von Raum und Zeit in diesem starken Feldbereich gegeneinander vertauschen. Die Zeit selbst wickelt sich allmählich um das Zentralobjekt. Für die Zeitreise erreicht der Lichtkegel, wenn er um über fünfundvierzig Grad kippt, ein kritisches Stadium. Da der Halbwinkel des Kegels fünfundvierzig Grad beträgt, ist das der Punkt, an dem der Zukunftslichtkegel so weit umkippt, daß eine seiner Kanten unterhalb der X-Y-Ebene liegt, die den ganzen Raum darstellt. Ein Teil des Zukunftslichtkegels in der Region des starken Feldes liegt jetzt in der Vergangenheit, von der Region des schwachen Feldes aus gesehen.

Nun kann sich ein Raumreisender grundsätzlich innerhalb des Zukunftslichtkegels überall hin bewegen. In dieser Extremsituation, in der der Lichtkegel stark gekippt ist, kann sich der Reisende für einen Weg entscheiden, der für den Beobachter draußen nur aus einem Kreis im Raum herum besteht, ohne daß dabei irgendeine Bewegung durch die Zeit (die Seite hinauf) stattfindet! In gewisser Hinsicht befände sich der Reisende gleichzeitig überall auf dieser Kreisbahn. Und wenn der Reisende ein Raumschiff auf einem Kurs lenkte, das knapp unterhalb der X-Y-Ebene eintauchte, könnte er darin in einer sanften Spirale immer wieder rund um die Zeitachse fliegen, allmählich die Seite hinunter und in der Zeit zurück fliegen, wie sich durch die Spiral»bahn« in der Mitte von Abbildung 7.6 zeigt. Das Raumschiff kehrte immer wieder an denselben Ort zurück, dies jedoch zu immer früheren Zeiten. Durch geschickte Bahnanpassung könnte der Reisende dann einen ähnlichen schraubenförmigen Kurs in die Zeit voraus und zurück in die Zukunft nehmen. Tipler beschreibt es so:

> Ein Reisender könnte seine Reise in Regionen des schwachen Feldes beginnen – vielleicht in Erdnähe –, dann in den Bereich des umgekippten Lichtkegels und dort in Richtung der negativen Zeit weiterziehen und schließlich in den Bereich des schwachen Feldes zurückkehren, ohne jemals die von seinem Zukunftslichtkegel definierte Region zu verlassen. Wenn er sich genügend weit in minus t-Richtung bewegte, so lange er sich im starken Feld befindet, könnte er zur Erde zurückkommen, bevor er überhaupt abgereist wäre – könnte in die Erdvergangenheit so weit zurückgehen, wie er wollte. Hier haben wir einen Fall von wirklicher Zeitreise.

Selbst wenn eine solche Zeitmaschine existierte, könnte man damit vielleicht doch nicht so weit in die Erdvergangenheit zurückgehen, wie man wollte. Alle Effekte, die ich hier beschrieben habe, auch die umgekippten Lichtkegel, gelten nur für den Raum-Zeit-Bereich, der von dem Punkt in der Raum-Zeit aus gesehen, an dem die Zeitmaschine (ob natürlich oder künstlich) geschaffen wird, die Zukunft darstellt. Eine solche Zeitmaschine erschließt die gesamte Zukunft der Raum-Zeit einer Erforschung. Man kann jedoch mit einer solchen Maschine in der Zeit nicht weiter zurückgehen als bis zu dem Augenblick, in dem die Maschine selbst erschaffen wurde. Wenn wir also morgen eine Zeitmaschine bauen sollten, könnten wir damit nicht so weit zurück reisen, daß wir untersuchen könnten, wie die alten Ägypter die Pyramiden bauten. Das ginge nur, wenn damals schon eine Zeitmaschine existiert hätte und wir das Glück hätten, sie zu finden und auch in Betrieb zu setzen. Manche begeisterten Verfechter der Zeitreisen sehen darin die Erklärung, weshalb wir noch nicht von Zeitreisenden besucht worden sind. Sie meinen, das liege nicht an der Unmöglichkeit von Zeitreisen, wie es oft von anderer Seite behauptet wird, sondern schlicht daran, daß bisher noch keine Zeitmaschine erfunden worden sei! Aber auch die Enthusiasten sind ein bißchen enttäuscht, weil gar keine Aussicht besteht, daß man schon morgen eine Zeitmaschine bauen wird, um damit zu interessanten Ereignissen in der Geschichte der Erde zurückfliegen zu können. Doch die Erschaffung einer Tipler-Zeitmaschine bietet als Ausgleich noch eine ganz besondere Möglichkeit: Sie braucht nur einen kurzen Augenblick zu existieren und erschließt dann schon die gesamte Zukunft der Erforschung, denn die mit der Zeitmaschine verbundenen geschlossenen zeitähnlichen Schleifen reichen vom Augenblick der Entstehung dieser Maschine in die ganze Zukunft. Die Schlüsselfrage bleibt jedoch bestehen: Wie könnte man ein solches Gerät überhaupt bauen?

Grundsätzlich muß man zunächst ein sehr kompaktes rotierendes Objekt suchen, das auf natürliche Weise im Universum entstanden ist; dann muß man seine Rotation so weit erhöhen, daß sich in seiner Umgebung geschlossene zeitähnliche Schleifen bilden. Wir brauchen also einen massiven, kompakten, sich schnell drehenden Zylinder. Und da sucht man am besten zunächst in einem Neutronenstern. Neutronensterne sind die kompaktesten, dichtesten bekannten Objekte, und manche von ihnen drehen sich auch sehr schnell. Man kennt mindestens einen Pulsar, der sich alle anderthalb Millisekunden einmal um seine Achse dreht (in schwacher Übertreibung wird er als »Millisekundenpulsar« bezeichnet). Das liegt schon ziemlich dicht bei der Umdrehungsgeschwindigkeit, bei der sich nach Tiplers Berechnungen eine natürliche Zeitmaschine bilden könnte. Er erklärt, wenn sich ein rotierender, massiver Zylinder schnell genug um sich selbst drehte, müßte sich in dessen Mittelpunkt eine nackte Singularität bilden, und an diese Singularität wären geschlossene zeitähnliche Schleifen gebunden. Ein solcher Zylinder müßte mindestens hundert Kilometer lang sein und dürfte höchstens einen Durchmesser von zehn bis zwanzig Kilometern aufweisen, müßte allerdings mindestens so viel Masse enthalten wie unsere Sonne und dabei von der Dichte eines Neutronensterns sein. Die ganze Geschichte müßte sich pro Millisekunde zweimal drehen – nur dreimal so schnell wie der Millisekunden-Pulsar. Also wirklich, nehmen Sie zehn Neutronen-Sterne, reihen Sie sie von Pol zu Pol und geben Sie ihnen genug Rotation, und Sie werden eine Tipler Zeitreise-Maschine haben.

Dazu wären natürlich ein paar kleine technische Fragen zu lösen, vor allem erstmal die, wo man denn zehn Neutronensterne finden könnte. Der Rand des Zylinders bewegte sich mit halber Lichtgeschwindigkeit im Kreis, und die mit dem starken Drehimpuls bei dieser Umdrehung verbundene Energie wäre etwa gleich hoch wie die Ruhemassenenergie (das »$mc^2$«) des Zylinders – »eine so hohe Energie«, erklärt Tipler, »daß die dabei auftretende Fliehkraft den rotierenden Körper auseinander reißen könnte«. Und während der Zylinder versuchte, sich in einer Richtung auseinander zu reißen, wäre er bestrebt, in der anderen Richtung über seine ganze Länge zu kollabieren. Durch die gravitationsbedingte Zugwirkung von zehn Neutronensternen, die an den Polen miteinander verbunden wären, würden diese Sterne sehr schnell zu einem Schwarzen Loch kollabieren, wenn nicht eine Form der Feldenergie, die stärker wäre als alles, was wir bisher direkt erfahren haben, den Zylinder steif halten könnte. Das scheint alles unmöglich zu sein – doch dürfen wir nicht vergessen, daß sich die Singularität ja nur einen ganz flüchtigen Augenblick lang bilden muß und dann schon die geschlossenen zeitähnlichen Schleifen herstellen kann, mit denen Zeitreisen im Anschluß daran für immer möglich wären. Wie so viele Relativitätstheoretiker vor ihm, scheint uns Tipler auch zu erklären, daß Zeitreisen grundsätzlich möglich sind, doch die praktischen Schwierigkeiten beim Bau einer Zeitmaschine so ungeheuer groß sind, daß man sie vielleicht nie wird überwinden können. Dennoch empfinde ich die Existenz von Millisekundenpulsaren fast wie einen Vorwurf, ein klassisches Beispiel von »so nah und doch so fern«. Solche Objekte sind nahezu natürliche Zeitmaschinen, und da drängt sich einem die Überlegung auf, daß die Natur vielleicht das schon vollbracht hat, was für menschliche Ingenieure so schwer zu sein scheint. Unsere Nachkommen werden wohl eher eine schon existierende Zeitmaschine entdecken (und könnten dann damit tatsächlich in der Geschichte zurückgehen), als daß sie eine bauen werden. Doch damit sind wir mit der Technik der Zeitmaschinen noch nicht fertig. Daß Tiplers theoretische Zeitmaschine zu einem Schwarzen Loch kollabieren könnte und wir Felder brauchten, die Strukturen mit größerer Kraft steif halten könnten als alles, was wir auf der Erde kennen, scheint doch wieder auf Wurmlöcher und kosmische Strings hinauszulaufen. Wenn es kosmische Strings gibt, dann wären sie ideal dazu geeignet, Tiplers Neutronensterne bei der Stange zu halten, damit sie nicht kollabieren, so wie sie ein aus einem Wurmloch gebildetes Sternentor offen halten könnten. Wie Thorne, Nowikow und ihre Kollegen gezeigt haben, ist ein Wurmloch, das als Sternentor funktioniert und eine Abkürzung durch den Hyperraum schafft, grundsätzlich auch einfach in eine Zeitmaschine umzuwandeln, wenn es erst mal existiert.

## Wurmlöcher und Zeitreisen

Carl Sagans schlichte Bitte um eine halbwegs plausible pseudowissenschaftliche Theorie, mit der er die Leser seines Romans unterhalten wollte, hat mittlerweile Wellen geschlagen, die sich in der ganzen Physik und auf der ganzen Welt bemerkbar gemacht hatten. Nowikow hatte sich für die Folgen einer möglichen Existenz von geschlossenen zeitähnlichen Schleifen jahrelang interessiert, und als eine Gruppe am California Institute of Technology allmählich merkte, daß die Art Sternentor, die sie für Sagans Roman erfunden hatten, auch als Zeitmaschine dienen konnte, mußte sich Thorne natürlich mit Nowikow in Verbindung setzen, und Nowikows Team in Moskau mußte sich an der Untersuchung beteiligen, ob die Gesetze der Physik tatsächlich die Existenz von geschlossenen zeitähnlichen Schleifen in, wie Thorne sagt, »vernünftiger Art und Weise« erfassen. Die Gruppe, die sich direkt mit diesen Untersuchungen beschäftigte, umfaßte (als ich das letzte Mal alle Namen auf einer ihrer wissenschaftlichen Arbeiten las) sieben Wissenschaftler von zwei Kontinenten. Thorne bezeichnet sie mittlerweile als »Konsortium«; dazu kommen aber noch weitere, unter anderem die Gruppe in Newcastle, Ian Redmount (an der Washington University in St. Louis) und Matt Visser, die sich für diese Folgen ebenso interessieren. Ich möchte mich in diesem Kapitel hier aber vorwiegend mit der Arbeit des sowjetisch-amerikanischen Konsortiums beschäftigen und zunächst das Verfahren behandeln, mit dem diese Gruppe ein Sternentor in eine Zeitmaschine verwandeln will.

Wenn man erst einmal ein Wurmloch hat, das als Sternentor funktioniert, braucht man die allgemeine Relativitätstheorie nicht mehr, um daraus eine Zeitmaschine zu machen. Die spezielle Relativitätstheorie reicht dazu völlig. Wir erinnern uns: Wenn von zwei eineiigen Zwillingen einer zu Hause bleibt, während der andere sich auf eine Reise begibt, die er mit einem beträchtlichen Bruchteil der Lichtgeschwindigkeit zurücklegt und dann wieder nach Hause zurückkehrt, ist der gereiste Zwilling weniger gealtert als der zu Hause gebliebene. In Bewegung befindliche Uhren gehen nach. Angesichts der technischen Mittel einer überlegenen Zivilisation können wir uns vorstellen, daß wir irgendwie eine Öffnung des Wurmlochs packen und auf eine solche Reise mitnehmen.

Natürlich ist es gar nicht so einfach, etwas so Nebulöses wie die Öffnung eines Wurmlochs zu packen, doch es bieten sich dazu einige Möglichkeiten an. Eine solche Öffnung eines Wurmlochs ist ja vor allem durch ihre große Masse und ihr entsprechend starkes Gravitationsfeld gekennzeichnet; um die Raum-Zeit genügend stark zu verzerren, muß sie eine Öffnung eines Wurmlochs darstellen, die so groß ist, daß Menschen und Raumschiffe hindurch passen. Um einen unter Gravitationseinwirkung stehenden Körper anzuziehen, braucht man nur einen weiteren unter Gravitationseinfluß stehenden Körper; man kann sich vorstellen, daß man eine große Masse (vielleicht einen Planeten) vor der Öffnung des Wurmlochs pendeln läßt und diese große Masse dann so weg bewegt, daß die Öffnung des Wurmlochs ihr folgt, so wie der sprichwörtliche Esel, der dem Futter nachläuft, das ihm immer gerade so weit entfernt vor die Nase gehalten wird, daß er es nicht packen kann. Wir können uns aber auch vorstellen, daß wir der Öffnung des Wurmlochs eine genau bemessene elektrische Ladung zuführen (natürlich nicht so viel, daß die Geometrie des ganzen Eingangsbereichs zerstört wird) und die Öffnung dann mit Hilfe eines elektrischen Feldes ins Schlepptau nehmen. Eine überlegene Zivilisation verfügt gewiß noch über andere Tricks, doch diese beiden sollen vorerst reichen.

Sobald man über eine Möglichkeit verfügt, ein Ende des Wurmlochs abzuschleppen, kann man es auch auf eine lange Fahrt mit nahezu Lichtgeschwindigkeit mitnehmen und dann neben dem anderen Ende des Wurmlochs parken. Das könnte beispielsweise eine Reise zu einem anderen Stern und wieder zurück sein, es könnte aber auch reichen, daß man die in Bewegung befindliche Öffnung im Kreis herumwirbelt, bis ein genügend großer Zeitunterschied zwischen den Uhren im bewegten Bezugsrahmen und den an der Öffnung befestigten und damit zu Hause gebliebenen Uhren hergestellt hat. Es kommt nur darauf an, daß dieser Zeitunterschied erhalten bleibt, auch wenn die bewegte Öffnung wieder in den Ruhezustand eingetreten ist. Diese Zeitdifferenz ist eine reale, physikalische Eigenschaft des Raumbereichs, der mit der bewegten Öffnung zusammenhängt. Dieser Bereich ist ja weniger gealtert als die Öffnung, die sich nicht bewegt hat, liegt also im Vergleich zu der daheim gebliebenen Öffnung in der Vergangenheit.

Wegen der Art und Weise, in der die Raum-Zeit durch die Wurmlochgeometrie verbunden wird (die Topologie der Raum-Zeit in Verbindung mit dem Wurmloch), funktioniert das Wurmloch als Zeitmaschine. Ein Reisender, der in die Öffnung hineinspringt, die sich bewegt hat, tritt aus der stehengebliebenen Öffnung zu dem Zeitpunkt aus, der der Zeit auf den Uhren in der bewegten Öffnung entspricht. Wir nehmen an, daß die bewegte Öffnung so weit und so schnell gereist ist, daß zwischen den beiden Öffnungen eine Zeitdifferenz von einer Stunde entstanden ist.

Ein Reisender, der an der stationären Öffnung aufbricht, wenn die Uhren dort zwölf Uhr zeigen und dann beispielsweise zehn Minuten für den Weg hinüber zu der bewegten Öffnung[61] braucht, kommt dort an, wenn seine eigene Uhr und die Uhren an der stationären Öffnung 12.10 Uhr anzeigen. Doch wenn der Reisende jetzt in die bewegte Öffnung springt und an der stationären Öffnung wieder auftaucht (nach der eigenen Uhr des Reisenden fast augenblicklich), ist die Zeit dort 11.10 Uhr. Der Reisende kann jetzt schnell zur bewegten Öffnung weiter ziehen, kommt dort um 11.20 Uhr an, springt wieder hinein und ist um 10.20 Uhr an der stationären Öffnung. Dieser ganze Ablauf kann nun beliebig oft wiederholt werden, der Reisende kann immer wieder in der Zeit zurückspringen bis zu dem Augenblick, in dem die Zeitdifferenz zwischen den beiden Enden des Wurmlochs festgelegt wurde. Wie bei Tiplers Zeitmaschine, so ist auch bei dieser Wurmlochausführung eine Reise in die Vergangenheit nur bis zu dem Zeitpunkt möglich, an dem die Maschine entstand. Wie Tiplers Zeitmaschine, so ermöglicht auch diese Reisen in die Zukunft, jedoch unbegrenzte; in diesem Fall dringt man an der stationären Öffnung ein und kommt an der bewegten Öffnung einen Sekundenbruchteil später (nach der eigenen Uhr) und eine Stunde später im Vergleich zum Universum draußen wieder zum Vorschein.

Die große praktische Schwierigkeit besteht darin, daß man die Öffnung weit und schnell bewegen muß, wenn man eine brauchbare Zeitdifferenz schaffen will. Auch wenn man sich zehn Jahre lang mit 99,9 Prozent der Lichtgeschwindigkeit bewegt, bevor man innehält, verlangsamt man damit das Altern der bewegten Öffnung nur um neun Jahre und zehn Monate, bildet also eine Zeitdifferenz zwischen den beiden Enden des Wurmlochs von neun Jahren und zehn Monaten. Doch solche praktischen Überlegungen kümmern die Physiker, die sich heute mit der Theorie der Zeitreisen beschäftigen, nur wenig.

Kip Thorne hat einmal erklärt (und sich dabei wohl ein bißchen zu pessimistisch ausgedrückt), selbst wenn nach den physikalischen Gesetzen der Bau von Zeitmaschinen möglich wäre, die Chance, daß in den nächsten tausend Jahren eine solche Maschine entstünde, gleich »Null« sei. Er und die übrigen Mitglieder des Konsortiums (und andere) kümmern sich vielmehr darum, wie man im Rahmen der physikalischen Gesetze, die eine Zeitreise für möglich erklären, eine logische Reihe von Gleichungen aufstellen kann, mit denen die physikalische Grundlage der bekannten Paradoxa bei Zeitreisen beseitigt werden können. Wie kann man die Kausalitätsverletzung vermeiden, wenn Zeitreisen wirklich möglich sind? Oder, um es anders auszudrücken: Wie kann man an den Paradoxa herumdoktern?

## Paradoxa werden beseitigt

Der Ansatz des Konsortiums zeichnet sich vor allem durch zwei Merkmale aus: Erstens beschäftigen sie sich nicht mit Problemen, die irgend etwas mit dem Menschen zu tun haben, der vielleicht seine Pläne ändert und absichtlich lügt, wenn er sagen soll, ob er seine Großmutter umbringen will oder nicht. Diese Ausklammerung hat viel für sich, denn die Probleme von Interesse stecken ja in den physikalischen Grundlagen der Zeitreise, und die sind schon kompliziert genug, ohne daß man zusätzlich noch die menschliche Psychologie mit einbezieht. Über die Rolle geneigter menschlicher Beobachter kann man sich den Kopf noch lange zerbrechen, wenn man erst einmal die Grundlagen der Physik verstanden hat. Nach der üblichen Vorgehensweise, zunächst anhand der einfachsten möglichen physikalischen Systeme, die in den Gleichungen steckenden grundlegenden Wahrheiten herauszuschälen, untersucht das Konsortium, wie Billardkugeln bei einer Reise durch Zeittunnel in Wechselwirkungen mit sich selbst verstrickt werden können.

Zweiter Grundansatz des Konsortiums bei der Behandlung der Zeitparadoxa ist die Annahme, daß das Universum nur selbst konsistente, also widerspruchsfreie Lösungen der Gleichungen zuläßt. Auch das ist aus zweierlei Gründen ganz vernünftig. Wenn widersprüchliche Lösungen zulässig sind, ist nichts mehr verbindlich, und es hat keinen Zweck, die physikalischen Grundlagen verstehen zu wollen. Außerdem finden sich schon in ganz einfachen physikalischen Alltagssystemen Lösungen für die entsprechenden Gleichungen, die zwar mathematisch zulässig, jedoch physikalisch unmöglich sind und deshalb außer Betracht bleiben können. Das passiert oft bei Gleichungen, in denen Quadratwurzeln auftauchen. So ist zum Beispiel der berühmte pythagoräische Lehrsatz über die Dreiecke, als Gleichung ausgedrückt, in Wirklichkeit die Aussage, daß die Seitenlänge eines Dreiecks negativ sein könnte; wir wissen jedoch, daß diese »Lösung« physikalisch unmöglich ist (denn es gibt keine Dreiecke, bei denen beispielsweise zwei Seiten drei beziehungsweise vier Meter lang sind und die dritte Seite minus fünf Meter lang ist); deshalb lassen wir sie außer Betracht. Ähnlich nimmt das Konsortium an, daß für die Gleichungen der Zeitreise nur Lösungen akzeptabel sind, die »global widerspruchsfrei« sind.

Was das alles heißt und welche neuen Einblicke es uns in die Funktion des Universums gestattet, verstehen wir, wenn wir uns das Billardkugel-Äquivalent des Paradoxons von der Großmutter ansehen. Dazu stellen wir uns einen Zeittunnel vor, dessen beide Öffnungen dicht nebeneinander liegen. Wenn eine Billardkugel gerade richtig in die entsprechende Öffnung des Zeittunnels geschossen wird, tritt sie aus der anderen Öffnung in der Vergangenheit aus und hat gerade Zeit, den dazwischen liegenden Raum zu überqueren und stößt dann mit sich selbst zusammen, bevor sie in den Tunnel eindringt und schiebt ihre eigene, ältere Version aus dem Weg. Sie reist also nie durch die Zeit, die Kollision kommt nie zustande, und deshalb dringt die ältere Version der Billardkugel in den Zeittunnel ein ... und so weiter. Das ist die widersprüchliche Lösung des Problems, und das Konsortium will sie verwerfen; das Universum kann unmöglich so funktionieren.

Daß diese widersprüchliche Lösung verworfen werden kann, gründet sich auf die Feststellung des Konsortiums, daß es immer eine weitere Lösung der Gleichungen gibt, die auf der Grundlage derselben Ausgangsbedingungen ein widerspruchsfreies Bild liefert. Spinnen wir die Analogie mit dem pythagoräischen Lehrsatz weiter: Wenn es für diese Gleichungen nur eine Lösung gäbe, die da hieße, daß die Länge einer Seite des Dreiecks negativ sein muß, müßten wir das als gegeben hinnehmen, selbst wenn wir die Bedeutung nicht verstünden. Da es jedoch zwei Lösungen gibt, und da wir alles über Dreiecke wissen, deren Seitenlängen in positiven Dimensionen abgemessen werden, können wir die physikalisch sinnvolle Lösung akzeptieren und die andere ignorieren. So akzeptiert das Konsortium auch widerspruchsfreie

Lösungen bei den Zeitreiseproblemen und läßt die anderen außer Betracht.

Ein Beispiel für eine widerspruchsfreie Lösung eines solchen Billardkugelproblems stellt sich, wenn die Kugel sich dem Zeittunnel nähert und von einer identischen Kugel einen Streifschuß bekommt, die soeben aus einer Öffnung des Zeittunnels herausgetreten ist und die erste Kugel in die andere Öffnung des Tunnels hinein schießt. Wenn die erste Kugel aus der anderen Öffnung des Tunnels austritt, stößt sie mit ihrer jüngeren Version zusammen und schießt sich selbst in den Tunnel (Abb. 7.7). Thorne, Nowikow und Mitarbeiter haben nicht nur festgestellt, daß es keine derartigen Billardkugelprobleme gibt, bei denen nicht mindestens eine widerspruchsfreie Lösung auftritt, sondern daß jedes derartige Problem, das sie sich ausdenken können, über eine unendliche Anzahl von widerspruchsfreien Lösungen verfügt. Ab-

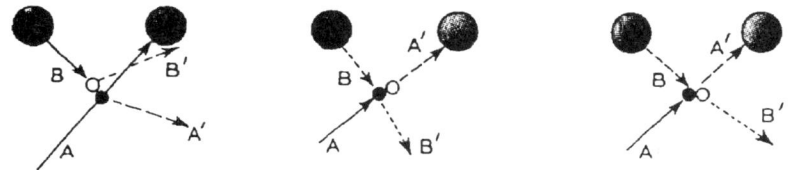

*Abbildung 7.7* 1. *Die Billardkugel-Version des Großmutter-Paradoxons. Wenn die Kugel (A) in die Öffnung eines Wurmloch-Zeittunnels fällt, tritt sie aus der anderen Öffnung (B) in der Vergangenheit aus und bringt ihr ursprüngliches Ich vom Kurs ab; doch wie kam sie je in das Wurmloch hinein?*
*2. Doch wenn die »zweite« Kugel von der »ersten« Kugel abprallt und an deren Stelle in das Loch fällt, gibt es keine Schwierigkeiten.*
*3. Es gibt ferner keine Schwierigkeiten, wenn die Kugel von Anfang an durch den »ursprünglichen« Zusammenstoß in das Loch geriet!*

bildung 7.8 zeigt, wie das geschehen kann. Hier haben wir eine Billardkugel, die sauber und geradlinig zwischen den beiden Öffnungen des Zeittunnels durchgeht. Wirklich? Stellen wir uns vor, die Kugel bekäme auf halbem Weg zwischen den beiden Öffnungen einen heftigen Schlag von einer schnellen Kugel, die aus der stationären Öffnung kommt. Die »ursprüngliche« Kugel wird zur Seite geschlagen, wandert durch den Tunnel und wird zur »zweiten« Kugel – doch bei dem Zusammenstoß wird sie genau auf denselben Weg, also dieselbe Bahn, abgelenkt, die sie vor dem Stoß beschrieben hat. Für den fernen Beobachter sieht es nach wie vor so aus, als habe sich die einzelne Kugel glatt und geradlinig zwischen den beiden Öffnungen hindurch bewegt. Man kann sich ohne weiteres ähnliche Bilder vorstellen, in denen die Kugel zwei, drei oder noch mehr Bahnen um den Zeittunnel vollführt. Für das Verhalten der Kugel scheint es also mehr als eine akzeptable Beschreibung zu geben.

Das alles erinnert daran, wie das Universum sich auf Quantenebene verhält. Es besteht eine Wahlmöglichkeit zwischen Wirklichkeiten, genau so wie im berühmten Beispiel von Schrödingers Katze. Die Billardkugel scheint sich ganz normal zu verhalten, ehe sie in die Nähe des Zeittunnels gerät, reagiert dann unterschiedlich mit dem Tunnelsystem, bildet eine Überlagerung von Zuständen, bevor sie auf der anderen Seite herauskommt und sich wiederum ganz normal verhält. Was Thorne als »Füllhorn« von widerspruchsfreien Lösungen desselben Billardkugel-/Wurmloch-Problems bezeichnet, böte allerdings Anlaß zu tiefster Beunruhigung, wenn die Quantentheoretiker nicht schon entdeckt hätten, wie man mit solchen mehrfachen Wirklichkeiten umgeht.

Das dabei angewandte Verfahren wurde erstmals von Richard Feynman in den vierziger Jahren entwickelt; es wird auch als »Geschichtensummen«-Verfahren bezeichnet. In der klassischen, der Newtonschen Physik, bewegt sich ein Teilchen (oder eine Billardkugel) auf einem definierten Weg, einer eindeutigen Weltlinie oder einer »Geschichte«.

In der Quantenphysik gibt es keine eindeutige Bahn; daran ist die Quantenunbestimmtheit schuld. In der Quantenmechanik geht es nur um Wahrscheinlichkeiten, und wir erfahren mit großer Genauigkeit, wie wahrscheinlich es ist, daß ein Teilchen von einem Ort an einen anderen wandert. Wie

*Abbildung 7.8 Eine unendlich große Anzahl von "widerspruchsfreien Lösungen" existiert für das "Paradoxon", bei dem die Kugel viele Male und auf die unterschiedlichste Weise die Schleife umrunden kann. Aus der Ferne sieht es in diesem Beispiel so aus, als sei die Kugel einfach geraden Weges durch die Lücke zwischen den beiden Öffnungen des Zeittunnels gerollt. Durch Mittelung der vielen verschiedenen Zeitreisemöglichkeiten gelangt das Universum zu einer scheinbar einfachen Version der Realität.*

das Teilchen von einem Ort an den anderen gelangt, ist wieder etwas anderes. Die Wahrscheinlichkeit, mit der das Teilchen als nächstes auftaucht, läßt sich berechnen, indem man die Wahrscheinlichkeitsbeiträge von allen möglichen Wegen zwischen Ausgangsposition und Endposition addiert. Das ist so, als seien dem Teilchen alle möglichen Wege bekannt, die es einschlagen kann, und es entschlösse sich auf dieser Grundlage für einen Weg. Da jede Bahn auch als »Geschichte« bezeichnet wird, heißt das Verfahren, das Verhalten der Teilchen durch Addition der Beiträge jeder einzelnen Bahn zu berechnen, auch »Geschichtensummen«-Verfahren.

Natürlich gilt das alles auf der Quantenebene, also in den Größenordnungen von Atomen und darunter. Die Quantenunbestimmtheit ist sehr gering und wirkt sich auf unsere Alltagswelt kaum aus; wirkliche Billardkugeln verhalten sich also zum Beispiel so, als folgten sie klassischen Bahnen. Doch das Vorhandensein eines durchquerbaren Zeittunnels führt in der Praxis zu einer neuartigen Unbestimmtheit im Bereich zwischen den Öffnungen des Tunnels, die in einem viel größeren Maßstab wirksam wird. Das Konsortium hat festgestellt, daß der »Geschichtensummen«-Ansatz in dieser neuen Situation hervorragend funktioniert und Lösungen von Problemen beschreibt, in denen auch durch Zeittunnel fliegende Billardkugeln vorkommen. Wenn man mit einem Ausgangszustand der Kugel anfängt, in dem sich diese dem Zeittunnel aus großer Ferne nähert, dann liefert einem der »Geschichtensummen«-Ansatz eine eindeutige Menge an Wahrscheinlichkeiten, die einem sagen, wann und wo die Kugel wohl auf der anderen Seite außerhalb des Bereichs mit geschlossenen zeitähnlichen Schleifen wieder auftaucht. Der Ansatz zeigt einem allerdings nicht, wie die Billardkugel von einem Ort zum anderen gelangt, genau so wenig wie einem die Quantenmechanik erklärt, wie sich ein Elektron innerhalb eines Atoms bewegt. Doch man erfährt dadurch ganz genau die Wahrscheinlichkeit, mit der man die Billardkugel an einem bestimmten Ort antrifft, wohin sie sich nach ihrer Berührung mit dem Zeittunnel in einer bestimmten Richtung begibt. Die Wahrscheinlichkeit, daß die Kugel am Anfang eine klassische Bahn beschreibt und am Ende schließlich auf einer anderen Bahn fliegt, erweist sich als Null. Wie in Abbildung 7.8 zu sehen ist, erkennt der Beobachter aus einiger Entfernung nicht, daß die Kugel durch die Begegnungen mit sich selbst überhaupt abgelenkt worden ist. Erst wenn man genau hinsieht, fällt einem etwas Merkwürdiges auf. »In dieser Hinsicht«, meint Thorne, »˙sucht sich die Kugel in jedem Versuch nur eine klassische Lösung aus. Die Wahrscheinlichkeit, daß jede dieser Lösungen befolgt wird, wird eindeutig vorausgesagt.«[62] Noch etwas kommt hinzu: Beim Geschichtensummen-Ansatz lassen wir ja, genau genommen, die widersprüchlichen Lösungen nicht weg. In die Addition der Wahrscheinlichkeiten gehen sie nach wie vor ein, tragen jedoch zur Gesamtsumme so wenig bei, daß sie den Ausgang des Versuchs nicht wirklich beeinflussen.

In diesem Zusammenhang muß noch eine Merkwürdigkeit erwähnt werden: Da der Billardkugel alle möglichen Bahnen – alle möglichen zukünftigen Geschichten –, die ihr zur Verfügung stehen, irgendwie »bekannt« sind, hängt ihr Verhalten an jeder Stelle auf ihrer Weltlinie in gewissem Maß von den Wegen ab, die ihr in der Zukunft offen stehen. Weil eine solche Kugel viele verschiedene Wege durch einen Zeittunnel einschlagen kann, ihr jedoch weitaus weniger Wege zur Verfügung stehen, wenn kein Zeittunnel zu durchqueren ist, verhält sie sich sinngemäß anders, wenn sie einen Zeittunnel zu durchqueren hat als wenn sie keinen zu durchqueren hat. Obwohl ein derartiger Einfluß wohl nur unter größten Schwierigkeiten zu messen wäre, bedeutet das nach Thorne, daß man grundsätzlich eine Reihe von Messungen des Verhaltens von Billardkugeln durchführen könnte, bevor überhaupt ein Versuch unternommen wird, eine solche Zeitmaschine zu bauen; aus den Ergebnissen könnte man dann ersehen, ob in Zukunft ein erfolgreicher Versuch unternommen werden wird oder nicht, eine Zeitmaschine mit geschlossenen zeitähnlichen Schleifen zu bauen. Das Komma, so meint er, ist »ein ganz allgemeines Merkmal der Quantenmechanik bei Zeitmaschinen«.

In einer Zusammenfassung der vom Konsortium bisher durchgeführten Arbeiten erklärt Thorne,[63] daß sich die Gesetze der Physik in Gegenwart von Zeitmaschinen offenbar so vernünftig auswirken, daß »die Physiker ihr geistiges Unternehmen fortsetzen können, ohne sich dabei zu sehr zu verirren«, obwohl die Zeitmaschinen dem Universum »Merkmale verleihen, die die meisten Physiker wohl erfreulich finden«. Nach den physikalischen Gesetzen lassen sich Zeitmaschinen bauen und Zeitreisen sind ohne Verletzung des Kausalitätsprinzips möglich. Nowikow drückte es 1989 in einem

Vortrag an der Sussex University folgendermaßen aus: »Wenn es für das Problem eine widersprüchliche und außerdem auch eine widerspruchsfreie Lösung gibt, dann wählt die Natur die Widerspruchsfreiheit.«

Doch damit sind wir immer noch nicht ganz am Ende der Geschichte von den Schwarzen Löchern und dem Universum. Unter den wenigen Physikern, die diese Vorstellung nicht abwegig finden, gibt es auch eine wachsende Anzahl, die sich damit befassen, wie viel kleinere Wurmlöcher als alles, was ich bisher behandelt habe, vielleicht als Raum-Zeit-»Schaum« auf Quantenebene existieren. Solche »mikroskopischen« Wurmlöcher sind unter anderem auch deshalb hochinteressant, weil man, wenn es sie gibt, unter Umständen eine Zeitmaschine herstellen könnte, indem man ein mikroskopisches Wurmloch erfaßte und irgendwie bis auf makroskopische Größe erweiterte. Dieser Trick zählt allerdings kaum im Vergleich zu der Möglichkeit, daß mikroskopische Wurmlöcher vielleicht sogar die Existenz des ganzen Universums erklären können. Bei dieser Erklärung spielt Feynmans Technik der Geschichtensumme wieder eine Rolle.

**Kapitel 8**

# Kosmische Verbindungen

*Kleine Universen und Raum-Zeit-Blasen. Die Universumblase wird aufgeblasen. Einsteins irritierende Konstante verschwindet. Schwarze Löcher und das Los des Universums – das Ende der Zeit oder eine Zeit ohne Ende?*

Die Quantenunbestimmtheit beeinflußt nicht nur Teilchen und Energie im Universum, sondern die ganze Struktur der Raum-Zeit. Das kann man sich am besten mit einem Rückgriff auf das alte Bild vom expandierenden Universum als die Haut eines schwellenden Ballons vorstellen, wie es in Abbildung 8.1 zu sehen ist. Natürlich sieht so das Universum aus der Perspektive irgendeines gottähnlichen Beobachters aus, der außerhalb von Raum und Zeit steht. Bei

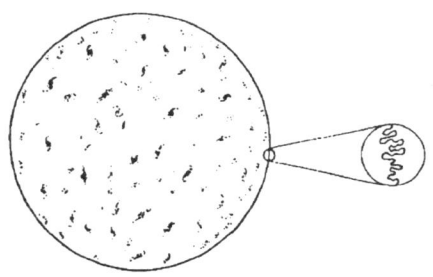

*Abbildung 8.1 Die Raum-Zeit des expandierenden Universums ist nicht so glatt wie die Haut eines Ballons, sondern ein Schaum von Quantenaktivität.*

diesen Größenverhältnissen sieht es sehr glatt und gleichmäßig aus und weist eine deutliche Grenze auf. Jetzt stellen wir uns jedoch eine Nahaufnahme eines winzigen Teils der Ballonhaut vor. Wenn man diesen Ausschnitt dann so vergrößern könnte, daß die Vorgänge darauf in einem viel kleineren Maßstab als dem der Größe eines Atomkerns, etwa bei $10^{-33}$ Zentimetern (im Planckschen Maßstab) zu sehen wären, könnte der hypothetische Beobachter erkennen, daß die Raum-Zeit selbst vor Aktivität nur so wimmelte und so turbulent wäre wie die Meeresoberfläche bei Sturm, voll unvorhersehbarer Wellenkämme, erst in die eine, dann in die andere Richtung gebogen. Das ist die Auswirkung der Quantenunbestimmtheit; sie entspricht ganz genau der Art und Weise, in der virtuelle Teilchen im Vakuum herumschwirren.

Nun besteht die Möglichkeit – und nach Forschern, wie zum Beispiel Stephen Hawking, eine gar nicht einmal so abwegige Möglichkeit –, daß sich bei dieser heftigen Aktivität im Gewebe der Raum-Zeit in diesem Größenmaßstab ein winziges Wurmloch bildet. Es kann vielleicht ein Wurmloch sein, dessen beide Öffnungen »in« unserem Universum liegen, wie die vom Thorne-Nowikow-Konsortium diskutierten Wurmlöcher, doch in einem winzigen Maßstab. An Zeitreisen interessierte Wissenschaftler weisen darauf hin, daß irgendwann in ferner Zukunft eine überlegene Zivilisation vielleicht einmal eines dieser winzigen Wurmlöcher besetzt und irgendwie ausdehnt und damit die Art Zeittunnel schafft, die ich im letzten Kapitel beschrieben habe. Es gibt jedoch auch andere Formen von Quantenwurmlöchern, die nach den Unbestimmtheitsgleichungen zulässig sind; so könnte es zum Beispiel ein Wurmloch sein, das ein winziges Stück Raum-Zeit aus unserem Universum abzwickt, so daß sich dieser abgezwickte Teil der Raum-Zeit allmählich ausdehnt und ein eigenes, anderes Universum bildet, das über das mikroskopische Wurmloch mit unserem Universum verbunden ist (Abb. 8.2). Das ist so, als ob sich an der Oberfläche des Ballons eine Blase entwickelt, die sich vom Hauptballon abschnürt und dann unabhängig ausdehnt.

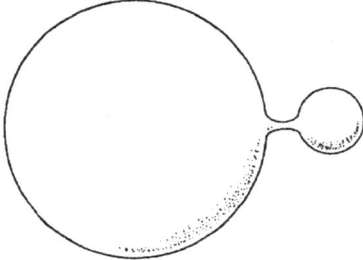

*Abbildung 8.2 Manchmal kann sich ein kleiner Ballon von der Quanten»haut« des Ausgangsuniversums abtrennen.*

Die Kosmologen bezeichnen diese Möglichkeit als »Kleinuniversum«. Die einzige Verbindung mit dem »Mutter«-Universum besteht durch ein Wurmloch, dessen Eingangsöffnung ein Schwarzes Loch von rund $10^{-33}$ Zentimetern Querschnitt ist, und das wir nie bemerken würden. Doch allein die Möglichkeit, daß es solche Kleinuniversen gibt, ändert unsere Ansicht von der Beschaffenheit unseres Universums von Grund auf.

## Blasen machen

Die erste wichtige Erkenntnis bezieht sich darauf, wie sich das Kleinuniversum auszudehnen beginnt. Das hängt unmittelbar mit der Expansion unseres eigenen Universums aus der anfänglichen Singularität heraus zusammen. Dieser Prozeß wird Inflation genannt, und wir stellen ihn uns nach einer Theorie vor, die in den achtziger Jahren von Alan Guth vom MIT entwickelt wurde. Die Inflation erklärt, wie ein winziger Kristallisationskeim eines Universums, vielleicht höchstens so hoch wie eine Quantenschwankung des Vakuums, buchstäblich in Sekundenbruchteilen zum Feuerball des Urknalls aufgeblasen werden kann. Ich habe dieses Inflationsszenario ausführlich in meinem Buch *In Search Of*

*The Big Bang* beschrieben und möchte es hier nicht noch einmal vertiefen. Bevor diese Vorstellung von der Inflation aufkam, waren die Kosmologen jedenfalls schon mit der Möglichkeit zufrieden, (im wesentlichen nur mit der allgemeinen Relativitätstheorie) zu erklären, wie das Universum vom Feuerball des Urknalls aus seinen heutigen Zustand erreichen konnte. Allerdings hatten sie nicht die geringste Vorstellung davon, wie dieser Feuerball aus Energie entstanden sein könnte. In der Inflationstheorie stecken Vorstellungen aus der Quantentheorie und liefern einen natürlichen Mechanismus, der einen mikroskopisch kleinen Kristallisationskeim eines Universums weit unten auf der Planckschen Skala ganz schnell bis in das Stadium eines heißen Feuerballs wachsen läßt, der dann der Relativitätstheorie unterliegt.

Diese Vorstellung wurde als Versuch entwickelt, die Existenz und Beschaffenheit unseres Universums zu erklären. Wenn dieser Trick einmal funktioniert, kann er natürlich auch öfter funktionieren. Jede mikroskopische Quantenschwankung des Vakuums kann unter Umständen selbst zu einem neuen Universum aufgebläht werden, obwohl nicht zwangsläufig alle Quantenschwankungen eine solche Inflation durchmachen (die meisten von ihnen verschwinden wahrscheinlich, wie virtuelle Teilchen); doch einige bilden Kleinuniversen, und aus vielen dieser Kleinuniversen werden schließlich ausgewachsene Universen, vergleichbar dem unseren. Wissenschaftlern wie Guth und Hawking zufolge laufen diese Vorgänge vielleicht ständig überall in unserem Universum ab. Daraus ergibt sich die zweite interessante, wichtige Frage zur Vorstellung von Kleinuniversen: Wo läuft das alles im einzelnen ab?

Wir erinnern uns, daß die Oberfläche des Ballons in Abbildung 8.1 nicht den »Rand« des Universums darstellt. Die unendlich dünne Haut des Ballons verkörpert vielmehr den gesamten Raum. Die Quantenschwankungen in der Struktur der Raum-Zeit ereignen sich also in Wirklichkeit überall in den drei Raumdimensionen unseres Universums. Wenn sich die Raum-Zeit hin und her wirft, eine Blase abzwickt und eine Wurmlochverbindung zwischen der Blase und dem Ausgangsuniversum bildet, existiert diese Blase in ihren eigenen Dimensionen, von denen alle im rechten Winkel zu den Dimensionen unseres Universums stehen. Das heißt, daß das gesamte Kleinuniversum keine physikalischen Einflüsse auf unser Universum ausübt, es sei denn durch das Wurmloch; außerdem ist es weder zu sehen noch zu fühlen. Ein Kleinuniversum könnte sich selbst abzwicken und aufblasen, bis es ein wirkliches, ausgewachsenes Universum wäre, und es könnte jetzt in dem Zimmer ablaufen, in dem Sie sitzen, und Sie würden es nie merken, denn die einzigen Beweise für die Existenz des neuen Universums wären die Öffnung eines Quantenwurmlochs, ein Schwarzes Loch, das viel kleiner als ein Proton wäre und eine kleine Delle im Gewebe der Raum-Zeit irgendwo in Ihrem Zimmer machte.

Das alles heißt natürlich, daß unser Universum vielleicht auf dieselbe Art entstanden ist wie eine Blase in der Raum-Zeit eines anderen Universums. Die Gesamtstruktur der Raum-Zeit ist vielleicht eine Art Schaum aus expandierenden und wieder zusammenfallenden Blasen, die durch Wurmlöcher untereinander verbunden sind, ohne daß es für alle einen Beginn gab und ohne daß es ein Ende gibt; in allen Richtungen reicht es bis in die Unendlichkeit, doch in ihr können einzelne Blasen (einzelne Universen) entstehen, eine Weile expandieren und dann wieder in den Schaum zurück kollabieren (Abb. 8.3). Doch das alles ist höchstens ein exotischer Abweg in der spekulativen Naturwissenschaft, etwas, das den SF-Fans das Herz höher schlagen läßt, doch kaum ernst zu nehmen ist, gäbe es da nicht eine dramatische Entdeckung Ende der achtziger Jahre. Nach einigen Fassungen der Vorstellung von den Kleinuniversen kann Information aus einem Universum in ein anderes über die mikroskopischen Wurmlöcher gelangen, die die beiden Universen miteinander verbinden. In diesem Fall ließe sich eines der ältesten Rätsel in der Kosmologie auflösen, nämlich das Verschwinden der kosmologischen Konstante. Wenn die Vorstellung zutrifft, dann könnte vielleicht diese Informations-

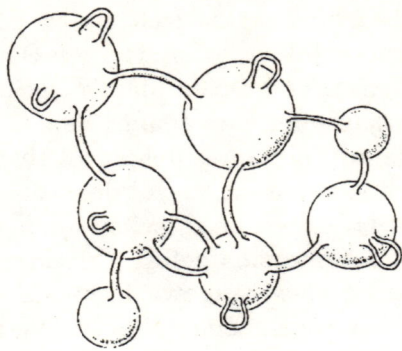

*Abbildung 8.3 Vielleicht ist unser Universum in Wirklichkeit eine der vielen durch Wurmlöcher miteinander verbundenen Raum-Zeit-Blasen.*

leckage zwischen Universen auch erklären, warum andere Naturkonstanten, wie zum Beispiel diejenige, die die Stärke der Gravitationskraft bestimmt und diejenige, die die Höhe der elektrischen Ladung auf einem Elektron festlegt, nun genau die Werte einnehmen, die sie aufweisen.

## Einsteins verschwindende Konstante

1987 postulierte Hawking, die Existenz von mikroskopischen Wurmlöchern könne das Funktionieren der Quantenmechanik ändern. Zunächst meinte er, damit veränderten sich die Naturkonstanten auf nicht vorher bestimmbare Weise, so daß man nie mehr richtig werde verstehen können, wie die Physik auf dieser grundlegenden Ebene funktioniert. Doch schon ein Jahr später, 1988, äußerte Sydney Coleman von der Harvard University die Ansicht, genau das Gegenteil könne zutreffen. In zwei wichtigen wissenschaftlichen Aufsätzen argumentierte er, daß die Wurmlöcher keinesfalls die Quantenmechanik auf der Grundebene unvorhersehbar machen, sondern stattdessen vielleicht selbst die Naturkonstanten festlegten.

Das Verschwinden der kosmologischen Konstante ist dafür wohl das beste Beispiel. Einstein führte diese Konstante in seine Gleichungen ein, weil er damit das Universum stationär halten und weder expandieren noch sich zusammenziehen lassen wollte, obwohl aus der Rohfassung der Gleichungen zu schließen war, daß das Universum das eine oder das andere tun mußte. Man kann sich die Konstante als eine Art von Anti-Schwerkraft vorstellen (Einsteins Hauptsorge bestand ja darin, daß er etwas gegen den schwerkraftbedingten Kollaps des Universums tun müsse, also etwas brauche, was gegen die Schwerkraft wirke); man kann sie sich aber auch als eine Energie vorstellen, die das Vakuum selbst aufweist. Als Ende der zwanziger Jahre entdeckt wurde, daß sich das Universum wirklich ausdehnt, fiel damit diese Begründung für die Konstante weg, denn die beobachtete Expansion entspricht genau der Art, wie sie die Gleichungen der allgemeinen Relativitätstheorie ohne eine solche Konstante vorhersagen. Wenn wir die Wirkung der Einsteinschen kosmologischen Konstante mit einrechneten, müßte sich das Universum viel schneller ausdehnen, als wir es tatsächlich beobachten (wenn die Konstante negativ wäre, müßte sich das Universum weniger schnell ausdehnen, als wir es tatsächlich sehen).

In den achtziger Jahren wurde das Interesse an der kosmologischen Konstante jedenfalls durch die Entdeckung wieder belebt, daß sich die Beschaffenheit des expandierenden Universums am besten erklären läßt, wenn dieses Universum in den ersten Sekundenbruchteilen des Ausbruchs aus einer Singularität sich tatsächlich viel heftiger ausdehnte, also eine sogenannte Inflation durchmachte. Diese schnelle Expansion, die den Feuerball im Urknall erzeugte, wurde angeblich durch den negativen Druck einer starken Vakuumenergie angetrieben, die damals existierte – also von einer positiven kosmologischen Konstante. Genau dieser Zustand des Vakuums mit negativem Druck ist vielleicht in Stücke von kosmischen Strings eingefroren worden, die aus der Inflationsphase übrig geblieben sind. Damit bietet sich für eine überlegene Zivilisation die Möglichkeit, das Gerüst zu übernehmen, mit dem die Öffnung eines durchquerbaren Wurmlochs nach dem Entwurf von Matt Visser offen gehalten werden kann. Kaum hatte Alan Guth seine Vorstellung von der Inflation veröffentlicht, stellten die Physiker auch schon fest, daß die erforderliche Vakuumenergie ohne weiteres aus Quantenprozessen stammen konnte. Eine der bestechenden Seiten an dieser Idee liegt ja tatsächlich darin, daß diese Energie natürlich aus der Quantenbeschreibung des Universums in seiner Frühzeit hervor geht. Nun mußten sie sich allerdings immer noch überlegen, was mit der kosmologischen Konstante geschehen war. War sie am Ende der inflationären Phase tatsächlich so vollständig verschwunden?

Die Größenordnungen dieses Problems erkennt man am besten, wenn man hier in Planckschen Maßstäben denkt. Damit hat man praktische das Längenquant, die kürzeste Entfernung, die überhaupt eine Bedeutung hat. In noch kleineren Maßstäben wirkt sich die Quantenunbestimmtheit auf die Raumstruktur aus. Diese kürzeste Länge beträgt etwa $4 \times 10^{-33}$ Zentimeter, das ist ein Dezimalkomma mit zweiunddreißig Nullen und vier Zentimetern. Die Größe der kosmologischen Konstante läßt sich aber auch in einer Länge ausdrücken, denn sie ist (wie die Schwerkraft) ein Maß dafür, wie die Kraft zwischen zwei Objekten mit dem Abstand zwischen diesen beiden schwankt. Nach der heutigen Vorstellung von der Expansion des Universums muß die kosmologische Konstante selbst im Vergleich mit der Planckschen Länge jetzt sehr klein sein. Dabei kann man sich nur schwer vorstellen, wie eine Kraft überhaupt so klein sein kann, ohne völlig zu verschwinden. Die Wurmlöcher erklären, wie dieser Trick vielleicht möglich war.

Wie die Schwerkraft, so ist auch die kosmologische Konstante ein Geschöpf der Geometrie. Sie erinnern sich: »Der Raum sagt der Materie, wie sie sich bewegen muß; die Materie sagt dem Raum, wie er sich krümmen muß.« Wenn man sich die ganze Geometrie des Universums in Begriffen der gekrümmten Raum-Zeit klar macht, erkennt man auch die

Expansion und damit die Auswirkung sowohl der Schwerkraft, als auch der Vakuumenergie. Nach der Vorstellung von den Wurmlöchern muß man jedoch nicht nur die Geometrie unseres expandierenden Universums, sondern die Geometrie aller Universen verstehen, die durch Wurmlöcher miteinander verbunden sind; sie bilden das mitunter sogenannte »Meta-Universum«. Natürlich kann man unmöglich dahinter kommen, wie die Geometrie des Meta-Universums aussieht. Doch Wissenschaftler, wie zum Beispiel Hawking und Coleman, glauben, daß sie uns mindestens sagen können, welche Arten von Geometrien zulässig sind, indem sie die Regeln der Quantenphysik bei der Berechnung der Raum-Zeit-Geometrie anwenden.

An dieser Stelle spielen nun die Vorstellung von den vielen Welten und Feynmans Ansatz von der Geschichtensumme eine Rolle. Wenn wir uns vorstellen, daß einzelne Teilchen von einem Ort an einen anderen ziehen, dann addieren wir nach Feynmans Ansatz die Wahrscheinlichkeiten aller verschiedenen möglichen Wege, die das Teilchen vielleicht einschlägt und bestimmen damit, wie wahrscheinlich es ist, daß das Teilchen wirklich von einem Ort an einen anderen wandert. Wenn wir es jedoch mit der Schwerkraft zu tun haben, ist die wichtige Größe (die gewissermaßen der Lage eines Teilchens zu jedem beliebigen Zeitpunkt entspricht) die gesamte Geometrie des dreidimensionalen Raums zu irgendeinem Zeitpunkt. Die Geschichte des Universums läßt sich als Evolution der Geometrie – Formänderung des Universums – von einem Augenblick zum nächsten beschreiben, so wie man die Bahn eines Teilchens als dessen Bewegung von einem Punkt zu einem anderen beschreiben kann – seine sich ändernde Position im Universum. Der Quantenschwerkraft liegt also die Vorstellung zugrunde, daß es eigentlich möglich sein müßte, die wirkliche Evolution des Universums zu beschreiben, indem man, im richtigen quantenmechanischen Sinn, alle Möglichkeiten aufaddiert, wie sich der Raum aus einer dreidimensionalen Geometrie zu einer anderen entwickeln kann, und dabei alle möglichen Wurmlochgeometrien einbezieht, die das Meta-Universum untereinander verbinden. Das ist immer noch schwierig genug. Doch mit einigen vereinfachenden Annahmen (von denen eine darauf hinausläuft, das Problem im Hinblick auf eine vierdimensionale Raumgeometrie und nicht drei Raumdimensionen und eine damit verbundene Zeitdimension anzupacken) meinen die Theoretiker, daß sie einen Teil der allgemeinen Eigenschaften festhalten können, die jede expandierende Blase innerhalb des Meta-Universums aufweisen müßte. Vor allem dringt Information über die Naturgesetze von den Nachbarn durch die Wurmlöcher in jedes Universum ein (auch unseres). Und wenn eine Blase mit einer kosmologischen Konstante beginnt, die von Null verschieden ist, dann erzeugen die durch die Wurmlöcher erfolgenden Wechselwirkungen einen Effekt, der der ursprünglichen Konstante gleich, aber entgegengesetzt gerichtet ist und sie damit aufhebt.

Das hängt mit einer Eigenart der Quantenwelt zusammen, die sich besonders deutlich bei dem Ansatz der Geschichtensumme zeigt und als Prinzip der kleinsten Wirkung bezeichnet wird. Allgemeinverständlich ausgedrückt, besagt es, daß sich ein Quantensystem am Übergang von einem Zustand in einen anderen an die Linie des geringsten Widerstandes hält. Für ein Teilchen, das sich von einem Ort an einen anderen bewegt, ist es zum Beispiel viel leichter, wenn es sich geradlinig (oder eher auf einer Geodäte) als auf irgendeiner verwickelten Bahn bewegt. Geradlinige Wege (Geodäten) weisen also in der Geschichtensumme eine viel höhere Wahrscheinlichkeit auf.

Das Prinzip der kleinsten Wirkung besagt außerdem, daß viele physikalische Merkmale eines Quantensystems ihrem niedrigsten möglichen Niveau oder niedrigsten möglichen Wert zustreben, so wie Wasser zum Beispiel bergab und niemals bergauf fließt. Die kosmologische Konstante könnte zum Beispiel jeden beliebigen Wert aufweisen, auch Null. So wie Wasser bergab fließt und dem Weg des geringsten Widerstands folgt, schrumpft die kosmologische Konstante, wenn sie kann, bis auf den niedrigsten Wert, den sie haben darf, und der ist nichts. Die wichtige Einschränkung lautet jedoch hier: »Wenn sie die Möglichkeit dazu hat.« Diese Schrumpfung kann nicht eintreten, wenn wir in einem isolierten Universum leben; sie ist nur deshalb möglich, weil das Universum durch Wurmlöcher mit dem Meta-Universum verbunden ist. Dann, und nur dann, wird die Evolution eines Universums wie des unseren vollständig von Geschichten dominiert, für die die kosmologische Konstante Null ist. Ohne Wurmlöcher ist nicht zu erklären, weshalb die kosmologische Konstante heute Null ist; mit Wurmlöchern wäre es unverständlich, wenn die Konstante irgendeinen anderen Wert aufwiese.

Dieselben Berechnungen sagen uns außerdem, daß die anderen Naturkonstanten, zum Beispiel die Gravitationskonstante selbst, den kleinsten zulässigen Wert aufweisen müßte, weil ähnliche Rückkoppelungseffekte aus Wurmlöchern eindringen, die uns mit anderen Universen verbinden, so daß das Prinzip der kleinsten Wirkung ausnahmslos herrschen kann. Von hier bis zu der Möglichkeit, zu berechnen, wie hoch denn die tatsächlichen Werte dieser Konstanten sein sollten, ist es immer noch ein riesiger Schritt, doch die Wissenschaftler haben mindestens einen Hinweis auf einen Grund dafür gefunden, weshalb die Naturgesetze so aussehen wie sie aussehen. Da ist es nicht verwunderlich, daß Coleman die Situation als »große Klemme« bezeichnet[64] und wie viele Theoretiker sich jetzt über die Folgen der Wurmlochgeometrie Gedanken machen. Die meisten dieser Arbeiten fallen absolut nicht in den Rahmen unseres Buches; doch eine Folgerung daraus bringt uns wieder zum Hauptthema. Wenn das Meta-Universum tatsächlich wie ein aus Blasen bestehender Schaum aufgebaut ist, in dem Wurmlöcher die Verbindung herstellen, muß jede dieser Blasen – jedes einzelne Universum – in demselben Sinn geschlossen sein, wie ein Schwarzes Loch geschlossen ist, das heißt, seine Raum-Zeit muß völlig um sich und in sich gekrümmt sein. Nach diesem Bild ist also unser Universum geschlossen. Das heißt, daß es eines Tages wieder zu einer Singularität kollabiert. Und was mit ihm dann geschieht, hängt sehr stark von der Beschaffenheit der Schwarzen Löcher ab, die jetzt innerhalb des Universums existieren.

## Ein oszillierendes Universum?

Natürlich ist unser Universum in dieser Hinsicht fast sicherlich geschlossen, ob es nun durch Wurmlöcher mit anderen Universen verbunden ist oder nicht. Auch hierüber finden sich Einzelheiten in *In Search Of The Big Bang*, doch die ganze Geschichte, daß das Universum als Quantenschwankung völlig aus dem Nichts hervorgeht, hängt davon ab, daß es ein geschlossenes, unabhängiges System darstellt. Die Vorstellung, das ganze Universum könne selbst ein Schwarzes Loch sein, nimmt sich auf den ersten Blick bizarr aus, vor allem, wenn man sich Schwarze Löcher nach wie vor als superdichte, kompakte Objekte vorstellt. Doch denken Sie daran, daß ein supermassives Schwarzes Loch, wie man es sich im Kern eines Quasars vorstellt, sehr wohl aus Material bestehen kann, das kaum dichter als gewöhnliches Wasser ist. Je größer das Schwarze Loch, um so niedriger die Dichte, mit der man die Raum-Zeit rings um eine Materieansammlung abschließt. Die Berechnung ist ganz einfach und zeigt, daß man nur das Äquivalent von drei Wasserstoffatomen pro Kubikmeter Raum braucht, um das ganze Universum so geschlossen zu machen.

Das ist natürlich ein Mittelwert. Es spielt gar keine Rolle, ob viele Milliarden dieser Atome innerhalb eines Sterns zusammengepackt sind, sofern nur genügend Sterne im Universum verteilt sind, so daß der Trick funktioniert. Alle hell leuchtenden Sternen in allen hellen Galaxien würden insgesamt nur rund ein Prozent dieser kritischen Dichte beisteuern. Es gibt aber durch nichts zu erschütternde Beweise für mindestens das Zehnfache an Materie, vielleicht in Form der blassen Sterne (Braune Zwerge), die sich durch ihren gravitationsbedingten Einfluß auf helle Materie äußern. Nach der Analyse der Art und Weise, wie Galaxien in fadenähnlichen

Ketten und Flechten über das Universum verteilt sind, spricht auch vieles dafür, daß es tatsächlich zehnmal so viel Materie gibt wie die in Form von Teilchen vorliegende Materie, die den Hohlraum ausfüllen. Diese dunklen neunzig Prozent des Universums werden auch als kalte Dunkelmaterie bezeichnet, und im Gegensatz zu Sternen und Galaxien, können sie mehr oder minder gleichförmig im Raum verteilt sein. In diesem Fall durchdringen vielleicht Dutzende von Teilchen aus kalter dunkler Materie den Raum, in dem Sie gerade sitzen; sie tragen dazu bei, daß das Universum zusammen bleibt und machen es zum Schwarzen Loch. Das wären dann keine gewöhnlichen Atome, sondern ein ganz anderes Zeug, das noch vom Urknall übrig geblieben wäre. Zur Zeit laufen viele Versuche, mit denen diese Teilchen eingefangen werden sollen, und man darf wohl erwarten, daß noch vor Ende des 20. Jahrhunderts Teilchen aus kalter dunkler Materie identifiziert worden sind.[65]

Wenn wir sehen wollen, wie sich das auf das Schicksal des Universums auswirkt, können wir auf die alte Vorstellung von der Fluchtgeschwindigkeit zurückgreifen, also die Vorstellung, die (wenn sie damals auch anders hieß) John Michell vor so vielen Jahrhunderten zum Nachdenken über Schwarze Löcher anregte. Stellen wir uns einen von Michells Dunkelsternen vor; er weist eine so starke Gravitationszugwirkung auf, daß nichts, nicht einmal Licht, aus seinen Fängen entweichen kann. Wenn wir eine Rakete abfeuern oder eine Kanonenkugel von der Oberfläche des Sterns aus nach oben schießen, steigt sie vielleicht eine Zeitlang an, bleibt aber dann unweigerlich zunächst stehen und saust sofort wieder auf die Oberfläche des Sterns zurück. Als nächstes stellen wir uns vor, daß der ganze Stern aufquillt, vielleicht infolge irgendeiner Energieentwicklung in seinem Innern. Jedes einzelne Atom im Stern verhält sich dann wie diese Rakete oder die Kanonenkugel. Es kann sich eine Zeitlang aus dem Schwerpunkt des Sterns nach oben (oder außen) bewegen, bleibt dann aber zwangsläufig stehen und fällt zurück. Und nun stellen wir uns vor, daß der dunkle

Stern das ganze Universum ist und anstelle der Atome Galaxien existieren. Wenn sich das Universum ausdehnt, rücken die Galaxien auseinander. Doch schließlich bringt sie die Zugwirkung der Schwerkraft zum Stillstand, dann kehrt sich ihre Bewegung um, und aus dem expandierenden Universum wird ein kollabierendes Universum, das wieder zu einer Singularität schrumpft. Das Bild stimmt nicht ganz, aber doch in großen Zügen. Das ist das Geschick unseres Universums. Daß sich das Universum vielleicht so verhält, war als Möglichkeit eigentlich schon seit den Anfangstagen der Kosmologie bekannt, als in den zwanziger Jahren die Lösungen für Einsteins Gleichungen untersucht wurden.

Seitdem denken die Kosmologen darüber nach, ob sich diese Kontraktion selbst auch wieder umkehren ließe, wenn das Universum zu einer Singularität schrumpfte. Wäre es möglich, daß in irgendeinem sehr, sehr dichten Zustand, jedoch noch nicht am Punkt unendlicher Dichte, irgend etwas geschieht, was das Universum dazu veranlaßt, wieder in einen weiteren Expansionszyklus zurückzufallen, so daß es ewig zwischen Expansion und Kontraktion schwankte, vom Anstoß zur Expansion und zurück zur Kontraktion? Diese Vorstellung (siehe Abb. 8.4) hat vieles für sich. So löst sie vor allem das verwirrende Rätsel, was denn gewesen ist, »bevor« das Universum seinen Anfang genommen hat, und was geschieht, »nachdem« es endet. Doch bis vor ganz kurzer Zeit hatte man den Eindruck, daß dieses Modell des oszillierenden Universums einfach nicht richtig abzuschließen war. Zum einen widerspricht es den Singularitätssätzen von Penrose-Hawking, und dann gibt es auch noch andere Schwierigkeiten.

Ein halbes Jahrhundert schien die Vorstellung von einem oszillierenden Universum vor allen Dingen daran zu scheitern, wie sich von einem zum nächsten Zyklus Entropie aufbaut. Entropie ist die thermodynamische Eigenschaft, die den Grad an Unordnung im Universum angibt; sie hängt mit der Gesamttemperatur des Universums zusammen. Die Entropie nimmt immer mehr zu, und sie ist ein Maß für den

Lauf der Zeit. Wenn ich Ihnen das Bild eines an der Tischkante stehenden Weinglases und danach das Bild desselben Weinglases zeigen könnte, wie es in Stücken auf dem Boden vor dem Tisch liegt, wüßten Sie natürlich, welches Bild zuerst aufgenommen wurde: der ungeordnete (gebrochene) Zustand des Weinglases muß einen späteren Zeitpunkt darstellen als der geordnete (ungebrochene) Zustand.

Selbst wenn sich das Universum wirklich zusammenzieht und wieder zu einer Singularität zu schrumpfen beginnt, läßt sich schwer vorstellen, welchen Einfluß das auf den Ablauf der Zeit und die stetige Zunahme der Entropie hätte. Manche Physiker haben zwar schon spekuliert, daß die sich zusam-

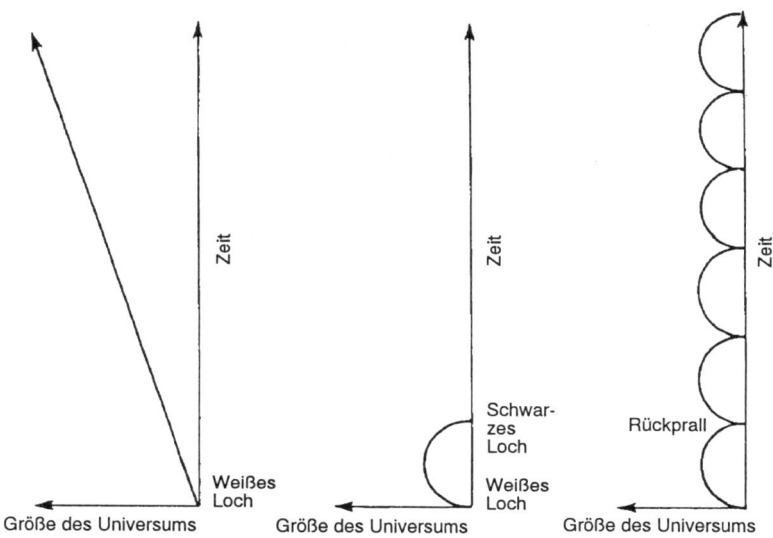

*Abbildung 8.4 Drei mögliche »Geschichten« der Zeit. Das Universum dehnt sich vielleicht immer weiter aus. Vielleicht schwillt es auch nur bis zu einer bestimmten Größe auf und schrumpft dann wieder zu einem Nichts ein; oder es macht wiederholte Zyklen von Ausdehnung und Zusammenbruch durch.*

menziehende Hälfte des Universums vielleicht ein genaues zeitliches Spiegelbild der expandierenden Hälfte ist, wobei die Zeit rückwärts läuft und zerbrochene Weingläser wieder zusammenwachsen. Doch viele andere nehmen diese Spekulation nicht ernst. Viel wahrscheinlicher ist es wohl, daß die Entropie in der kontrahierenden Zyklushälfte weiter ansteigt. Entsprechende Berechnungen wurden in den dreißiger Jahren von dem Physiker R. C. Tolman und dann ausführlicher in den siebziger Jahren von David Park und P. T. Landsberg durchgeführt. Diese ständige Zunahme der Entropie hat die physikalische Folge, daß die von diesen Forschern untersuchten Modelluniversen immer schlimmer in die Singularität zurückfallen, als sie aus ihr aufgestiegen sind. Diese gesteigerte Kollapsgeschwindigkeit macht den Aufprall um so härter, so daß im nächsten Zyklus die Expansion schneller anfängt als im Vorausgegangenen. Infolgedessen expandiert jeder folgende Zyklus von der Singularität aus weiter und dauert auch länger, als der Zyklus davor. Die Entropie nimmt unbegrenzt zu und führt zu immer heißeren Urknallfeuerbällen und immer längeren »Lebenszyklen« für das Universum (Abb. 8.5).

Damit wird nun leider das Rätsel vom Anfang nicht gelöst. Wenn das Universum schon mehrere solcher Zyklen durchlaufen hätte, wäre es sehr heiß – viel heißer als die Temperatur von 3 K, die wir in der heute zu beobachtenden Hintergrundstrahlung messen, wahrscheinlich auch zu heiß, als daß sich Lebensformen, so wie wir, halten könnten. Wenn die thermodynamischen Rechnungen stimmen, kann der Zyklus, in dem wir uns jetzt befinden, höchstens hundert Zyklen nach der ersten Oszillation des Universums entstanden sein, die so stark war, daß sie zur Sternbildung führte. Das stimmt vielleicht wirklich; doch damit kommt die Frage erneut auf die Tagesordnung, wie denn diese erste winzige, kurzlebige Version vom Universum überhaupt entstanden ist. Da halten sich die meisten Kosmologen dann lieber an das einfachere Szenario eines einzelnen Zyklus bis zum Universum, und an den Anfang mit einem einzigen Urknall und einem Ende in

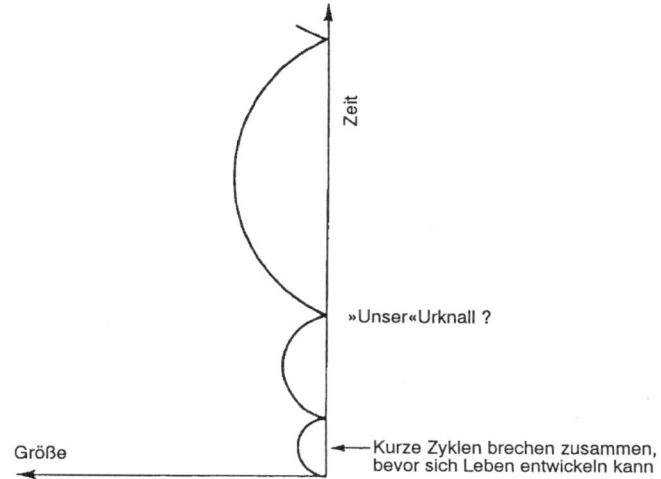

**Abbildung 8.5** *Unser bestes Angebot? Unser Universum ist vielleicht eine von einer ganzen Reihe von Expansionen, jede größer als die vorhergehende, die von einem winzigen kosmischen Kristallisationskeim in Form einer Quantenschwankung im Nichts ihren Anfang nehmen.*

einem einmaligen großen Zusammenbruch, ohne daß es erneut zu einem Aufschwung kommt.

Dieser Konsens wurde in den achtziger Jahren noch verstärkt, als Untersuchungen von Roger Penrose darauf schließen ließen, daß das Universum vielleicht doch nicht die Folge eines vorausgegangenen Zyklus sein kann, der sich vielleicht auch nur einmal erholt hat, weil der Anstieg der Entropie viel stärker war, als vorher angenommen wurde. Penrose erkannte, daß niemand den Beitrag zur Gesamtentropie des Universums berücksichtigt hatte, den Schwarze Löcher in den Endstadien des Zusammenbruchs leisten. Wie die Temperatur eines Schwarzen Lochs, so hängt auch seine Entropie nur von der Oberfläche des es umgebenden Ereignishorizonts ab und ist leicht zu berechnen. Die aus der Urknallsingularität entstehende Expansion war, wie wir aus Beobachtungen im heutigen Universum wissen, sehr gleichmäßig und glatt. Mithin wies sie eine niedrige Entropie auf. Doch der Zusammenbruch eines Universums, wie des unseren, in einem großen Krach sähe wohl ganz anders aus. Dazu gehörten viele Schwarze Löcher, von denen jedes sehr viel Entropie aufwiese, und diese verbänden sich zu einer sehr ungeordneten Struktur (die gelegentlich damit verglichen wurde, als quetsche man einen Teekuchen zusammen, so daß die darin steckenden Rosinen einander überlappen), die deshalb eine sehr hohe Entropie aufweist. Wenn »unser« Urknall tatsächlich die Folge eines vorausgegangenen großen Zusammenbruchs wäre, müßte diese ganze Entropie irgendwie beim Aufprall, also am tiefsten Punkt, verlorengegangen sein. Das schien den Untergang der Oszillationsmodelle zu bedeuten. In einer der dramatischsten Entwicklungen in der theoretischen Kosmologie Anfang der neunziger Jahre stellten dann jedoch Forscher in Kanada fest, daß beim Verschmelzen Schwarzer Löcher in den Endstadien eines kollabierenden Universums die erforderliche Entropieverteilung zur Schaffung einer sauberen, neuen Singularität tatsächlich stattfinden kann.

## Der Rückprall des Schwarzen Lochs

Diese erstaunliche Entdeckung ergab sich bei einer Untersuchung der Theorie über die Vorgänge innerhalb eines wirklichkeitsnahen rotierenden Schwarzen Lochs, wenn dieses zusammenbricht. An dieser Untersuchung waren Werner Israel an der University of Alberta in Edmonton in Kanada und seine Kollegen Eric Poisson und A. E. Sikkema beteiligt. Wir erinnern uns: Die Geometrie eines solchen Kerrschen Schwarzen Lochs umfaßt zwei Ereignishorizonte – den äußeren Horizont, also den letzten Ort, an dem Licht aus dem Schwarzen Loch entweichen kann, und den inneren Horizont (oder Cauchy-Horizont), den letzten Ort, an dem ein in das

Loch gefallener Beobachter noch Licht aus dem Universum draußen sehen kann. Am Cauchy-Horizont würde ein Beobachter die ganze Zukunft des Universums draußen in einem Moment vorbei ziehen sehen, und dort entsteht auch die berüchtigte blaue Fläche. Man muß sich jedoch nicht nur um die Blauverschiebung der einfallenden elektromagnetischen Strahlung kümmern.

Wenn sich ein realistisches rotierendes Schwarzes Loch bildet, dann geschieht das nicht ganz gleichmäßig. Vielmehr geht der äußere Horizont, wie Sikkema und Israel es ausdrücken, »wie eine zitternde Seifenblase« auf den stabilen Endzustand zu, den die Kerrsche Lösung der Einsteinschen Gleichungen darstellt. Dieses Zittern des äußeren Horizonts verursacht eine Welligkeit in der Raum-Zeit, also Gravitationswellen, die sich sowohl nach außen in das Universum, als auch nach innen zum Cauchy-Horizont hin ausbreiten. Die aus dem Loch hinausfließenden verschwinden und kümmern uns hier nicht weiter.

Doch die nach innen fallenden werden blauverschoben, wie Licht oder jede andere Strahlung, die in das Loch hineinfällt. Nun erinnern wir uns, daß Energie der Masse äquivalent ist. Dieser Zustrom von blauverschobener Gravitationsstrahlung führt Energie mit sich und erhöht die Masse innerhalb des Schwarzen Lochs ganz außerordentlich; die Kernmasse eines Schwarzen Lochs, die bei knapp dem Fünffachen unserer Sonnenmasse anfängt, wird um den, soweit ich mich erinnere, Heinz-Faktor auf das $10^{57}$-fache der Masse des gesamten sichtbaren Universums erhöht. Diese Zahl ist unvorstellbar groß.

Noch ungewöhnlicher ist jedoch, daß ein Beobachter außerhalb des äußeren Horizonts des Schwarzen Lochs von dieser riesigen Masseninflation nicht das Geringste mitbekommt. Die Nachricht, daß die Masse innerhalb des Horizonts so stark erhöht worden ist, kann aus dem Cauchy-Horizont nur in Form von Gravitationsstrahlung mit Lichtgeschwindigkeit nach außen dringen; mithin kann diese Information den äußeren Horizont niemals durchdringen und nie aus dem Loch hinaus kommen. Von außen sieht ein Beobachter nach wie vor die gravitationsbedingten Hinweise auf die ursprünglichen fünf Sonnenmassen des Materials, das bei der Bildung des Schwarzen Lochs kollabiert war.

Da keine Informationen aus dem Schwarzen Loch hinaus dringen und den Rest des Universums beeinflussen können, wirken diese Berechnungen vielleicht wie eine sinnlose metaphysische Spekulation – bestünde da nicht die Wahrscheinlichkeit, daß das Universum eines Tages doch wieder völlig zusammenbricht. Was geschieht mit diesen riesigen Massen, wenn die miteinander verschmelzenden Schwarzen Löcher einander überlappen und die im Innern verschlossenen starken Gravitationsfelder plötzlich miteinander wechselwirken können?

Wir müssen das in der richtigen Perspektive sehen. In einem solchen kollabierenden Universum überlappen sich die Galaxien schon rund ein Jahr vor der großen Katastrophe. Etwa um dieselbe Zeit wird die kosmische Hintergrundstrahlung heißer als das Innere eines Sterns; also brechen die Sterne auseinander und lösen sich in einer heißen Suppe aus Energie und Teilchen auf. Knapp eine Stunde vor dem Ende verschmelzen die supermassiven Schwarzen Löcher im Kern der Galaxien miteinander. Damit ändert sich aber das Bild des Aufpralls völlig im Vergleich zu allen früheren Modellen. Sobald die Schwarzen Löcher mit der ungeheuer aufgeblasenen Masse in ihrem Innern miteinander verschmelzen, behaupten Israel und seine Kollegen, bricht das ganze Universum praktisch auf Plancksche Größenverhältnisse zusammen, weil es hier um solche starken Gravitationsfelder geht. Es dauert also keine Stunde mehr, bis die Singularität erreicht ist, sondern der ganze restliche Kollaps läuft innerhalb $10^{-23}$ Sekunden (der »Planck-Zeit«) ab. Unter diesen Bedingungen wird die Bekenstein-Hawking-Formel für die Entropie eines Schwarzen Lochs sinnlos, und im Endeffekt wird die gesamte Entropie (oder Entropiedichte) des Universums drastisch vermindert. Weil es nichts gibt, was in einer Zeit von weniger als $10^{-43}$ Sekunden ablaufen kann (ebenso wie es keine Entfernung von weniger als $10^{-33}$ Zentimetern gibt), prallt das kollabierende Universum $10^{-43}$ Sekunden vor der Singularität zurück und wird wieder ein expandierendes Universum; damit ist es immer noch $10^{-43}$ Sekunden von der Singularität entfernt, birst jetzt aber von dieser Singularität aus nach außen und kollabiert nicht in ihr. Damit ist die Singularität selbst sehr hübsch umgangen, und dieser Rückprall wird schließlich doch mit dem Penrose-Hawking-Singularitätssatz vereinbar.

Damit ist das Problem der Entropiezunahme von einem Zyklus eines oszillierenden Universums bis zum nächsten sehr schön, aber nicht ganz vollständig erklärt. Die Schwierigkeit mit dem riesigen Entropieanstieg in einem einzigen Rückprall, worüber sich Penrose Gedanken machte, ist sicherlich gelöst. Doch immer noch nimmt die Entropie von einem Zyklus bis zum nächsten geringfügig zu, obwohl das Universum in jedem Zyklus so aussieht, als sei es aus einer glatten Singularität hervorgegangen. Es scheint aber doch möglich zu sein, die Ursprünge des Universums durch immer kürzere Zyklen bis hin zu irgendeinem ersten Kristallisationskeim zu verfolgen, einem Kleinuniversum, das durch eine Quantenschwankung buchstäblich aus dem Nichts entstand.

# Dank

Den Anstoß zu diesem Buch verdanke ich Igor Nowikow von der Moskauer Staatsuniversität. 1989 hielt er an der University of Sussex ein Seminar zum Thema Zeitmaschinen. Ich steckte damals gerade tief in der Arbeit an meinem Buch über die Erwärmung der Erde (*Hot House Earth*, 1990 bei Bantam Press in Großbritannien und Grove Weidenfeld in den Vereinigten Staaten erschienen). Doch der Vortrag von Nowikow und die anschließende Diskussion entfachten mein altes Interesse an den teils merkwürdigen Folgen der allgemeinen Relativitätstheorie aufs Neue. In den folgenden Monaten erkundigte ich mich, gleichsam zur Erholung vom Schreiben über Klimaveränderungen, bei Fachleuten über die neuesten Entwicklungen in der mathematischen Untersuchung von Raum-Zeit-Wurmlöchern und Zeitreisen und frischte dabei auch meine Kenntnisse der schon lange laufenden Untersuchungen von Schwarzen Löchern auf. Nach der Weltklimakonferenz im November 1990 in Genf kam ich endlich zu der Einsicht, daß ich zur Diskussion über den Treibhauseffekt, mindestens zum damaligen Zeitpunkt, nichts mehr beitragen konnte, und so verdrängte ich meine Sorgen um das Schicksal des Planeten vorübergehend und machte mich an das Buch, das jetzt vor Ihnen liegt. Nach all der Angst um den Zustand unserer Umwelt hier auf der Erde war die Beschäftigung mit diesem Thema geradezu unterhaltend und half mir dabei, nicht in Trübsal zu versinken. Ich hoffe, die Lektüre macht Ihnen Spaß, auch wenn nichts, was auf diesen Seiten steht, für uns, die wir heute auf dem Planeten Erde leben, irgendeinen praktischen Nutzen hat (es sei denn, einer meiner Leser wäre ein Zeitreisender, der vermittelst einer der im Kapitel 7 beschriebenen Vorrichtungen hierher gekommen ist).

Außer Nowikow erinnerten mich noch andere Fachleute daran, daß die Wissenschaft Spaß macht (unter anderem deswegen habe ich ja auch Naturwissenschaften studiert) und unterstützten mich in Gesprächen, mit Kopien ihrer wissenschaftlichen Arbeit bzw. konstruktiver Kritik an so manchen falschen Vorstellungen. Es sind dies (in einer nicht wertend gemeinten Reihenfolge) Ian Redmount, Clifford Will und Matt Visser von der Washington University, St. Louis, Missouri; Michael Morris und Kip Thorne vom California Institute of Technology; Felicity Mellor und Ian Moss von der Universität of New Castle upon Tyne; Paul Davies von der Universität Adelaide in Südaustralien; Werner Israel von der Universität Alberta in Edmonton; Frank Tipler von der Tulane University in New Orleans; Roger Penrose von der Universität Oxford; Stephen Hawking von der Universität Cambridge; Sidney Coleman von der Harvard University; und, last but not least, Sir William McCrea von der University of Sussex, der zwar unmittelbar mit dem vorliegenden Buch nichts zu tun hat, mir jedoch vor über einem Vierteljahrhundert als erster das Tor zur Welt der allgemeinen Relativitätstheorie erschlossen hat.

Ich habe auch das große Glück gehabt, mit John Michel von Harmony Books einen Lektor zu finden, der etwas von Physik versteht und dessen Anregungen der Darstellung meiner Ideen zugute gekommen sind; ich bin ihm sehr dankbar dafür, auch wenn er sich beharrlich weigert, seinem Vornamen noch ein zweites »l« anzufügen.

Was an richtigen naturwissenschaftlichen Erkenntnissen aus diesen Seiten zu entnehmen ist, verdanke ich auch Ihnen; für alle Irrtümer, die trotzdem stehengeblieben sind, bin ich natürlich allein verantwortlich.

John Gribbin
Juni 1991

## Anmerkungen

1. Sie hieß »fünfte« Kraft, weil vier andere Kräfte schon bekannt waren: die Schwerkraft selbst, die elektromagnetische Kraft und die sogenannte starke und schwache Kernkraft, die nur auf subatomarer Ebene wirkt.
2. Bradley hätte diesen Wert für die Lichtgeschwindigkeit und die Angaben über die Eklipsen von Io zur Berechnung des Durchmessers der Erdumlaufbahn und der Größe der Astronomischen Einheit verwenden und damit Rømers berühmte Berechnung auf den Kopf stellen können. Doch damals dachte wohl niemand an diese neuartige Möglichkeit, Entfernungen im Sonnensystem zu bestimmen.
3. *Philosophical Transactions of the Royal Society,* 74, S. 35-57
4. A. Anderson, *Philosophical Magazine,* 39, S. 626 ff. Zitiert nach Werner Israel in dessen Beitrag zu *300 Years of Gravitation,* herausgegeben von Steven Hawking und Werner Israel; nähere Einzelheiten finden sich in der Bibliographie.
5. *Philosophical Magazine,* 41, S. 549 ff.
6. Mein Vater erzählte mir oft, daß er seine Mathematikprüfungen in der Schule (damals in den dreißiger Jahren) nur bestand, indem er Algebraaufgaben in Diagramme umwandelte und die gesuchten Antworten durch Messung bestimmte, anstatt die Gleichungen zu lösen. Wenn das stimmte, verdankte er seine bestandenen Prüfungen nur Descartes!
7. Einen umfassenden Überblick über ihre Tätigkeit bietet J. D. North in *The Measure of the Universe,* Oxford University Press 1965.
8. *Was Einstein Right?,* Basic Books, 1986
9. Wenn wir es mit gekrümmten Flächen (oder Räumen) zu tun haben, können wir immer noch winzige pythagoräische Dreiecke konstruieren und die Größe der Quadrate auf jeder der drei Seiten messen; diese Quadrate (oder Flächen) gehorchen jetzt jedoch nicht mehr dem pythagoräischen Lehrsatz. Wie diese Quadrate vom pythagoräischen Lehrsatz abweichen, das bietet uns dann ein Maß, metrisch ausgedrückt, für die Beschaffenheit (offen oder geschlossen) und Größe der Krümmung des Raumes (oder sogar der Raum-Zeit). Doch das erkannte Einstein 1909 noch nicht.

**Anmerkungen** 339

10 Zitiert in Abraham Pais, *Supple is the Lord* (deutsche Ausgabe: »Raffiniert ist der Herrgott«)
11 Die Zitate in diesem Kapitel stammen aus Abraham Pais, a. a. O.
12 Eigentlich ist dieser »neue« Raumkrümmungseffekt, den Einstein 1916 behandelt, das Äquivalent des alten Newtonschen Effekts; die *Zeit*krümmung unterscheidet die relativistische Voraussage von Newtonschen Berechnungen.
13 Das Volumen einer Kugel ist ihrem Radius hoch drei proportional und $100^3$ ist eine Million.
14 Die Physik der Gestirne im allgemeinen, die der Sonne im besonderen, wird in meinem Buch *Blinded by the Light* beschrieben.
15 *The Stars*, erschienen bei John Murray, London. Newcomb (in Kanada geboren) lebte von 1835 bis 1909 und machte als wissenschaftlicher Offizier bei der amerikanischen Marine Karriere; er war am Naval Observatory in Washington und an der John Hopkins University tätig und gründete die American Astronomical Society, deren erster Präsident er auch war. Seine Stellungnahme verkörpert die Meinung des wissenschaftlichen Establishments zu seiner Zeit.
16 Das in Harvard entwickelte Einteilungssystem kann man sich leicht an einer Eselsbrücke aus jenen Zeiten des gedankenlosen männlichen Chauvinismus merken: »Oh, be a fine girl, kiss me.«
17 Aus einem Vortrag von Russell 1954 am Princeton University Observatory (drei Jahre, bevor er in seinem achtzigsten Lebensjahr starb); zitiert im *Source Book*, herausgegeben von Kenneth Lang und Owen Gingerich (siehe Bibliographie).
18 Wie die Sterne heiß bleiben beschreibe ich ausführlicher in meinem Buch *Blinded by the Light;* Einzelheiten über die Quantenphysik stehen in *Auf der Suche nach Schrödingers Katze.*
19 Chandrasekhar scheint deswegen nicht verbittert gewesen zu sein, denn als Teenager verehrte er Eddington, und viel später schrieb er eine einfühlsame biographische Erinnerung an ihn (s. Bibliographie).
20 Zitiert von Werner Israel in *300 Years of Gravitation,* herausgegeben von Hawking und Israel.
21 Ursprünglich in *The Observatory*, 58, 1935, S. 37, veröffentlicht; zitiert von Chandrasekhar in seinem Buch *Eddington.*
22 Zitiert bei Lang und Gingerich, *Source Book.*
23 *Physical Review*, 55, S. 374-81
24 Obwohl eine leichtere Materialkugel in einer Sternenexplosion in den Neutronenzustand überführt werden kann, wäre sie doch zu leicht, als daß sie den zur Neutronenentartung durch die eigene Schwerkraft erforderlichen Druck aufrecht erhalten könnte. Sobald die Explosion nachließe, wandelten sich viele Neutronen durch Beta-Zerfall in Protonen um, setzten dabei Elektronen frei, und die Kugel aus Sternenmaterial würde einfach zu einem kleinen Weißen Zwerg.

25 *Nature,* 217, 1968, S. 709
26 Das gelang mir nicht so sehr wegen meiner besonderen Fähigkeiten in der Astrophysik, sondern deshalb, weil das Institut für Astronomie über einen der besten damals vorhandenen Computer für wissenschaftliche Aufgaben verfügte, einem ganz neuen IBM 360/44. Man muß die Leistung dieser Maschine allerdings in der richtigen Perspektive sehen. Damals wies der Speicher dieses Supercomputers nur 128 K auf, also nicht einmal ein Viertel der Speicherkapazität des Geräts, auf dem ich dieses Buch schreibe, eines Zenith Super Sport, der für 1991er Verhältnisse auch schon ziemlich in die Jahre gekommen ist.
27 Vol. 216, S. 567 f.
28 Falls Sie darüber nachdenken: Weiße Zwerge können sich auch nicht so schnell drehen, daß damit die Pulsare erklärt werden können. Sie würden lange vor der Erreichung solcher Geschwindigkeiten durch die Zentrifugalkraft auseinanderfliegen.
29 Einstein führte in die Gleichungen sogar ein besonderes Glied, die sogenannte Kosmologische Konstante ein, um seine Modelluniversen ruhig zu stellen; später erklärte er, dies sei »der größte Schnitzer« in seiner Laufbahn gewesen.
30 Der Name bedeutet nur, daß es sich um die hellste erkennbare Radioquelle in Richtung auf das Sternbild Cygnus (doch in Wirklichkeit weit dahinter gelegen) handelt.
31 Astronomen benutzen diesen Begriff als bequemes Kürzel, obwohl sie natürlich wissen, daß die Rotverschiebung in Wirklichkeit durch den expandierenden Weltraum hervorgerufen wird.
32 Vol. 21, S. 148
33 Vol. 197, S. 1037, 1040, 1041
34 Die Galaxie muß jung sein, denn wenn wir einen Quasar in dem Licht wahrnehmen, das für seine Reise zu uns ein paar Milliarden Jahre gebraucht hat, muß es aufgebrochen sein, nachdem das Universum sich aus dem Urknall entwickelt hatte. Es steht zu vermuten, daß in einem jungen Universum die Galaxien voll Gas waren, das sich noch nicht zu Sternen umgebildet hatte; das aber »speiste« das Schwarze Loch. Das erklärt auch, weshalb ältere, uns näherliegende Galaxien diese Aktivität nicht aufweisen, auch wenn sie ein supermassives Schwarzes Loch enthalten; in der Umgebung gibt es kein überschüssiges Gas mehr, aus dem sich das Ungeheuer ernähren könnte.
35 Die postulierten, vom Mond ausgehenden Röntgenstrahlen wurden erst Anfang der neunziger Jahre, über achtundzwanzig Jahre nach diesem Pionierflug mit der Aerobee, durch Instrumente an Bord des in einer Umlaufbahn befindlichen Röntgensatelliten ROSAT nachgewiesen.
36 Unter anderem bestätigen diese genauen Beobachtungen (auch wenn eine Bestätigung eigentlich gar nicht mehr nötig war), daß Cygnus X-1 identisch ist mit HDE 226868. Der Name ROSAT leitet sich übrigens

von Wilhelm Konrad Röntgen ab, der 1895 die Röntgenstrahlen entdeckte. Über hundert Jahre hat es gedauert, bis man von dieser Entdeckung zu einem Satelliten kam, der Röntgenaufnahmen des Himmels machen kann.

37  So begannen die Arbeiten an einer Revision der von Oppenheimer und Volkoff gefundenen Massengrenze, die schließlich zu einer modernen Schätzung der Grenze von etwa drei Sonnenmassen führten.

38  Beide Zitate aus der Brüsseler Konferenz stammen aus dem Beitrag von Werner Israel zu *300 Years of Gravitation*.

39  Natürlich würde eine solche aus Wasser bestehende Kugel zusammenbrechen und sich in einzelne Sterne auflösen, die durch die freigesetzte Gravitationsenergie im Innern erhitzt werden und so lange brennen würden, wie ihr Kernbrennstoff (der Wasserstoff aus dem Wasser) vorhielte. Damit wäre der endgültige Kollaps aufgeschoben und ereignete sich erst nach Ende des nuklearen Brennvorgangs; das ist jedoch ein Detail, das man im Interesse einer einfachen Darstellung auslassen kann.

40  Veröffentlicht in *Cosmology Now*, herausgegeben von Laurie John, BBC Publications, London 1973.

41  Falls Sie jetzt auch auf diesen Gedanken kommen: Es ist schon postuliert worden, daß man damit die Materie- und Energiegüsse erklären könnte, die wir bei Quasaren beobachten; allerdings erfreut sich diese Hypothese zur Zeit bei den Theoretikern keiner besonderen Beliebtheit.

42  *Communications in Mathematical Physics*, 31, 1973, S. 161-170

43  *Physical Review*, D7, S. 233-246

44  Zu allem Überfluß wurde sowohl in der Arbeit von 1973, in der es hieß, Bekenstein habe unrecht, wie auch in der Arbeit von 1974, in der eingeräumt wurde, daß er doch recht gehabt habe (*Nature*, 248, S. 30 f.), der Name von Hawkings Protagonisten falsch geschrieben, nämlich Beckenstein.

45  Eine Erklärung aller Quantenregeln findet sich in meinem Buch *Auf der Suche nach Schrödingers Katze*.

46  Natürlich trug es den Titel *White Holes*, also *Weiße Löcher*.

47  Das wird in *Cosmic Coincidences* erklärt, ein Buch, das ich in Zusammenarbeit mit Martin Rees, dem Kosmologen, der dieses Modell der Quasar-Aktivität entwickelt hat, geschrieben habe.

48  Das ähnelt der Beschreibung des Universums als Folge eines Urknalls, nach dem es eine Zeitlang zu Expansion und dann wieder zu einer großen Kontraktion kommt. Vielleicht leben wir tatsächlich in einem Grauen Loch!

49  *Classical and Quantum Gravity*, 6, S. L173-L177

50  Legend-Ausgabe, S. 347

51  Vol. 30, S. 1700 ff.

52 *American Journal of Physics*, 56, S. 395-412
53 Vol. 39, 1989, S. 3182 ff.
54 »Try and Change the Past«, in *Trips in Time*, herausgegeben von Robert Silverberg (Nelson, New York 1977); siehe auch Fritz Leiber, *The Big Time* (Ace Books, New York 1961).
55 Diese bizarre Vorstellung wird ausführlicher in *Auf der Suche nach Schrödingers Katze* behandelt.
56 Diese Geschichte ist mehrmals abgedruckt worden, zum Beispiel in *The Best of Robert Heinlein 1947–59* (Sphere, London 1973); mir gefällt als ausführliche Variation zu diesem Thema am besten *The Man Who Folded Himself* von David Gerrold (Faber, Londen 1973).
57 Auf ihre Verwendung gehe ich ausführlicher in *Auf der Suche nach Schrödingers Katze* ein.
58 Um die Schwierigkeit käme man natürlich leicht herum, wenn man eine automatische Anlage aufbaute, die den Anruf nur vornähme, wenn sie den Funkspruch erhielte, aber den Funkspruch nur absendete, wenn sie den Telefonanruf nicht empfangen hätte.
59 Vol.248, S.28
60 Der Science-Fiction-Autor Larry Niven war davon so beeindruckt, daß er (unter Quellenangabe) bei Tipler nicht nur die Idee, sondern auch den Titel für eine Kurzgeschichte entlehnte, die in der Sammlung *Convergent Series* (Del Rey, New York 1979) erschienen ist.
61 Die Öffnung bewegt sich natürlich mittlerweile nicht mehr, doch läßt sie sich mit diesem Namen leichter bezeichnen.
62 Cal Tech-Sonderdruck Nr. GRT-251
63 Wie Anmerkung 62
64 Coleman pflegt eine sehr individuelle Ausdrucksweise. So trug seine 1988 erschienene Arbeit, in der erklärt wurde, weshalb die kosmologische Konstante Null ist, den Titel *Why There is Nothing Rather Than Something* (Warum es Nichts anstelle von Etwas gibt) (*Nuclear Physics*, B 310, S. 643-668). Seine zweite klassische Arbeit aus dem Jahr 1988 heißt *Black Holes as Red Herrings* [Schwarze Löcher – falsche Fährten] (*Nuclear Physics,* B 307, S. 867-882).
65 Auch exotischere Beiträge zur gesamten Massendichte des Universums können noch berücksichtigt werden, darunter ein möglicherweise geringfügigerer Einfluß eines kosmischen Fadens, der vom Urknall übrig geblieben ist. Doch für den Abschluß des Universums ist die kalte dunkle Materie bei weitem der aussichtsreichste Kandidat. Siehe auch mein Buch *The Omega Point* (Bantam/Corgi, London 1988).

# Glossar

**Akkretionsscheibe:** Alles im Universum rotiert. Wenn Gas und Staub im Raum auf ein kompaktes Objekt niedergehen, vielleicht ein Schwarzes Loch oder einen Neutronenstern, zwingt die Rotation die hineinfallende Materie in eine wirbelnde Akkretionsscheibe aus Material rings um das Objekt in der Mitte. Diese Akkretionsscheibe ist die Quelle von energiereichen Strahlungsausbrüchen aus solchen Objekten.
**Astronomische Einheit:** Die durchschnittliche Entfernung von der Erde zur Sonne, rund 150 Millionen Kilometer, wird von Astronomen als Astronomische Einheit der Entfernung definiert.
**Asymptotisch:** Wenn eine gekrümmte Linie immer näher an eine gerade Linie heran kommt, ohne sie zu berühren, nähert sie sich dieser Linie asymptotisch. Wenn man ein bewegtes Objekt unendlich zu beschleunigen versucht, dann nähert es sich der Lichtgeschwindigkeit ebenfalls immer mehr, ohne sie jedoch ganz zu erreichen.
**Atom:** Grundbestandteil alltäglicher Objekte, wie zum Beispiel dieses Buchs und Ihres Körpers. Ein Atom besteht aus einem sehr dichten Kern, der von einer zähen Elektronenwolke umgeben ist. Der Radius eines Atoms beträgt etwa $10^{-7}$ Millimeter; zehn Millionen nebeneinander aufgereihter Atome würden also gerade die Breite eines »Zahns« in der Zähnung einer Briefmarke überdecken.
**Blaue Fläche:** In ein Schwarzes Loch fallendes Licht erleidet eine unendliche Blauverschiebung. Das heißt, daß sich Energie in Form einer Wand, der sogenannten Blauen Fläche rings um das Schwarze Loch herum aufbaut. Bei allen Versuchen, Schwarze Löcher als kosmische U-Bahnen, Sternentore oder Zeitmaschinen zu verwenden, muß eine Möglichkeit gefunden werden, die Blaue Fläche zu durchdringen.

**Blauverschiebung**: Wenn sich ein Objekt auf Sie zubewegt und Licht aussendet, werden die Lichtwellen, die Sie wahrnehmen, durch die Bewegung des Objekts zusammengedrängt. Das heißt, diese Wellenlängen sind kürzer. Da blaues Licht eine kürzere Wellenlänge aufweist als rotes Licht, heißt diese Erscheinung Blauverschiebung. Wenn das Universum, das sich zur Zeit ausdehnt, jemals anfängt, sich zusammenzuziehen, wird durch einen ähnlichen Effekt die Wellenlänge des Lichts von fernen Objekten verkürzt, während das Licht zu uns unterwegs ist. In ein Gravitationsfeld fallendes Licht wird ebenfalls blauverschoben.
**Einstein-Rosen-Brücke**: Wurmloch (siehe dort).
**Elektron**: Teilchen mit einer negativen elektrischen Ladungseinheit; befindet sich in den äußeren Bereichen eines Atoms. Jedes Elektron hat eine Masse von $9 \times 10^{-31}$ Kilogramm (ein Dezimalkomma mit dreißig Nullen und neun Kilogramm). Im Gegensatz zu Neutronen sind Elektronen Elementarteilchen (Mitglieder der Familie der Leptonen) und bestehen aus nichts anderem.
**Entartete Sterne**: Weiße Zwerge und Neutronensterne.
**Entropie**: Ein Maß der Information. Wenn sich die Dinge abnutzen, nimmt die Entropie zu, der Informationsgehalt ab. Ein Glas Wasser mit einem Eiswürfel darin enthält mehr Informationen und weniger Entropie als dasselbe Glas Wasser, wenn der Eiswürfel geschmolzen ist. Die stetige Zunahme der Entropie im ganzen Universum ist ein Grundmaß für den Ablauf der Zeit.
**Ereignishorizont**: Die Oberfläche rings um ein Schwarzes Loch in der Umgebung des Bereichs, aus dem nichts entweichen kann; siehe auch Schwarzschild-Horizont.
**Ergosphäre**: Bereich des Raums in der Nähe eines rotierenden Schwarzen Lochs, aus dem grundsätzlich Energie gewonnen werden kann.
**Euklidische Geometrie**: Die Geometrie, wie wir sie in der Schule gelernt haben, bei der sich die Winkel eines Dreiecks zu 180 Grad addieren und Parallele bis in die Unendlichkeit denselben Abstand zueinander beibehalten. Die Re-

geln der euklidischen Geometrie gelten genau nur für ebene Flächen.

**Fünfte Kraft**: Die Wissenschaft kennt vier Naturkräfte: Schwerkraft, elektromagnetische Kraft, starke und schwache Kernkraft. In den achtziger Jahren erregten Behauptungen, daß möglicherweise eine »Fünfte Kraft« entdeckt worden sei, viel Aufmerksamkeit. Genaue Versuche lassen jedoch vorläufig darauf schließen, daß diese Behauptungen nicht zutreffen.

**Fluchtgeschwindigkeit**: Die Geschwindigkeit, mit der ein Objekt, zum Beispiel ein Stein, von der Oberfläche eines anderen Objekts, wie zum Beispiel eines Planeten, senkrecht nach oben geworfen werden muß, damit es der gravitationsbedingten Zugwirkung entkommt. Die Fluchtgeschwindigkeit aus einem Schwarzen Loch ist höher als die Lichtgeschwindigkeit.

**Fusion**: Der Vorgang, in dem sich leichte Atomkerne miteinander zu schwereren Kernen verbinden und dabei Energie freisetzen. Energiequelle aller Sterne, auch unserer Sonne.

**Galaxie**: Ein durch Schwerkraft zusammengehaltener Schwarm Sterne, wie zum Beispiel unsere Milchstraße. Eine typische Galaxie kann hundert Milliarden Sterne von der Größe unserer Sonne enthalten.

**Geodäte**: Kürzester Abstand zwischen zwei Punkten. Auf einer ebenen Fläche sind Geodäten gerade.

**Geschlossene zeitähnliche Schleife**: Eine Reise durch Raum und Zeit, die an ihren Ausgangspunkt in Raum und Zeit zurückkehrt und deshalb zwangsläufig auf einem Teil eine Reise rückwärts in der Zeit einschließen muß. Diese Schleifen sind nach den Gesetzen der Physik nicht verboten.

**Gravitationskonstante (G)**: Zwei beliebige Objekte mit der Masse M und m ziehen einander mit einer Kraft (Schwerkraft) an, die dem Wert der beiden miteinander multiplizierten Massen, dividiert durch das Quadrat des Abstands zwischen ihnen, das Ganze mit G multipliziert, entspricht. Zuerst von Isaac Newton erkannt.

**Gravitationsradius**: Radius der Fläche rings um ein Schwarzes Loch (Schwarzschild-Horizont), aus der nichts entweichen kann.

**Hawking-Verdampfung**: Die Art, in der ein Schwarzes Loch Energie infolge von Quanteneffekten abstrahlt.

**Hawking-Prozeß**: Hawking-Verdampfung

**Hawking-Strahlung**: Die von einem im Hawking-Prozeß verdampfenden Schwarzen Loch emittierte Strahlung.

**Heiße dunkle Materie**: Gegenstück zur Theorie von der kalten dunklen Materie als Erklärung für die Beschaffenheit des dunklen Materials, das das Universum zusammenhält.

**Inflation**: Kosmologisches Modell zur Beschreibung der sehr schnellen (exponentiellen) Ausdehnung des Universums, als es viel weniger als eine Sekunde alt war.

**Kalte dunkle Materie**: Im großen Maßstab zeigt die Dynamik des Universums (die Bewegung der Galaxien) den Gravitationseinfluß großer Materienmengen, die nicht mit ihrem eigenen Licht leuchten. Diese Materie wird mit dem Oberbegriff »kalte dunkle Materie« bezeichnet; woraus sie besteht, ist Gegenstand verschiedener Theorien.

**Kerrsches Schwarzes Loch**: Ein rotierendes Schwarzes Loch, das immer eine Ergosphäre aufweist. Nach dem Neuseeländer Roy Kerr benannt.

**Kern**: Zentraler Teil eines Atoms; eine durch die starke Kernkraft zusammengehaltene Kugel aus Neutronen und Protonen. Ein Kern mißt im Querschnitt etwa $10^{-12}$ Millimeter, ist also hunderttausendmal kleiner als ein Atom.

**Kosmische Strings**: Dünne Fäden aus ultradichter Energie, viel schmäler als der Kern eines Atoms, doch über riesige Entfernungen ausgedehnt; Überbleibsel aus dem Urknall, wahrscheinlich als gravitationsbedingte »Kondensationskeime« wirksam, aus denen Galaxien entstanden.

**Kosmische Zensur**: Die Vorstellung, daß es ein Naturgesetz geben sollte, wonach jede Singularität von einem Ereignishorizont umgeben sein muß, so daß sie nie von außerhalb des Universums sichtbar ist. Die Vorstellung ist wahrscheinlich falsch.

**Kosmologische Konstante**: Eine Zahl, die Einstein in seine Formeln über die allgemeine Relativitätstheorie einsetzte, damit sie seiner vorgefaßten Annahme genügten, wonach sich das Universum nicht ausdehnt. Als Beobachter feststellten, daß sich das Universum doch ausdehnt, hatte die Konstante keine Daseinsberechtigung mehr, wird aber von Theoretikern nach wie vor zur Anreicherung ihrer kosmologischen Modelle verwendet.

**Kosmologisches Modell**: Eine Reihe mathematischer Gleichungen zur Beschreibung der Entwicklung des Universums. Mit verschiedenen Gleichungen (verschiedenen Modellen) werden Theorien vom Ursprung und der Entwicklung des Universums überprüft und Vorhersagen angestellt (wie zum Beispiel, ob sich das Modelluniversum ausdehnt oder nicht), die dann mit Beobachtungen des wirklichen Universums verglichen werden.

**Lichtkegel**: Der in einem Minkowski-Diagramm von Lichtstrahlen darstellenden Linien umschlossene Bereich der Raum-Zeit. Ereignisse an einem Punkt in der Raum-Zeit lassen sich nur durch Ereignisse beeinflussen, die im eigenen Vergangenheitslichtkegel dieses Punktes eintreten, und sie können ihrerseits nur Ereignisse beeinflussen, die in ihrem eigenen Zukunftslichtkegel liegen.

**Meta-Universum**: Das Universum ist alles, über das wir je direkte Erkenntnisse erlangen können. Das Meta-Universum ist alles, was über das Universum hinausgeht.

**Minkowski-Diagramm**: Darstellung der drei Dimensionen des Raums und der einen Dimension der Zeit in zweidimensionalen Graphen; vom Littauer Hermann Minkowski entwickelt.

**Neutrino**: Elektrisch neutrales Teilchen, entweder masselos oder mit sehr kleiner Masse (je nachdem, welche Theorie zutrifft); entsteht in manchen Kernreaktionen (auch beim umgekehrten Beta-Zerfall). Neutrinos reagieren sehr zögerlich mit alltäglichen Materieformen und durchdringen die Erde einfacher als Maschinengewehrgarben eine Nebelbank.

**Neutron:** Elektrisch neutrales Teilchen mit etwa derselben Masse wie das Proton; kommt im Atomkern vor.

**Neutronenkern:** Durch umgekehrten Beta-Zerfall kann es im Mittelpunkt eines entarteten Weißen-Zwerg-Sterns zur Bildung eines Neutronenkerns kommen.

**Neutronenstern:** Sehr dichter, alter, ganz aus Neutronen bestehender Stern. Ein Neutronenstern ist praktisch ein einziger Atomkern, der etwa so viel Masse wie unsere Sonne in einer Kugel vom Volumen des Mount Everest enthält.

**Nicht-euklidische Geometrie:** Die Geometrie gekrümmter Flächen und des gekrümmten Raums, in der sich zum Beispiel die Winkel eines Dreiecks nicht zu 180 Grad addieren.

**Nukleon:** Oberbegriff für Protonen und Neutronen. Nukleonen bestehen aus Quarks.

**Okkultation (Bedeckung):** Wenn der Mond oder ein Planet, von der Erde aus gesehen, vor einem Stern vorbeiziehen.

**Oppenheimer-Volkoff-Grenze:** Eine auf der Zustandsgleichung eines entarteten Sterns aufbauende Schätzung der höchsten Masse, die ein solcher Stern aufweisen kann, ehe er zu einem Schwarzen Loch kollabiert. Diese Grenze liegt nur bei einigen Sonnenmassen und ist schon über fünfzig Jahre bekannt, wurde jedoch bis etwa 1960 nicht ernst genommen.

**Paralaxe:** Die Erscheinung, daß Objekte im Vordergrund offenbar an Objekten im Hintergrund vorbeigleiten, wenn man den Kopf bewegt. In großem Maßstab von Astronomen genutzt, die die Entfernung zu den näheren Sternen durch Beobachtungen im Abstand von einem halben Jahr messen (wenn sich die Erde auf ihrer Bahn um die Sonne an entgegengesetzten Punkten befindet).

**Photoelektrischer Effekt:** Der Prozeß, bei dem ein Lichtteilchen (ein Photon) ein Elektron aus einer Metallfläche herausschlagen kann.

**Photon:** siehe Quant.

**Plancksche Skala:** Raum und Zeit sind vielleicht nicht stetig, sondern »gequantelt«, und es gibt deshalb eine kleinste Länge und eine kürzeste Zeit, die überhaupt von Bedeutung sind. Die »Plancksche Zeit« beträgt etwa $10^{-43}$ Sekunden, die Plancksche Länge rund $4 \times 10^{-33}$ Zentimeter (die Entfernung, die das Licht in der Planckschen Zeit zurücklegen kann), und die »Plancksche Masse«, also die Masse, die in einem Schwarzen Loch mit einem der Planckschen Länge entsprechenden Durchmesser enthalten wäre, beträgt $2 \times 10^{-5}$ Gramm. Das hört sich bescheiden an, bedeutet jedoch, daß die Dichte eines Planckschen Schwarzen Lochs $6 \times 10^{92}$ (eine Sechs mit zweiundneunzig Nullen) Gramm pro Kubikzentimeter beträgt. Ein Proton hat einen $10^{20}$ mal so großen Querschnitt als ein solches Plancksches Schwarzes Loch.

**Plasma**: Eine Art heißes Gas, in dem die Elektronen aus den Atomen herausgezogen werden und nur positiv geladene Ionen übrig bleiben. Elektronen und Ionen vermischen sich im Plasma. Ein Stern, wie zum Beispiel unsere Sonne, besteht hauptsächlich aus heißem Plasma.

**Proton**: Teilchen mit einer positiven Ladungseinheit; kommt im Atomkern vor. Jedes Proton hat eine Masse von rund dem Zweitausendfachen der Elektronenmasse.

**Pulsar**: Ein schnell rotierender Neutronenstern, der Radioimpulse (in manchen Fällen auch Licht- und Röntgenstrahlenimpulse) aus dem in ihm liegenden Magnetfeld abgibt, das sich mit ihm dreht.

**Quant**: Die kleinste Menge von irgend etwas, die überhaupt existieren kann. Die Lichtenergie besteht zum Beispiel aus Quanten, den sogenannten Photonen, die man sich als Lichtteilchen vorstellen kann. Es gibt keine Lichtmenge, die mehr als nichts, dabei aber weniger als ein Photon ist.

**Quantenmechanik**: Die mathematischen Gleichungen, die das Verhalten sehr kleiner Objekte im Maßstab von Atomen und kleineren Teilen sowie der Strahlung beschreiben.

**Quark**: Elementarbaustein der Materie, angeblich in nichts kleineres mehr aufzuspalten. Es gibt verschiedene Quarkarten; Protonen und Neutronen bestehen jeweils aus drei Quarks in bestimmten Kombinationen.

**Quasar**: Energiereicher Kern einer aktiven Galaxie, im Universum wegen der intensiven Energieabstrahlung weithin sichtbar. Das Licht von entfernten Quasaren ist im Vergleich zum Licht aus verhältnismäßig nahe gelegenen Galaxien stark rotverschoben. Die von Quasaren abgestrahlte Energie stammt wahrscheinlich aus einer Akkretionsscheibe rings um ein supermassives Schwarzes Loch.

**Raumartiges Intervall**: Wenn man zwischen zwei Punkten in der Raum-Zeit reisen kann, ohne sich dabei schneller als mit Lichtgeschwindigkeit zu bewegen, sind diese Punkte durch ein raumähnliches Intervall voneinander getrennt.

**Raum-Zeit**: Einsteins spezielle Relativitätstheorie führte zu der Erkenntnis, daß sich Raum und Zeit geometrisch als verschiedene Facetten eines vierdimensionalen Ganzen, der Raum-Zeit, beschreiben lassen. In Einsteins allgemeiner Relativitätstheorie ist die Schwerkraft als von der Krümmung der Raum-Zeit verursachter Effekt beschrieben.

**Rotverschiebung**: Von einem fernen Objekt im expandierenden Universum ausgehende Lichtwellen werden auf dem Weg zu uns gedehnt, weil sich der leere Raum ausdehnt, während sie schon unterwegs sind. Rotes Licht weist eine höhere Wellenlänge auf als blaues Licht. Deswegen heißt die Erscheinung Rotverschiebung. Ein ähnlicher Effekt zeigt sich bei Objekten, die sich mit hoher Geschwindigkeit durch den Raum bewegen, wobei die Bewegung des Objekts von uns weg die Lichtwellen, wie wir sie von ihm emittiert sehen, ausdehnt. Aus einem Gravitationsfeld heraus kommendes Licht ist ebenfalls rotverschoben.

**Schwarzes Loch**: Ein Bereich im Weltraum, in dem die Schwerkraft so stark ist, daß nichts, nicht einmal Licht, daraus entweichen kann. Das Schwerefeld eines Schwarzen Lochs ist so stark, daß daraus abstrahlendes Licht unendlich stark rotverschoben wird und all seine Energie verliert.

**Schwarzschild-Horizont**: Die »Oberfläche« eines Schwarzen Lochs; nach dem Mathematiker Karl Schwarzschild benannt.

**Schwarzschild-Radius**: Gravitationsradius (siehe dort).

**Singularität**: Punkt von unendlicher Dichte und Krümmung der Raum-Zeit, an dem die Gesetze der Physik nicht mehr gelten. Jedes Schwarze Loch enthält eine Singularität;

das Universum ist vielleicht aus einer Singularität entstanden.

**Sonnenwind:** Teilchenstrom, der sich von der Sonne durch das Sonnensystem hinaus bewegt.

**Spaltung:** Der Prozeß, in dem ein massiver Atomkern auseinander bricht und dabei Energie freisetzt. Wird heute in allen Kernkraftwerken genutzt.

**Spektrallinien:** Helle oder dunkle Streifen im Spektrum farbigen Lichts, die entstehen, wenn man weißes Licht durch ein Prisma leitet, um ein »Regenbogen«-Muster zu erzeugen. Jede Linie entspricht dem Einfluß einer bestimmten Atomart. Durch Messung der Lage von Linien in den Spektren ferner Galaxien und Quasare bestimmen Astronomen die durch die Expansion des Universums hervorgerufene Rotverschiebung.

**Sternentor:** In Science Fiction verwendeter Begriff für den Eingang in ein Wurmloch.

**Supernova:** Letzte Explosion eines sehr massereichen Sterns am Ende seines Lebens. Eine Supernova kann kurz so hell leuchten wie eine ganze Galaxie von hundert Milliarden Sternen; sie hinterläßt einen Neutronenstern oder ein Schwarzes Loch.

**Tachion:** Aus Einsteins Relativitätstheorie ergibt sich, daß kein Objekt mit einer Geschwindigkeit von weniger als der Lichtgeschwindigkeit je so weit beschleunigt werden kann, daß es sich schneller als das Licht bewegen kann. Die Gleichungen besagen aber auch, daß es grundsätzlich auch Objekte geben kann, die immer schneller als das Licht reisen und niemals auf weniger als die Lichtgeschwindigkeit verlangsamt werden können. Sie würden sich auch in der Zeit rückwärts bewegen. Niemand hat eindeutige Beweise für die Existenz solcher Teilchen gefunden, doch hat man ihnen, für alle Fälle, wenn (und falls) sie auftauchen, den Namen Tachionen gegeben. Alltägliche Teilchen, die sich langsamer als das Licht bewegen, heißen gelegentlich auch »Tardonen«.

**Überriese:** sehr großer Stern.

**Umgekehrter Beta-Zerfall**: Aus geschichtlichen Gründen sind Elektronen auch als Beta-Strahlung bekannt. Wenn ein Neutron im Kern eines Atoms ein Elektron aussendet und sich dabei in ein Proton verwandelt, durchläuft es einen Beta-Zerfall. Ein Neutronenstern bildet sich, wenn der Druck im Innern eines Sterns so stark ansteigt, daß die Elektronen wieder in Protonen zurückgezwungen werden und Neutronen bilden – umgekehrter Beta-Zerfall.

**Urknall**: Der Materie- und Strahlungsausbruch, in dem das Universum in einer Singularität (oder möglicherweise einem Gebilde in Planckscher Größenordnung) vor rund fünfzehn Milliarden Jahren entstanden ist.

**Weißer Zwerg**: Alter Stern, in dem die Kernreaktionen den Kern nicht mehr heiß halten und bei dem ungefähr so viel Materie, wie in unserer Sonne steckt, zu einer sich abkühlenden Kugel etwa von der Größe unseres Planeten Erde kollabiert ist.

**Weißes Loch**: Hypothetisches Gegenstück zu einem Schwarzen Loch. In einem Schwarzen Loch kollabiert die Materie nach innen und bildet eine Singularität; in einem Weißen Loch ergießt sich die Materie aus einer Singularität hinaus. Zwischen dem Urknall und einem Weißen Loch bestehen gewisse Ähnlichkeiten.

**Weltlinie**: Linie in einem Minkowski-Diagramm, die die Lebensgeschichte eines Teilchens auf dem Weg durch die Raum-Zeit darstellt.

**Wurmloch**: Tunnel durch die Raum-Zeit, der ein Schwarzes Loch mit einem anderen, irgendwo anders gelegenen irgendwann verbindet.

**Zeitähnliches Intervall**: Wenn eine Reise zwischen zwei Punkten in der Raum-Zeit nicht möglich ist, ohne daß man sich mit mehr als der Lichtgeschwindigkeit bewegt, sind diese Punkte durch ein zeitähnliches Intervall voneinander getrennt.

**Zurückweichgeschwindigkeit**: Die Geschwindigkeit, mit der sich etwas von etwas anderem weg bewegt. Der Begriff wird manchmal auch bei Galaxien und Quasaren angewandt, obwohl sich diese eigentlich im Raum nicht voneinander weg bewegen, sondern nur deshalb weiter auseinander driften, weil sich der Raum zwischen ihnen ausdehnt.

**Zustandsgleichung**: Gleichung, die die Zusammenhänge zwischen Eigenschaften, wie zum Beispiel Druck, Dichte und Temperatur, beschreibt. Die Zustandsgleichung eines Weißen-Zwerg-Sterns ermöglichte einem zum Beispiel die Berechnung, wie sich die Größe des Sterns verändert, wenn seine Masse zunimmt.

# Bibliographische Hinweise

*Wenn Sie einige im vorliegenden Buch behandelte Gedankengänge vertiefen wollen, gibt Ihnen die folgende Liste vielleicht einige Hinweise. Wenn Sie Angst vor Gleichungen haben, sollten Sie auf jeden Fall die mit einem Sternchen gekennzeichneten Bücher meiden.*

Gregory Benford, *Timescape*, Pocket Books, New York 1980
*Von einem renommierten Physiker verfaßte ausgezeichnete Science Fiction; die Viele-Welten-Interpretation der Quantenphysik ebenso wie Tachionen – in die Zeit zurückkreisende Teilchen – spielen dabei eine Rolle.*

Subrahmanyan Chandrasekhar, *Eddington*, Cambridge University Press 1983
*Kurze, köstliche Erinnerungen an den als »hervorragendsten Astrophysiker seiner Zeit« bezeichneten Mann. Im Zusammenhang mit Schwarzen Löchern besonders interessant wegen der Schilderung, wie Eddington um 1930 Chandrasekhars Theorie widersprach, daß nichts massive Sterne am Kollabieren bis zu einem Punkt hindern kann.*

Paul Davies (Hrsg.), *The New Physics*, Cambridge University Press 1989
*Nicht so technisch, daß mit einem Sternchen gewarnt werden müßte, doch keineswegs leichte Lektüre. Sehr gehaltvoll, wenn man erfahren möchte, was sich zur Zeit an den Grenzen der Physik abspielt. Hervorragende Kapitel von Clifford Will über die allgemeine Relativität und von Malcolm Longair über Astrophysik.*

Arthur Eddington, *The Internal Constitution of the Stars,* Cambridge University Press 1926
*Ein Klassiker vom Pionier der Astrophysik, kurz vor Vollendung der Quantenrevolution verfaßt; hervorragender Hinweis darauf, wie sehr das Geheimnis der dichten Sterne die Naturwissenschaftler um die Mitte der zwanziger Jahre verwirrte. Genau genommen ist dies ein Fachbuch und wird heute noch von Studenten benutzt, doch Eddington, unter anderem auch ein großartiger Darsteller von wissenschaftlichen Erkenntnissen in populärer Form, drückt sich so klar aus, daß ein Stern zur Warnung nicht angebracht ist.*

George Greenstein, *Frozen Star,* Freundlich, New York 1984
*Schwarze Löcher, Pulsare und Neutronensterne werden von einem Astronomen beschrieben, der an ihrer Untersuchung mitgewirkt hat.*

John Gribbin, *In Search of Schrödinger's Cat,* Bantam, New York, und Black Swan, London 1984 (deutsche Ausgabe: *Auf der Suche nach Schrödingers Katze,* Piper, München).
*Einzelheiten über die Funktionsweise der Atome, die Entstehung von virtuellen Teilchen und die Vorstellung von den »vielen Welten«.*

John Gribbin, *In Search of the Big Bang,* Bantam, New York, und Black Swan, London 1986
*Meine Version von der Geschichte des Universums. Mir ist gesagt worden, im letzten Abschnitt stünden zu viele Details über neue Theorien, doch im Mittelteil geht es um die kosmologischen Folgen der allgemeinen Relativität, und darüber habe ich keine Klagen gehört.*

John Gribbin, *Blinded by the Light,* Harmony, New York, und Bantam, London 1991
*Einzelheiten über den Aufbau von Sternen, wie etwa der Sonne, und darüber, wie Astrophysiker entschlüsseln, wie ein Stern im Innern aussieht.*

John Gribbin und Martin Rees, *Cosmic Coincidences,* Bantam, New York, und Black Swan, London 1990

*Eines der Bücher, die ich besonders gern geschrieben habe – nicht wegen meiner eigenen, ausgefallenen Ideen, sondern wegen einer Darstellung des Universums und dem Platz der Menschheit darin aus der Feder eines der führenden Kosmologen der Welt, Martin Rees, von der University of Cambridge.*

\*Stephen Hawking und Werner Israel (Hrsg.), *300 Years of Gravitation*, Cambridge University Press 1987
*Der Tagungsband eines in Cambridge veranstalteten Symposiums zum 300. Jahrestag der Veröffentlichung von Newtons* Principia. *Einige Beiträge stecken voll komplizierter Gleichungen, andere sind lesbar (John Faulkners in Kapitel 1 oben erwähnter historischer Überblick ist nicht aufgenommen worden, doch nur deshalb nicht, weil er den Redaktionstermin nicht eingehalten hatte, nicht etwa, weil die Herausgeber versucht haben, seine Entmythologisierung von Newton zu zensieren!). Lesenswert, sollte aus der Bibliothek entliehen werden.*

Nick Herbert, *Faster Than Light*, Plume, New York 1988
*Erstaunliche Sammlung ausgefallener Ideen, alle aus nüchternen wissenschaftlichen Tatsachen abgeleitet, zum Thema Signale, die sich schneller als das Licht und zurück in der Zeit ausbreiten – und alles von einem renommierten Physiker (aus diesem Buch habe ich die Verwendung von Pfeilen an Ereignishorizonten entlehnt, um damit zu zeigen, daß sie nur in eine Richtung wirken.)*

Douglas Hofstadter, *Gödel, Escher, Bach*, Basic Books, New York 1979 (deutsch: *Gödel, Escher, Bach*, Deutscher Taschenbuch Verlag)
*Der Unvollständigkeitssatz im Zusammenhang mit Kunst, Musik und dem menschlichen Geist. Hat nur am Rande mit dem vorliegenden Buch zu tun, ist aber höchst lesenswert.*

William J. Kaufmann III., *The Cosmic Frontiers of General Relativity*, Little Brown & Co., Boston 1977
*Eines meiner zerlesensten Bücher; es erklärt Einsteins Theorie in klaren Worten und bietet einen umfassenden Überblick über Schwarze Löcher, dazu auch Zeichnungen, aus denen*

# Stichwortverzeichnis

a vor der Seitenzahl bezieht sich auf Fußnoten

Aberation 31 f.
Abramovicz, Marek 212 ff.
Adams, Walter 96, 98
Aerobee-Rakete 155f., 160 ff.
Akkretionsscheibe 343
Alembert, Jean d' 37
Allgemeine Relativitätstheorie *passim*,
  47 f., 62, 72 ff., 119 f., 169, 184
- und Fliehkraft 290 ff.
- und gekrümmte Raum-Zeit 138
- Kerr-Newmann-Lösung 238
- Neutronensterne 118
- Schwarzschild-Lösung 83 ff., 118
- Singularitäten 190, 194 f.
- statisches Universum 138 f.
- Wurmlöcher 255
- Zeitreise 242, 270
- *siehe auch* Schwerkraft
American Association for the
  Advancement of Science 187
American Astronomical Society 147
American Journal of Physics 270, a52
American Scientist 187
Anderson, Wilhelm 102
Anti-Schwerkraft 239, 257 ff., 320 f.
Anti-Schwerkraft 258
Äquivalenzprinzip 76 f.
Arecibo, Puerto Rico 137
Aristoteles 9, 17
Astronomische Einheit 343
*Astrophysical Journal* 105
Atom 343

Baade, Walter 112, 134, 143, 156
Bahnbewegung
Bardeen, James 201 ff.
Bekenstein, Jacob 202 ff.
Bekenstein-Hawking-Formel 334
Bell, Jocelyn 126 ff.
Benford, Gregory 288

Beschleunigung 17 f., 43, 73 ff.
Bessel, Friedrich Wilhelm 93 f.
Beta-Zerfall 111
Bewegungsgesetze 12, 64
Billardkugel-Paradoxon 307 ff.
Binäre Röntgenstrahlenquellen 157 ff.,
  163 ff., 169, 255
Birmingham, Universität 46
Blandford, Roger 165, 167
Blaue Fläche 250 ff., 254, 343
Blauer Stern 146, 164
Blauverschiebung 219, 244 ff., 344
Bohr, Nils 104, 109, 171
Bolton, Tom 164
Bolyai, János 47, 56
Bolyai, Wolfgang 56
Bouguer, Pierre 22 f.
Bradley, James 31 ff., a2
Brahe, Tycho 14, 30
Braune Zwerge 326
Burnell, Jocelyn *siehe* Bell, Jocelyn

Caen, Universität 37
California Institute of Technology 115,
  146, 197, 223, 244, 303
Cambridge 9 ff., 63, 100, 104, 125 ff.
- Chandrasekhar in 103 f.
- Institute of Theoretical Astronomy 127
- John Michell in 35 ff.
- Radio Astronomy Observatory 125 f.
Cambridge-Katalog 144
Carter, Brandon 201 ff., 204, 296
Casimir, Hendrik 258 ff.
Casimir-Effekt 258 ff.
Cassini, Giovanni (Jean) 28 ff.
Cauchy-Horizont 252, 332 f.
Cavendish Laboratory 23, 109, 125 ff.
Cavendish, Henry 23 ff., 35 f.
Cayenne 30
Chadwick, James 109 f.

Chandrasekhar, Subrahmanyan 103 ff.,
113, 133, 172, 210
Christina, Königin von Schweden 51
Christodoulou, Demetrius 189, 199
Clark, Alvin 95
Clay, Roger 286
Clifford, William 63 f., 81
Coleman, Sydney 320, 323, 325
*Communication in Mathematical Physics*
202, a42
Cornell University 198
*Cosmic Coincidences* (Gribbin und Rees)
251, a47
*Cosmology Now* 195, a40
Crab-Nebel *siehe* Krebsnebel
Crouch, Philip 286
Cygnus A 143 ff.
Cygnus X-1 162 ff., 195, 214

David Dunlop Observatory 164
Davies, Paul 197, 252 f., 257
Dearborn Observatory 95
Descartes, René 49 ff., 66, 69
- Die Methode 51
- und Newton 9, 12 f.
de Sitter-Raum 253
Dichte Sterne 91 ff., 140, 143, 171 f.,
  *siehe auch* Weiße Zwerge
Differentialrechnung 9, 16, 19, 81
3C144 134, 144, 161
3C273 148, 153, 156
3C405 144
3C48 146 ff.
*300 Years of Gravitation* 118, 164, 177,
a4
Dunkelsterne 8, 27 f., 34, 42, 46,
- und Schwarze Löcher 150 f., 327
- La Place und 38 f.
- Michell und 36 f., 152

Eardley, Douglas 244, 248 ff.
Eddington, Arthur 45, 99f., 103, 191, 210
- und Chandrasekhar 103 ff.
- Internal Constitution of the Stars 100,
104
Einstein, Albert, passim; 7 f., 47, 63 f.,
72 ff.
- Kerr-Newman-Lösung 237 f.
- und Licht 39 ff., 75, 169 f.
- Lichtgeschwindigkeitsgrenze 287
- und Newton 79 f.
- Nobelpreis 41
- und Schwarzschild 83 ff.87 ff.

- statisches Universum 138 ff.
- Wahrscheinlichkeit 275
- Wurmlöcher 224 f.
- *siehe auch* Allgemeine Relativitäts-
  theorie; Spezielle Relativitätstheorie
Einstein-Rosen-Brücke 223, 227, 233,
243, 344
61-Cygny 93
Elektromagnetische Strahlung 136
Elektron 344
Entartungsdruck 101
Entropie 201 ff., 328 ff., 344
Epeminides 289 ff.
Ereignishorizont 182 f., 186, 190,
203, 344
- und geladene Schwarze Löcher 252
- innerer Ereignishorizont 233 ff., 239
- und Singularitäten 191, 196 ff., 212,
233 f.
Ergosphäre 186 f., 190, 199 f., 204, 237,
291, 344
Eridani B 97 f.
Euklid 49 ff. *siehe auch* Geometrie
Exotische Materie 257 f., 264, 277 f.
Exposition 39

Farbe 92, 97 ff., 140 f.
Faulkner, John 12 ff., 133
Feynman, Richard 172, 280 ff., 310 ff.,
323
Feynman-Diagramm 279 ff., 283
Flamm, Ludwig 255
Flemming, Frau 98, 103
Fliege (von Descartes beobachtet)
52, 54, 66
Fliehkraft 211 f, 301,
  *siehe auch* Zentrifugalkraft
Fluchtgeschwindigkeit 33, 47 f., 87,
120 f., 174, 327, 345
Forward, Robert 262
Fowler, Ralph 100f., 104 f.
Fowler, Willy 150
Französische Akademie der Wissenschaft
37
Fresnel, Augustin 40
Friedman, Herbert 156 f.
Fünfte Kraft 26, 334, a1
Funkelnde Radioquellen

G (Gravitationskonstante) 22 ff., 26, 92,
345
Galilei, Galileo 8 f., 12, 28
Gamovski, George 110 f., 116,

## Stichwortverzeichnis 361

Gauß, Karl 47, 54 ff., 58, 61 f., 84
- und Einsteins Berechnungen 78
Geodäsie 66, 81, 194, 213, 324, 345
Geometrie 49 ff., 323
- und Einstein 63 ff., 79
- euklidische 49, 56 f., 64, 344
- nicht-euklidische 48, 49 ff., 54 ff., 63, 85 ff.
- Raum-Zeit 63 ff., 77 ff., 323
- vierdimensionale 59 ff., 177, 274, 324
- siehe auch Pythagoras
Geometrie des Sonnensystems 93 f.
Gerrold, David a56
Geschichtensummen-Verfahren 310 f., 324
Ginzburg, Vitalij 145, 150
Gödel, Kurt 289 ff., 295 f.
Gödelscher Unvollständigkeitssatz 289 ff.
Gold, Tommy 136, 142
Göttingen, Universität 60, 115
Göttinger Sternwarte 55, 83
Graue Löcher 245
Gravitationsbedingte Rotverschiebung 120 f.
Gravitationsenergie 110 f., a39
Gravitationsgesetz 9, 16, 79, *siehe auch* Quadratisches Abstandsgesetz
Gravitationslinsen 168
Gravitationsradius, *siehe* Schwarzschild-Radius
Green Bank Observatory 134, 163
Greenstein, Jesse 149
Großmann, Marcel 65, 71 f., 77 f.
Großmutter-Paradoxon 273, 277 f., 290, 308
Guth, Alan 317, 322

Halley, Edmund 14, 16, 31
Harrison, Kent 172, 177
Harvard College Observator 97, 164
Harvard, Universität 115, 320
Hawking, Stephen 10, 189, 195, 199 f., 202
- Temperatur Schwarzer Löcher 204, 253
- Viele-Welten-Hypothese 277
- Wurmlöcher 316, 320 f.
- siehe auch *300 Years of Gravitation*
Hawking-Prozeß 204 f., 233, 246 ff.
Hazard, Cyril 147 f., 153, 156
HDE 226868 164, 166
Heinlein, Robert 278, a56
Helmholtz, Hermann 46
Helmstedt, Universität 55

Herbert, Nick 249, 288
Hertzsprung-Russell-Diagramm 97
Hewish, Anthony 125 ff., 134
Hofstadter, Douglas 290
Hooke, Robert 11 f., 16
Hoyle, Sir Fred 143, 150
Huges Research Laboratories 262
Hyperraum 221, 222 f., 243, 254, 268
- *siehe auch* Wurmlöcher

In Search of Schrödinger's Cat (Gribbin) a18, a45, a55, a57
*In Search of the Big Bang* (Gribbin) 182, 317, 325
Inflation 253, 317 f., 346
Interferometrie 143, 146, 162
Israel, Werner 204, 332 f., siehe auch *300 Years of Gravitation*

Jansky, Karl 123
Jodrell Bank 146
Jupiter 18, 28 f., 33 f.

Kaiser-Wilhelm-Gesellschaft 78
Kalte dunkle Materie 326 ff., 346
Kartesische Koordinaten 52 f., 67 ff.
Kausalität 272 f., 278, 296, 306 ff.
Kepler, Johannes 12, 14 ff., 28, 30
- Gesetze 14 ff., 30, 95
Kernfusion 100, 110 f., 122
Kerr, Roy 184
Kerr-Newman-Lösung 238 f.
Kerrsches Schwarzes Loch 237 ff., 250 f., 255, 332, 346
- und geschlossene zeitähnliche Schleifen (CTL) 296
Kleinuniversum 317 ff.
Konsortium, sowjetisch-amerikanisches 303 ff., 316
Konstante c 287
Kopernikus 28
Kosmische Strings 266 ff., 302, 321, a65
Kosmische Zensur, Hypothese 197 ff., 210, 234, 242, 346
Kosmologische Konstante 252 f., 264, 267,320 ff., 347
Kosmologische Rotverschiebung 120
Kosmologisches Modell 139, 176, 251, 347
Krebsnebel 134, 136, 156, 161
Kruskal, Martin 176 f.
Kruskal-Metrik 176

Landau, Lev 105, 109 ff., 113, 116
Landsberg, P. T. 330
Laplace, Pierre 37 ff., 43, 45, 62
Leiber, Fritz 274, a54
Leibnitz, Wilhelm 16
Leonardo da Vinci 269
Licht passim, 34 ff., 62, 77
- Beugung 44 ff., 74 ff., 79 f., 169, 194 f.
- und Elektromagnetismus 41, 60
- Laplace und 38 f.
- messen 219
- Newton und 8 ff., 27 f., 32 f., 39 f.
- Welle-Teilchen-Dualität 40 ff.
- *siehe auch* allgemeine Relativitätstheorie
Lichtgeschwindigkeit 27 ff., 41 ff., 82 f., a2
- Bewegung 63 f.
- Dunkelsterne 34, 36 f.
- elektromagnetische Gleichungen 41 f.
- Schwarze Löcher 86 f., 121
- Schwerkraft 42
- Zeit 216 ff.
Lichtgeschwindigkeit, schneller als (FTL) 284 ff.
Lichtgeschwindigkeitskreis 212
Lick Observatory 12
Lobaschewsky, Nikolai Iwanowitsch 47, 56
Lodge, Sir Oliver 46
Lynden-Bell, Donald 132, 150

Matthews, Thomas 146, 149
Maxwell, James Clerk 8, 23, 72
- Elektromagnetismus 60, 285
- Gleichungen 41 f., 153
- und Licht 64, 216
Mellor, Felicity 253 f., 257
Meta-Universum 323 ff., 347
Methode, Die (Descartes) 51
Michell, John 23, 27, 35 f., 45, 62, 335
- und Dunkelsterne 34, 38, 42, 44 ff., 62, 152, 327
Minkowski, Hermann 64 f., 70 ff., 274, 292
- Diagramm 347
- Metrik für die Raum-Zeit 82, 177
Minkowski, Rudolf 143
MIT 317
Moore, Ward 277
Morris, Michael 223, 256, 263, 269 f.
Moss, Ian 253 f., 257
Murdin, Paul 164

Nature 149 f., 287, a44
- und Pulsare 131, 133, 136, a25
Negative Energie 189
Negative Rückkopplung 255
Negativer Druck 258, 263 ff., 321
Neutrino 347
Neutronenkern 348
Neutronensterne 109, 116 ff., 132 ff., 165 f., 170, 348
- und Röntgenstrahlen 156 ff., 161 f.
- und Supernovae 111 ff., 134
- und Zeitmaschinen 300 ff.
- *siehe auch* Pulsare
New Scientist 296
Newcastle upon Tyne, Universität 251
Newcastle-Gruppe 303
Newcomb, Simon 96
Newman, Ezra 238
Newton, Isaac 7 ff., 32, 37 f., 72
- Gravitationstheorie 7 f., 12, 21 f., 25 f., 38
- und Infinitisimalrechnungen 9 f., 16 f., 19 f., 81
- und Licht 27 f., 32 f., 34, 76
- *Opticks* 10, 14
- und Planetenbewegung 95
- *Principia* 8, 12, 14 ff., 22
- und Robert Hook 10 ff.
Newtonsche Ringe 11
Nich-euklidische Geometrie 348
NORDITA 212
Nordstrøm, Gunnar 233
North, J. D. a7
Nowikow, Igor 150, 244, 248, 303, 309, 313, *siehe auch* Konsortium
*Nuclear Physics* a64

Observatory, The a21
Ohmsches Gesetz 23
Okkultation 147 f., 152, 156, 348
*Omega Point, The* (Gribbin) a65
Oppenheimer, Robert 114, 171 ff.
Oppenheimer-Volkoff-Grenze 117, 164 f., 170, 348
*Opticks* (Newton) 10, 14
Oszillierendes Universum 327 ff.
Oxford, Universität 46, 177

Paccini, Franco 136
Pais, Abraham a10, a11
Palomar Observatory 143
Paralaxenwirkung 94, 348
Parallele 49 ff., 56 ff.

## Stichwortverzeichnis 363

Parallele Welten 276, 288
Parallenpostulat 49, 56 ff.
Pariser Observatorium 29
Park, David 330
Parks Oberservatory 148
Penrose, Roger 177, 186 ff., 331, 334
- über Singularitäten 193 ff., 210 f.
Penrose-Diagramm 177 ff., 226, 229, 231, 233 f.
Penrose-Hawking-Singularitätstheoreme 328, 334
Penrose-Prozeß 187 ff., 199, 204, 206
*Philosophical Magazine* a4, a5
*Philosophical Transactions of the Royal Society* 38, a3
*Philosphiae Naturalis Principia Mathematica* (Newton) 7, 12, 14 ff.
Photoelektrischer Effekt 348
Photonen 41 f., 348
*Physical Review* 118, 177, a23, a43
*Physical Review B* 263
*Physical Review D* 268, 296
Pickering, Edward 97 f., 103
Pittsburgh, Universität 238
Plancksche Skala 316 f., 322, 334, 348
Planetenbewegung 14 ff.,22, 38, 83 ff., 94 f
Plasma 349
Poisson, Eric 332
Pope, Alexander 8
Potsdam, Sternwarte 84
Preußische Akademie der Wissenschaften 79, 83
Princeton University 171 f., 176, 202
Prokyon 94 f.
Pulsare 125 f., 131 ff., 144, 149 f., 165 f., 169, 255, 349
Pythagoräischer Lehrsatz 59, 66, 68, a9

Quadratisches Abstandsgesetz 9, 16, 18,
- allgemeine Relativitätstheorie 79 f., 89 f.
- Geometrie 49
- Zweifel am 21 f., 25 f.
Quantentheorie *passim*, 42, 46 f., 76, 99 f.,105
Quantenunbestimmtheit 310 f., 315 ff., 322
Quarks 117 f., 349
Quasare 127, 145 ff., 158 f., 173, 244, 326, 349 f.
- und Röntgenstrahlen 158, 167 ff.

Radar 123
Radioastronomie 123 ff., 138, 142 ff.
Raum *passim*
- Krümmung 63, 66 ff.
- und Relativität 72, 79 f.
- vierdimensionaler 59, 63, 66 ff., 177, 274
Raum-Zeit *passim*, 43, 66 ff., 85 ff.
- allgemeine Relativitätstheorie 80 ff., 226 f.
- Diagramm 67, 177, 279 ff.
- gekrümmt 49, 77, 79 f., 85 ff., 138, 226, 250 f.
- und Materie 80 ff.
- und Schwerkraft 106, 116 ff.
- *siehe auch* Penrose, Penrose-Diagramm
Redmount, Ian 303
Rees, Martin 150, a47
Reifenhypothese 198
Reissner, Heinrich 233
Reissner-Nordstrøm-Geometrie 233 ff., 250
Richter, Jean 30
Riemann, Bernhard 48, 58, 60 f., 71, 78
Ringsingularität 238 f.
Rømer, Ole 28 ff.
Röntgen, Wilhelm Konrad a36
Röntgenastronomie 153 ff., 215
Röntgenstrahlen 153 ff., 215
ROSAT 168, a36
Rosen, Nathan 223 f., 233
Rotverschiebung 140 f., 144 f., 149 f., 248
- gravitationsbedingte 119 f., 140 f., 216, 218
- kosmologische 140, 350
- Quasar 168
Royal Astronomical Society 106
Royal Greenwich Observatory 164
Royal Society 11 f., 34 ff.
Russell, Henry Norris 97 f., 103

Saccieri, Girolamo 49
Sagan, Carl 222 ff., 237, 250, 254 ff., 263, 303
Salpeter, Ed 150
Sandage, Allan 146
Schmid, Maarten 148
Schönberg, M. 111
Schrödinger, Erwin 104, 275 f.
Schrödingers Katze 276 f., 290
Schwarze Löcher *passim*, 7, 46, 57, 83, 88, 118, 138 ff., 165 ff., 218 ff., 229, 245 ff., 350

- und dichte Sterne 106
- elektrisch geladene 232 ff., 240, 251 f.
- und Energie 150 ff., 187 ff.
- explodierende 190, 195, 209 f.
- und Neutronensterne 113 f., 137
- nicht rotierende 183 ff., 199 ff.
- Raum-Zeit-Krümmung 44
- rotierende 183 ff., 187 ff., 199 ff., 237 ff., 251, 332
- Singularitäten in 174 f., 181 f., 184, 191 ff.
- Temperatur 202 f., 208, 331
- und Zeit 218 f.
- Universum in 327
- virtuelle Paare 206 f.
- siehe auch Dunkelsterne; Schwarzschild; Wurmlöcher

Schwarzschild, Karl 83 ff., 173 f.
- Lösung der Einsteinschen Gleichungen 175, 183 f., 223 f., 246

Schwarzschild-Fläche 175, 200
Schwarzschild-Hals 228 f.
Schwarzschild-Horizont 174 ff., 182, 185, 350
Schwarzschild-Metrik 225, 246
Schwarzschild-Radius *passim*, 87, 89 f., 121 f., 193, 198, 227 f., 350
- und Energie 150 f.
- Lichtgeschwindigkeitskreis 214
- und Masse 208
- Neutronensterne 113 f.
- Weiße Zwerge 113 f.

Schwarzschild-Sphäre 226
Schwarzschildsches Schwarzes Loch *passim*, 86 ff., 93, 182 ff., 234 ff., *siehe auch* Schwarze Löcher
Schwerkraft *passim*, 7 f., 16 ff., 33 f., 43
- allgemeine Relativitätstheorie 76, 78 ff., 90, 121, 168 f.
- und Beschleunigung 73 f.
- und dichte Sterne 95, 102, 120
- Einstein 78 ff.
- und Licht
- Quadratisches Abstandsgesetz 16 f., 21, 25 ff., 49, 80, 89
- *siehe auch* Newton

Science Fiction 222 f., 254, 262, 273 ff., 277, a60
Sco X-1 155 ff., 161 ff.
Seldowitsch, Jakov 150, 173, 204 f.
Seldowitsch-Starobinski-Effekt 204
Serber, Robert 116, 122
Shapiro, Stuart 198 f.

Sikkema, A. E. 332 f.
Silverberg, Robert a54
Singularitäten *passim*, 174 f., 182 ff., 191 ff., 197 f., 243, 350
- und Graue Löcher 245
- nackt 196, 199, 207 f., 233 f., 240, 297
- und Urknall 195, 244
- und Wurmlöcher 229 f., 231 f.
- *siehe auch* Ringsingularität

Sirius 95 f.
Sirius B 98, 120
*Sky and Telescope* 147
Smith, Graham 143
Snyder, Harold 118 ff., 171, 173
Soldner, Johann von 39, 44, 77
Solvay-Konferenz 172
Sommerfeld, Arnold 104, 285
Sonnenwind 124 f., 154 351
Spezielle Relativitätstheorie 42 f., 64 ff., 69 ff., 285
- Aufbau der Sterne 101
- und Minkowski 65 ff.
- und Zeitreisen 298, 303 f.

Spindelförmige Singularitäten 199
Stanford University 291
Starobinsky, Alex 204
Statische Grenze 185
Statische Oberfläche 185, 188
Sternentor 267, 302, 351, *siehe auch* Wurmlöcher
Steward Observatory 135
Stoner, Edmund 101 ff.
Stoner-Anderson-Zustandsgleichung 102
Struktur des Universum
Supernovae 111, 134, 156
Sussex University 314
Szintillation von Radioquellen 125 ff.

Tachionen 284 ff., 351
Tartu, Universität Estland 102
Teilchen-Antiteilchen-Paare 259 f., 281 f.
Teukolsky, Saul 198 f.
Thermodynamik, Hauptsatz der 200 f.
Thorne, Kip 192, 197 f., 237, 264, 277, 306
- und geschlossene zeitähnliche Schleifen (CTL) 303
- und Wurmlöcher 223 f., 250, 255 ff., 267 ff., 309 ff
- *siehe auch* Konsortium

Tipler, Frank 295 ff.
Tolman, R. C. 330

zu ersehen ist, wie es denn wäre, wenn man durch ein Wurmloch in ein anderes Universum reisen könnte.

*Kenneth Lang und Owen Gingerich (Hrsg.), *A Source Book in Astronomy and Astrophysics 1900–1975*, Harvard University Press 1979
*Eine erstaunliche Sammlung mit Nachdrucken der wichtigsten Teile aus wichtigen wissenschaftlichen Artikeln, die für die Entwicklung unserer Kenntnisse über das Universum im 20. Jahrhundert maßgebend sind. Hier findet sich Fritz Zwickys erster Vorschlag, daß es vielleicht Neutronensterne geben könnte; ebenso steht darin Karl Schwarzschilds mathematische Beschreibung eines Schwarzen Lochs, und neben vielem anderen finden sich auch informative Stellungnahmen, die die Texte in klarer Sprache in den jeweiligen Zusammenhang einordnen. Auch für Nichtwissenschaftler eine Sammlung, die man immer wieder gern zur Hand nimmt, wenn man sie in einer Bibliothek findet.*

*Charles Misner, Kip Thorne und John Wheeler, *Gravitation*, W. H. Freeman, San Francisco, 1973
*Das Standard-Lehrbuch für Studenen in den Examenssemestern. Nichts für Leser, die sich vor Wissenschaft fürchten, doch enthält es auch einige Abschnitte, in dem die physikalischen Grundlagen in verhältnismäßig einfacher Sprache dargelegt werden.*

Ward Moore, *Bring the Jubilee*, Avon, New York 1976
*Science-Fiction-Roman, in dem der Süden den amerikanischen Bürgerkrieg gewinnt – oder doch nicht? Eine klassische Darstellung des Gedankens von den parallelen Universen.*

*Abraham Pais, *Subtle is the Lord*, Oxford University Press 1982 (deutsch: *Raffiniert ist der Herrgott*, Vieweg Verlag)
*Eine wissenschaftliche Biographie ohne mathematisches Feuerwerk, dafür aber mit viel Informationen über das Leben und die Zeit Albert Einsteins.*

Barry Parker, *Einstein's Dream*, Plenum, New York 1986
*Sehr lesbarer Abriß von Einsteins Arbeiten, darunter auch*

*eine Behandlung Schwarzer Löcher, doch im wesentlichen mit der Suche nach einer »Theorie für Alles« beschäftigt.*

Julian Schwinger, *Einstein's Legacy*, W. H. Freeman/ Scientific American, New York 1986
*Eines der besten Bücher in der Reihe* Scientific American Library; *besonders gut in den Abschnitten über die nicht-euklidische Geometrie und die gekrümmte Raum-Zeit. Es enthält einige Gleichungen, aber nicht von der furchteinflößenden Art, und die werden von den ausgezeichneten Illustrationen mehr als aufgewogen.*

Walter Sullivan, *Black Holes*, Anchor Press/ Doubleday, New York 1979
*Eine angenehm zu lesende journalistische Darstellung im Zusammenhang mit der Entdeckung der Röntgensternen in den Sechzigern und Siebzigern. Schöne Illustrationen.*

H. G. Wells, *The Time Machine*, 1895 (deutsch: *Die Zeitmaschine*, Zsolnay Verlag)
*Die 1895 erstmals erschienene klassische Geschichte, in der zehn Jahre vor Einsteins spezieller Relativitätstheorie die Zeit als vierte Dimension eingeführt wird.*

John Archibald Wheeler, *A Journey into Gravity and Space Time*, W. H. Freeman/Scientific American, New York 1990
*Ein etwas enttäuschender Band aus der Reihe* Scientific American Library, *von einer der führenden Autoritäten auf der Welt auf dem Gebiet der allgemeinen Relativitätstheorie. Ein paar schöne Analogien und die gewohnten deutlichen Illustrationen, die man in dieser Reihe schon erwartet, doch nicht immer einfach zu lesen. Die Lektüre ist der Mühe wert, doch das Buch erschließt sich nicht so leicht wie das Werk von Julian Schwinger.*

Clifford Will, *Was Einstein Right?*, Basic Books, New York 1986
*Für den nicht fachlich vorgebildeten Leser einfach der beste Leitfaden in die allgemeine Relativitätstheorie.*

Torsionswaage 24 f., 35
Tscherenkow, Pawel 287
Tscherenkow-Strahlung 288
Tulane University 295

Ueberriese 351
Uhuru 161 ff., 201
Universität Wien 289
University College of Galway 46
University of Alberta, Edmonton 332
University of California, Berkeley 115
University of Leeds 101
University of Maryland 295
University of Texas 184
Universum *passim*
- Ausdehnung des 139 ff., 176, 195, 251 ff., 291, 315, 320 ff.
- oszillierendes 326 ff.
- sonstige 243 f., 316 ff., 322 ff.
Urknall-Theorie 140 f., 182 f., 209 f., 252 ff., 317 f., 352
- und Singularitäten 195 ff., 244 ff., 321
- siehe auch *In Search of the Big Bang*
US Naval Research Laboratory 156

Vakuum-Schwankungs-Batterie 262 f.
Vakuumenergie 205, 295 ff., 321 f.
Vielwelt-Hypothese 276, 323
Vierdimensionaler Raum 60, 63, 66, 68, 80, 177, siehe auch Raum-Zeit
Virtuelle Teilchen 205 f., 259 f.
Visser, Matt 264, 267 f., 303, 322
Volkoff, George 116, 122, 172

Wakano, Masami 172
Washington University, St. Louis 264
Weber, Wilhelm 60
Webster, Louise 164
Weiße Löcher 176, 182 f., 239, 245, 249, 352
Weiße Zwerge 93 ff., 113 f., 118, 137, 352
- und Chandrasekhar 103 f., 172
- gravitationsbedingte Rotverschiebung 216
- und Pulsare 132 f.
- und Röntgenquellen 159
- Weiße-Zwerg-Grenze 105 ff.
Welle-Teilchen-Dualität 42
Wells, H. G. 274 f.
Weltlinien 81 f., 234 f., 281 f., 288, 292, 352
Westerbork Observatory 163 f.
Weyl, Hermann 225

Wheeler, John 171 f., 177, 187, 191, 198
- *A Journey into Gravitiy and Spacetime* 187, 202
- Viele-Welten-Hypothese 276
- und Wurmlöcher 225
*White Holes* (Gribbin) a46
Will, Clifford 64, 197, 199
Wurmloch 223 ff., 243 f., 250, 267 f., 352
- durchquerbare 224, 237, 253 f., 263, 267, 303 ff.
- künstliches 256 f.
- und Universum 316 ff.

Yale University 201
Young, Thomas 39 ff.
Yurtsever, Ulvi 223, 256

Zeit 66, 217 f., *siehe auch* Zeitmaschinen; Zeitreisen
Zeitdehnung 219
Zeitmaschinen 218 ff., 280, 297 ff.
Zeitreisen 219 f., 222, 271 ff.
- allgemeine Relativitätstheorie 242 f.
- und Zeitschleifen 272 ff., 277 f., 288 f.
Zentrifugalkraft 291
Zürich, Universität 64
Zurückprallendes Universum
Zustandsgleichung 101 ff., 117, 133
Zwicky, Fritz 112, 122, 134, 156